实战Drools规则引擎

DROOLS IN ACTION

关泽发 陈楚晖 著

机械工业出版社
China Machine Press

图书在版编目（CIP）数据

实战 Drools 规则引擎 / 关泽发，陈楚晖著 . —北京：机械工业出版社，2022.10
ISBN 978-7-111-71736-2

I. ①实…　II. ①关…　②陈…　III. ①搜索引擎 – 程序设计　IV. ① TP391.3

中国版本图书馆 CIP 数据核字（2022）第 208446 号

实战 Drools 规则引擎

出版发行：机械工业出版社（北京市西城区百万庄大街 22 号　邮政编码：100037）

责任编辑：罗词亮	责任校对：张亚楠　王明欣
印　　刷：三河市宏达印刷有限公司	版　　次：2023 年 1 月第 1 版第 1 次印刷
开　　本：186mm × 240mm　1/16	印　　张：21
书　　号：ISBN 978-7-111-71736-2	定　　价：99.00 元

客服电话：（010）88361066　68326294

Praise 赞　誉

非常兴奋地看到这本来自中国技术社区的Drools规则引擎专著。作为一款久负盛名的开源规则引擎，Drools被广泛应用到各行各业的业务系统实现中。灵活、高效、稳定、开放，让Drools变成其所在领域不可错过的选择。本书的两位作者都是红帽JBoss中间件的资深行家，是我一直敬佩的领域专家，他们长期深耕开源中间件技术，拥有深厚的产品知识及项目经验。初次接触Drools的读者，可以通过本书系统、全面地了解Drools的功能与特点，少走弯路，快速上手；同时，书中的经验之谈和实践分享可以为希望深入了解Drools的开发人员和架构师释疑解惑，为其使用Drools进行业务创新带来灵感和启发。

——陈耿　Google云架构师

规则引擎能够很好地实现业务规则与开发技术的分离，而Drools是目前十分活跃的开源规则引擎。两位作者均是红帽软件的中间件技术从业者，一直从事面向客户、为客户解决技术问题的一线工作。本书结构清晰，内容紧凑，语言简洁，集理论、实践与案例于一体，适合技术爱好者、中间件发烧友和广大想要了解规则引擎的读者阅读。

——谷南　VMware亚太区解决方案架构师

我们曾在一个业务复杂的项目中引入过规则引擎。Drools由于许可方式宽松、成熟度高、灵活方便、性能良好而获得大家认可，最终得以在该项目中采用。不过当时大家苦于没有一本可以快速入手、深入浅出的Drools参考书。阅读本书时我发现这正是我们当时需要的好书。本书作者是红帽JBoss中间件的资深行家，相信它可以带领我们探索Drools的奇妙旅程。

——黄小满　金蝶天燕云资深架构师

规则引擎是一项历史较悠久的技术，市场上相关的产品琳琅满目，主要有自研产品和基于Drools封装的商用产品两种形式。本书为希望采纳开源规则引擎的从业者提供了帮助，通过实战案例逐步深入展开 Drools 的讲解，将理论和实践相结合，非常适合技术爱好者阅读。

——刘咏梅　IBM 大中华区科技事业部自动化技术总监

本书作者在众多项目中深入实施了开源规则引擎 Drools，他们将丰富的实战经验总结成此书。这也是红帽软件开源精神和开放文化所提倡的，让广大的开发者更好地使用开源软件，从而解锁开源软件的能力。在此我诚恳地向大家推荐此书，希望读者学完本书后能够更好地使用 Drools 创造业务价值。

——骆晨　红帽软件战略产品技术方案经理

当前，无论传统的金融、零售企业还是新兴的电商、社交、游戏企业，都在业务层面临快速变化，对于如何做到松耦合、"牵一发而不动全身"，规则引擎彰显其独有的价值。Drools 作为一款开源规则引擎，灵活、稳定、高效，在各行各业得到广泛认可和使用。两位作者长期专注于中间件领域，本书是他们对于自身 Drools 体系化产品知识和多年实战经验的浓缩，一定能让读者大受裨益。

——乔红波　Oracle 高级解决方案经理

随着企业业务越来越复杂，业务变化越来越快，场景因素越来越多，规则引擎逐渐成为企业业务系统的核心组件，在营销、运营、风控、物流、仓储等业务场景都有了大量应用。Drools 作为一款十分流行的开源规则引擎产品，一直是各大规则引擎项目的事实标准。本书不仅介绍了 Drools 的架构设计思路和使用方法，还凝结了作者多年的实际项目经验，令本书更具实操性。值得一提的是，作者还介绍了规则引擎与机器学习的结合，使传统规则引擎变得更智能，能够帮助企业进一步提高业务效率，增加业务产出。相信本书将成为读者在建设企业级规则引擎过程中的必备参考书。

——邹昂　微软云高级架构师

Preface 前　言

为何要写本书

本书的两位作者都是资深的IT从业者，共同经历并见证了中国IT行业的飞速发展历程：应用从单机版应用发展到基于客户端/服务器（C/S）模式的应用，再发展到基于浏览器的Web应用和移动端应用；企业的IT系统从功能单一的专有系统发展到具备集成能力的复合系统，再发展到具备跨公司能力的SaaS系统。企业的IT发展是由市场环境和企业业务共同驱动的，市场环境瞬息万变，能否以足够小的开发量来适应市场变化是衡量IT系统优劣的一项重要标准。

本书的两位作者目前均就职于红帽软件，曾多次合作参与企业的IT系统建设工作，深刻体会到企业IT系统的复杂度很高，系统中的业务规则数量与日俱增，如何实现、管理并有效利用这些业务规则是IT建设者不可回避的问题。企业的业务策略不是静态的，而是会根据市场变化不断调整，与之关联的业务规则也将随之改变，故而有必要在实现和修改业务规则的同时保持其灵活性，从而使企业在激烈的竞争中赢得一席之地。业务规则引擎正是这种灵活性需求驱动下的产物，它将业务规则从程序代码中分离开来，用业务人员可理解的语言描述规则，让IT专家和业务人员能共同协作完成规则的设计与实现。我们曾多次与企业IT规则建设者讨论、实践企业业务系统的规则，为规则的建设者和使用者答疑解惑，在这个过程中也了解到国内介绍业务规则的图书少之又少。为了让IT建设者在业务规则方面少走弯路，我们决定把自己的实践经验总结成书，由浅入深，从理论到实战，全面讲解开源规则引擎Drools的原理、使用方式和现实场景实践。

本书从规则引擎的起源开始，对规则和Drools进行简要介绍；再从Hello Drools开始让读者浸入规则中，逐步掌握规则的语言、决策引擎的原理、Drools的多种部署与使用方式、规则的编写、规则的测试；最后引导读者学习Drools的中高级用法，如规则表、规则流、复杂事件处理、决策模型和表示法、预测模型标记语言与机器学习。

读者对象

本书适合作为IT系统中规则的建设者和使用者的规则入门与使用的参考资料，也适合作为Drools爱好者进行知识拓展的方向指导。

本书特色

- 本书书如其名，以实战为主，演示了大量基于现实场景的项目的实现过程。
- 本书适当介绍部分理论知识，以让读者能了解Drools，进而顺利完成实战演练。
- 本书提供了大量的实战示例，这些示例没有版权限制，读者可随意在自己的系统中使用，不需要通知作者，也不需要声明出处。
- 本书不是Drools的使用指南，不适合作为指导手册使用。

如何阅读本书

本书共14章，按照Drools的使用难易程度组织，可分为初级、中级和高级三个层次。

- **初级（第1～4章）**

首先，总体介绍Drools的构成、多种使用方式、核心概念；其次，以Hello Drools为例让读者切身体验最简单规则的编写过程，通过对示例的解读，让读者理解Drools规则语言的基本语法与模式匹配；再次，对Drools规则语言的方方面面进行详细讲解；最后，深入讲解Drools规则引擎的核心概念，让读者知其然并知其所以然。

- **中级（第5～11章）**

通过详尽的步骤讲解Drools基于主机、容器和云模式的环境搭建，介绍如何基于已搭建的环境进行规则的开发、测试与发布，并通过实战让读者掌握多种规则编写方式：向导式规则、规则模板、领域专用语言、规则表、规则流。

- **高级（第12～14章）**

有针对性地讲解Drools在流模式下的复杂事件处理原理、基于决策模型和表示法的规则编写及Drools对机器学习的支持和使用，以帮助读者拓宽思路，将Drools应用到更广阔的领域。

在线获取资料

我们在写作过程中参考了红帽的官方技术文档和Drools社区的官方指导文档。如果你在阅读过程中有疑问，可以访问如下网站获取相关内容。

- https://access.redhat.com/documentation/en-us/red_hat_decision_manager/7.11
- https://docs.drools.org/7.71.0.Final/drools-docs/html_single/index.html
- https://kiegroup.github.io/dmn-feel-handbook/#dmn-feel-handbook

勘误与支持

限于水平，再加上技术的更新和迭代，书中难免会存在一些错误或不准确的地方，你可以通过关泽发的微信公众号“撞墙秀”（jonkey-show）向我们反馈。书中的全部源文件可以从GitHub上获取，地址为https://github.com/JonkeyGuan/drools-in-action.git。

致谢

感谢楚晖在与我合著这本书的过程中所付出的努力，正是这份努力促成了本书的顺利面市。

感谢家人对我的支持与鼓励，让我能在业余时间全身心地投入到本书的写作中。

谨以此书献给企业规则的关注者、建设者和使用者！

关泽发

目　录 *Contents*

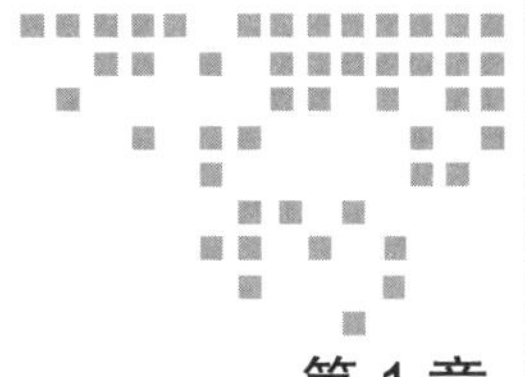

第1章 Chapter 1

Drools 概述

在本章中，我们将从规则引擎的起源开始，逐步了解开源规则引擎 Drools 的产生、主要组件、核心概念、基本原理和发行版本，从而建立对 Drools 的感性认知。

1.1 什么是规则引擎

规则引擎是伴随着 IT 系统发展、业务复杂度提升而发展起来的，将业务决策功能从代码实现中剥离的引擎系统。规则引擎用自身可识别的语言来描述和编写业务规则，它接收输入参数（数据），通过预编译或预加载的规则推导出结果，供调用方使用或直接触发外部系统接口，以对输入事件做出反馈（动作），如图 1-1 所示。

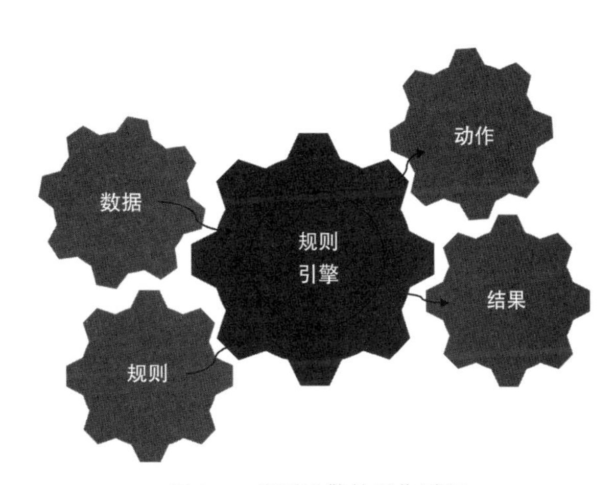

图 1-1 规则引擎的运作原理

规则引擎把业务规则的编写和修改工作从业务系统的开发人员身上转移到具体系统运营的业务人员身上，因而避免了从业务到代码再到业务的长链路知识传递过程，降低了出错率。规则引擎还减少了因为业务变更而重新发布系统的次数，增加了系统的健壮性，提升了研发效率，缩短了从想法到实现的周期，从而提高了效益。

规则引擎的业务规则专注性也令系统的业务规则得以汇聚、沉淀，从而给系统革新、业务优化与转型提供了参考与依据，规则引擎也在潜移默化地促进企业创新。

在当今移动互联网的发展和驱动下，各行各业的多种结构化和非结构化数据呈井喷式增长，如何有效地利用这些数据，快速得到决策结果，进而转化为企业效益和创新的驱动力已经成为规则引擎发展的新方向。

1.2 Drools 是什么

Drools 是业务规则管理系统（BRMS）的一种实现方式。它提供了核心业务规则引擎（BRE）、基于 Web 的规则编写和管理的控制台（Drools Workbench）。它能运行基于 DMN（决策模型和表示法）定义的决策模型，还能用来导入和运行遵从 PMML（预言模型标记语言）的机器学习预测模型。

Drools 是用 Java 实现的规则引擎，是由 JBoss 公司发起的 100% 开源项目，遵从 Apache 2.0[1]的宽松开源协议。随着 JBoss 并入红帽（Red Hat），Drools 社区[2]也由红帽资助，红帽基于社区版 Drools 提供企业级的开源规则引擎——Red Hat Decision Manager。

Drools 的源码仓库托管在 GitHub 上，兴趣组为 kiegroup[3]（KIE 是 Knowledge is Everything 的缩写），该组有核心成员 50 名，代码仓库 113 个，社区活跃度较高。

Drools 社区的顶级项目有以下几个。

- Drools Workbench：规则编写和管理的 Web 管控台。
- Drools Expert：核心业务规则引擎。
- Drools Fusion：复杂事件处理。
- jBPM：流程引擎、规则流引擎。
- OptaPlanner：约束求解器，轻量级规划调度引擎。

提示 Drools Web 管控台的早期版本称为 Workbench，从 Drools 7.0 版本开始更名为 Business Central，也称作 Business Central Workbench。后文不对这三种 Drools Web 管控台的名称进行严格区分。

1.3 Drools 的组件

Drools 包含以下几个组件。

[1] https://www.apache.org/licenses/LICENSE-2.0。

[2] https://www.drools.org。

[3] https://github.com/kiegroup。

- Business Central：业务中心，是规则编写和管理的 Web 控制台。
- KIE Server：规则执行的服务器，可以部署在任何 Web 服务器上。
- Asset Repository：一个 Git 库，用来保存编写好的规则和相关文件。
- Artifact Repository：一个制品库，用来保存编译打包好的制品，如 kjar 文件等。

这几个组件之间的关系如图 1-2 所示。

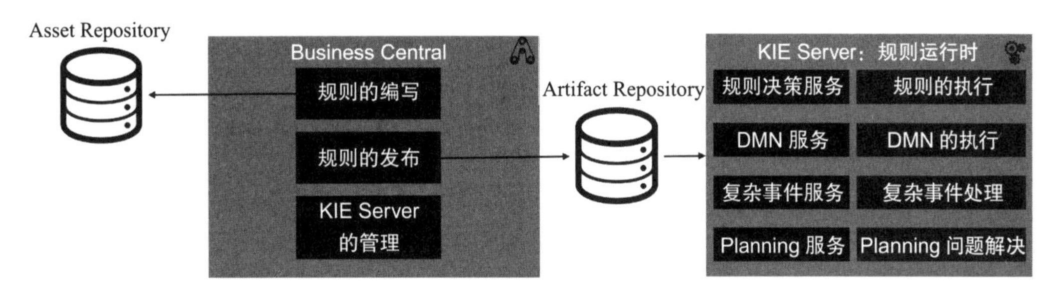

图 1-2　Drools 组件之间的关系

通常，用户会登录到 Business Central 中编写规则，将规则保存到 Asset Repository 中，再将规则编译、构建、发布成 kjar 文件保存到 Artifact Repository 中，最后通过 Business Central 创建 KIE Server，将规则对应的 kjar 文件部署到 KIE Server 中运行，以供外部系统调用。

1.4　Drools 的使用方式

Drools 有 3 种使用方式：嵌入式、远程调用模式、云提供模式。

1.4.1　嵌入式

嵌入式是将规则嵌入应用程序内部，应用程序通过引入 Drools 运行时的依赖库来驱动规则引擎，因此，规则运行时和应用程序共用一个 Java 虚拟机，如图 1-3 所示。

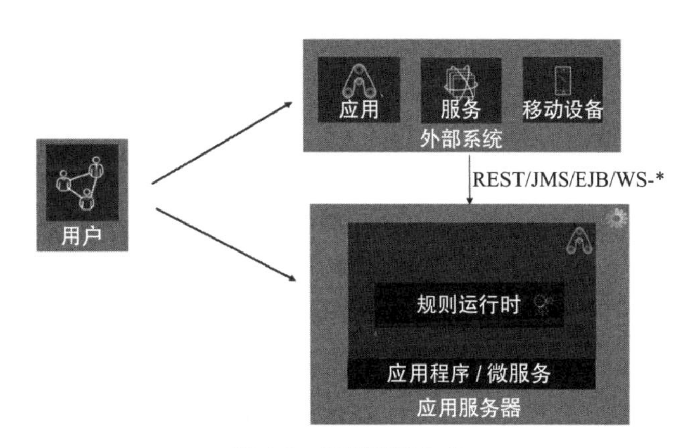

图 1-3　规则的嵌入式

应用程序可以独立运行，也可以运行在 Web 服务器或应用服务器内，外部系统不直接访问规则运行时或触发规则执行，而是通过应用程序对外暴露的接口来驱动规则。终端用户可以使用外部系统间接使用规则，也可以直接访问包装规则的应用。

1.4.2 远程调用模式

远程调用模式是将规则独立于应用程序之外、以 Drools 的规则服务器（KIE Server）方式运行并接收外部请求。规则服务器和应用程序分别运行在各自独立的 Java 虚拟机上，可以分别独立启动和维护，如图 1-4 所示。

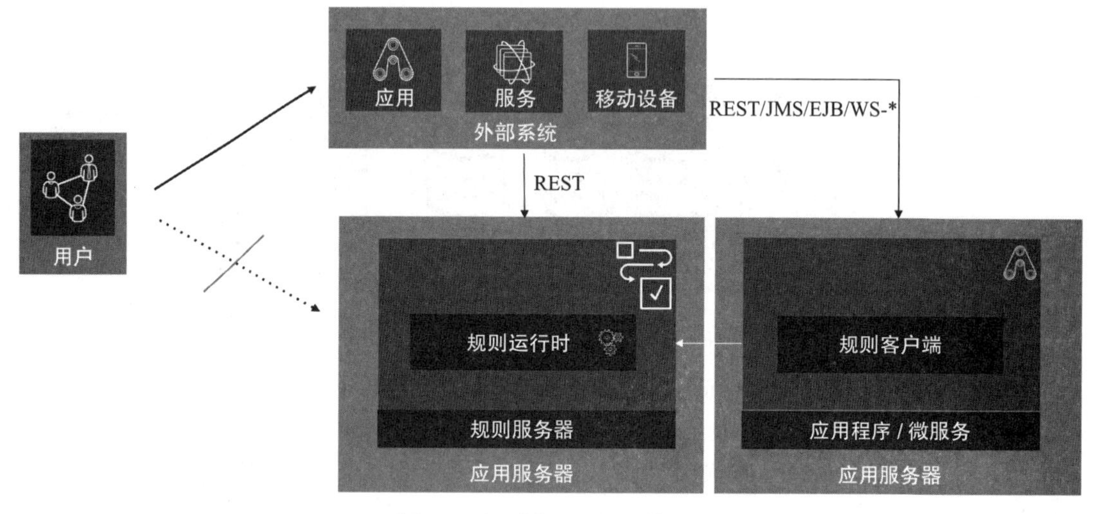

图 1-4　规则的远程调用模式

应用程序引入规则客户端的依赖，通过规则客户端向规则服务器传递所需的参数，触发规则并收取结果。外部系统可以通过应用程序定义好的协议（REST/JMS/EJB/WS-*）来访问应用程序或微服务，间接使用规则服务器，在这种情况下规则服务对外部系统来说是透明的。

外部系统也可以直接通过 REST 协议调用规则服务器，以实现自身的规则逻辑。此时的规则逻辑可以是与应用程序的规则逻辑不同的规则组合，规则服务器可以是多个独立的规则容器（KIE Container）。

终端用户不直接访问规则服务器，规则服务器上的规则由业务人员制定和维护，独立于具体的业务应用程序。业务人员可以灵活地调整规则，不会因为规则的变更而暂时终止业务。

1.4.3 云提供模式

云提供模式是将规则服务器以容器的方式运行在容器平台上，规则的编写、修改、维护都在云平台上操作（规则的 Web 管控台也以容器的方式运行在容器平台上）。规则服务同时被规则管控台和容器平台纳管，在规则变更后，规则管控台会找到规则对应的运行时容器，以滚动升级的方式启动新的容器运行规则，再销毁过时的规则容器，如图 1-5 所示。

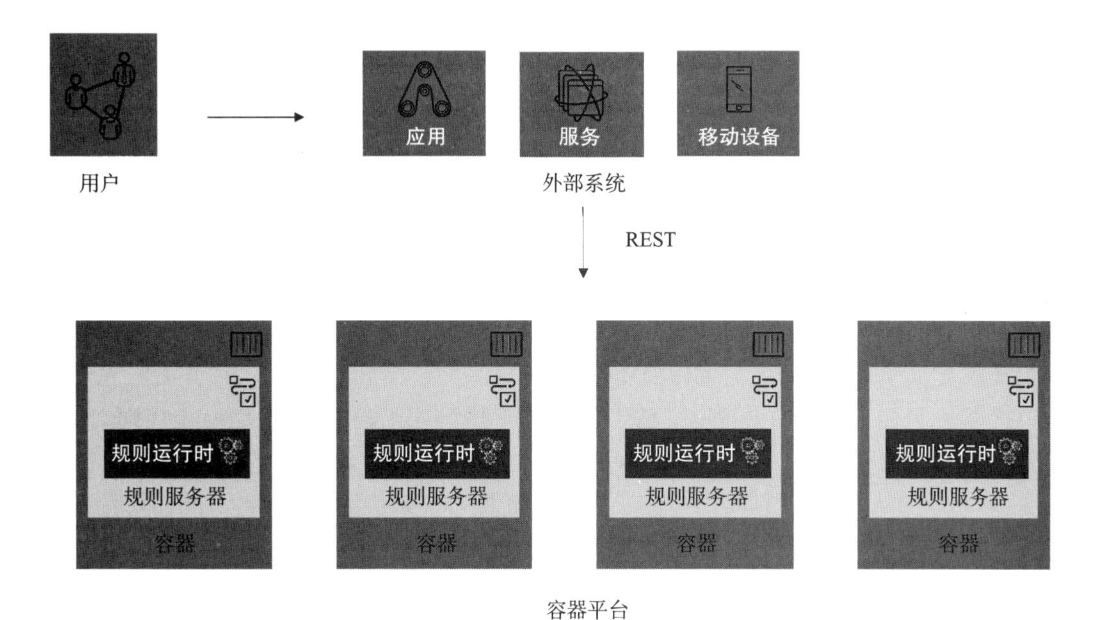

图 1-5　规则的云提供模式

外部系统和应用程序既可以部署在容器平台上，也可以运行在容器平台之外，它们以统一的 REST 协议向规则服务器传递参数，触发规则执行，再收取规则推演后的结果。

提示　Drools 的容器镜像位置如下。

- Business Central Workbench：https://registry.hub.docker.com/r/jboss/business-central-workbench/。
- KIE Execution Server：https://registry.hub.docker.com/r/jboss/kie-server/。

1.5　Drools 的核心概念

1.5.1　规则语言

Drools 是以声明方式编写规则的，它目前支持两种规则语言：Java 和 MVEL（MVFLEX Expression Language）。Drools 定义的规则保存在以 DRL（Drools Rule Language）为扩展名的文件中，在 Drools 的领域内，这个带有规则定义的 DRL 文件通常被称为规则文件。一个简单的 Drools 规则定义通常由以下几部分组成：

```
package 规则所属的包

rule 规则的名称
```

```
when
  触发规则的条件，也称为规则的左手边（Left Hand Side，LHS）
then
  触发后规则要做的动作，也称为规则的右手边（Right Hand Side，RHS）
end
```

- package 对规则的存放位置进行了定义，作用同 Java 里的 package。
- rule、when、then、end 是规则语言的保留关键字。
- 规则的名称用来标识被定义的规则，同一个包下的规则名必须唯一。
- when 定义了规则的触发条件。
- then 定义了规则被触发后要做的动作。

一个规则只能存放在一个规则文件中，不能跨多个规则文件存放，而一个规则文件中可以存放多个规则。

简单来说，Drools 的规则是由一个或多个“如果”（when）和“那么”（then）组成的，描述的是“如果满足这些条件，那么就做那些事情”。

1.5.2 事实对象

事实对象（fact）是 Drools 用来评估条件和执行结果的模型对象，也称为事实数据。

- 事实对象可以简单地理解为 Java 的 POJO 类（Plain Old Java Object）。
- 事实对象可以有自己的函数，提供给规则引擎在“那么”的部分调用。
- 事实对象可以从数据库中加载。
- 事实对象不需要继承任何类或实现某些接口。

Drools 要求这些事实对象必须遵从 Java Beans 的规范。事实对象根据其产生方式可以分为以下两种类型。

- Stated fact（陈述事实对象）：规则调用者提供给规则的事实对象。
- Inferred fact（推断事实对象）：规则引擎根据调用者提供的陈述事实通过计算推导出的事实对象，推断事实可能会随着时间的变化而改变。

比如，在一个商品促销的场景下，我们要根据顾客的会员级别和购买金额计算出顾客此次购物的折扣率，顾客的会员级别和此次购买金额是陈述事实，而根据会员级别和购买金额计算出的折扣率就是推断事实。

Drools 规则引擎用规则中的“如果”部分进行规则触发条件的判断，判断的依据就是事实对象。这些事实对象既可以是陈述事实，也可以是推断事实。如果满足触发条件，则触发规则（触发规则的“那么”部分）。规则通常会在“那么”部分对既有的事实数据进行更新 / 删除操作或产生新的事实数据，这些变动过的事实数据会再次引起规则引擎的条件判断而触发其他规则。因此规则不是被调用者直接触发的，而是由 Drools 的决策引擎触发的。

1.5.3 决策引擎

决策引擎（Decision Engine）是Drools的核心，也可以称作Drools的“大脑”。如图1-6所示，决策引擎从生产内存（Production Memory）中加载定义的规则，再从工作内存（Working Memory）中读取事实对象，然后根据规则条件，用Phreak算法进行模式匹配（Pattern Matching），也就是执行规则定义中的“如果”部分，如果匹配成功就把相应的动作（规则定义中的“那么”）部分放到议程（Agenda）队列中。

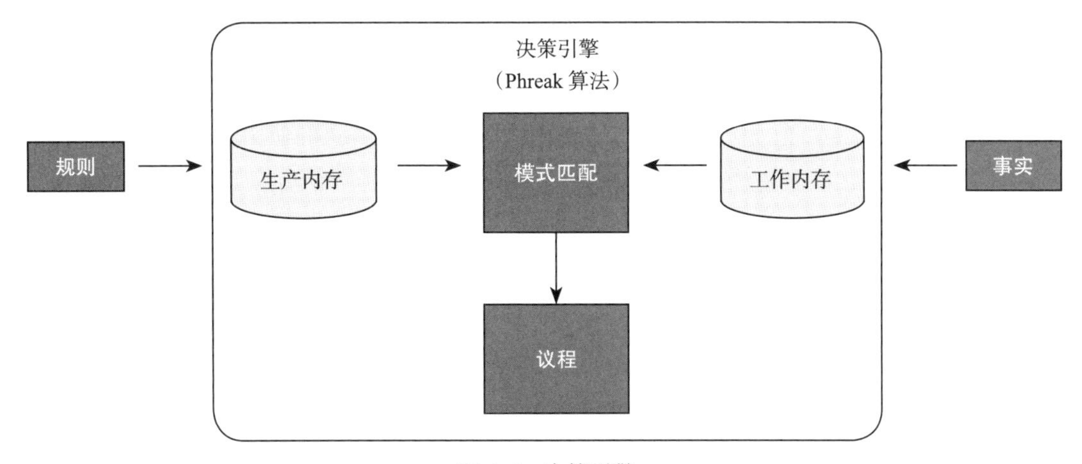

图1-6 决策引擎

- 议程是规则引擎的触发事件队列，所有已经匹配的规则都会在议程中排队，等待规则引擎逐个执行。
- 生产内存是保存编译后的Drools规则的位置。
- 工作内存是事实对象（数据）的存放位置，外部提供给规则引擎的陈述事实和规则引擎产生或修改后的推断事实都保存在工作内存中。
- Phreak算法是新版Drools引入的、改进后的ReteOO算法，它会将编译后的规则组成Phreak网络，保存在生产内存中。（4.4节将会详细介绍Phreak算法。）

1.6 社区的Drools与企业级的Decision Manager

好奇的读者可能会问：“Drools社区由红帽资助，而红帽基于Drools推出了Decision Manager，那么Drools和Decision Manager到底哪个好？我该怎么选？”Drools和Decision Manager没有本质区别，都是完全开源的，只是侧重点有所不同。Drools关注的是功能创新，Decision Manager关注的是稳定性和可靠性。对于用于开发、测试、技术预研的个人用户来说，Drools是不错的选择，可以尝试最新的技术。对于企业级用户来说，Decision Manager是很好的选择，稳定、可靠、有保障、开箱即用。此外，Decision Manager对于个人用户是免费开放的。

本书的内容会分别涉及 Drools 和 Decision Manager 的实践场景。

1.7 本章小结

本章要点如下。

- 规则引擎产生的原因。
- 开源规则引擎 Drools 的组成和在社区中的受欢迎程度。
- Drools 的核心概念：规则语言、事实对象、决策引擎。
- 社区的 Drools 和企业级的 Decision Manager 的区别及各自的使用场景。

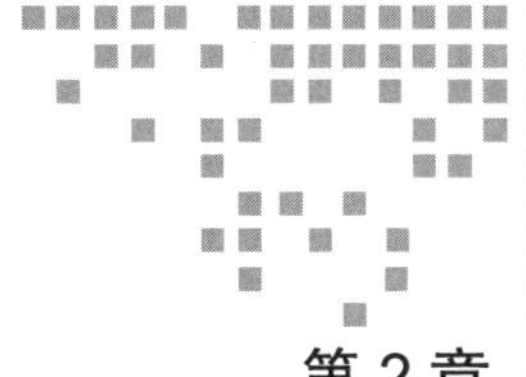

第2章 Chapter 2

Drools初体验

在本章，我们将编写第一个Drools规则——hello drools，再以Java程序驱动其运行。让我们通过切身体验和原理解读来初步了解Drools。

2.1 环境准备

本书中的示例程序是基于Maven管理的Java工程，为了能运行本书提供的示例，请读者自行安装OpenJDK[一]和Maven[二]，推荐的版本为OpenJDK 11和Maven 3.6.3。

本书中的示例是用Visual Studio Code（简称VS Code）编写的。示例的运行和调试对编辑器没有强制要求，这里推荐使用Visual Studio Code 1.61.0。

2.2 hello drools

为了方便读者，示例已经放在GitHub上了。示例的架构是用kie-drools-archetype产生的，感兴趣的读者可以移步kie-drools-archetype官方仓库[三]进一步了解。

首先从GitHub仓库获取示例的源代码，再切换到ch02/hello-drools工程目录下，参考命令如下：

```
git clone https://github.com/JonkeyGuan/drools-in-action.git
```

[一] https://openjdk.java.net/projects/jdk/11。

[二] https://maven.apache.org/download.cgi。

[三] https://github.com/kiegroup/droolsjbpm-knowledge/tree/main/kie-archetypes/kie-drools-archetype。

```
cd drools-in-action/ch02/hello-drools
```

用 VS Code 打开 hello-drools 的 Java 工程后，可以看到详细的工程文件结构及主要的规则实现文件 rules.drl，如图 2-1 所示。

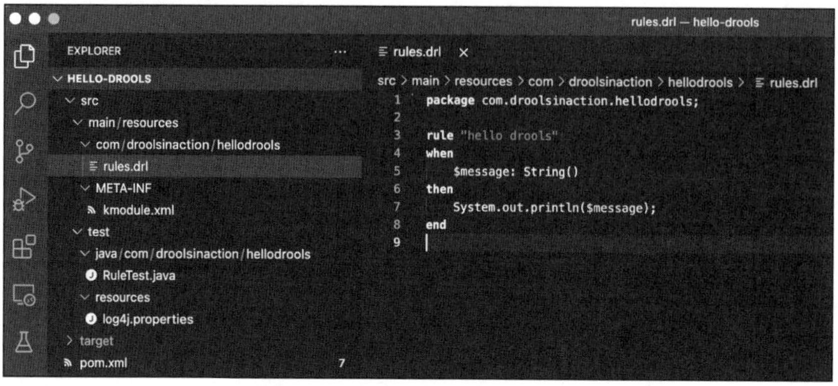

```
package com.droolsinaction.hellodrools;

rule "hello drools"
when
    $message: String()
then
    System.out.println($message);
end
```

图 2-1　hello-drools 工程结构

我们在规则文件 rules.drl 中定义了名为“hello drools”的规则，该规则接收 String 类型的消息，不进行加工，直接在控制台输出消息的内容。

驱动规则文件运行的是基于 JUnit 的测试用例 RuleTest.java。从 VS Code 左侧导航视图找到 RuleTest.java 文件，单击后展开该文件的详细内容，如图 2-2 所示。

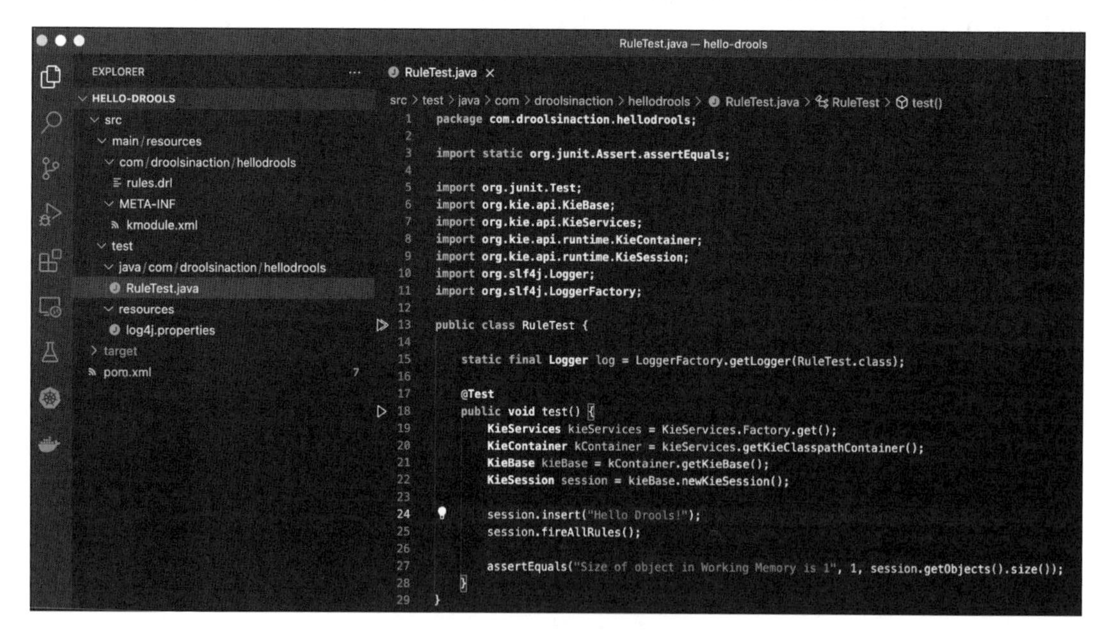

图 2-2　驱动规则的测试用例

在测试用例中，我们先准备好规则运行的必要环境，再向规则环境中插入“Hello

Drools”消息，最后通过 fireAllRules 触发规则。（规则运行环境的详细情况将在 2.5 节介绍。）

要想从命令行构建并测试 hello-drools 工程，可以运行如下命令。我们可以看到控制台输出了插入规则环境的“Hello Drools”消息，说明 hello drools 规则触发成功。

```
mvn clean test
…
Hello Drools!
[INFO] Tests run: 1, Failures: 0, Errors: 0, Skipped: 0, Time elapsed: 0.767 s
…
```

至此，我们实现了一个简单的基于 Drools 的规则，并能从命令行驱动该规则运行。

2.3　规则语法解读

在图 2-1 中，规则文件 rules.drl 有如下规则定义：

```
package com.droolsinaction.hellodrools; // ①

rule "hello drools" // ②
when
  $message: String() // ③
then
  System.out.println($message); // ④
end
```

相关说明如下。

①该规则文件保存在 com.droolsinaction.hellodrools 包下，只有一个名称为“hello drools”的规则。在这个包下不允许再有名称为“hello drools”的规则，因为 Drools 规定在同样的包下规则的名称必须唯一。

②规则的名称为“hello drools”。

③ hello drools 规则中“如果”（when）部分定义的是 $message: String()，其含义是：如果在当前的工作内存中存在一个 String 型的事实对象，就把这个事实对象和变量 $message 绑定。

④ hello drools 规则中“那么”（then）部分没有定义对事实数据的操作，只是借助绑定的 $message 变量，把匹配的 String 类型的事实对象的内容输出到控制台。

2.4　Drools 的模式匹配

细心的读者可能会问：“为什么 $message: String() 就能判断出工作内存中是否存在一个 String 类型的事实对象？ Drools 是怎么把这个选中的事实对象绑定到 $message: 上的？”

Drools 规则语言是以声明方式来编写规则的，它以函数式编程的方式进行模式匹配。

假设有如下 Customer 对象的定义：

```
public class Customer {
  …
  private String Id;
  private String loyaltyLevel;
  private String name;
  …
}
```

匹配所有 Customer 的模式为：

```
Customer()
```

匹配金卡会员的模式为：

```
Customer(loyaltyLevel == "gold")
```

匹配金卡会员，获取会员级别和顾客名字并绑定到变量的模式为：

```
Customer($status: loyaltyLevel == "gold", $name: name)
```

匹配金卡会员，获取顾客本身并绑定到变量的模式为：

```
$customer: Customer(loyaltyLevel == "gold")
```

通过绑定变量匹配金卡会员的模式为：

```
$customer: Customer(name == $name)
```

Customer 事实对象的模式匹配关系如图 2-3 所示，通过对 Customer 对象的属性 loyaltyLevel 应用比对操纵符“==”，并指定该操作符的值约束为 "gold"，就会筛选出所有的金卡会员顾客对象并形成集合。

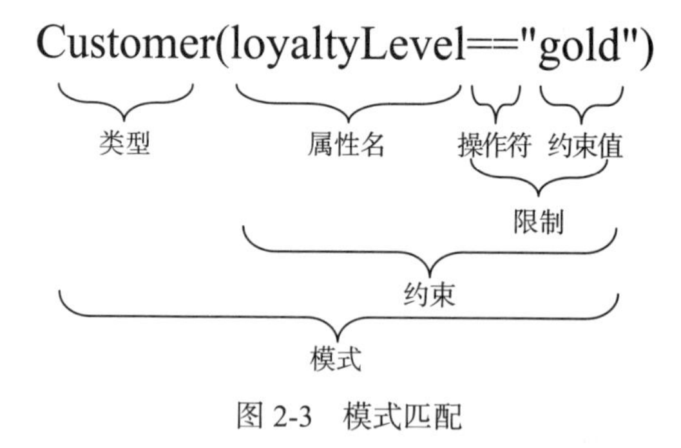

图 2-3 模式匹配

提示 模式匹配绑定变量前的“$”可以省略，如果省略，则在引用此变量时也不需要在变量前加“$”。感兴趣的读者可以去了解与 Java 语言接近的 Scala 语言的函数式编程的模式匹配，网址为 https://docs.scala-lang.org/tour/pattern-matching.html。

规则“如果”部分的规则触发条件可以是多个事实对象的模式匹配组合。假设我们添加了如下Order对象定义：

```
public class Order{
  …
  private int quant;
  private String customerId;
  …
}
```

则匹配所有金卡会员顾客中所下订单数量大于100的模式为：

```
Customer(loyaltyLevel == "gold", $id: Id) && Order(customerId == $id, quant >
  100)
```

提示　Drools中常用条件约束符有&&、||、and和or。

2.5　规则工程解读

在2.4节中，我们接触了规则文件的组成和定义，这些定义是静态的，需要被加载并运行起来，才能在接收外部提供的事实数据（fact）后进行判断和触发规则。下面我们来看一下如何驱动之前定义的“hello drools”规则。

Hello Drools是一个基于Maven的Java工程，在工程管理的pom.xml文件中引入了如下依赖：

```
…
<dependencies>
  <dependency>
    <groupId>org.drools</groupId>
    <artifactId>drools-engine-classic</artifactId> // ①
  </dependency>

  <dependency>
    <groupId>org.drools</groupId>
    <artifactId>drools-model-compiler</artifactId> // ②
  </dependency>
…
```

相关说明如下。

①引入的drools-engine-classic依赖实现了Drools规则引擎的运行。

②引入的drools-model-compiler依赖实现了把不同类型的规则定义（文本、Excel表等）转换成规则引擎所能识别的、可以执行的规则。

在 src/main/resources/META-INF/kmodule.xml 中定义了如何加载规则文件（DRL），内容如下：

```
<?xml version="1.0" encoding="UTF-8"?>
<kmodule xmlns="http://www.drools.org/xsd/kmodule">
...
</kmodule>
```

在 Hello Drools 的项目中采用默认方式加载规则文件，没有多个 kbase 和不同种类的 ksession，因而不需要明确指定 kbase、ksession 的加载项。感兴趣的读者可以移步 Drools 官网文档的 kmodule 部分[⊖]进一步了解。

在 src/main/resources/com/droolsinaction/hellodrools/rules.drl 文件中定义了规则的实现，该实现部分已在 2.3 节中介绍过。

在 src/test/java/com/droolsinaction/hellodrools/RuleTest.java 中，我们以 JUnit 的方式启动规则引擎，主要内容如下：

```
...
public class RuleTest {

  static final Logger log = LoggerFactory.getLogger(RuleTest.class);

  @Test
  public void test() {
    KieServices kieServices = KieServices.Factory.get(); // ①
    KieContainer kContainer = kieServices.getKieClasspathContainer(); // ②
    KieBase kieBase = kContainer.getKieBase(); // ③
    KieSession session = kieBase.newKieSession(); // ④

    session.insert("Hello Drools!"); // ⑤
    session.fireAllRules(); // ⑥

    assertEquals("Size of object in Working Memory is 1", 1, session.
      getObjects().size()); // ⑦
  }
}
```

相关说明如下。

①通过 KieServices 的工厂方法获取到 KieServices 的对象实例 kieServices。

② kieServices 实例根据当前 JVM 环境的类路径（classpath）找到 kmodule.xml，进行规则运行环境的初始化并生成 kContainer。

③从 kContainer 中获取 kieBase。

④用 kieBase 创建新的 session（KieSession 会话）。

⑤通过 KieSession 向工作内存中插入事实数据。

⊖ http://docs.jboss.org/drools/release/7.59.0.Final/drools-docs/html_single/index.html#_creatingandbuildingakieproject。

⑥触发规则。

⑦从 session 中获取规则执行后的事实数据。

2.6　本章小结

本章要点如下。

- 编写第一个 Drools 规则文件。
- 了解 Drools 规则的基本组成、模式匹配。
- 用 Java 程序来驱动已创建的规则：Java 工程中需要引入的依赖库，如何定义 kmodule，如何初始化 kmodule、获取会话、传入事实对象并触发规则。

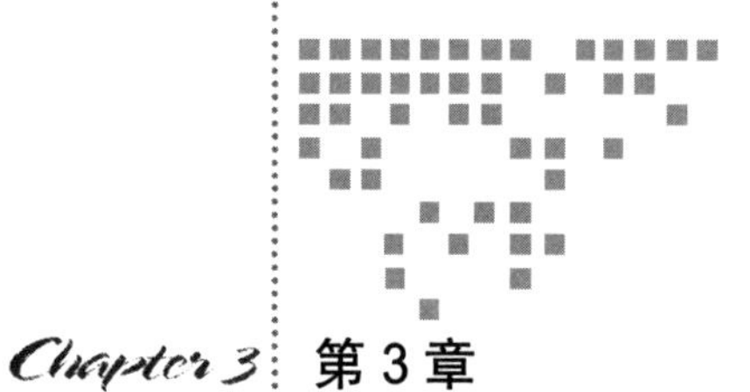

Chapter 3 第 3 章

Drools 规则语言

在 1.5 节中，我们已经了解到 Drools 的规则是用规则语言来编写的，保存在 DRL 文件中，简单的规则文件由包名、规则名、“如果”部分、“那么”部分组成。在本章中，我们来看下规则文件的完整定义，以及各部分的意义和用法。

一个完整的规则文件由以下几部分组成：

```
package 规则所属的包

import 导入规则的依赖

function  函数定义（可选）

query  查询定义（可选）

declare   类型声明（可选）

global   全局变量定义（可选）

rule 规则 1 的名称
when
  触发规则的条件，也称为规则的左手边（Left Hand Side，LHS）
then
  触发后规则要做的动作，也称为规则的右手边（Right Hand Side，RHS）
end

rule 规则 2 的名称
…
```

- 一个 DRL 文件可以包含单个或多个规则、查询和函数。

- 可以在 DRL 文件中定义规则、查询和函数所需的资源，例如规则的依赖、全局变量、类型声明等。
- 规则所属的包名必须放到 DRL 文件的顶部。
- 规则的定义通常放到 DRL 文件的末尾。
- 对 DRL 文件的其他部分没有强制的顺序要求。

3.1 语法说明

3.1.1 包定义

包是 Drools 存放资产的文件夹，用法同 Java 语言里的包。包包含规则的定义文件（以 DRL 为扩展名）、数据对象、决策表等其他类型的资产（DRL 以外的资产会在后文中讲解）。包同时是每组规则的命名空间，相同命名空间下的规则名必须唯一。

比如，hello-drools 工程中包的定义如下：

```
...
package com.droolsinaction.hellodrools;
...
```

一个规则库可以有多个包。Drools 遵从 Java 的规范，将规则的定义与包内资产的声明存放在同一个文件中，不同包之间的规则或对所依赖 Java 库的引用，需要先通过 import 导入当前的命名空间中，或者不导入，而通过全路径的方式使用。

提示 规则库是指规则编译后的，可以独立部署和运行的 kjar 包（如 customer-rules.jar）。kjar 是 KIE Jar 的缩写，我们可以把 kjar 理解为包含规则定义的 Jar。

3.1.2 依赖导入

Drools 规则语言的 import 与 Java 中的 import 语句类似，用于导入外部依赖项，需要在 DRL 文件中导入所依赖对象的完整路径和类型才可以在规则文件中使用。导入的格式为：

```
import packageName.objectName
```

如果有多个依赖，建议分多行导入，Drools 引擎默认已经导入 java.lang 包。

使用示例如下：

```
...
import com.droolsinaction.hellodrools;
import java.util.List;
...
```

3.1.3 函数

在编写规则的时候，为了重用多次出现的规则代码逻辑，我们可以把这部分逻辑抽取出来放到规则依赖的Java库中，也可以直接在规则文件中定义可重用的函数，使用示例如下：

```
package com.example;
…
function String hello(String yourName) {
    return "Hello " + yourName + "!";
}

rule "使用函数的规则"
  when
…
  then
    System.out.println( hello( "Jonkey" ) );
end
…
```

如果引用的函数与当前的规则在不同的包下，可以通过如下方式导入后使用：

```
…
import function com.example.hello;

rule "使用函数的规则"
  when
…
  then
    System.out.println( hello( "Benny" ) );
end
…
```

3.1.4 查询

查询用来从决策引擎的工作内存中查找出符合指定条件的事实数据。我们可以在DRL文件中以如下方式定义查询：

```
query "年龄小于18岁的人"
  $person : Person( age < 18 )
end
```

以上查询的名称为“年龄小于18岁的人”，它能从工作内存中查找出所有年龄小于18岁的Person对象。以下是在Java端调用该查询的代码示例：

```
QueryResults results = ksession.getQueryResults( "年龄小于18岁的人" );
System.out.println( "有 " + results.size() + " 人年龄小于18岁" );

System.out.println( "年龄小于18岁的人是：" );
```

```
for ( QueryResultsRow row : results ) {
  Person person = ( Person ) row.get( "person" );
  System.out.println( person.getName() + "\n" );
}
```

以上代码从已创建好的 ksession 中通过查询名“年龄小于 18 岁的人”获取该查询的结果，保存在 QueryResults 对象中，再通过 QueryResultsRow 对象迭代查找，获取返回集中的每个 Person 对象。

提示　查询的名称在规则工程中是全局的，因此在一个规则工程中查询的名称必须唯一，不能重复。

3.1.5　类型声明

我们可以在 Java 中定义规则所需要的数据类型，也可以直接在 DRL 文件中声明。在 DRL 文件中还可以声明枚举类型，类型之间可以继承。

1. 普通数据类型定义

以下是在 DRL 文件中声明 Person 类型并在规则中使用的示例：

```
import java.util.Date

declare Person
  name : String
  dateOfBirth : Date
  address : Address
end

rule " 使用 DRL 内声明的类型 "
  when
    $p : Person( name == "Jonkey" )
  then
    Person person= new Person();
    person.setName( "Benny" );
    insert( person);
end
```

- 新声明的类型 Person 有 name、dateOfBirth、address 属性。
- 在使用中，我们先找出 Jonkey 这个 Person，再初始化名字为 Benny 的 Person 并将其插入工作内存中。

以上在 DRL 中声明的 Person 类型，规则引擎会将其解析成如下的 Java 对象：

```
public class Person implements Serializable {
  private String name;
  private java.util.Date dateOfBirth;
  private Address address;
```

```
  // 空参构造函数
  public Person() {...}

  // 包含所有属性的构造函数
  public Person( String name, Date dateOfBirth, Address address ) {...}

  // getters 和 setters
  // equals 和 hashCode
  // toString
  …
}
```

2. 枚举类型定义

以下是枚举类型 DaysOfWeek 的定义与使用示例，枚举项之间用逗号分隔。

```
declare enum DaysOfWeek
    SUN("Sunday"),MON("Monday"),TUE("Tuesday"),WED("Wednesday"),
    THU("Thursday"),FRI("Friday"),SAT("Saturday");
  fullName : String
end

rule "使用枚举类型"
when
  $emp : Employee( dayOff == DaysOfWeek.MONDAY )
then
  ...
end
```

3. 类型的继承

在 DRL 文件中定义有继承关系的类型和使用示例如下：

```
import com.example.Person

declare Person
end

declare Student extends Person
  school : String
end

declare LongTermStudent extends Student
  years : int
  course : String
end
```

在上面的示例中，我们首先导入 com.example 包中定义的 Person 并声明 Person 为已定义，然后声明 Student 类型（它从 Person 继承，具有 school 属性），最后声明了从 Student 继承的、具有 years 和 course 属性的 LongTermStudent 类型。

3.1.6　全局变量

规则用到的全局变量需要在 DRL 文件中声明，以下是全局变量定义与使用示例：

```
global com.example.Person systemAdmin;

rule "使用全局变量"
  when
…
  then
    systemAdmin.setName("Jonkey");
end
```

在上面的规则文件中，我们用 global 关键字定义了类型为 com.example.Person 的全局变量 systemAdmin，并在规则的执行部分对全局变量进行赋值。以下是通过 KIE 会话设置全局变量的使用示例：

```
Person admin = new Person ();
KieSession kieSession = kiebase.newKieSession();
kieSession.setGlobal( "systemAadmin", admin );
```

在以上的示例中，我们用全局变量进行数据传递。全局变量也可以被规则用于调用对外部服务，示例如下：

```
global com.example.EmailService emailService;

rule "使用全局的服务"
  when
    …
  then
    emailService.send("jonkey@example.com", "email context");
end
```

在这个示例中，我们通过全局的 emailService 变量，在规则的动作部分发送邮件给 Jonkey。

3.1.7　规则属性

我们可以为指定规则添加额外的属性以描述该规则的特定行为，格式如下。可应用于规则的属性名称与功能说明请参考表 3-1。(4.3 节将会详细介绍规则属性。)

```
rule "规则名"
  // 属性 1
  // 属性 2
  when
    // 条件
  then
    // 动作
end
```

表 3-1 规则属性使用说明

属　性	说　明
salience	规则优先级，整型，值越大优先级越高。在规则的激活队列中，优先级高的规则会先执行 使用示例：salience 10
enabled	规则是否生效的开关标识符，布尔类型，true 代表开启，false 代表关闭 使用示例：enabled true
date-effective	规则的生效时间，字符串类型的时间描述，只有当前系统时间在生效时间以后，规则才有效 使用示例：date-effective "16-Oct-2021"
date-expires	规则的失效时间，字符类型的时间描述，当前系统时间达到失效时间以后，规则即失效 使用示例：date-expires "16-Oct-2022"
no-loop	规则防自身触发标识，布尔类型，指定在规则的执行部分对事实对象的修改不再触发规则本身。事实对象修改后，规则自身满足了再次触发的条件，设置此标识后，自身的规则将不会被再次触发，防止非期望的无穷递归 使用示例：no-loop true
agenda-group	规则的议程组，字符串类型，是对已经激活的规则执行部分的分组，分组后的规则只有在获取焦点后才能执行 使用示例：agenda-group "GroupName"
activation-group	规则的激活组，字符串类型，是对激活规则的分组。在同一个激活组中，只有一个规则被激活，其余的规则在被激活规则执行后将不会被激活。该属性通常和 salience 配合使用 使用示例：activation-group "GroupName"
duration	规则激活后被执行的延迟时间，长整型，单位为毫秒。如果规则满足触发的条件，则在该属性定义的时间段后被执行 使用示例：duration 10000
timer	规则的定时调度，可以是周期调度或定时调度 周期调度格式：timer (int: <initial delay> <repeat interval>?)，repeat interval 是可选项 使用示例：timer (int: 30s) 或 timer (int: 30s 5m) 定时调度格式：timer (cron: <cron expression>)，参数为标准的 cron 表达式 使用示例：timer (cron:* 0/15 * * * ?)
calendars	基于 Quartz 的规则定时调度 使用示例：calendars "* * 0-7,18-23 ? * *"
lock-on-active	规则组的防自身触发标识，布尔型，在规则所在的组（规则的议程组或激活组）被激活、修改了事实数据后，该组的所有规则都不会被自身组内的修改而触发 使用示例：lock-on-active true
ruleflow-group	规则流分组（简称为规则流组），字符串类型，在规则流的使用场景下，只有该规则组内的规则才有机会被激活 使用示例：ruleflow-group "GroupName"
dialect	规则实现的方言，字符串类型，目前支持的有 JAVA 和 MVEL 使用示例：dialect "JAVA"

3.1.8 规则的条件

规则的条件也称作规则的左手边（LHS），它用于判断该规则是否需要触发。只有满足了规则的触发条件，其动作部分才会执行。规则的条件通常是由一个或多个模式和约束组成的，关于模式匹配可回顾 2.4 节。

1. 空条件

如果规则的条件部分为空，Drools会把空条件当作true，该规则的动作部分会在决策引擎接收到fireAllRules()调用的时候执行，例如：

```
rule "一定会插入一个Applicant"
  when
…
  then    // 动作部分定义
    insert( new Applicant() );
end
```

以上规则，在决策引擎接收到fireAllRules()时，会在工作空间插入一个新的Applicant事实。在决策引擎的内部，以上规则会被解析成如下伪规则：

```
rule "一定会插入一个Applicant"
  when
    eval( true )
  then
    insert( new Applicant() );
end
```

以上示例中的eval是Drools的表达式计算函数，它会对传递给它的表达式进行计算，比如eval(1+2)，结果是3。

2. 复合条件

当规则的条件部分由多个条件组合而成（称为多个模式）时，条件之间可以通过复合条件的关键字连接，如and、or、not等。如果条件之间没有提供复合关键字，则Drools会默认将条件之间的复合关系视为and，示例如下：

```
rule "申请人年龄过低"
  when
    application : LoanApplication()
    Applicant( age < 21 )
  then
    …
  end
```

以上规则会在Drools内部被解析为如下规则：

```
rule "申请人年龄过低"
  when
    application : LoanApplication()
    and Applicant( age < 21 )
  then
…
end
```

3. 条件运算符

Drools 不但支持 Java 中的标准运算符，还针对规则添加了扩展运算符，示例用法与说明如下。

（1）.()：子属性分组访问

```
// 子属性没有分组访问的方式
Person( name == "jonkey", address.city == "shenzhen", address.country == "cn" )

// 子属性的分组访问方式
Person( name == " jonkey", address.( city == " shenzhen", country == "cn") )
```

（2）#：转换成子类型

```
// 将 address 转换成 address 的子类型 LongAddress
Person( name == "jonkey", address#LongAddress.country == "cn" )

// 将 address 转换成 address 的全路径类型 org.domain.LongAddress
Person( name == "jonkey", address#org.domain.LongAddress.country == "cn" )

// 多次子类型转换
Person( name == "jonkey", address#LongAddress.country#DetailedCountry.population
  > 10000000 )
```

（3）!.：非空访问

```
Person( $streetName : address!.street )
```

以上示例会筛选出 address 不为空的 Person，并将 address 的 street 属性与变量 $streetName 绑定，Drools 内部会将以上的条件解析为如下：

```
Person( address != null, $streetName : address.street )
```

（4）[]：集合元素访问

```
// 访问 childList 列表中第一个元素的 age 属性
Person(childList[0].age == 18)

// 访问 credentialMap 集合中 jonkey 元素的 valid 属性
Person(credentialMap["jonkey"].valid)
```

（5）matches 与 not matches：匹配和不匹配正则表达式

```
// 匹配正则表达式
Person( country matches "(USA)?\\S*CN" )

// 不匹配正则表达式
Person( country not matches "(USA)?\\S*CN" )
```

（6）contains 与 not contains：集合中包含和不包含元素

```
// 包含元素
```

```
FamilyTree( countries contains "CN" )
// 不包含元素
FamilyTree( countries not contains "CN" )
```

（7）memberOf 与 not memberOf：元素是否属于集合

```
// 元素属于集合
FamilyTree( person memberOf $europeanDescendants )
// 元素不属于集合
FamilyTree( person not memberOf $europeanDescendants )
```

（8）soundslike：英文发音是否几乎相同

```
// 匹配名字是 "Jon" 或 "John"
Person( firstName soundslike "John" )
```

（9）str：字符串判断

```
// routingValue 的值是否以 "R1" 开头
Message( routingValue str[startsWith] "R1" )

// routingValue 的值是否以 "R2" 结尾
Message( routingValue str[endsWith] "R2" )

// routingValue 的值的长度是否为 17
Message( routingValue str[length] 17 )
```

（10）in 与 notin：值是否在集合中

```
// 判断值是否在指定的集合中
Person( $color : favoriteColor )
Color( type in ( "red", "blue", $color ) )

// 判断值是否不在指定的集合中
Person( $color : favoriteColor )
Color( type notin ( "red", "blue", $color ) )
```

3.1.9 规则的动作

规则的动作也称作规则的右手边（RHS），它是规则触发后要执行的动作。常见的动作有对工作内存中的事实对象进行插入、修改、删除操作。在规则的动作部分不宜放过多的逻辑，如果逻辑过多，可以适当考虑将规则拆分为多个规则，以降低规则的复杂度。

规则动作的示例如下：

```
rule "申请人年龄过低"
  when
    application : LoanApplication()
    Applicant( age < 21 )
  then
    application.setApproved( false );
```

```
    application.setExplanation( " 申请人年龄过低 " );
end
```

对于以上示例，在规则的动作部分，我们将工作内存中的application对象属性approved的值改为false，并将explanation修改为" 申请人年龄过低 "。

1. 规则动作中常用的方法

Drools提供了如下不需要借助drools变量而可以直接使用的方法来操作工作内存。

（1）set：设置属性值

格式：

```
set<field> ( <value> )
```

示例：

```
$application.setApproved( false );
$application.setExplanation( " 申请人年龄过低 " );
```

（2）update：通知决策引擎事实数据已变更

通过set修改了事实数据的属性值，需要通过调用update来通知决策引擎，事实数据已经改变，需要重新进行规则匹配以触发新的规则执行。

格式：

```
update ( <object> )
```

示例：

```
loanApplication.setAmount( 100 );
update( loanApplication );
```

（3）modify：修改属性值并通知决策引擎

格式：

```
modify ( <fact-expression> ) {
  <expression>,
  <expression>,
  ...
}
```

示例：

```
modify( loanApplication ) {
  setAmount( 100 ),
  setApproved ( true )
}
```

modify先修改事实对象的属性值，再通知决策引擎对象改变了。以上示例与下面的示例等同：

```
loanApplication.setAmount( 100 );
loanApplication. setApproved ( true );
update( loanApplication );
```

（4）insert：将事实对象插入工作内存中

格式：

```
insert( new <object> );
```

示例：

```
insert( new Applicant() );
```

（5）delete：从工作内存中删除事实对象

格式：

```
delete( <object> );
```

示例：

```
delete( Applicant );
```

（6）insertLogical

用 insert 向工作内存中插入事实对象后，如果该对象不再需要，我们要显式调用 delete 将其从工作内存中删除。针对这样的场景，Drools 提供了 insertLogical 方法。用 insertLogical 插入工作内存中的对象，在后续不再满足当初插入该事实对象的规则条件时，决策引擎会自动将其删除。

格式：

```
insertLogical( new <object> );
```

示例：

```
insertLogical( new Applicant() );
```

2. 借助 drools 变量引用的规则动作方法

除了常用的规则动作外，Drools 还提供了基于 drools 变量引用的规则动作方法。

1）drools.getRule().getName()：返回当前触发规则的名称。

2）drools.getMatch()：返回当前触发规则的匹配信息，可以用来作为日志输出或辅助调试。例如，以下表达式将返回匹配对象列表。

```
drools.getMatch().getObjects()
```

3）drools.getKieRuntime().halt()：在外部通过 fireUntilHalt() 激活决策引擎的规则评估后，引擎一直处于活动状态，需要显式调用 drools.getKieRuntime().halt() 方法才能停止引擎的当前活动。

4）drools.getKieRuntime().getAgenda()：返回 KIE 会话议程的引用，通过该引用可以进一步获取规则激活组、议程组和规则流组。例如：

```
drools.getKieRuntime().getAgenda().getAgendaGroup( "CleanUp" ).setFocus();
```

5）drools.getKieRuntime().setGlobal()：设置全局变量。

6）drools.getKieRuntime().getGlobal()：获取全局变量。

7）drools.getKieRuntime().getGlobals()：获取所有的全局变量。

8）drools.getKieRuntime().getEnvironment()：返回 Drools 运行的环境变量。

9）drools.getKieRuntime().getQueryResults(<string> query)：返回指定查询的结果。

3. 复杂用法示例

Drools 规则的动作部分通常要简短，采用声明方式，要易于阅读。以下是优化规则动作部分的使用示例。

```
rule "年龄大于60岁的顾客享受9折优惠"
  when
    $customer : Customer( age > 60 )
  then
    modify($customer) { setDiscount( 0.1 ) };
end

rule "年龄大于60岁的顾客免费停车"
  when
    $customer : Customer( age > 60 )
    $car : Car( owner == $customer )
  then
    modify($car) { setFreeParking( true ) };
end
```

我们可以让规则 2 继承自规则 1，从而去掉重复的条件，用法如下：

```
rule "年龄大于60岁的顾客享受9折优惠"
  when
    $customer : Customer( age > 60 )
  then
    modify($customer) { setDiscount( 0.1 ) };
end

rule "年龄大于60岁的顾客免费停车"
    extends "年龄大于60岁的顾客享受9折优惠"
  when
    $car : Car( owner == $customer )
  then
    modify($car) { setFreeParking( true ) };
end
```

我们还可以在规则条件中添加动作标签，以合并以上两个规则，示例如下：

```
rule "年龄大于 60 岁的顾客享受 9 折优惠和免费停车"
  when
    $customer : Customer( age > 60 )
    do[giveDiscount]
    $car : Car( owner == $customer )
  then
    modify($car) { setFreeParking( true ) }; // ①
  then[giveDiscount]
    modify($customer) { setDiscount( 0.1 ) };
end
```

在上面的示例中，我们定义了两个动作：第一个动作是默认动作，第二个动作以标签方式命名为 giveDiscount。在规则的条件中，我们定义了“条件动作指定”do[giveDiscount]，只要满足了 Customer(age > 60) 就执行 giveDiscount 的动作。如果条件也满足 Car(owner == $customer)，同时执行第一个动作（①默认动作）。

我们也可以为条件动作添加 if 判断，以进一步限定标签动作的执行条件，示例如下：

```
rule "年龄大于 60 岁的顾客免费停车，如果该顾客是金卡会员还可以享受 9 折优惠"
  when
    $customer : Customer( age > 60 )
    if ( type == "Golden” ) do[giveDiscount]
    $car : Car( owner == $customer )
  then
    modify($car) { setFreeParking( true ) };
  then[giveDiscount]
    modify($customer) { setDiscount( 0.1 ) };
end
```

我们还可以为条件动作添加更复杂的限制条件，示例如下：

```
rule "年龄大于 60 岁的顾客免费停车。如果该顾客是金卡会员，享受 9 折优惠；如果是银卡会员，享受 95
  折优惠"
  when
    $customer : Customer( age > 60 )
    if ( type == "Golden" ) do[giveDiscount10]
    else if ( type == "Silver" ) break[giveDiscount5]
    $car : Car( owner == $customer )
  then
    modify($car) { setFreeParking( true ) };
  then[giveDiscount10]
    modify($customer) { setDiscount( 0.1 ) };
  then[giveDiscount5]
    modify($customer) { setDiscount( 0.05 ) };
end
```

3.1.10　注释

Drools 规则中的注释与 Java 语言中的注释相同：用双反斜线 // 标识单行注释，用 /* …

*/ 标识多行注释，决策引擎会忽略被标识为注释的内容。注释的使用示例如下：

```
rule " 申请人年龄过低 "
  // 单行注释
  when
    $application : LoanApplication()  // 单行注释
    Applicant( age < 21 )
  then
    /* 多行
      注释 */
    $application.setApproved( false );
    $application.setExplanation( " 申请人年龄过低 " );
end
```

3.1.11 错误提示

Drools 提供了标准格式的错误提示，以便于我们对规则进行调试和除错。错误提示的格式如图 3-1 所示，各块的说明如下。

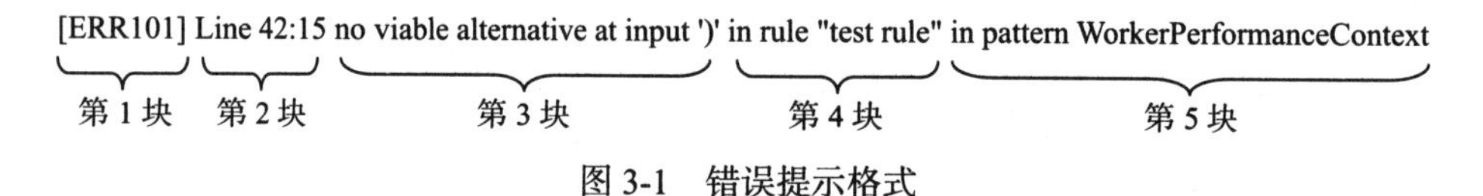

图 3-1 错误提示格式

- 第 1 块：出错码。
- 第 2 块：出错的行号和列号。
- 第 3 块：错误问题描述。
- 第 4 块：错误所在的 DRL 文件中的位置（rule, function, query）。
- 第 5 块：错误所在的 DRL 文件中的匹配模式。

出错码的发生场景与提示举例如下。

（1）101: no viable alternative（没有合适的关键字）

示例规则：

```
1: rule "simple rule"
2:   when
3:     exists Person()
4:     exits Student()  // 需要关键字 exists
5:   then
6: end
```

错误提示：

```
[ERR 101] Line 4:4 no viable alternative at input 'exits' in rule "simple rule"
```

（2）102: mismatched input（不匹配的输入）

示例规则：

```
1: rule "simple rule"
2:   when
3:     $p : Person(
      // 需要完整的规则声明
```

错误提示：

```
[ERR 102] Line 0:-1 mismatched input '<eof>' expecting ')' in rule "simple rule"
  in pattern Person
```

（3）103: failed predicate（失败的语法谓词）

示例规则：

```
 1: package nesting;
 2:
 3: import org.drools.compiler.Person
 4: import org.drools.compiler.Address
 5:
 6: Some text  // 需要合法的 DRL 关键字
 7:
 8: rule "test something"
 9:   when
10:     $p: Person( name=="Michael" )
11:   then
12:     $p.name = "other";
13:     System.out.println(p.name);
14: end
```

错误提示：

```
[ERR 103] Line 6:0 rule 'rule_key' failed predicate: {(validateIdentifierKey(Dro
  olsSoftKeywords.RULE))}? in rule
```

（4）104: trailing semi-colon not allowed（不允许以分号结尾）

示例规则：

```
1: rule "simple rule"
2:   when
3:     eval( abc(); )  // 不能用分号结尾
4:   then
5: end
```

错误提示：

```
[ERR 104] Line 3:4 trailing semi-colon not allowed in rule "simple rule"
```

（5）105: did not match anything（无匹配项）

示例规则：

```
1: rule "empty condition"
2:   when
```

```
3:      None  // 如果要匹配空条件，则需要删除None，在这里保留空白
4:    then
5:        insert( new Person() );
6: end
```

错误提示：

```
[ERR 105] Line 2:2 required (...)+ loop did not match anything at input 'WHEN'
in rule "empty condition"
```

3.2 实战：斐波那契数列

3.2.1 功能说明

斐波那契数列指的是这样一个数列：0,1,1,2,3,5,8,13,21,34,…。在数学上以递推的方法定义它：$F(0)=0$, $F(1)=1$, $F(n)=F(n-1)+F(n-2)$（$n \geqslant 2$，$n \in \mathbf{N}^*$）。推导过程如下：

第 1 个数：0

第 2 个数：1

第 3 个数：1（第 1 个数和第 2 个数的和，即 0 + 1 = 1）

第 4 个数：2（第 2 个数和第 3 个数的和，即 1 + 1 = 2）

第 5 个数：3（第 3 个数和第 4 个数的和，即 1 + 2 = 3）

第 6 个数：5（第 4 个数和第 5 个数的和，即 2 + 3 = 5）

以此类推。

我们希望用 Drools 根据输入的数列序号（第 N 个数）来产生截止到 N 的斐波那契数列。

3.2.2 规则实现

为了方便读者，示例代码已经放在 GitHub 上了，请切换到 ch03/fibonacci 工程目录下。（示例代码的获取方式参见 2.2 节。）

用 VS Code 打开 fibonacci Java 工程，可以看到详细的工程文件结构和主要的规则实现文件 rules.drl，如图 3-2 所示。

在命令行中运行如下命令，开始构建并测试 fibonacci 工程。

```
mvn clean test
…
recurse for 10
recurse for 9
recurse for 8
recurse for 7
recurse for 6
recurse for 5
```

```
recurse for 4
recurse for 3
recurse for 2
2 -> 1
1 -> 1
3 -> 2
4 -> 3
5 -> 5
6 -> 8
7 -> 13
8 -> 21
9 -> 34
10 -> 55
[INFO] Tests run: 1, Failures: 0, Errors: 0, Skipped: 0, Time elapsed: 0.842 s -
  in com.droolsinaction.fibonacci.RuleTest
...
```

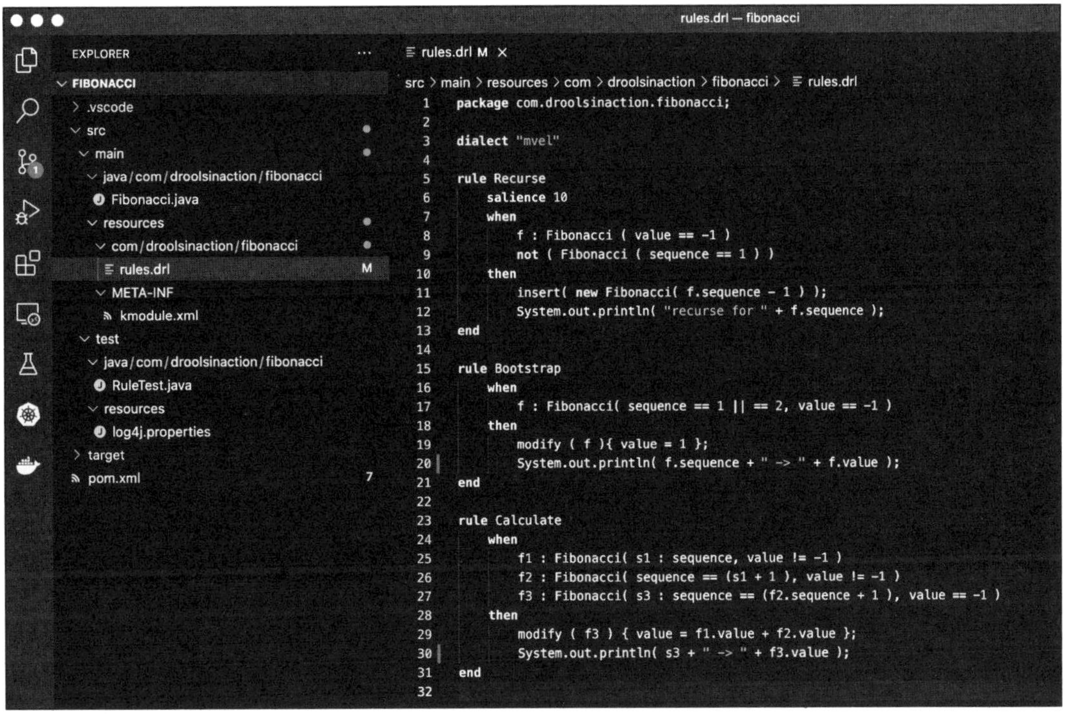
rules.drl — fibonacci
EXPLORER
FIBONACCI
.vscode
src
main
java/com/droolsinaction/fibonacci
Fibonacci.java
resources
com/droolsinaction/fibonacci
rules.drl
META-INF
kmodule.xml
test
java/com/droolsinaction/fibonacci
RuleTest.java
resources
log4j.properties
target
pom.xml
rules.drl M
src > main > resources > com > droolsinaction > fibonacci > rules.drl
package com.droolsinaction.fibonacci;
dialect "mvel"
rule Recurse
salience 10
when
f : Fibonacci (value == -1)
not (Fibonacci (sequence == 1))
then
insert(new Fibonacci(f.sequence - 1));
System.out.println("recurse for " + f.sequence);
end
rule Bootstrap
when
f : Fibonacci(sequence == 1 || == 2, value == -1)
then
modify (f){ value = 1 };
System.out.println(f.sequence + " -> " + f.value);
end
rule Calculate
when
f1 : Fibonacci(s1 : sequence, value != -1)
f2 : Fibonacci(sequence == (s1 + 1), value != -1)
f3 : Fibonacci(s3 : sequence == (f2.sequence + 1), value == -1)
then
modify (f3) { value = f1.value + f2.value };
System.out.println(s3 + " -> " + f3.value);
end

图 3-2 fibonacci 工程结构

从控制台输出看到，规则推导出从 1 到 10 的斐波那契数列，说明规则触发成功。

3.2.3 工程解读

如图 3-2 所示，fibonacci 工程与第 2 章 hello-drools 工程相比，在文件 Fibonacci.java 中增加了 Fibonacci 数据对象定义，内容如下：

```
package com.droolsinaction.fibonacci;

public class Fibonacci {

  private int sequence;

  private long value;

  public Fibonacci() {

  }

  public Fibonacci(final int sequence) {
    this.sequence = sequence;
    this.value = -1;
  }

  public int getSequence() {
    return this.sequence;
  }

  public void setValue(final long value) {
    this.value = value;
  }

  public long getValue() {
    return this.value;
  }

  public String toString() {
    return "Fibonacci(" + this.sequence + "/" + this.value + ")";
  }
}
```

Fibonacci 数据对象是普通的 Java POJO 类，分别定义了 sequence 和 value 两个属性用作斐波那契数列的位数和位数值。除了针对属性的通用 setter 和 getter 定义外，它还定义了默认的空参构造函数 public Fibonacci() 和参数为 sequence 的构造函数 public Fibonacci(final int sequence)。这里要注意的是，有参构造函数会将 value 的值初始化为 -1，我们会在后面的规则中看到，规则用 -1 来判断对应位数的位数值是否已经计算过。

在单元测试文件 RuleTest.java 中，我们创建了新的事实对象 Fibonacci(10)，也就是说，我们期望计算出从 1 到 10 的斐波那契数列。在我们把创建的事实对象传入工作内存中后，调用 fireAllRules() 触发规则评估，我们期望规则处理完成后工作内存中的事实对象为 10 个。

```
...
  @Test
  public void test() {
    KieServices kieServices = KieServices.Factory.get();
    KieContainer kContainer = kieServices.getKieClasspathContainer();
```

```
    KieBase kieBase = kContainer.getKieBase();
    KieSession session = kieBase.newKieSession();

    session.insert(new Fibonacci(10));
    session.fireAllRules();

    assertEquals("Size of object in Working Memory is 10", 10, session.
      getObjects().size());
  }
...
```

3.2.4　规则解读

在规则文件 rule.drl 中有如下规则定义：

```
package com.droolsinaction.fibonacci;

dialect "mvel"

rule Recurse
  salience 10 // ①
  when
    f : Fibonacci ( value == -1 )
    not ( Fibonacci ( sequence == 1 ) )
  then
    insert( new Fibonacci( f.sequence - 1 ) );
    System.out.println( "recurse for " + f.sequence );
end

rule Bootstrap
  when
    f : Fibonacci( sequence == 1 || == 2, value == -1 )
  then
    modify ( f ){ value = 1 };
    System.out.println( f.sequence + " -> " + f.value );
end

rule Calculate
  when
    f1 : Fibonacci( s1 : sequence, value != -1 )
    f2 : Fibonacci( sequence == (s1 + 1 ), value != -1 )
    f3 : Fibonacci( s3 : sequence == (f2.sequence + 1 ), value == -1 )
  then
    modify ( f3 ) { value = f1.value + f2.value };
    System.out.println( s3 + " -> " + f3.value );
end
```

相关说明如下。

①在规则 Recurse 中我们定义其属性 salience 为 10，使得该规则比其余的 2 个规则

Bootstrap 和 Calculate 的优先级都高。

我们从 Java 端向规则引擎的工作内存中插入事实数据，并触发规则评估，规则引擎内部的计算过程如下。

1）此时工作内存中只有一个 Fibonacci 事实数据：sequence 为 10，value 为 -1。

2）目前只有规则 Recurse 的条件 f : Fibonacci (value == -1) and not (Fibonacci (sequence == 1)) 匹配。

3）执行规则 Recurse 的动作部分，产生新的事实数据 Fibonacci(9)，Fibonacci(9) 的 value 值为 -1（还没有计算过），将 Fibonacci(9) 插入工作内存中。

4）Fibonacci(9) 的插入动作又触发了自身（Recurse）。

5）继续执行规则 Recurse 的动作部分，产生新的事实数据 Fibonacci(8)，Fibonacci(8) 的 value 值为 -1（还没有计算过），将 Fibonacci(8) 插入工作内存中。

6）Recurse 规则自身递归触发执行直到插入 Fibonacci(1) 。

7）在 Fibonacci(1) 进入工作内存后，Bootstrap 规则的条件 f : Fibonacci(sequence == 1 || == 2, value == -1) 得到满足。

8）执行规则 Bootstrap 的动作部分：将 Fibonacci(1) 和 Fibonacci(2) 的 value 值修改为 1，并通知决策引擎有事实数据被修改。注意，这里修改 Fibonacci(1) 和 Fibonacci(2) 的 value 值没有先后顺序。

9）此时工作内存中的 Fibonacci(1)、Fibonacci(2)、Fibonacci(3) 满足规则 Calculate 的条件。

10）执行规则 Calculate 的动作部分：根据 Fibonacci(1) 和 Fibonacci(2) 的 value 值计算出 Fibonacci(3) 的 value 值为 2（1+1），将 Fibonacci(3) 的 value 值修改为 2（从 -1 修改为 2）。

11）此时工作内存中的 Fibonacci(2)、Fibonacci(3)、Fibonacci(4) 满足规则 Calculate 的条件。

12）继续执行规则 Calculate 计算出 Fibonacci(4) 的 value 值为 3（1+2），将 Fibonacci(4) 的 value 值修改为 3（从 -1 修改为 3）。

13）规则 Calculate 继续触发，直到 Fibonacci(10) 的 value 计算并更新完成。

3.3 本章小结

本章要点如下。

- 在 Drools 的规则语言中定义包、导入依赖、根据需要定义和复用规则函数、通过查询将工作内存中的事实数据暴露到决策引擎以外。
- Drools 规则语言中的类型和原数据的使用，用全局变量的使用，给规则加属性（如优先级），规则的条件部分和动作部分的构成，注释和错误提示的格式。
- 基于递归完成了相对复杂的斐波那契数列的计算。

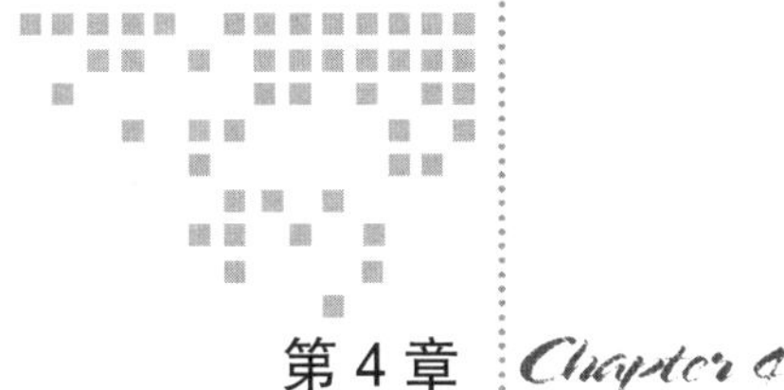

第 4 章 Chapter 4

Drools 决策引擎

在前文中我们了解到，Drools 的规则是用 DRL 规则语言来编写，再由规则引擎来驱动执行的。在本章我们将探索 Drools 规则引擎的核心概念、原理及使用方式。

4.1 会话

Drools 的运行时数据是以会话的形式保存的，称为 KIE session。我们可以在 kmodule.xml（KIE 的模块描述符文件）中定义会话，也可以在 Java 代码中创建会话。在 kmodule.xml 中定义会话的示例如下：

```
<kmodule>
  ...
  <kbase name="KBase2" default="false" eventProcessingMode="stream" … >
    <ksession name="KSession2_1" type="stateless" default="true"
      clockType="realtime">
    ...
  </kbase>
  ...
</kmodule>
```

会话是在 kbase 节点内以 ksession 子节点声明的。kbase（也称为 Drools 的仓库）声明的是项目中的规则和资产信息，是 Drools 项目的静态信息，ksession 声明的是运行时的动态信息。

Drools 的会话分为无状态会话和有状态会话。

4.1.1 无状态会话

无状态会话是指在外界调用 Drools 进行推理的过程中，多次调用的会话之间不共享会话信息，也就是说针对外界对 Drools 的每次调用，Drools 都会为其产生全新的运行时信息，其前一次调用的会话信息会被丢弃掉。

无状态会话的使用示例如下。

1）定义规则所需的数据对象。

```
public class Applicant {
  private String name;
  private int age;
  …
}

public class Application {
  private Date dateApplied;
  private boolean valid;
  …
}
```

2）在 DRL 文件中定义申请驾照的资格检查规则。

```
package com.example.license

rule "年龄是否合适"
when
  Applicant(age < 18)
  $a : Application()
then
  $a.setValid(false);
end

rule "今年发起的申请"
when
  $a : Application(dateApplied > "01-01-2022”)
then
  $a.setValid(false);
end
```

3）从 Java 端生成数据对象并调用规则。

```
StatelessKieSession ksession = kbase.newStatelessKnowledgeSession(); // ①
Applicant applicant = new Applicant("Mr Jonkey Guan", 16);
Application application = new Application();

assertTrue(application.isValid());
ksession.execute(Arrays.asList(new Object[] { application, applicant })); // ②
assertFalse(application.isValid());
```

```
ksession.execute(CommandFactory.newInsertIterable(new Object[] { application,
  applicant })); // ③

List<Command> cmds = new ArrayList<Command>();
cmds.add(CommandFactory.newInsert(new Person("Mr Jonkey Guan"), "mrGuan"));
cmds.add(CommandFactory.newInsert(new Person("Mr Benny Chen"), "mrChen"));

BatchExecutionResults results = ksession.execute
  (CommandFactory.newBatchExecution(cmds)); // ④
assertEquals(new Person("Mr Jonkey Guan"), results.getValue("mrGuan"));
```

①在 kbase 中创建新的无状态会话。

②针对无状态会话，execute() 方法将提供的事实数据插入工作内存中，方法内部会执行 fireAllRules() 以触发规则的执行，再调用 dispose() 释放会话资源。(fireAllRules() 和 dispose() 是有状态会话触发执行和释放会话资源的函数，详见 4.1.2 节。)

③用全新的运行时数据再次触发新一批事实数据与规则的匹配。

④用 CommandFactory 批量添加事实数据并执行规则匹配。

4.1.2　有状态会话

有状态会话是指在外界调用 Drools 进行推理的过程中，多次调用的会话之间会共享会话信息，也就是说针对外界对 Drools 的调用，Drools 会保留其前一次调用的会话信息，以便其在本次调用中可以继续用前一次调用产生的运行时信息。

有状态会话的使用示例如下。

1）定义规则所需的数据对象。

```
public class Room {
  private String name;
  …
}

public class Sprinkler {
  private Room room;
  private boolean on;
  …
}

public class Fire {
  private Room room;
  …
}

public class Alarm { }
```

2）在 DRL 文件中定义出现火警时的激活洒水喷头规则。

```
rule "When there is a fire turn on the sprinkler"
```

```
when
Fire($room : room)
$sprinkler : Sprinkler(room == $room, on == false)
then
  modify($sprinkler) { setOn(true) };
  System.out.println("Turn on the sprinkler for room "+$room.getName());
end

rule "Raise the alarm when we have one or more fires"
when
  exists Fire()
then
  insert( new Alarm() );
  System.out.println( "Raise the alarm" );
end

rule "Cancel the alarm when all the fires have gone"
when
  not Fire()
  $alarm : Alarm()
then
  delete( $alarm );
  System.out.println( "Cancel the alarm" );
end

rule "Status output when things are ok"
when
  not Alarm()
  not Sprinkler( on == true )
then
  System.out.println( "Everything is ok" );
end
```

3）从 Java 端生成数据对象并调用规则。

```
...
KieServices kieServices = KieServices.Factory.get();
KieContainer kContainer = kieServices.getKieClasspathContainer();

KieSession ksession = kContainer.newKieSession(); // ①

String[] names = new String[]{"kitchen", "bedroom", "office", "livingroom"};
Map<String,Room> name2room = new HashMap<String,Room>();
for( String name: names ){
  Room room = new Room( name );
  name2room.put( name, room );
  ksession.insert( room );
  Sprinkler sprinkler = new Sprinkler( room );
  ksession.insert( sprinkler );
}
```

```
ksession.fireAllRules(); // ②

Fire kitchenFire = new Fire( name2room.get( "kitchen" ) );
Fire officeFire = new Fire( name2room.get( "office" ) );

FactHandle kitchenFireHandle = ksession.insert( kitchenFire );
FactHandle officeFireHandle = ksession.insert( officeFire );

ksession.fireAllRules(); // ③

ksession.delete( kitchenFireHandle );
ksession.delete( officeFireHandle );

ksession.fireAllRules(); // ④

ksession.dispose(); // ⑤
```

①创建有状态会话。

②构建事实数据并显式调用 fireAllRules() 触发规则，没有火灾发生，控制台输出：

```
Everything is ok
```

③构建火灾事实数据，插入工作内存中，并注册插入事实数据的引用以备后续关联数据的调整，再次触发规则，控制台输出：

```
Raise the alarm
Turn on the sprinkler for room kitchen
Turn on the sprinkler for room office
```

④删除火灾事实数据，再次触发规则，控制台输出：

```
Cancel the alarm
Turn off the sprinkler for room office
Turn off the sprinkler for room kitchen
Everything is ok
```

⑤显式调用 dispose()，释放会话资源。

4.1.3 会话池

在无状态会话和有状态会话的使用场景中，如果涉及频繁创建和销毁会话对象的操作，则会带来决策引擎的额外性能损耗，我们可以通过创建会话池来节省这部分开销。会话池的使用示例如下：

```
KieServices ks = KieServices.Factory.get();
KieContainer kc = ks.getKieClasspathContainer();
KieContainerSessionsPool pool = kc.newKieSessionsPool(10); // ①
KieSession kieSession = pool.newKieSession(); // ②
kieSession.dispose(); // ③
```

```
pool.shutdown(); // ④
//kc.dispose(); // ⑤
```

①创建初始个数为 10 的会话池，如果使用过程中 10 个会话不够用，则会在池中创建新的会话。

②从会话池中获取会话资源。

③重置会话资源并返还到会话池中。

④销毁会话池。

⑤也可以用 KieContainer 的 dispose() 方法关闭所有通过 KieContainer 创建的会话池。

会话池中的会话既可以用作有状态会话，也可以用作无状态会话，示例如下：

```
StatelessKieSession sks = pool.newStatelessKieSession();
```

4.2 推理与真理

Drools 决策引擎会将事实数据与规则进行匹配，来决定是否执行相应规则的动作。对于多个规则的场景，如果在前一个规则匹配后执行的动作中修改了事实对象，这些被修改的事实对象可能会影响修改后事实对象与后续规则条件的匹配和执行。决策引擎会把之前执行过的规则当作真理，并维护一个真理表，以用于后续有矛盾点规则的推理（匹配与执行）。

为了支持以上推理与真理的场景，Drools 提供了以下方法进行事实数据的插入。

1）insert：事实数据的通用插入操作。如果插入工作内存中的事实数据不再需要或使用，要手工将其删除。

2）insertLogical：事实数据的按逻辑插入操作，即把满足规则的匹配条件的事实数据插入工作内存中。如果后续该事实数据被修改了，不再满足之前插入事实数据的规则条件，则引擎会自动将其从工作内存中删除。

insertLogical 的用法举例如下：

```
rule "Infer Child" // ①
when
  $p : Person(age < 18)
then
  insertLogical(new IsChild($p))
end

rule "Infer Adult" // ②
when
  $p : Person(age >= 18)
then
  insertLogical(new IsAdult($p))
end
```

假设当前进入工作内存的是一个小于 18 岁的 Person 对象，规则①被触发，IsChild 对象以逻辑判断方式插入工作内存中。当之前插入的 Person 对象的年龄被其他规则或外部调用修改为 18 岁及以上时，即不再满足规则①的条件时，引擎会从工作内存中移除用 insertLogical 方法插入的 IsChild 对象，同时，规则②的条件得到满足，引擎会执行规则②的动作，以逻辑判断的方式向工作内存中插入 IsAdult 对象。

当有以逻辑方式插入的事实对象后，如果工作内存中发生了事实对象的更改，引擎需要判断是否移除之前以逻辑方式插入的事实对象。决策引擎的默认判断方式是以 Java 对象的一致性（identify）来找出之前以逻辑方式插入的数据，再进行插入时刻的逻辑判断。Drools 也支持以 Java 对象的相等性（equality）的方式来筛选事实对象，启用方式如下。

在 kmodule.xml 中启用：

```
<kmodule>
  ...
  <kbase name="KBase2" default="false" equalsBehavior="equality"
    packages="org.domain.pkg2, org.domain.pkg3" includes="KBase1">
    ...
  </kbase>
  ...
</kmodule>
```

在 Java 代码中启用：

```
KieServices ks = KieServices.get();
KieBaseConfiguration kieBaseConf = ks.newKieBaseConfiguration();
kieBaseConf.setOption(EqualityBehaviorOption.EQUALITY);
KieBase kieBase = kieContainer.newKieBase(kieBaseConf);
```

4.3 规则执行控制

在新的事实数据插入决策引擎的工作内存后，如果有规则与其匹配，引擎会为这个数据和规则创建一个激活实例，再把激活实例放到议程中，由议程来控制规则的执行。之所以这样做，是因为规则的执行部分可能会对工作内存中的事实数据进行修改或删除，从而触发其他规则的执行，而基于议程的控制可以简化规则的执行控制，并解决潜在的规则执行的冲突。

当 Java 端调用 fireAllRules() 触发规则引擎开始评估时，决策引擎进入如图 4-1 所示的两阶段执行的循环中。

（1）议程评估

在这个阶段，决策引擎进行所有可触发规则的选择。如果没有可触发的规则，就结束两阶段执行的循环；如果有可以触发的规则，就在议程中为其注册一个“激活”，再转到工作内存动作阶段处理规则的动作部分。

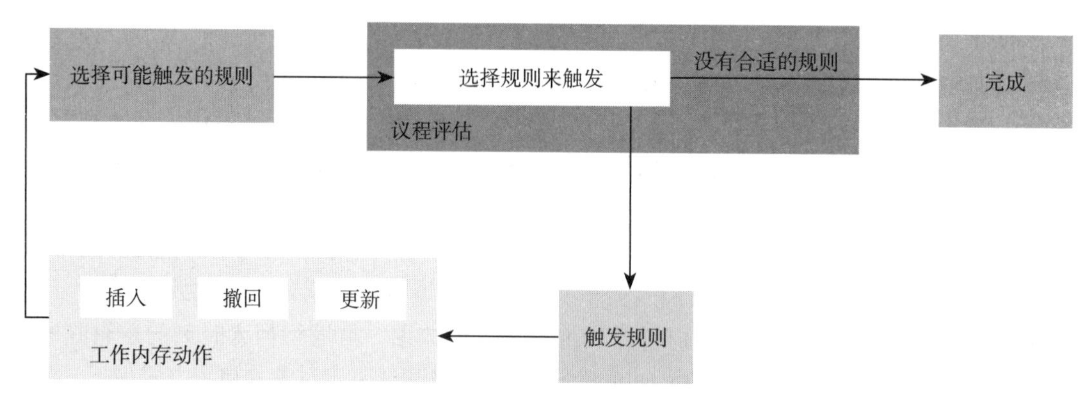

图 4-1　决策引擎的两阶段执行

（2）工作内存动作

在这个阶段，决策引擎负责处理在议程评估阶段注册的“激活”规则的执行部分，执行所有的“激活”后，再次进入议程评估阶段，直到没有可触发的规则，结束循环。

在两阶段执行循环的议程中有多条规则时，执行一条规则可能会导致另外的规则被从议程中移除而与规则定义的预期不同，我们可以借助 Drools 提供的优先级、议程组、激活组等来控制规则的执行，从而避免非预期的情况发生。

4.3.1　优先级

规则的 salience 属性决定了规则在‘激活’队列中的优先级。salience 属性值是整数类型，其值可以是正数也可以是负数，值越大则优先级越高，默认为 0。salience 使用示例如下：

```
rule "RuleA"
salience 95
when
    $fact : MyFact( field1 == true )
then
    System.out.println("Rule2 : " + $fact);
    update($fact);
end

rule "RuleB"
salience 100
when
  $fact : MyFact( field1 == false )
then
  System.out.println("Rule1 : " + $fact);
  $fact.setField1(true);
  update($fact);
end
```

规则 RuleB 的优先级更高，先执行。

4.3.2 议程组

规则的 agenda-group 属性将规则分成多个议程组，决策引擎会把没有指定 agenda-group 属性的规则归类到默认的 MAIN 议程组中。可以在 Java 程序中用 setFocus() 方法将某个议程组设置为获取焦点状态，具有焦点的议程组拥有比其他议程组更高的优先级。如果所有的议程组都没有获取焦点，则引擎会执行默认的 MAIN 议程组。也可以在规则中定义 auto-focus（自动获取焦点）属性，当自动获取焦点的规则被触发时，该规则所在的议程组会自动获取焦点。议程组的使用示例如下。

1）规则定义。

```
rule "Increase balance for credits"
  agenda-group "calculation" // ①
when
  ap : AccountPeriod()
  acc : Account( $accountNo : accountNo )
  CashFlow( type == CREDIT, accountNo == $accountNo,
            date >= ap.start && <= ap.end, $amount : amount )
then
  acc.balance  += $amount;
end

rule "Print balance for AccountPeriod"
  agenda-group "report" // ②
when
  ap : AccountPeriod()
  acc : Account()
then
  System.out.println( acc.accountNo + " : " + acc.balance );
end
```

①定义规则的议程组为 calculation；

②定义规则的议程组为 report。

2）Java 端调用。

```
Agenda agenda = ksession.getAgenda();
agenda.getAgendaGroup( "report" ).setFocus(); // ①
agenda.getAgendaGroup( "calculation" ).setFocus(); // ②
ksession.fireAllRules(); // ③
```

①设置 report 议程组的焦点；

②设置 calculation 议程组的焦点；

③触发规则评估。

我们可以调用 clear() 方法来取消激活该议程组内的规则，用法示例如下：

```
ksession.getAgenda().getAgendaGroup( “Group A” ).clear();
```

4.3.3 激活组

规则的 activation-group 属性将规则分成多个激活组，在一个激活组内，如果某个规则被激活了，同组内其他没有执行的规则将会被决策引擎从议程中移除，也就是说，同一个激活组内的规则每次只能有一个被激活。激活组的使用示例如下：

```
rule "Print balance for AccountPeriod1"
  activation-group "report"
when
  ap : AccountPeriod1()
  acc : Account()
then
  System.out.println( acc.accountNo + " : " + acc.balance );
end

rule "Print balance for AccountPeriod2"
  activation-group "report"
when
  ap : AccountPeriod2()
  acc : Account()
then
  System.out.println( acc.accountNo + " : " + acc.balance );
end
```

4.3.4 运行模式

决策引擎的运行模式分为被动模式和主动模式。

- 被动模式：决策引擎运行的默认模式，该模式是指在 Java 端显式调用 fireAllRules() 后，触发引擎立即进行规则的评估。该模式适用于以 Java 端来控制决策引擎何时进行规则评估的使用场景。
- 主动模式：在 Java 端显式调用 fireUntilHalt() 后决策引擎进入的评估模式。在该模式下，决策引擎会持续对工作内存中的事实数据和规则进行评估，直到 Java 端显式调用 halt() 后停止。该模式适用于流式事件的处理。

提示　要了解流式事件处理的详细情况，请参考第 12 章。

应尽量避免对决策引擎同时使用 fireAllRules() 和 fireUntilHalt()，特别是在多线程的环境中，如果同时使用了，Drools 会有以下表现。

- 如果正在进行的引擎处于 fireAllRules() 触发的被动模式，则调用 fireUntilHalt() 后，引擎会继续以被动模式运行完成，再运行 fireUntilHalt() 触发的主动模式。
- 如果正在进行的引擎处于 fireUntilHalt() 触发的主动模式，则调用 fireAllRules() 后，引擎会忽略 fireAllRule()，保持主动模式。

基于线程安全考虑，Drools 提供了 submit() 方法，该方法内的操作是线程安全的原子操作，具体用法示例如下：

```
KieSession session = ...;

new Thread( new Runnable() {
  @Override
  public void run() {
   session.fireUntilHalt();
  }
} ).start();

final FactHandle fh = session.insert( fact_a );

... Thread.sleep( 1000L ); ...

session.submit( new KieSession.AtomicAction() {
  @Override
  public void execute( KieSession kieSession ) {
    fact_a.setField("value");
    kieSession.update( fh, fact_a );
    kieSession.insert( fact_1 );
    kieSession.insert( fact_2 );
    kieSession.insert( fact_3 );
  }
} );

... Thread.sleep( 1000L ); ...

session.insert( fact_z );

session.halt();
session.dispose();
```

4.3.5 事实传播模式

Drools 有 3 种事实传播模式：LAZY、IMMEDIATE、EAGER。

- LAZY：惰性传播模式，该模式是决策引擎的默认模式。在该模式下，事实数据是以批量方式传播到规则的，也就是说，在事实数据逐个插入工作内存后，引擎并不会实时将其传播到规则，而是将事实数据批量传播到规则。事实数据传播到规则后，顺序不一定和插入工作内存时的顺序一致。
- IMMEDIATE：立即传播模式。在该模式下，事实数据在插入工作内存后，立即被传播到规则，也就是说，规则接收到事实数据的顺序和事实数据插入工作内存时的顺序一致。
- EAGER：急切传播模式。在该模式下，事实数据在规则执行前为惰性传播模式，决策引擎将此传播模式用于具有 no-loop 或 lock-on-active 属性的规则上。

事实传播模式的使用示例如下：

```
query Q (Integer i)
    String( this == i.toString() )
end

rule "Rule" @Propagation(IMMEDIATE) // ①
  when
    $i : Integer()
    ?Q( $i; )
  then
    System.out.println( $i );
end
```

①指定该规则的事实传播模式为 IMMEDIATE 模式。

4.3.6 议程评估过滤器

Drools 提供了 AgendaFilter 接口，用于在触发规则时筛选出待评估的规则。在 org.drools.core.base 包下有如下可用的实现类。

- RuleNameEndsWithAgendaFilter：匹配规则名结尾过滤。
- RuleNameEqualsAgendaFilter：匹配完整规则名过滤。
- RuleNameMatchesAgendaFilter：正则表达式匹配规则名过滤。
- RuleNameStartsWithAgendaFilter：匹配规则名开始过滤。

以下是筛选出规则名称以 Test 结尾的规则进行评估的使用示例：

```
ksession.fireAllRules( new RuleNameEndsWithAgendaFilter( "Test" ) );
```

4.3.7 规则单元

规则单元是相对议程组和激活组而言的更强大的规则执行控制机制。规则单元把规则划分成不同的组，每个组称为一个单元，每个单元可以有自己的数据源和全局变量，单元与单元之间可以相互依赖或触发。规则单元的使用示例如下。

1）定义数据对象。

```
public class BoxOffice {
  private boolean open;
…
}

public class Person{
  private String name;
  private int age;
…
}
```

```
public class AdultTicket {
…
}
```

2）在 Java 端实现 RuleUnit 接口。

```
package com.example.myunit;

public class TicketIssuerUnit implements RuleUnit {
  private int dummyGlobal; // ①
  private DataSource<Person> persons; // ②
  private DataSource<AdultTicket> tickets;

  private List<String> results;
  …
}

public class BoxOfficeUnit implements RuleUnit {
  private DataSource<BoxOffice> boxOffices;
  …
  @Override
  public void onStart() { // ③
    System.out.println("BoxOfficeUnit started.");
  }

  // @Override
  // public Identity getUnitIdentity() { // ④
  //        return new Identity(getClass(), dummyGlobal );
  // }
  …
}
```

①规则单元的全局变量声明，可以通过注解指定名称，比如对全局变量 adultAge 添加注解 @UnitVar("myGlobal") 后，全局变量的名称由 dummyGlobal 修改为 myGlobal。

②规则单元的数据源声明，可以通过注解指定名称，比如对全局变量 persons 添加注解 @UnitVar("people") 后，全局变量的名称由 persons 修改为 people。规则单元的数据源是单元内规则用的事实数据的入口，外部通过数据源将事实数据传递到规则单元的工作内存中。一个数据源可以供多个规则单元使用，而每个规则单元可以引用多个数据源。

③规则单元的生命周期回调函数，详细说明见表 4-1。

表 4-1 规则单元的生命周期回调函数

方 法	回调时刻
onStart()	规则单元执行开始
onEnd()	规则单元执行结束
onSuspend()	规则单元执行被挂起（仅与 runUntilHalt() 一起使用）
onResume()	恢复规则单元执行（仅与 runUntilHalt() 一起使用）
onYield(RuleUnit other)	在规则单元中的规则动作中触发而执行其他规则单元

④默认规则单元的唯一性标识是规则单元的类名称，在某些单元名称冲突的场景下，可以重载getUnitIdentity()方法，以避免冲突。

3）在DRL文件中定义单元内的规则。

```
package com.example.myunit;
unit TicketIssuerUnit; // ①

rule IssueAdultTicket when
    $p: /persons[ age >= 18 ] // ②
then
    tickets.insert(new AdultTicket($p));
end

rule RegisterAdultTicket when
    $t: /tickets
then
    results.add( $t.getPerson().getName() );
end

package com.example.myunit;
unit BoxOfficeUnit;

rule BoxOfficeIsOpen
  when
    $box: /boxOffices[ open ]
  then
    drools.guard( TicketIssuerUnit.class ); // ③
end
```

①声明规则单元，位置必须在包定义下，如果DRL的文件名和Java中声明的规则单元名称相同，则无须显式声明。

②规则条件的OOPath表示法，等同于如下表达式：

```
$p: Person(age >= 18) from persons
```

③规则单元的执行控制方法。

- drools.run()：以命令的方式在DRL中触发其他规则单元开始评估。
- drools.guard()：以声明的方式在DRL中等待满足的条件，条件满足后触发被监测的规则单元。

在以上的DRL文件中，我们分别定义了规则单元——TicketIssuerUnit和BoxOfficeIsOpen。BoxOfficeIsOpen在等待open属性状态为true的BoxOffice事实数据，如果存在就触发TicketIssuerUnit开始评估；在TicketIssuerUnit中，向所有年龄高于或等于18岁的人发放成年人票，再获取持票人的名字，加入已注册的返回值列表中。

4）从Java端驱动规则单元。

```
...
KieBase kbase = kieContainer.getKieBase();
```

```
RuleUnitExecutor executor = RuleUnitExecutor.create().bind( kbase ); // ①
…
DataSource<Person> persons = executor.newDataSource( "persons" ); // ②
DataSource<BoxOffice> boxOffices = executor.newDataSource( "boxOffices" );
DataSource<AdultTicket> tickets = executor.newDataSource( "tickets" );

executor.bindVariable( "dummyGlobal", 18 ); // ③

List<String> list = new ArrayList<>();
executor.bindVariable( "results", list ); // ④

BoxOffice office1 = new BoxOffice(true);
FactHandle officeFH1 = boxOffices.insert( office1 ); // ⑤

persons.insert(new Person("Jonkey", 40));

executor.run(BoxOfficeUnit.class); // ⑥
```

①创建规则单元的执行器并绑定到 kbase 上。

②直接从 executor 创建 persons 数据源（也可以采用④的方式，先创建数据源的数据对象列表，再通过 bindVariable() 函数注册到执行器中）。

③注册全局变量。

④注册返回值。

⑤通过数据源向规则单元的工作内存中添加事实数据。

⑥以被动方式触发 BoxOfficeUnit 规则单元开始评估，主动方式触发规则单元的评估方法为 runUntilHalt()，停止主动方式规则单元评估的方法为 halt()，如果触发规则单元的主动评估后不想挂起主线程，可以在新启动的子线程中触发规则，示例如下：

```
new Thread( () -> executor.runUntilHalt( BoxOfficeUnit) ).start();
```

4.4　Phreak 算法

早期版本的 Drools 是基于 ReteOO 算法实现的规则推演。ReteOO 算法是面向数据的，采用即时评估的方式。新版的 Drools 采用了 Phreak 算法，该算法并没有完全重写 ReteOO 算法，而是在 ReteOO 算法的基础上进行了增强，主要体现在以下几方面：

- 延迟评估
- 面向集合的传播
- 网络分段

4.4.1　延迟评估

决策引擎启动并加载规则后，会在内部形成 Phreak 网络。简单的 Phreak 网络可以分为

alpha 子网和 beta 子网。比如，有如下规则条件部分的定义：

```
rule "Sample Rule 1"
when
  $p: Provider(rating > 50)
  $pr: ProviderRequest()
then
  …
end
```

规则条件部分的每一个事实对象约束的单一条件是一个 alpha 节点，以上规则会形成 2 个 alpha 节点：$p: Provider(rating > 50) 和 $pr: ProviderRequest()。多个 alpha 节点组成 alpha 子网，简称为 alpha 网络。2 个 alpha 节点复合形成 beta 节点，多个 beta 节点组成 beta 子网，简称为 beta 网络。

在没有事实数据进入工作内存中，或者工作内存中的事实数据没有变化时，决策引擎不会对规则进行评估，此时的规则处于非连接状态。在有新事实数据进入工作内存或发生对既有事实数据的修改后，事实数据与规则的匹配只发生在 alpha 网络上，不进行 beta 网络的条件匹配，也就是延迟 beta 网络的条件匹配，直到触发了 fireAllRules()，决策引擎才开始 beta 网络的匹配动作。如果某个规则的所有条件节点（alpha 和 beta）都匹配成功，则决策引擎认为这个规则是连接的，会为这个连接的规则创建一个目标，并把这个目标放入一个以规则的 salience 属性为优先级的队列中。这个队列和议程组是一一对应的，此时，决策引擎不会立即评估（条件满足并执行动作）该规则，只有当前活跃议程组的队列里的规则才会被评估。

由于采用以上的延迟评估操作，规则形成的 Phreak 网络中的一个或多个规则的 alpha 节点和 beta 节点就有机会共享（alpha 节点和 beta 节点的条件相同），也由此提升了整体的性能。

4.4.2 面向集合的传播

在 ReteOO 算法中，每次对事实数据的增加、修改、删除操作都需要从 ReteOO 网络的入口节点流经每个子节点，直到终止节点，逐一匹配。每次成功的节点匹配都会形成一个元组（tuple），并将该元组传播到网络中的子节点，直到匹配完成。这样就形成了下降递归，即从网络的入口点由上下左右传播到所有能到达的子节点，从而对网络造成潜在的破坏。在 Phreak 算法中，所有的增加、修改、删除操作会先在队列中排队，再批量执行。执行以所形成的节点为单位，执行每个节点上所有的增加、修改、删除操作，将结果保存在一个集合中，再传播到子节点，直到执行完成。这样就实现了单方向管道的效果，令当前正在进行的规则评估得到了隔离，同时也形成了批量处理机制，进而提升了规则评估的性能。

4.4.3 网络分段

由于 alpha 节点和 beta 节点在 Phreak 网络中的共享，Phreak 网络没有按照每个节点的方式标识是否某个规则的所有节点都满足要求，来确定该规则是否为连接状态。这样设计的原因是共享节点可能会被多个规则标识，要能分辨出共享节点是被哪个规则所标识的。如果采用 ReteOO 的标识方式，就需要消耗更多的内存。因而，Phreak 网络引入了段（segment）空间的概念，把规则涉及的节点按照与规则本身和与其他规则的节点共享情况划分为多个段，每个段包含一个或多个节点，并采用段空间的方式进行标识。如果一个规则所涉及的段空间都被标识为满足，则认为该规则是连接状态。

4.5 查询事实数据

如 3.1.4 节所述，如果要获取决策引擎工作内存的事实数据，我们需要事先在 DRL 文件里定义查询的内容。比如，如下示例定义了名称为“ people under the age of 21”的查询，查询的内容是所有年龄小于 21 岁的 Person 事实对象：

```
query "people under the age of 21"
  $person : Person( age < 21 )
end
```

有了 DRL 文件中的查询定义，我们就可以在 Java 中用如下代码调用 DRL 文件里定义的查询。

```
QueryResults results = ksession.getQueryResults( "people under the age of 21" );
System.out.println( " 有 " + results.size() + " 个年龄小于 21 岁的人 " );

System.out.println( " 他们的名字是： " );

for ( QueryResultsRow row : results ) {
  Person person = ( Person ) row.get( "person" );
  System.out.println( person.getName() + "\n" );
}
```

ksession 的 getQueryResults 方法通过查询的名称获取到 QueryResults 类型的查询结果集，再分别获取结果集每行中的 Person 对象。

如果要实时查询工作内存中的事实数据，可以向决策引擎注册指定查询的侦听器，这样，工作内存中事实数据的变化就会以事件的方式通知已注册的侦听器。假设有如下名为 colors 的查询定义：

```
query colors(String $color1, String $color2)
  TShirt(mainColor = $color1, secondColor = $color2, $price: manufactureCost)
end
```

可以用如下方法在 Java 端定义并注册以上定义的 colors 查询的侦听器：

```
final List updated = new ArrayList();
final List removed = new ArrayList();
```

```
final List added = new ArrayList();

ViewChangedEventListener listener = new ViewChangedEventListener() {
  public void rowUpdated(Row row) {
    updated.add( row.get( "$price" ) );
  }

  public void rowRemoved(Row row) {
    removed.add( row.get( "$price" ) );
  }

  public void rowAdded(Row row) {
    added.add( row.get( "$price" ) );
  }
};

// 注册实时查询侦听器
LiveQuery query = ksession.openLiveQuery( "colors", new Object[] { "red", "blue"
  }, listener );
...

// 释放实时查询
query.dispose();
```

4.6 事件侦听器和日志

4.6.1 事件侦听器

我们可以向决策引擎注册侦听器以接收引擎内部发生的事件，比如事实数据的插入和规则执行事件等。有了这些事件，我们就可以在决策引擎外部处理日志、审计等工作。

Drools API 分别为工作内存和议程提供了以下侦听器接口。

- RuleRuntimeEventListener——工作内存事件接口，侦听如下事件：
  - ObjectInsertedEvent
  - ObjectUpdatedEvent
  - ObjectDeletedEvent
- AgendaEventListener——议程事件接口，侦听如下事件：
  - MatchCreatedEvent
  - MatchCancelledEvent
  - BeforeMatchFiredEvent
  - AfterMatchFiredEvent
  - AgendaGroupPoppedEvent
  - AgendaGroupPushedEvent

- RuleFlowGroupActivatedEvent
- RuleFlowGroupDeactivatedEvent

以下是注册默认议程事件侦听器、侦听并打印 AfterMatchFiredEvent 事件的代码示例：

```
ksession.addEventListener( new DefaultAgendaEventListener() {
  public void afterMatchFired(AfterMatchFiredEvent event) {
    super.afterMatchFired( event );
    System.out.println( event );
  }
});
```

Drools 还提供了以下用于对议程和工作内存进行日志输出与调试的事件监听器：DebugAgendaEventListener 和 DebugRuleRuntimeEventListener。

4.6.2 日志

Drools 决策引擎的日志是基于 SLF4J API 实现的，我们可以选择适合自己的日志实现，比如 Logback、Apache Commons Logging、Apache Log4j 和 java.util.logging package。

以下是基于 Logback 的配置示例。

1）添加 Maven 依赖。

```
<dependency>
  <groupId>ch.qos.logback</groupId>
  <artifactId>logback-classic</artifactId>
  <version>${logback.version}</version>
</dependency>
```

2）在 logback.xml 中配置 org.drools 包的 debug 级别日志输出。

```
<configuration>
  <logger name="org.drools" level="debug"/>
  ...
<configuration>
```

4.7 性能调优项

为了高性能运行决策引擎，我们可以根据具体环境从以下几点着手。

（1）开启决策引擎的顺序模式

当我们使用无状态会话时，如果不需要在规则的动作里对事实进行修改而触发规则模式匹配，可以开启决策引擎的顺序模式来提高决策引擎的运行速度。

调整方法如下：

```
-Ddrools.sequential=true
```

（2）少用或不用侦听器

如非必要，尽量少用或不用侦听器。如果使用了侦听器，也不要在侦听器内部执行复杂耗时的、有阻塞的操作。例如：不要执行跨网络的服务调用，因为在调用远程服务后规则的执行会处于阻塞状态，直到远程服务调用结束。在会话结束时，应及时移除注册的侦听器，以便于清理会话，如下面的实例所示：

```
Listener listener = ...;
StatelessKnowledgeSession ksession = createSession();
try {
  ksession.insert(fact);
  ksession.fireAllRules();
  ...
} finally {
  if (session != null) {
    ksession.detachListener(listener);
    ksession.dispose();
  }
}
```

（3）调整 LambdaIntrospector 的缓存大小

LambdaIntrospector 的 methodFingerprintsMap 属性用于在编译规则时对方法指纹进行缓存，默认缓存大小是 32（个）。可以指定小于 32 的值来节省决策引擎的内存开销，但缓存太小会导致编译速度降低，因此我们要根据具体场景来决定是否要调整该参数、调整为多少。

调整方法如下：

```
-Ddrools.lambda.introspector.cache.size=N
```

（4）开启 lambda 外置化

决策引擎会把规则的匹配条件编译为外置化 lambda 表达式后再用于模式匹配。开启 lambda 外置化后，外置的 lambda 表达式可以在匹配条件相同的规则时重用，节省决策引擎的内存开销。

开启方法如下：

```
-Ddrools.externaliseCanonicalModelLambda=true
```

（5）调整 alpha 节点的建索引阈值

决策引擎会为 Phreak 网络的条件中类似的 alpha 节点创建索引，以提高规则匹配的速度。并不是所有的 alpha 节点都会被索引，创建索引的条件是网络中类似的 alpha 节点的数量达到指定的阈值，系统默认的阈值是 9。比如网络中存在 9 个这样的 alpha 节点 Person(age > 10), Person(age > 20), ... , Person(age > 90)，决策引擎就会创建这些 alpha 节点的索引。我们可以根据规则的情况调整 alpha 节点的建索引阈值来提高决策引擎的执行效率。

调整方法如下：

```
-Ddrools.alphaNodeRangeIndexThreshold=N
```

（6）开启beta节点索引

当工作内存中有大量的事实数据，并且有节点之间的连接操作时，比如256个FactA和16个FactB，有如下连接匹配条件，决策引擎的Phreak网络会形成多个beta节点。为这些beta创建索引也能提高引擎的性能。

```
when
  a: FactA()
  FactB(name == a.name)
then
  …
end
```

决策引擎默认不开启beta节点的索引创建功能，可以在kmodule.xml中开启，方法如下：

```
<kbase name="KBase1" betaRangeIndex="enabled">
  drools.betaNodeRangeIndexEnabled=true
  …
</kbase>
```

4.8 实战：费用分摊

4.8.1 功能说明

企业的产品采用网上销售的形式。客户下单后，公司的行政部门会将商品通过快递发给购买者，客户可以通过不同的渠道购买产品。将商品发给购买者产生的费用会按月汇总，汇总后的费用需要分摊到不同种类产品的部门，还需要进一步分摊到不同的渠道。

企业的每个部门按月汇总工时，见表4-2。汇总后的快递费用需要根据工时，按比例分摊到具体的部门。由于不生产产品，行政部门按工时分摊到的快递费用的比例需要按照非行政部门的工时分摊比例再次分摊。

表4-2 部门月份工时

月份	部门	工时（小时）
202112	行政	10 000
202112	部门1	20 000
202112	部门2	30 000
202112	部门3	40 000
202112	部门4	50 000
202112	部门5	60 000

分摊到每个非行政部门的快递费用需要按照各个部门不同渠道的收入金额，按比例分摊到每个渠道。非行政部门的按月渠道收入见表 4-3。

表 4-3 部门按月渠道收入

月份	部门	渠道	收入（元）
202112	部门 1	淘宝	100 000
202112	部门 1	京东	200 000
202112	部门 2	淘宝	300 000
202112	部门 2	京东	400 000
202112	部门 3	淘宝	500 000
202112	部门 3	京东	600 000
202112	部门 4	淘宝	700 000
202112	部门 4	京东	800 000
202112	部门 5	淘宝	900 000
202112	部门 5	京东	1000 000

企业的按月快递费用如表 4-4 所示，我们要根据以上规则用 Drools 实现企业的快递费用分摊。

表 4-4 企业快递费用月份表

月份	快递费用（元）
202112	100 000

4.8.2 规则实现

为了方便读者，费用分摊功能的示例已经放到 GitHub 上了，请切换到 ch04/express-fee-prorate 工程目录下。

在控制台命令行，执行如下命令以运行程序：

```
mvn clean test
```

在控制台会有类似以下的输出：

```
...
[ 计算总工时 ] 总工时为: 210000.0
[ 计算各部门工时比例 ] 部门 5 工时比例是: 0.2857142857142857
[ 计算各部门工时比例 ] 部门 4 工时比例是: 0.23809523809523808
[ 计算各部门工时比例 ] 部门 3 工时比例是: 0.19047619047619047
[ 计算各部门工时比例 ] 部门 2  工时比例是: 0.14285714285714285
[ 计算各部门工时比例 ] 部门 1 工时比例是: 0.09523809523809523
[ 计算各部门工时比例 ] 行政工时比例是: 0.047619047619047616
[ 汇总营收部门工时比例 ] 营收部门的工时比例汇总为: 0.9523809523809523
[ 将非营收部门工时比例分摊到每个营收部门 ] 部门 5 分摊到的工时比例为: 0.3
[ 将非营收部门工时比例分摊到每个营收部门 ] 部门 4 分摊到的工时比例为: 0.25
[ 将非营收部门工时比例分摊到每个营收部门 ] 部门 3 分摊到的工时比例为: 0.19999999999999998
[ 将非营收部门工时比例分摊到每个营收部门 ] 部门 2  分摊到的工时比例为: 0.15
[ 将非营收部门工时比例分摊到每个营收部门 ] 部门 1  分摊到的工时比例为: 0.09999999999999999
[ 将快递费用分摊到每个营收部门 ] 部门 5 分摊到的快递费用为: 30000.0
[ 将快递费用分摊到每个营收部门 ] 部门 4 分摊到的快递费用为: 25000.0
[ 将快递费用分摊到每个营收部门 ] 部门 3 分摊到的快递费用为: 20000.0
```

```
[ 将快递费用分摊到每个营收部门 ] 部门 2 分摊到的快递费用为: 15000.0
[ 将快递费用分摊到每个营收部门 ] 部门 1 分摊到的快递费用为: 10000.0
[ 计算各营收部门的营业额 ] 部门 5 营业额为: 1900000.0
[ 计算各营收部门的营业额 ] 部门 4 营业额为: 1500000.0
[ 计算各营收部门的营业额 ] 部门 3 营业额为: 1100000.0
[ 计算各营收部门的营业额 ] 部门 2 营业额为: 700000.0
[ 计算各营收部门的营业额 ] 部门 1 营业额为: 300000.0
[ 计算各营收部门每个营收渠道的营业额占比 ] 京东 部门 5 占比是: 0.5263157894736842
[ 计算各营收部门每个营收渠道的营业额占比 ] 淘宝 部门 5 占比是: 0.47368421052631576
[ 计算各营收部门每个营收渠道的营业额占比 ] 京东 部门 4 占比是: 0.5333333333333333
[ 计算各营收部门每个营收渠道的营业额占比 ] 淘宝 部门 4 占比是: 0.4666666666666667
[ 计算各营收部门每个营收渠道的营业额占比 ] 京东 部门 3 占比是: 0.5454545454545454
[ 计算各营收部门每个营收渠道的营业额占比 ] 淘宝 部门 3 占比是: 0.45454545454545453
[ 计算各营收部门每个营收渠道的营业额占比 ] 京东 部门 2 占比是: 0.5714285714285714
[ 计算各营收部门每个营收渠道的营业额占比 ] 淘宝 部门 2 占比是: 0.42857142857142855
[ 计算各营收部门每个营收渠道的营业额占比 ] 京东 部门 1 占比是: 0.6666666666666666
[ 计算各营收部门每个营收渠道的营业额占比 ] 淘宝 部门 1 占比是: 0.3333333333333333
[ 计算各营收部门的每个营收渠道分摊到的快递费用 ] 京东 部门 5 分摊到的快递费用为: 15789.48
[ 计算各营收部门的每个营收渠道分摊到的快递费用 ] 淘宝 部门 5 分摊到的快递费用为: 14210.53
[ 计算各营收部门的每个营收渠道分摊到的快递费用 ] 京东 部门 4 分摊到的快递费用为: 13333.34
[ 计算各营收部门的每个营收渠道分摊到的快递费用 ] 淘宝 部门 4 分摊到的快递费用为: 11666.67
[ 计算各营收部门的每个营收渠道分摊到的快递费用 ] 京东 部门 3 分摊到的快递费用为: 10909.1
[ 计算各营收部门的每个营收渠道分摊到的快递费用 ] 淘宝 部门 3 分摊到的快递费用为: 9090.91
[ 计算各营收部门的每个营收渠道分摊到的快递费用 ] 京东 部门 2 分摊到的快递费用为: 8571.43
[ 计算各营收部门的每个营收渠道分摊到的快递费用 ] 淘宝 部门 2 分摊到的快递费用为: 6428.58
[ 计算各营收部门的每个营收渠道分摊到的快递费用 ] 京东 部门 1 分摊到的快递费用为: 6666.67
[ 计算各营收部门的每个营收渠道分摊到的快递费用 ] 淘宝 部门 1 分摊到的快递费用为: 3333.34
...
```

我们可以看到如下规则被触发并得到各阶段的关键点输出信息。

1）计算总工时。

2）计算各部门工时比例。

3）汇总营收部门工时比例。

4）将非营收部门工时比例分摊到每个营收部门。

5）将快递费用分摊到每个营收部门。

6）计算各营收部门的营业额。

7）计算各营收部门每个营收渠道的营业额占比。

8）计算各营收部门的每个营收渠道分摊到的快递费用。

由控制台输出可见，快递费用已经按照预期规则分摊到非行政部门的每个渠道上了。

4.8.3　工程解读

工程代码 com.droolsinaction.expressfeeprorate 包下有如下事实对象定义。

ExpressFee 类定义了快递的按月费用，对应表 4-4 中的事实数据。

```
public class ExpressFee implements Serializable {
```

```
  …
  private String month;
  private double amount;
  …
```

WorkHours 类定义了每个部门的按月工时数据，对应表 4-2 中的事实数据。

```
public class WorkHours implements Serializable {
  …
  private String month;
  private String department;
  private double hours;
  …
```

Revenue 类定义了非行政部门的按月渠道收入，对应表 4-3 中的事实数据和待计算的分摊费用属性 fee。

```
public class Revenue implements Serializable {
  …
  private String month;
  private String department;
  private String channel;
  private double amount;

  private double fee;
  …
```

工程的测试代码 com.droolsinaction.expressfeeprorate 包下定义了驱动规则的测试用例 RuleTest。

```
public class RuleTest {
  …
  @Test
  public void test() throws InterruptedException, ExecutionException {
    KieServices kieServices = KieServices.Factory.get();
    KieContainer kContainer = kieServices.getKieClasspathContainer();
    KieBase kieBase = kContainer.getKieBase();
    KieSession session = kieBase.newKieSession(); // ①

    insertExpressFee(session); // ②
    insertWorkHours(session);  // ③
    insertRevenue(session); // ④

    session.fireAllRules // ⑤
  }

  private void insertExpressFee(KieSession session) {
    session.insert(new ExpressFee("202112", 100000));
  }

  private void insertWorkHours(KieSession session) {
```

```
    session.insert(new WorkHours("202112", "行政", 10000));
    session.insert(new WorkHours("202112", "部门 1", 20000));
    session.insert(new WorkHours("202112", "部门 2", 30000));
    session.insert(new WorkHours("202112", "部门 3", 40000));
    session.insert(new WorkHours("202112", "部门 4", 50000));
    session.insert(new WorkHours("202112", "部门 5", 60000));
  }

  private void insertRevenue(KieSession session) {
    session.insert(new Revenue("202112", "部门 1", "淘宝", 100000));
    session.insert(new Revenue("202112", "部门 1", "京东", 200000));
    session.insert(new Revenue("202112", "部门 2", "淘宝", 300000));
    session.insert(new Revenue("202112", "部门 2", "京东", 400000));
    session.insert(new Revenue("202112", "部门 3", "淘宝", 500000));
    session.insert(new Revenue("202112", "部门 3", "京东", 600000));
    session.insert(new Revenue("202112", "部门 4", "淘宝", 700000));
    session.insert(new Revenue("202112", "部门 4", "京东", 800000));
    session.insert(new Revenue("202112", "部门 5", "淘宝", 900000));
    session.insert(new Revenue("202112", "部门 5", "京东", 1000000));
  }

}
...
```

相关说明如下。

①从初始化的 KieBase 中获取新的 KieSession。

②向工作内存中插入快递费用事实数据。

③向工作内存中插入工时事实数据。

④向工作内存中插入部门渠道收入事实数据。

⑤触发规则开始模式匹配。

4.8.4 规则解读

在工程的 src/main/resources/com/droolsinaction/expressfeeprorate/Prorate.drl 文件中有如下规则定义：

```
package com.droolsinaction.expressfeeprorate;

declare TotalWorkHours // ①
  month : String
  hours : double
end

declare TotalProfitWorkHoursRate // ②
  month : String
  rate : double
end
```

```
declare DepartmentDetail // ③
  month : String
  name : String
  rateOfAll : double
  rateOfProfit : double
  fee : double
  revenue : double
end

declare ChannelRevenueRate // ④
  month : String
  name : String
  department : String
  rate : double
end

rule "计算总工时" // ⑤
when
  not TotalWorkHours()
  ExpressFee($month: month)
  $totalHours : Number(doubleValue() > 0.0) from accumulate (WorkHours(month ==
    $month, $hours: hours), sum($hours))
then
  TotalWorkHours totalWorkHours = new TotalWorkHours($month,
    $totalHours.doubleValue());
  insert(totalWorkHours);
  System.out.println("[" + drools.getRule().getName()+"] " + "总工时为：" +
    totalWorkHours.getHours());
end

rule "计算各部门工时比例" // ⑥
when
  ExpressFee($month: month)
  $twh: TotalWorkHours(month == $month)
  $wh: WorkHours(month == $month, $department : department)
  not DepartmentDetail(name == $department, rateOfAll <= 0.0 )
then
  DepartmentDetail dd = new DepartmentDetail();
  dd.setMonth($month);
  dd.setName($department);
  dd.setRateOfAll($wh.getHours()/$twh.getHours());
  insert(dd);
  System.out.println("[" + drools.getRule().getName() + "] " + dd.getName() +
    " 工时比例是：" + dd.getRateOfAll());
end

rule "汇总营收部门工时比例" // ⑦
when
  ExpressFee($month: month)
  not TotalProfitWorkHoursRate(month == $month)
```

```
  $totalProfitWorkHourRate : Number( doubleValue() > 0.0 ) from
    accumulate (DepartmentDetail(month == $month, $rateOfAll : rateOfAll > 0.0,
      name != "行政"), sum($rateOfAll))
then
  TotalProfitWorkHoursRate tpwhr = new TotalProfitWorkHoursRate($month,
    $totalProfitWorkHourRate.doubleValue());
  insert(tpwhr);
  System.out.println("[" + drools.getRule().getName()+"] " + "营收部门的工时比例汇总
    为：" + tpwhr.getRate());
end

rule "将非营收部门工时比例分摊到每个营收部门" // ⑧
when
  ExpressFee($month: month)
  TotalProfitWorkHoursRate(month == $month, $totalProfitWorkHourRate : rate)
  DepartmentDetail(month == $month, name == "行政", $adminRateOfAll : rateOfAll)
  $dd: DepartmentDetail(month == $month, rateOfProfit <= 0.0, name != "行政",
    $rateOfAll : rateOfAll)
then
  modify($dd) {
    setRateOfProfit($rateOfAll + $adminRateOfAll * $rateOfAll /
      $totalProfitWorkHourRate);
  }
  System.out.println("[" + drools.getRule().getName() + "] " + $dd.getName() +
    " 分摊到的工时比例为：" + $dd.getRateOfProfit());
end

rule "将快递费用分摊到每个营收部门" //⑨
when
  ExpressFee($month: month, $totalFee : amount)
  $dd: DepartmentDetail(month == $month, $rateOfProfit : rateOfProfit > 0.0,
    name != "行政", fee <= 0.0)
then
  modify($dd) {
    setFee($totalFee * $rateOfProfit);
  }
  System.out.println("[" + drools.getRule().getName() + "] " + $dd.getName() +
    " 分摊到的快递费用为：" + $dd.getFee());
end

rule "计算各营收部门的营业额" // ⑩
when
  ExpressFee($month: month)
  $r : Revenue(month == $month)
  $dd: DepartmentDetail(month == $month, name == $r.department, revenue <= 0.0)
  $totalAmount : Number( doubleValue() > 0.0 )
    from accumulate (Revenue(month == $month, department == $r.department, $amount
      : amount), sum($amount))
then
  modify($dd) {
```

```
    setRevenue($totalAmount);
  }
  System.out.println("[" + drools.getRule().getName()+"] " + $dd.getName() +
    " 营业额为: " + $dd.getRevenue());
end

rule "计算各营收部门每个营收渠道的营业额占比"  // ⑪
when
  ExpressFee($month: month)
  $dd: DepartmentDetail(month == $month, revenue > 0.0, $department : name)
  $r: Revenue(month == $month, department == $department, $channel : channel)
  not ChannelRevenueRate(month == $month, department == $department, rate <= 0.0)
then
  ChannelRevenueRate crr = new ChannelRevenueRate($month, $channel, $department,
    $r.getAmount() / $dd.getRevenue());
  insert(crr);
  System.out.println("[" + drools.getRule().getName() + "] " + crr.getName() +
    " " + crr.getDepartment() + " 占比是: " + crr.getRate());
end

rule "计算各营收部门的每个营收渠道分摊到的快递费用"  // ⑫
when
  ExpressFee($month: month)
  $dd: DepartmentDetail(month == $month, $department : name, $fee : fee)
  $r: Revenue(month == $month, department == $department, $channel : channel,
    fee <= 0.0)
  $crr: ChannelRevenueRate(month == $month, department == $department, name ==
    $channel, $rate : rate)
then
  modify($r) {
    setFee(Math.ceil($fee * $rate * 100) / 100);
  }
  System.out.println("[" + drools.getRule().getName() + "] " + $r.getChannel() +
    " " + $r.getDepartment() + " 分摊到的快递费用为: " + $r.getFee());
end
```

① TotalWorkHours 是事实对象的内联声明，用于保存计算过程中总工时。

② TotalProfitWorkHoursRate 是事实对象的内联声明，用于保存营收部门按工时分摊比例的汇总。

③ DepartmentDetail 是事实对象的内联声明，用于临时保存部门级别分摊的相关数据汇总与分摊比例。

④ ChannelRevenueRate 是事实对象的内联声明，用于保存部门渠道的收入与分摊数据。

⑤ 根据 ExpressFee 中所定义的月快递费用，汇总 WorkHours 计算出相应月份的总工时信息，并保存到 TotalWorkHours 临时对象中。提醒一下，下面的条件部分使用 not TotalWorkHours() 是为了确保按月汇总的总工时信息不会被重复计算。

⑥ 从 ExpressFee 中获取月份信息，找到相应月份计算出的汇总工时 TotalWorkHours，关联 WorkHours 的工时，计算出每个部门的工时在总工时中的占比，保存到 DepartmentDetail 中。

⑦ 按月份筛选出营收部门的工时占比，汇总后更新到 TotalProfitWorkHoursRate 中。

⑧ 将行政部门的费用比例分摊到每个营收部门，并与每个营收部门自身的工时比例合并后，更新到 DepartmentDetail 中。

⑨ 根据⑧中计算出的分摊费用比例，分别计算每个营收部门分摊到的快递费用，更新到 DepartmentDetail 中。

⑩ 根据提供的事实数据 Revenue，分别计算每个营收部门的月收入总额，并更新到 DepartmentDetail 中。

⑪ 根据⑩中计算出的每个部门的月收入总额和部门渠道收入 Revenue，计算每个部门中每个渠道的收入在部门月收入中的占比，并更新到 ChannelRevenueRate 中。

⑫ 根据 ⑪ 中计算出的渠道收入占比，将部门的月快递费用分摊到每个渠道，向上取整到分后，更新到部门渠道收入事实数据 Revenue 中，以完成快递费用分摊的规则计算。

4.9　本章小结

本章要点如下。

- Drools 决策引擎的会话种类与使用。
- 决策引擎进行规则、事实匹配和动作执行的原理与控制。
- Drools 进行模式匹配用到的 Phreak 算法的基本原理。
- 如何查询引擎内部工作内存中的事实数据。
- 如何注册侦听器以侦听引擎发生的相关事件。
- 如何以更好的性能来运行决策引擎。
- 如何实现公司快递费用的分摊逻辑。

Chapter 5 第5章

远程调用模式

在1.4节，我们了解了Drools有多种运行方式，可以将规则嵌入应用程序内部，还可以将规则放到远端服务器上，以远程调用模式来驱动规则。在本章，我们将进行规则服务器的搭建，并实现规则的远程调用。

5.1 基于主机的Drools环境搭建

1.5节介绍过，红帽在资助Drools社区，并且发行了企业级的规则引擎Decision Manager。Decision Manager与Drools的社区版本没有本质区别，个人用户可以免费用它来进行开发和技术预研。鉴于Decision Manager是开箱即用的，本节我们将以Decision Manager为例来探索Drools基于主机环境的远程调用模式。

提示 个人用户注册成为红帽开发者，就可以体验红帽所有产品的最新版。注册地址为https://developers.redhat.com。

5.1.1 获取介质

以红帽开发者账号登录红帽开发者网站后，单击Customer Portal标签，如图5-1所示，系统将跳转到红帽Customer Portal页面。

我们将会在JBoss EAP应用服务器内部署Decision Manager。先下载JBoss EAP，在Customer Portal页面中，依次导航到Product & Services → Runtimes → Red Hat JBoss Enterprise Application Platform，如图5-2所示，系统将进入下载导航页面。

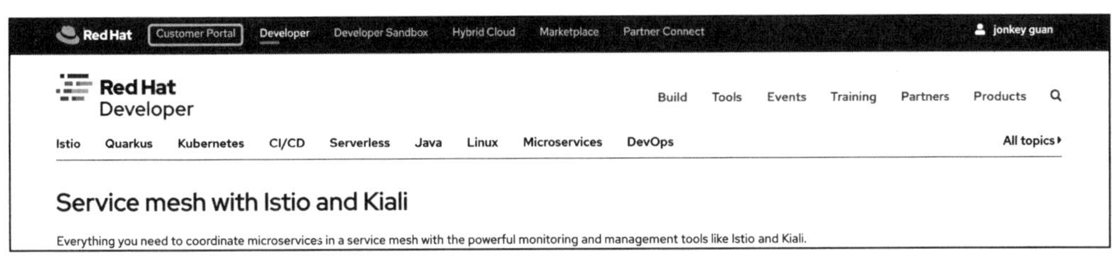

图 5-1　红帽 Customer Portal 页面

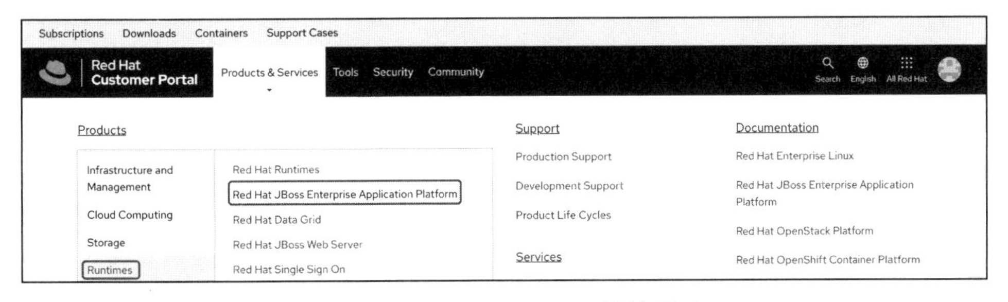

图 5-2　Red Hat JBoss EAP 导航页面

在下载导航页面中，如图 5-3 所示，单击 DOWNLOAD 按钮，系统将进入 JBoss EAP 下载页面。

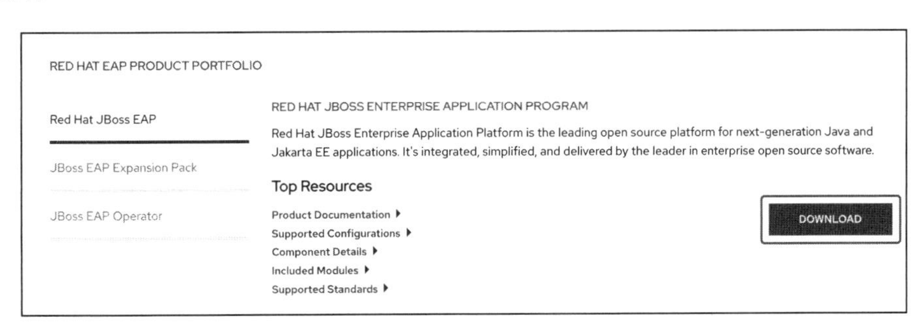

图 5-3　Red Hat JBoss EAP 下载导航页面

在 JBoss EAP 下载页面中，选择要下载的版本 7.3 后，单击 Red Hat JBoss Enterprise Application Platform 7.3.0 对应的 Download 按钮开始下载，如图 5-4 所示。

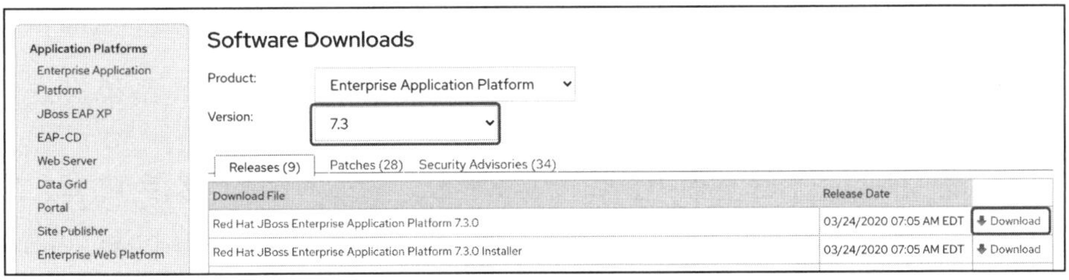

Application Platforms
Enterprise Application Platform
JBoss EAP XP
EAP-CD
Web Server
Data Grid
Portal
Site Publisher
Enterprise Web Platform

Software Downloads

Product: Enterprise Application Platform

Version: 7.3

Releases (9)　Patches (28)　Security Advisories (34)

Download File	Release Date	
Red Hat JBoss Enterprise Application Platform 7.3.0	03/24/2020 07:05 AM EDT	Download
Red Hat JBoss Enterprise Application Platform 7.3.0 Installer	03/24/2020 07:05 AM EDT	Download

图 5-4　Red Hat JBoss EAP 下载页面

我们将安装 Red Hat Decision Manager 7.11.1。Decision Manager 的 7.11.1 版本要求 JBoss EAP 的最低版本为 7.3.3，而我们在上一步下载的是 JBoss EAP 的 7.3.0 版本，因此，还需要下载 JBoss EAP 7.3 的补丁，以将 JBoss EAP 升级到 7.3.7。

在 JBoss EAP 下载页面中，单击 Patches 标签切换到 JBoss EAP 补丁下载页面，如图 5-5 所示，单击 Red Hat JBoss Enterprise Application Platform 7.3 Update 07 对应的 Download 按钮开始下载。

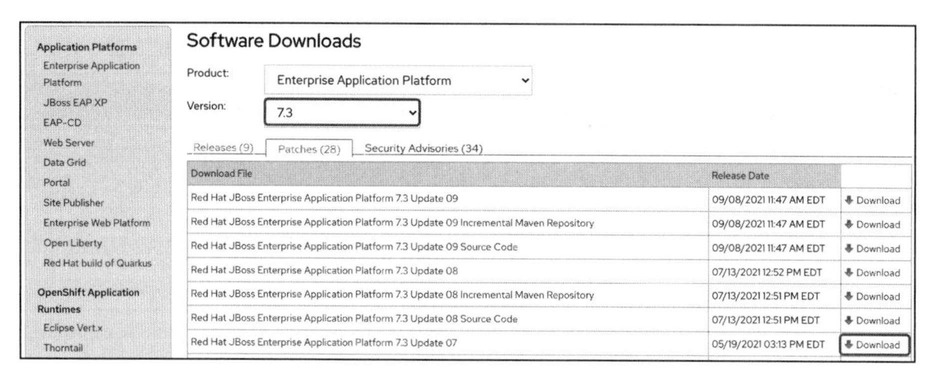

图 5-5　Red Hat JBoss EAP 补丁下载页面

接下来，我们下载 Decision Manager。从 Customer Portal 页面中，依次导航到 Product & Services → Integration and Automation → Red Hat Decision Manager，如图 5-6 所示，系统将进入下载导航页面。

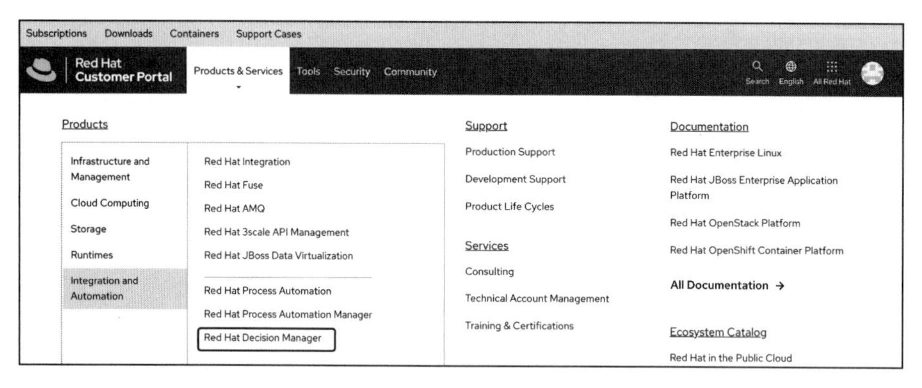

图 5-6　Red Hat Decision Manager 导航页面

在下载导航页面中，如图 5-7 所示，单击 Download Latest 按钮，系统将进入下载页面。

在 Decision Manager 下载页面中，如图 5-8 所示，选择本次要下载的版本 7.11.1 后，单击 Red Hat Decision Manager 7.11.1 对应的 Download 按钮，系统开始下载，请等待下载完成。

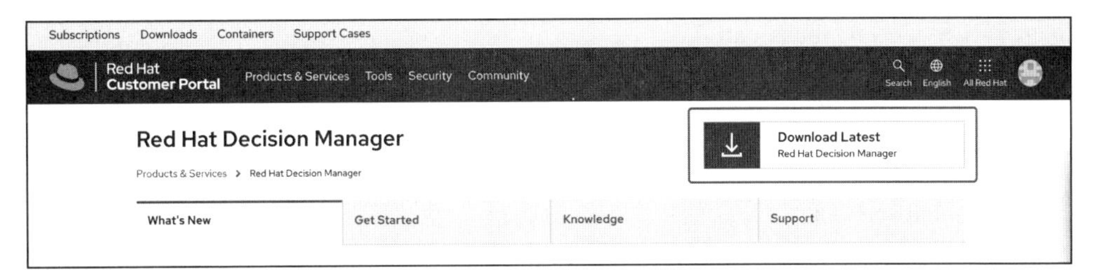

图 5-7　Red Hat Decision Manager 下载导航

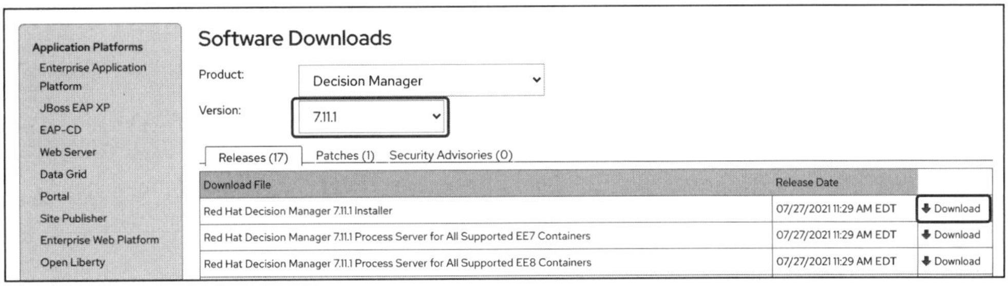

图 5-8　Red Hat Decision Manager 下载页面

下载完成后，得到的介质文件如下：

- jboss-eap-7.3.0.zip
- jboss-eap-7.3.7-patch.zip
- rhdm-installer-7.11.1.jar

5.1.2　安装

我们本次将在 macOS 环境下安装，Windows 环境下的安装与 macOS 下类似。新建安装目录 /tmp/pam（如图 5-9 所示）并将已下载的介质复制到该目录下。

```
jonkey@jmbp  /tmp/pam
jonkey@jmbp  /tmp/pam  ls -l
total 1640248
-rw-r--r--@ 1 jonkey  wheel  206430757 Oct 23 21:38 jboss-eap-7.3.0.zip
-rw-r--r--@ 1 jonkey  wheel  163190171 Oct 23 21:46 jboss-eap-7.3.7-patch.zip
-rw-r--r--@ 1 jonkey  wheel  470176001 Oct 23 21:09 rhdm-installer-7.11.1.jar
jonkey@jmbp  /tmp/pam
jonkey@jmbp  /tmp/pam  pwd
/tmp/pam
jonkey@jmbp  /tmp/pam
jonkey@jmbp  /tmp/pam
```

图 5-9　安装目录与介质

1. 安装并启动 JBoss EAP 7.3.0

在控制台解压 jboss-eap-7.3.0.zip。

```
cd /tmp/pam
unzip jboss-eap-7.3.0.zip
```

进入解压后的目录 jboss-eap-7.3。

```
cd jboss-eap-7.3
```

运行如下命令后，以 standalone 方式启动 EAP。

```
./bin/standalone.sh
```

看到类似下面的控制台日志输出，说明启动成功。

```
...
11:48:09,735 INFO  [org.jboss.as] (Controller Boot Thread) WFLYSRV0060: Http
  management interface listening on http://127.0.0.1:9990/management
11:48:09,735 INFO  [org.jboss.as] (Controller Boot Thread) WFLYSRV0051: Admin
  console listening on http://127.0.0.1:9990
11:48:09,735 INFO  [org.jboss.as] (Controller Boot Thread) WFLYSRV0025: JBoss
  EAP 7.3.0.GA (WildFly Core 10.1.2.Final-redhat-00001) started in 3219ms -
  Started 315 of 577 services (369 services are lazy, passive or on-demand)
```

2. 将 JBoss EAP 7.3.0 升级到 7.3.7

保持 EAP 的运行状态，开启新的控制台，进入 jboss-eap-7.3/bin 目录。

```
cd /tmp/pam/jboss-eap-7.3/bin
```

启动 jboss-cli，并连接到本地 jboss-eap。

```
./jboss-cli.sh -c --controller=127.0.0.1:9990
```

运行如下命令，将 JBoss EAP 7.3.0 升级到 7.3.7。

```
[standalone@127.0.0.1:9990 /] patch apply /tmp/pam/jboss-eap-7.3.7-patch.zip
{
  "outcome" : "success",
  "response-headers" : {
    "operation-requires-restart" : true,
    "process-state" : "restart-required"
  }
}
```

升级完成，控制台提示需要重启。执行 exit 命令退出 jboss-eap 的 jboss-cli 状态。

```
[standalone@127.0.0.1:9990 /] exit
```

3. 停止 JBoss EAP 7.3.0

切换到之前启动 EAP 的控制台，按 Ctrl+C 组合键停止 EAP 的运行。

```
21:02:31,956 INFO  [org.wildfly.extension.undertow] (MSC service thread 1-4)
  WFLYUT0004: Undertow 2.0.28.SP1-redhat-00001 stopping
21:02:31,978 INFO  [org.jboss.as] (MSC service thread 1-3) WFLYSRV0050: JBoss
  EAP 7.3.0.GA (WildFly Core 10.1.2.Final-redhat-00001) stopped in 49ms
```

4. 安装 Decision Manager 7.11.1

在可用的控制台下运行如下命令以启动 Decision Manager 安装程序。

```
cd /tmp/pam
java -jar rhdm-installer-7.11.1.jar
```

以上安装命令执行后，会启动 Decision Manager 安装向导，如图 5-10 所示。

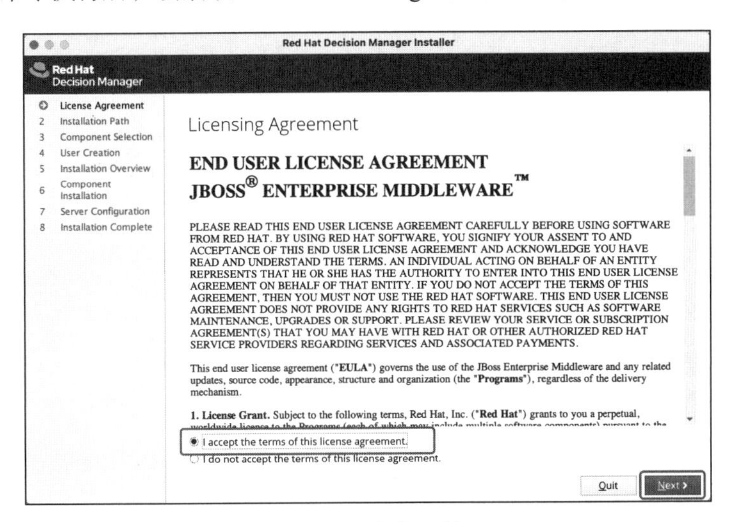

图 5-10　安装开始

在安装向导界面中选中“I accept the terms of this license agreement”单选框并单击 Next 按钮，安装向导将进入 EAP 路径选择页面，如图 5-11 所示。

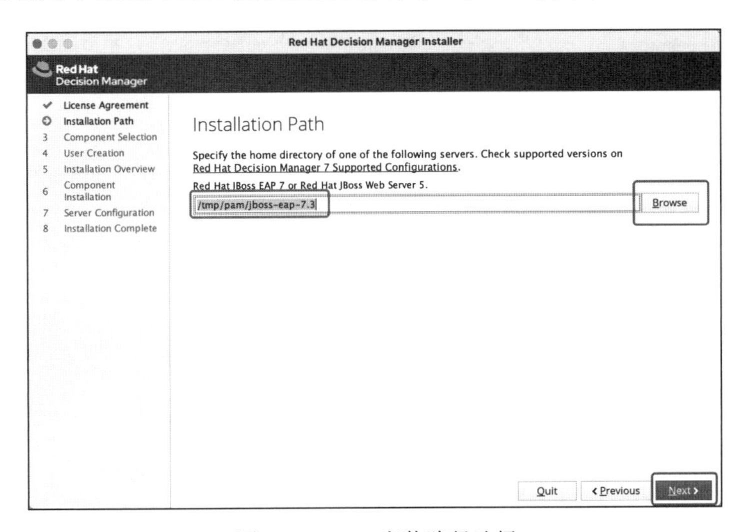

图 5-11　EAP 安装路径选择

单击 Browse 按钮选择或直接输入 EAP 安装路径 /tmp/pam/jboss-eap-7.3 后，单击 Next

按钮，向导将进入安装组件选择页面，如图 5-12 所示。

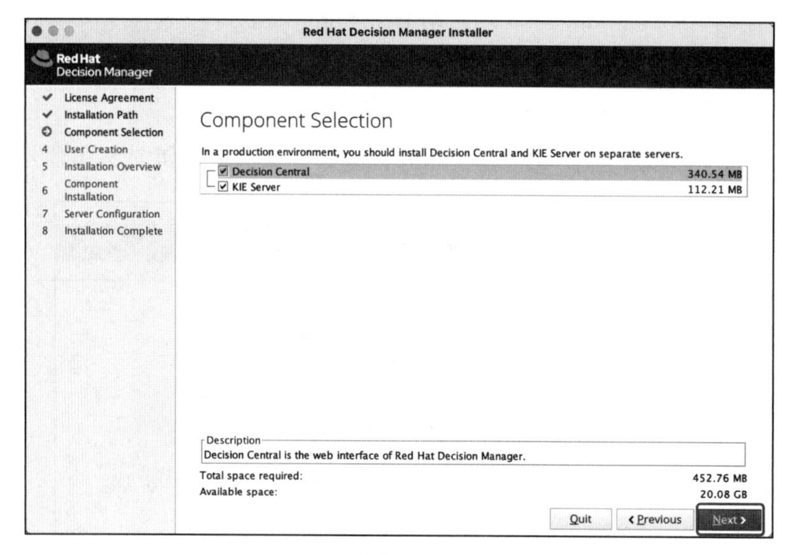

图 5-12 安装组件选择页面

在安装组件选择页面同时勾选 Decision Central 和 KIE Server 复选框并单击 Next 按钮，进入安装向导的用户名和密码设置页面，如图 5-13 所示。

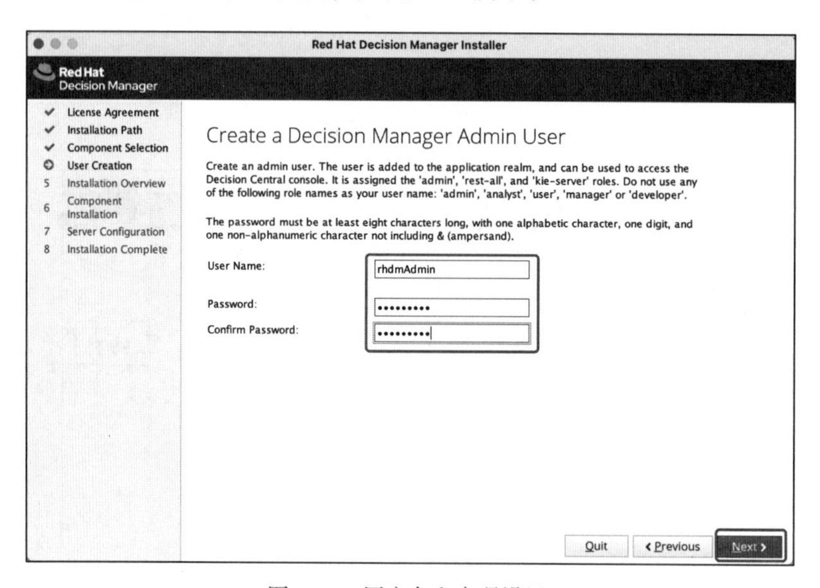

图 5-13 用户名和密码设置

输入 Decision Manager 管理员的用户名和密码后，单击 Next 按钮。保持安装向导的默认值，多次单击 Next 按钮，直到安装向导导航到安装完成页面。如图 5-14 所示，单击 Done 按钮完成安装。

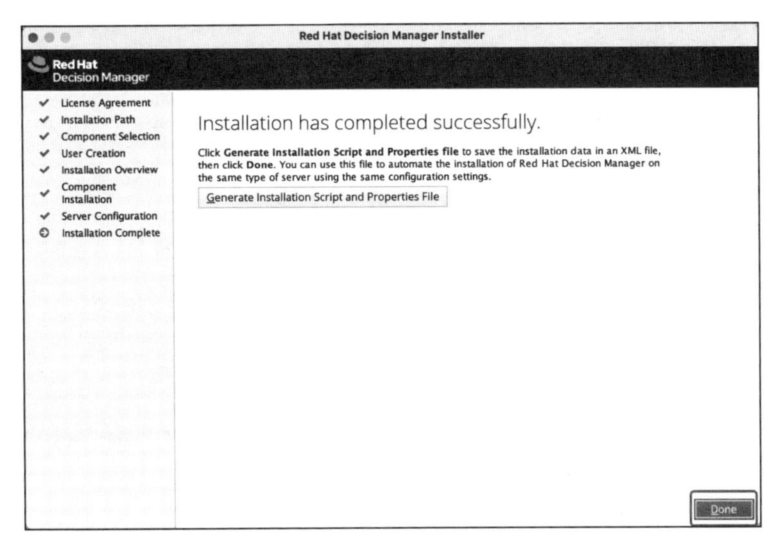

图 5-14　安装完成页面

5. 启动 Decision Manager

开启控制台，运行以下命令，以 standalone 方式启动 EAP，并同时启动 Decision Manager。

```
cd /tmp/pam/ jboss-eap-7.3
unzip jboss-eap-7.3.0.zip
./bin/standalone.sh
```

我们会看到类似下面的控制台日志输出，说明 Decision Manager 启动成功。

```
...
22:15:01,765 INFO  [org.kie.server.services.impl.KieServerImpl] (EJB default - 1)
  KieServer default-kieserver is ready to receive requests
...
```

6. 验证 Decision Manager 安装

通过浏览器访问 Business Central 登录页面，地址为 http://localhost:8080/decision-central，如图 5-15 所示。

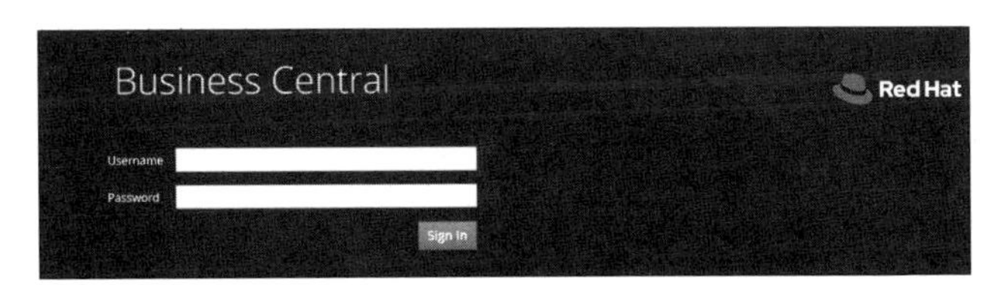

图 5-15　Business Central 登录页面

输入前面设置的用户名和密码，进入 Decision Manager 管控台，如图 5-16 所示。

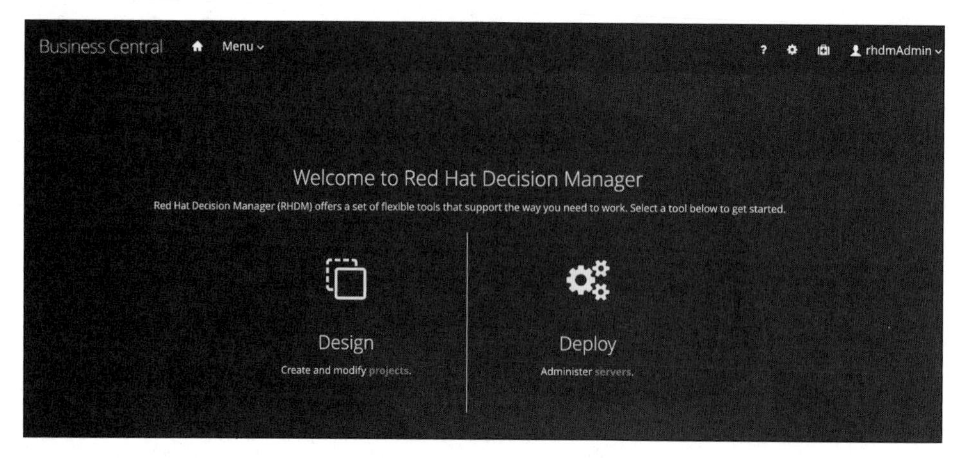

图 5-16　Decision Manager 管控台

单击页面上的 Deploy 标签后，系统将进入 KIE Server 管理页面，如图 5-17 所示。

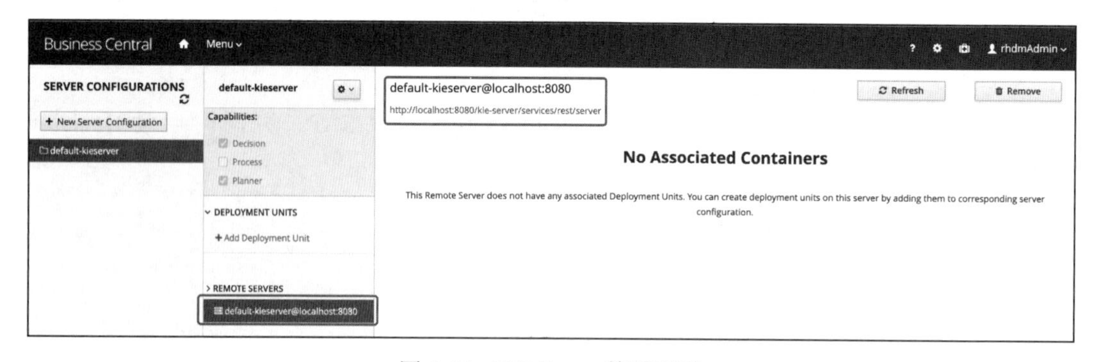

图 5-17　KIE Server 管理页面

在 KIE Server 管理页面可以看到 KIE Server 已经启动。至此，我们完成了 Decision Manager 的安装验证。

5.2　基于容器的 Drools 环境搭建

在 5.1 节中，我们直接在主机上安装了 Red Hat JBoss EAP，并在 EAP 上部署了 Decision Manager。Drools 还提供基于容器环境运行的业务中心（Business Central）和决策服务器（Decision Server）的镜像，在本节中，我们将以容器方式来搭建 Drools 环境。

5.2.1　环境准备

我们本次依然基于 macOS 环境来搭建，容器运行时为 Docker Desktop[1]，推荐版本为

[1] https://www.docker.com/products/docker-desktop。

4.0.1(68347)。

提示　如希望在 Windows 或 Linux 环境下搭建基于容器的 Drools 环境，只需准备合适的容器运行时环境，Docker 或 Podman，其余的安装和运行步骤类似。

5.2.2　安装

1. 获取镜像

用 Docker 拉取业务中心镜像。

```
docker pull jboss/business-central-workbench-showcase
```

输出如下：

```
Using default tag: latest
latest: Pulling from jboss/business-central-workbench-showcase
1f7c295ea98a: Pull complete
…
a9b62bca1e33: Pull complete
Digest: sha256:b21b9d03ada55898b461a9b4ba3adf1b0bdcf1431fe17ad8c88ccc40536a9036
Status: Downloaded newer image for jboss/business-central-workbench-
  showcase:latest
docker.io/jboss/business-central-workbench-showcase:latest
```

用 Docker 拉取 KIE Server 镜像。

```
docker pull jboss/kie-server-showcase
```

输出如下：

```
Using default tag: latest
latest: Pulling from jboss/kie-server-showcase
75f829a71a1c: Pull complete
…
8f3935fe3943: Pull complete
Digest: sha256:16628a6e28e2e23c67d7d811551c67383dd5f36a6f16334c97bb15ad56b8fcae
Status: Downloaded newer image for jboss/kie-server-showcase:latest
docker.io/jboss/kie-server-showcase:latest
```

2. 启动业务中心

默认情况下，容器化的业务中心会将内部用到的 Git 仓库保存在容器启动后实例内部的 /opt/jboss/wildfly/bin/.niogit 目录下，在没有配置外部存储的情况下，这个目录是容器运行实例的临时存储，会在容器实例停止后被销毁。为了能在容器再次启动时沿用前一次的 Git 仓库，我们需要在容器的宿主机上创建持久化目录，并在每次运行容器实例时将宿主机上的持久化目录挂载到容器实例的内部。

运行如下命令创建宿主机上的目录并调整目录的权限。

```
mkdir -p /tmp/business_central/git
chmod -R 777 /tmp/business_central/git
```

在控制台运行如下命令，以持久化方式启动业务中心容器。该命令会将之前在宿主机上创建的目录挂载到业务中心容器实例内部的 /opt/jboss/wildfly/bin/.niogit 目录。

```
docker run -p 8080:8080 -p 8001:8001 -v /tmp/business_central/git:/opt/jboss/
  wildfly/bin/.niogit:Z -d --name business-central jboss/business-central-
  workbench-showcase
```

控制台输出的容器实例 ID 如下：

```
b8200a07f58ce254fa0a59e5e27dd2379dcbf7a26b6206510070aa3642423ae4
```

> 提示　以上命名会把宿主机的 /tmp/business_central/git 目录挂载到容器实例的 /opt/jboss/wildfly/bin/.niogit 目录，后缀参数 Z 代表在启用 SELinux 时，挂载的目录是独占的。

获取容器实例信息。

```
docker ps | grep business-central
```

控制台输出的容器实例信息如下：

```
b8200a07f58c jboss/business-central-workbench-showcase "./start_business-ce…"
  54 seconds ago Up 50 seconds 0.0.0.0:8001->8001/tcp, :::8001->8001/tcp,
  0.0.0.0:8080->8080/tcp, :::8080->8080/tcp business-central
```

查看业务中容器实例的日志（b8200a07f58c 是“获取容器实例信息”步骤输出信息的第 1 列中的内容）。

```
docker logs -f b8200a07f58c
```

看到类似以下的日志输出，说明业务中心启动成功。

```
…
15:57:11,368 INFO  [org.wildfly.extension.undertow] (ServerService Thread Pool
  -- 89) WFLYUT0021: Registered web context: '/business-central' for server
  'default-server'
15:57:11,654 INFO  [org.jboss.as.server] (ServerService Thread Pool -- 45)
  WFLYSRV0010: Deployed "business-central.war" (runtime-name : "business-central.
  war")
15:57:11,857 INFO  [org.jboss.as.server] (Controller Boot Thread) WFLYSRV0212:
  Resuming server
15:57:11,891 INFO  [org.jboss.as] (Controller Boot Thread) WFLYSRV0025: WildFly
  Full 23.0.2.Final (WildFly Core 15.0.1.Final) started in 214248ms - Started
  887 of 1087 services (349 services are lazy, passive or on-demand)
```

```
15:57:11,920 INFO  [org.jboss.as] (Controller Boot Thread) WFLYSRV0060: Http
  management interface listening on http://127.0.0.1:9990/management
15:57:11,921 INFO  [org.jboss.as] (Controller Boot Thread) WFLYSRV0051: Admin
  console listening on http://127.0.0.1:9990
...
15:58:02,418 INFO  [io.jaegertracing.internal.reporters.RemoteReporter] (jaeger.
  RemoteReporter-QueueProcessor) FlushCommand is working again!
...
```

3. 启动决策服务器

在控制台中运行如下命令启动决策服务器容器。

```
docker run -p 8180:8080 -d --name kie-server --link business-central:kie-wb
  jboss/kie-server-showcase
```

控制台输出的容器实例ID如下：

```
d1f77253b26e7d1886d2c5df3b61cf3b43fcf6f91c153bcc7646066e5a4a987b
```

提示 以上命令中，参数--link的作用是允许kie-server容器和business-central容器网络互通，并为business-central容器取别名kie-wb。

获取容器实例信息。

```
docker ps | grep kie-server
```

控制台输出的容器实例信息如下：

```
d1f77253b26e jboss/kie-server-showcase "./start_kie-server.…" About a minute ago
  Up About a minute 0.0.0.0:8180->8080/tcp, :::8180->8080/tcp kie-server
```

查看决策服务器实例的日志（d1f77253b26e是“获取容器实例信息”步骤输出信息的第1列中的内容）。

```
docker  logs -f d1f77253b26e
```

看到以下日志输出，说明决策服务器启动成功。

```
...
15:57:59,359 INFO  [org.kie.server.services.impl.controller.
  ControllerConnectRunnable] (KieServer-ControllerConnect) Connected to
  controller, quiting connector thread
15:57:59,415 INFO  [org.kie.server.services.impl.ContainerManager] (EJB default - 1)
  About to install containers on kie server
  KieServer{id='kie-server-d1f77253b26e'name='kie-server-d1f77253b26e'version=
    '7.59.0.Final'location='http://172.17.0.3:8080/kie-server/services/rest/
    server'}:

15:57:59,495 INFO  [org.kie.server.services.impl.KieServerImpl] (EJB default - 1)
```

```
  KieServer kie-server-d1f77253b26e is ready to receive requests
15:57:59,529 INFO  [org.jbpm.executor.impl.ExecutorImpl] (EJB default - 1)
  Starting jBPM Executor Component ...
  - Thread Pool Size: 1
  - Retries per Request: 3
  - Load from storage interval: 0 SECONDS (if less or equal 0 only initial sync
    with storage)

15:57:59,574 INFO  [org.jbpm.executor.impl.ExecutorImpl] (EJB default - 1)
  Executor JMS based support successfully activated on queue ActiveMQQueue[jms.
  queue.KIE.SERVER.EXECUTOR]
15:57:59,658 INFO  [org.jbpm.kie.services.impl.query.persistence.
  PersistDataSetListener] (default task-5) Data set jbpmHumanTasksWithAdmin
  updated in db storage
...
```

4. 验证安装

通过浏览器访问业务中心登录页面，地址为 http://localhost:8080/business-central，如图 5-18 所示。

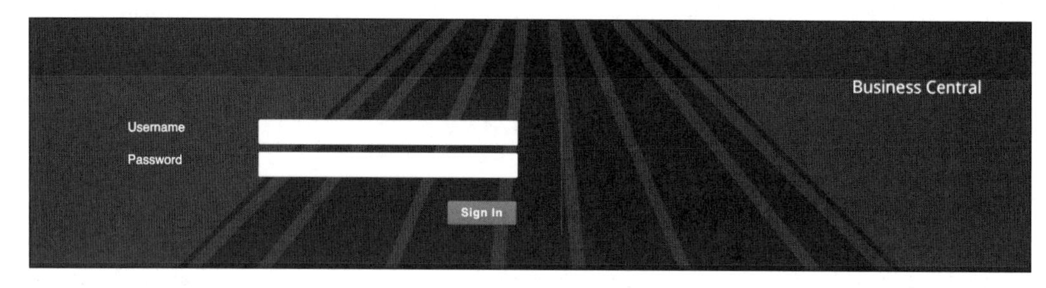

图 5-18　业务中心页面

在登录页面输入容器镜像内部默认的用户名 admin 和密码 admin，进入业务中心管控台，如图 5-19 所示。

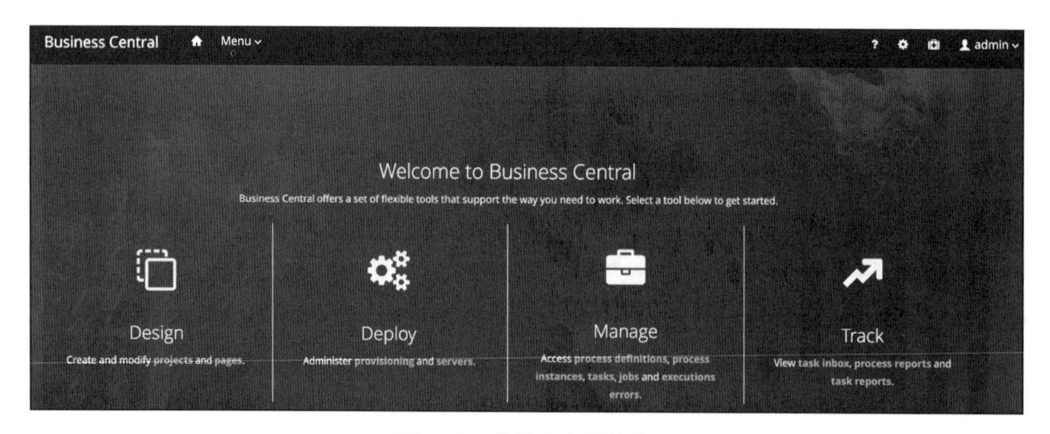

图 5-19　业务中心管控台

单击业务中心管控台首页的 Deploy 标签，系统会进入 KIE Server 页面，如图 5-20 所示。

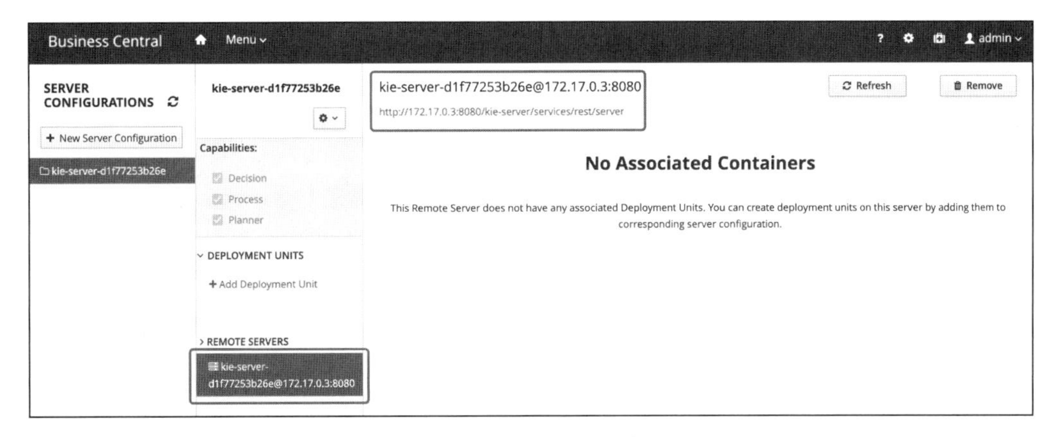

图 5-20　KIE Server 页面

在 KIE Server 页面，我们可以看到默认的 KIE Server 已经启动。至此，我们完成了 Drools 的容器环境搭建。

5.3　实战：将军排队

5.3.1　功能说明

有四位将军——吕布、关羽、张飞和赵云，他们由左到右站成一排，每个人都穿着不同颜色的裤子，还有如下的已知条件：

- 吕布正右边的将军穿着蓝色的裤子；
- 关羽站在第 2 位；
- 张飞穿着黑色的裤子；
- 赵云不是第 1 位，也不是第 4 位，他没有穿白色的裤子；
- 有一位将军的裤子是紫色的。

我们要推导出这四位将军的位置和各自所穿裤子的颜色。

5.3.2　规则实现

我们采用远程调用模式来实现将军排队的示例。我们首先会将编写的规则从业务中心发布到决策服务器，然后在本地的 Java 工程中通过 RESTful API 向决策服务器插入事实对象，触发决策服务器的规则推演，再取回规则推演后的结果。

1. 准备代码

为了方便读者，示例代码已经放到 GitHub 上了，请切换到 ch05 工程目录下。

```
cd /ws/drools-in-action/ch05
ls
```

运行 ls 之后，我们可以看到以下 2 个文件夹：

```
general
general-rest-client
```

general-rest-client 是我们实现的、用于发起 RESTful 请求的 Java 工程。general 是业务中心的工程，我们将其导入业务中心。在导入之前需要先将其初始化为 Git 仓库，命令[⊖]如下：

```
cd general
git init
```

初始化会有如下输出：

```
...
Initialized empty Git repository in /Users/Store/ws/drools-in-action/ch05/
  general/.git
...
```

将文件添加到 Git 并提交。

```
git add .
git commit -m "init as git repo"
```

在 Git 提交到本地后，我们可以看到类似下面的控制台输出，说明 general 工程已经成功初始化为本地的 Git 仓库。

```
[master (root-commit) 456a4cf] init as git repo
 14 files changed, 286 insertions(+)
 create mode 100644 package-names-white-list
 ...
```

2. 发布规则

启动 Drools 环境，我们可以任意选择使用前面介绍的基于主机的 Drools 环境或基于容器的 Drools 环境。确保 Drools 环境可用后，登录业务中心，如图 5-21 所示。

单击 Design 标签进入规则设计页面，如图 5-22 所示。

单击 Add Space 按钮，进入添加工作空间页面，如图·5-23 所示。

输入工作空间的名称 DroolsInAction，单击 Add 按钮确认添加。添加成功后，系统将导航到工作空间列表页面，如图 5-24 所示。

单击进入刚刚添加的 DroolsInAction 工作空间，如图 5-25 所示。

单击 Import Project 按钮，系统将弹出导入项目页面，如图 5-26 所示。

⊖ 还没有在本地安装 Git 的读者，请移步 https://git-scm.com。

图 5-21　登录业务中心

图 5-22　规则设计页面

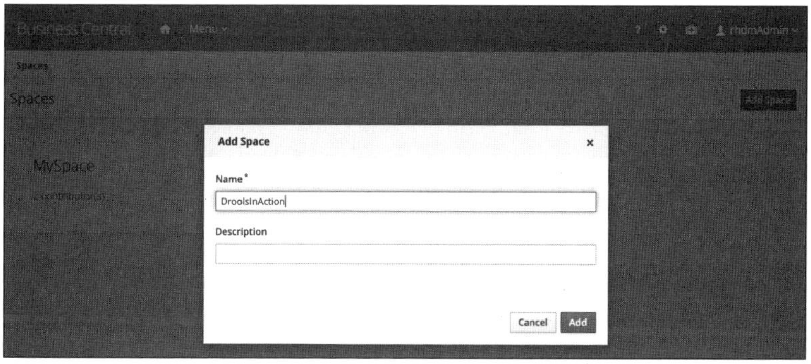

图 5-23　添加工作空间页面

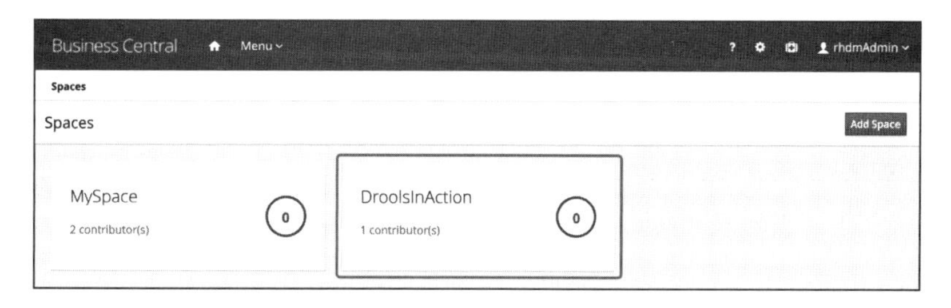

图 5-24　工作空间列表页面

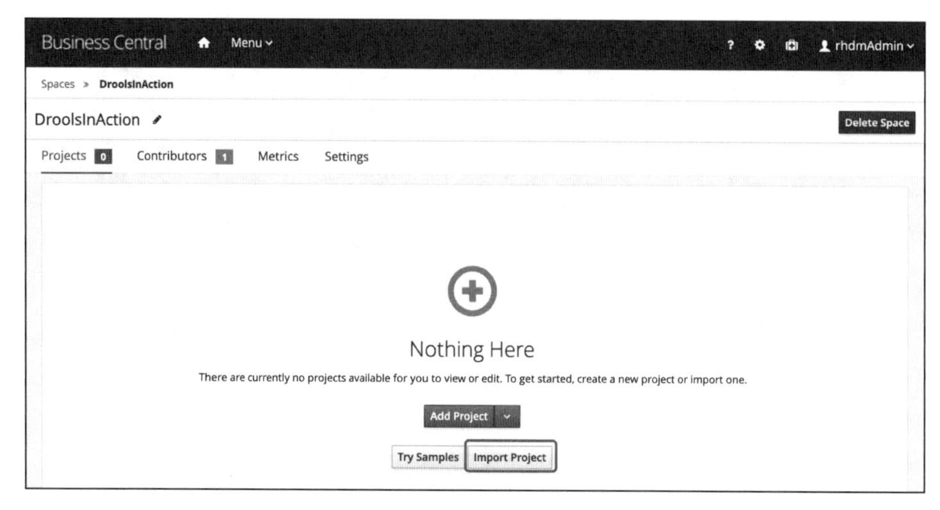

图 5-25　工作空间内部

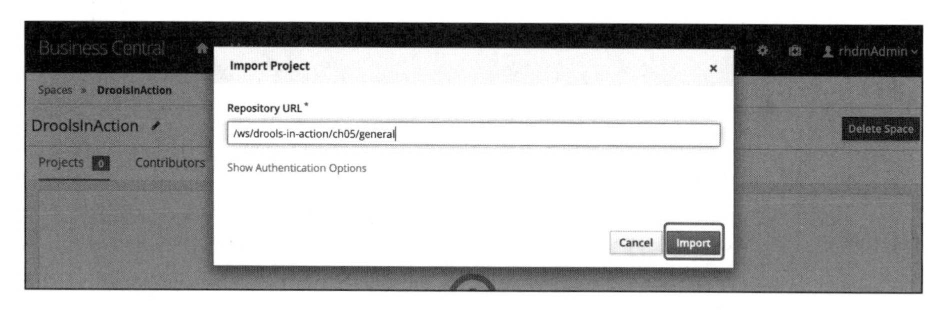

图 5-26　导入项目页面

输入项目仓库的地址 /ws/drools-in-action/ch05/general，单击 Import 按钮确认导入，系统将导航到导入项目选择页面，如图 5-27 所示。

图 5-27　选择可导入项目

选中 General 项目后，单击 OK 按钮，系统将 General 项目导入 DroolsInAction 工作空间，并导航到该项目的管理页面，如图 5-28 所示。

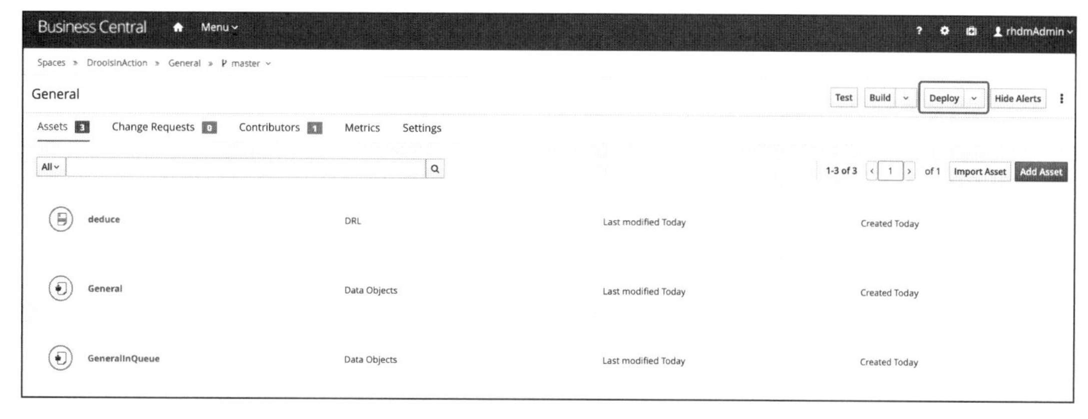

图 5-28　项目导入成功

单击项目页面右上角的 Deploy 按钮进行项目的发布。发布成功后会收到消息提示，如图 5-29 所示。

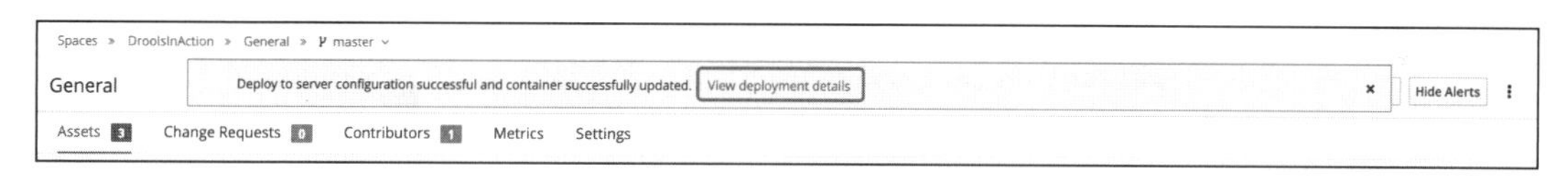

图 5-29　项目发布成功

单击发布成功提示消息中的 View deployment details 链接，页面将导航到决策服务器状态页面，如图 5-30 所示，状态显示发布成功。

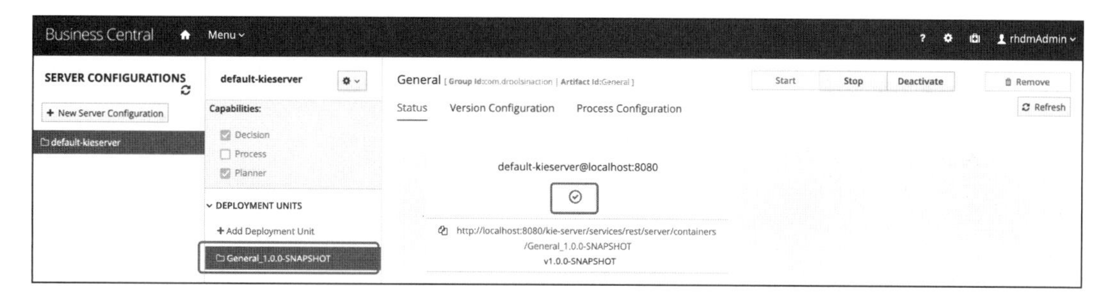

图 5-30　决策服务器状态

3. 验证规则

从控制台切换到 general-rest-client 工程目录下，运行单元测试用例。

```
cd /ws/drools-in-action/ch05/general-rest-client
mvn clean test
```

看到有如下的控制台输出，四位将军的位置和各自所穿裤子的颜色都已经被推导出来了，说明远程触发规则成功。

```
...
2021-10-19 18:18:20,709 INFO  [org.kie.internal.pmml.PMMLImplementationsUtil]
  (main) Using NEW implementation
关羽的位置是 2 他穿 蓝色 的裤子
张飞的位置是 4 他穿 黑色 的裤子
吕布的位置是 1 他穿 白色 的裤子
赵云的位置是 3 他穿 紫色 的裤子
[INFO] Tests run: 1, Failures: 0, Errors: 0, Skipped: 0, Time elapsed: 0.913 s -
  in com.droolsinaction.general.RuleTest
...
```

5.3.3 工程解读

在 general-rest-client 工程中，为了能远程调用，我们在工程的 pom.xml 文件中引入了 Drools 为远程客户端提供的 kie-server-client 依赖：

```
<dependency>
  <groupId>org.kie.server</groupId>
  <artifactId>kie-server-client</artifactId>
</dependency>
```

工程中还定义了规则计算所需的数据对象 General 和 GeneralInQueue。General 用于保存将军的信息（名字、裤子颜色、位置），主要内容如下：

```
public class General implements Serializable {
  ...
  private String name;
  private String pantsColor;
  private int position;

  @Override
  public String toString() {
    return name + " 的位置是 " + position + " 他穿 " + pantsColor + " 的裤子 ";
  }
  ...
}
```

GeneralInQueue 是排队的将军的包装体，主要内容如下：

```
public class GeneralInQueue implements Serializable {
  ...
  private General general;

  @Override
  public String toString() {
    return "" + general;
```

```
  }
  …
}
```

在工程的单元测试文件 RuleTest.java 中，用例环境准备的主要代码如下：

```
…
private static final MarshallingFormat FORMAT = MarshallingFormat.JSON;
private static KieServicesConfiguration kieServicesConfig;
private static KieServicesClient kieServicesClient;

@Before
public void setup() {
  kieServicesConfig  =  KieServicesFactory.newRestConfiguration(droolsUrl,
    username, password);
  kieServicesConfig.setMarshallingFormat(FORMAT);

  Set<Class<?>> allClasses = new HashSet<Class<?>>();
  allClasses.add(General.class);
  allClasses.add(GeneralInQueue.class);
  kieServicesConfig.addExtraClasses(allClasses);

  kieServicesClient = KieServicesFactory.newKieServicesClient(
    kieServicesConfig);
}
…
```

我们初始化了用例中用到的 kieServicesClient，配置传输持久化的格式为 JSON，将数据对象类 General 和 GeneralInQueue 注册为远端决策服务器可解析类型。

测试用例的主要代码如下：

```
@Test
public void test() {

  RuleServicesClient rulesClient = kieServicesClient.getServicesClient(
    RuleServicesClient.class);

  KieCommands commandFactory = KieServices.Factory.get().getCommands();

  List<Command<?>> commands = new ArrayList<>();

  String[] names = new String[] { "吕布", "关羽", "张飞", "赵云" };
  String[] colors = new String[] { "紫色", "蓝色", "黑色", "白色" };
  int[] positions = new int[] { 1, 2, 3, 4 };

  for (int name = 0; name < names.length; name++) { // ①
    for (int color = 0; color < colors.length; color++) {
      for (int position = 0; position < positions.length; position++) {
```

```
        commands.add(commandFactory.newInsert(new General(names[name],
          colors[color],
            positions[position]))); // ②
      }
    }
  }

  Command<?> fireAllRules = commandFactory.newFireAllRules(); // ③
  ObjectFilter filter = new ClassObjectFilter(GeneralInQueue.class);
  Command<?> getObjects = commandFactory.newGetObjects(filter, "GeneralInQueue");
    // ④
  Command<?> dispose = commandFactory.newDispose(); // ⑤
  commands.addAll(Arrays.asList(fireAllRules, getObjects, dispose));

  Command<?> batchCommand = commandFactory.newBatchExecution(commands);
  ServiceResponse<ExecutionResults> executeResponse = rulesClient.
                    executeCommandsWithResults("General", batchCommand);

  if (executeResponse.getType() == ResponseType.SUCCESS) { // ⑥
    @SuppressWarnings("unchecked")
    List<GeneralInQueue> GeneralInQueues = (List<GeneralInQueue>)
      executeResponse.getResult()
                         .getValue("GeneralInQueue");
  for (GeneralInQueue generalInQueue : GeneralInQueues) {
    System.out.println(generalInQueue);
      }
    }
  }
  …
```

相关说明如下。

①枚举产生四位将军所有可能的位置和裤子颜色的事实数据 General。

②通过 Drools 客户端提供的 Command，把产生的事实数据传送到远端服务的工作内存中。

③向服务端发送 newFireAllRules 命令来触发规则的推演。

④注册返回类型为 GeneralInQueue、名称为 "GeneralInQueue" 的服务端返回值标识。

⑤向服务端发送 dispose 命令以将服务端工作内存重置为初始状态。

⑥解析并展示服务端返回值。

5.3.4 规则解读

在业务中心的 Spaces → DroolsInAction → General 下，如图 5-31 所示，我们可以看到 2 个数据对象——General 和 GeneralInQueue——的定义，它们与 general-rest-client 工程中的 General 和 GeneralInQueue 有相同的定义。推荐的做法是把数据对象的定义统一提取到

外部，形成jar依赖，来避免因多处修改而导致版本不一致的问题。示例中的做法是为了便于演示而做的简化。

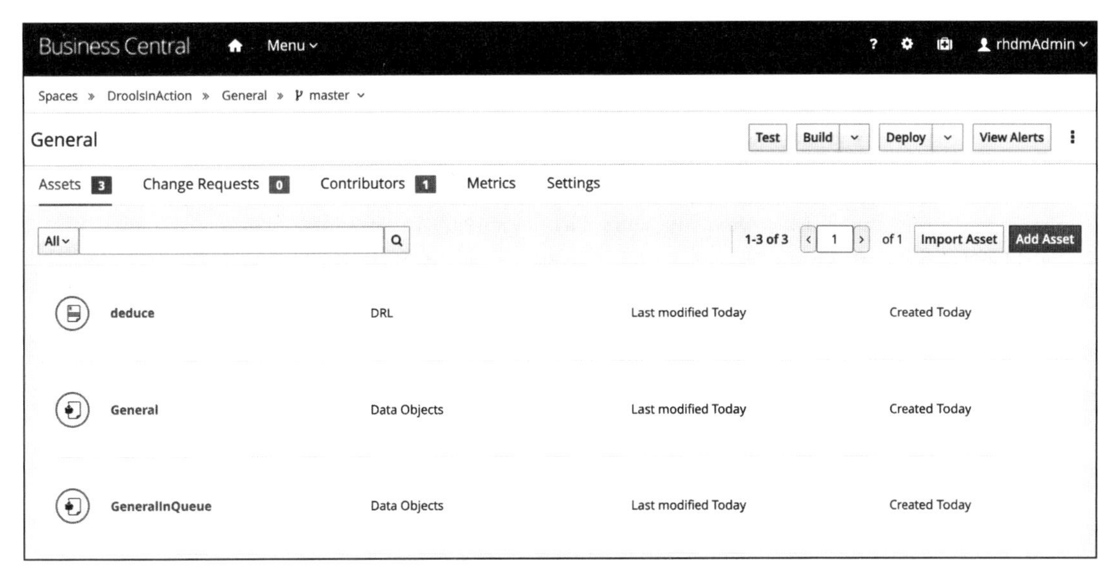

图5-31　规则与数据对象

> 提示　业务中心的数据对象的类型定义和包结构需要同general-rest-client工程中的完全一致，这是Drools远程调用客户端依赖库的要求，是为了使服务端能反序列化成远端的数据对象。

在图5-31中，我们也看到了规则deduce的定义，其内容如下：

```
package com.droolsinaction.general;

dialect "mvel"

rule deduce
  when
    // 吕布的正右边的将军穿着蓝色的裤子
    lvBu : General( name == "吕布" )

    // 关羽站在第 2 位
    guanYu : General( name == "关羽",
                      position == 2 && != lvBu.position,
                      pantsColor != lvBu.pantsColor )

    // 张飞穿着黑色的裤子
    zhangFei : General( name == "张飞",
                        position != lvBu.position && != guanYu.position,
                        pantsColor == "黑色" && != lvBu.pantsColor && != guanYu.
                          pantsColor )
```

```
    // 赵云不是第 1 位，也不是第 4 位，他没有穿白色的裤子
    zhaoYun : General( name == " 赵云 ",
                       position not in (1, 4, lvBu.position,
                       guanYu.position, zhangFei.position),
                       pantsColor not in (" 白色 ", " 蓝色 ",
                       lvBu.pantsColor, guanYu.pantsColor, zhangFei.pantsColor))

    // 有一位将军的裤子是紫色
    General( position == (lvBu.getPosition() + 1),
             pantsColor == " 蓝色 ",
             this in ( guanYu, zhangFei, zhaoYun ))
  then
    insert(new GeneralInQueue (lvBu));
    insert(new GeneralInQueue(guanYu));
    insert(new GeneralInQueue(zhangFei));
    insert(new GeneralInQueue(zhaoYun));
end
```

以上规则用描述的方式定义了功能说明，决策引擎在工作内存中（外部已经传入了四位将军所有可能的位置和裤子颜色的数据对象 General），通过定义的条件推演出四位将军后，产生四位将军的排队事实对象，并插入工作空间中。在外部请求 GeneralInQueue 类型的返回值时，从工作空间中提取出四位将军的 GeneralInQueue 对象，返回给客户端。

以上两节分别解读了规则客户端和服务端的状态变化，实际上，客户端向服务端发送的是一个 JSON 格式的 RESTful 请求，请求体内有事实数据、触发规则、注册返回值、重置服务端状态，是一次请求和返回，没有多次交互。

5.4 本章小结

本章要点如下。

- 基于主机上应用服务器的 Drools 环境搭建。
- 基于容器的 Drools 环境搭建。
- 用已经搭建的环境，在业务中心创建将军排队的规则，发布到决策引擎的服务器。
- 创建 RESTful 客户端的 Java 工程，通过远程 RESTful 方式，将事实对象传递到决策服务器，触发规则，接收规则推演后的返回值。

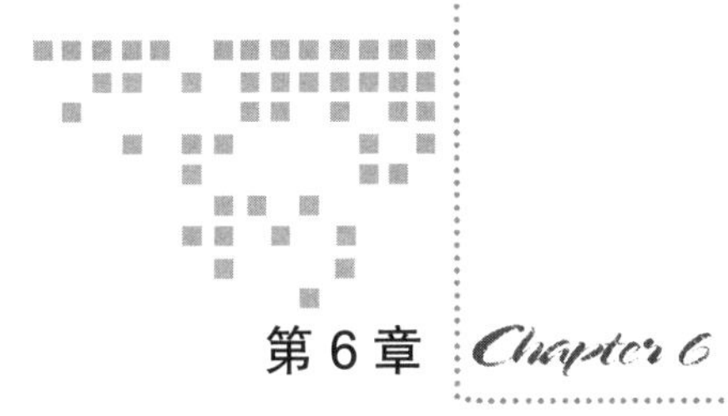

第 6 章 Chapter 6

云提供模式

红帽提供的 OpenShift Local（前身是 CodeReady Containers，简称 CRC），是一个能在本地主机或笔记本电脑上运行的 OpenShift 单机版容器开发环境。本章就以 OpenShift Local 作为本地容器云来探索如何在容器云上搭建 Drools 环境。

6.1 环境准备

6.1.1 获取介质

以红帽开发者身份登录并访问红帽混合云管控台[1]的 OpenShift 子菜单，如图 6-1 所示，单击 Create cluster（创建集群）按钮。

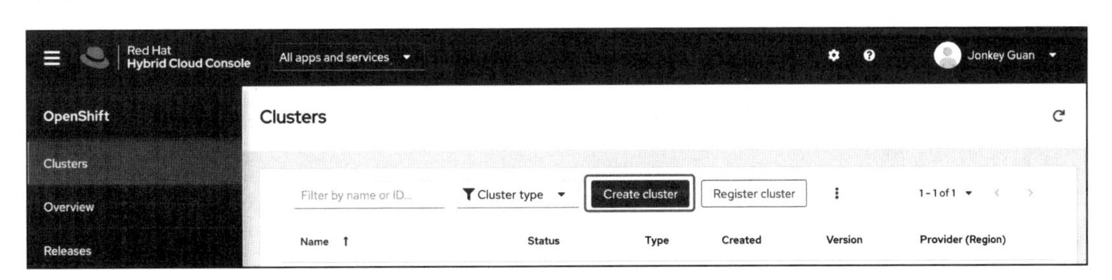

图 6-1 创建集群

单击 Local 标签后，切换到本地环境创建页面，如图 6-2 所示。

[1] https://console.redhat.com/openshift

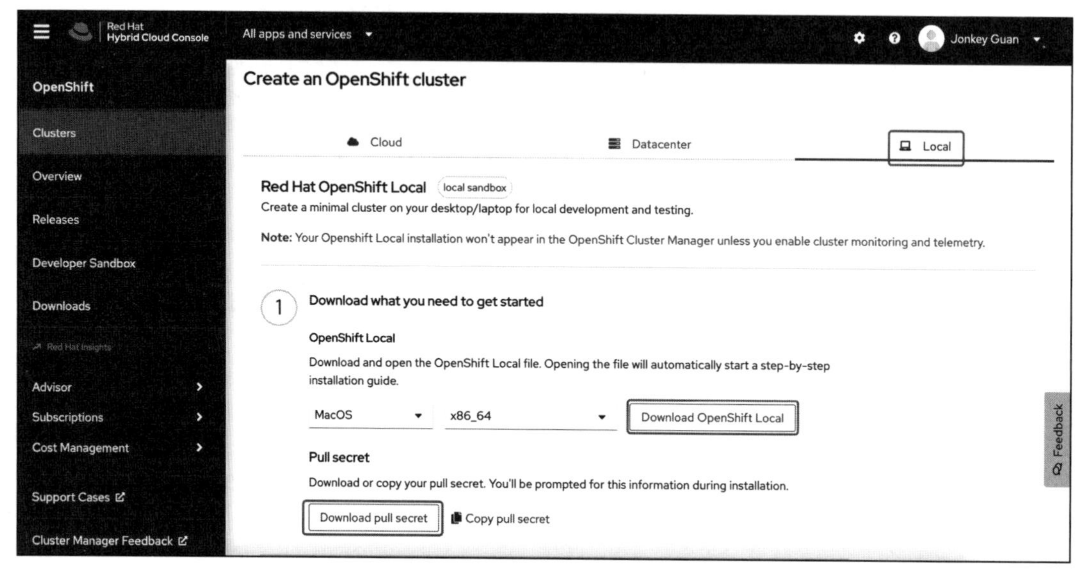

图 6-2 本地环境创建页面

在本地环境创建页面上，分别单击 Download OpenShift Local 和 Download pull secret 按钮，以下载 OpenShift Local 的安装包和密钥文件。将这 2 个文件保存到本地目录，如图 6-3 所示。

Downloads

Name	Size	Kind	Date Added
crc-macos-installer.pkg	234.1 MB	Installe...ackage	Today at 15:21
pull-secret.txt	3 KB	Plain Text	Today at 15:21

图 6-3 保存下载文件

6.1.2 安装 OpenShift Local

双击 crc-macos-installer.pkg 文件运行 OpenShift Local Installer 的安装，如图 6-4 所示。遵照 OpenShift Local Installer 安装向导操作，直到 OpenShift Local Installer 安装完成，关闭窗口如图 6-5 所示。

从系统应用程序中找到 Red Hat OpenShift Local 并运行，系统会弹出 OpenShift Local 安装向导的启动界面，如图 6-6 所示。单击 Get started 按钮进入安装向导欢迎界面如图 6-7 所示。

在安装向导欢迎页面单击 Next 按钮进入安装向导类型选择页面，如图 6-8 所示。选择类型 OpenShift 并单击 Next 按钮。系统进入 pull secret 输入界面，如图 6-9 所示，复制前面下载的 pull-secret.txt 文件中的内容并粘贴到 Provide a pull secret 下方的文本输入框中，单击 Next 按钮以继续。

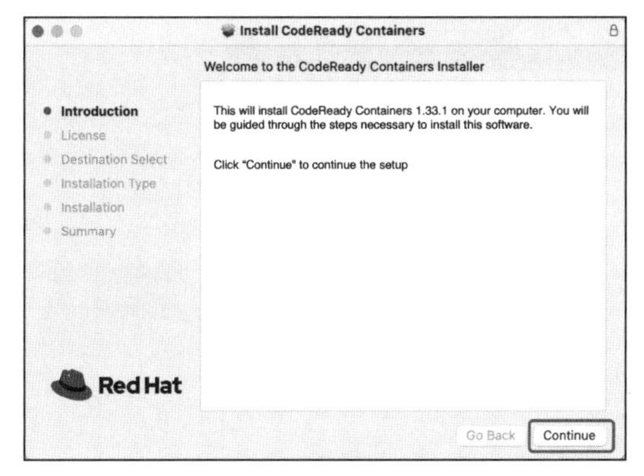

图 6-4　OpenShift Local Installer 安装向导

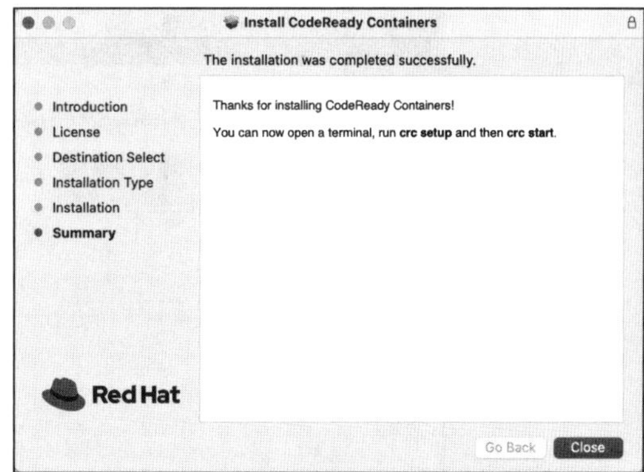

图 6-5　OpenShift Local Installer 安装完成

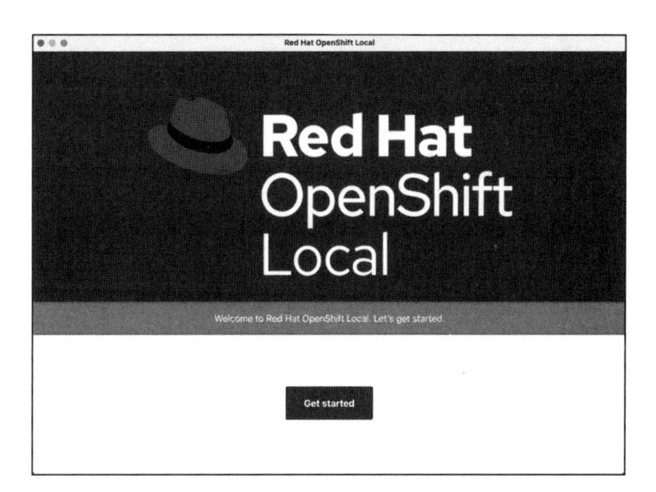

图 6-6　安装向导启动界面

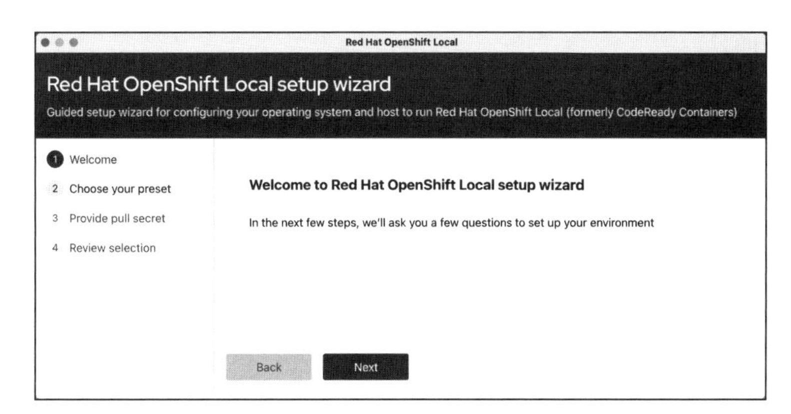

图 6-7　安装向导欢迎界面

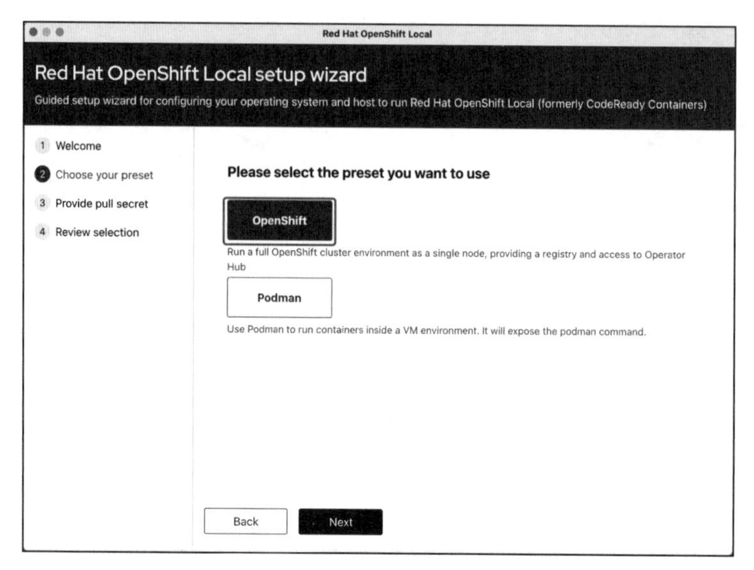

图 6-8　安装向导类型选择界面

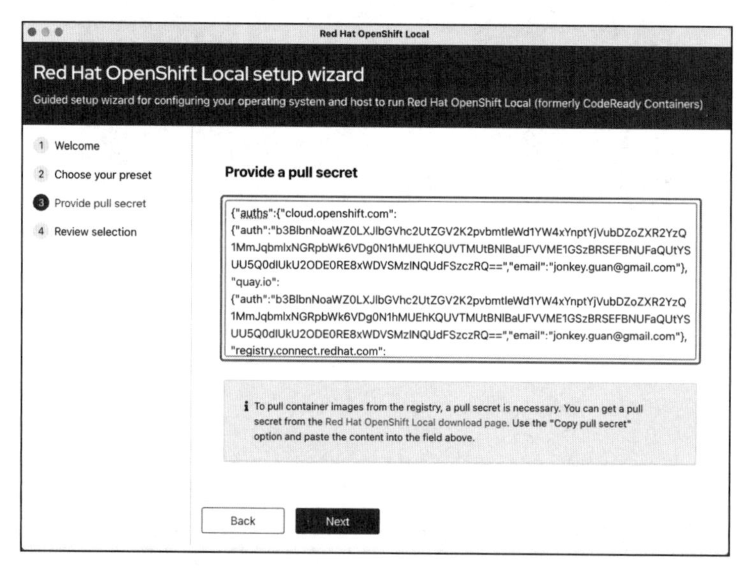

图 6-9　安装向导 pull secret 输入界面

在系统导航到的安装向导运行安装界面上单击 Run setup 按钮，如图 6-10 所示，系统开始进行联网安装配置。十几分钟（具体时间会因具体的网络情况而不同）后系统提示安装完成，如图 6-11 所示，点击 Start using（开始使用）按钮，以启动 OpenShift Local。

单击系统状态栏中的 OpenShift Local 图标展开菜单，如图 6-12 所示。单击 Configuration（配置）选项，进行 OpenShift Local 实例的资源配置，如图 6-13 所示。可以根据本地主机的配置来适当调整 CPU 的数量和内存大小，单击 Save 按钮来保存修改。

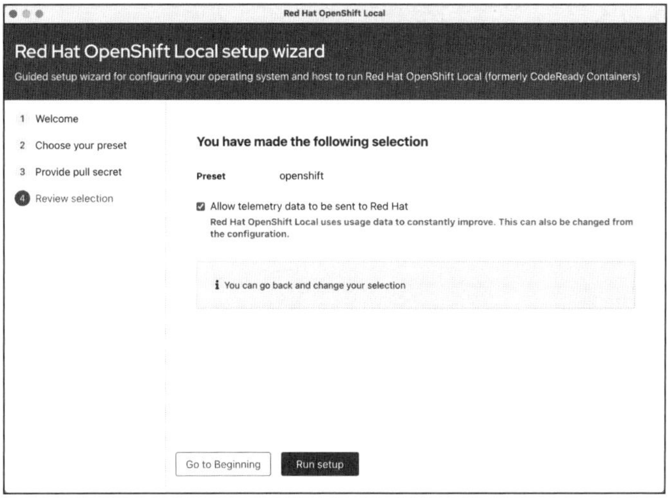

Red Hat OpenShift Local

Red Hat OpenShift Local setup wizard

Guided setup wizard for configuring your operating system and host to run Red Hat OpenShift Local (formerly CodeReady Containers)

1 Welcome

2 Choose your preset

3 Provide pull secret

4 Review selection

You have made the following selection

Preset　openshift

Allow telemetry data to be sent to Red Hat

Red Hat OpenShift Local uses usage data to constantly improve. This can also be changed from the configuration.

You can go back and change your selection

Go to Beginning　Run setup

图 6-10　安装向导运行安装界面

Red Hat OpenShift Local

Red Hat OpenShift Local setup wizard

Guided setup wizard for configuring your operating system and host to run Red Hat OpenShift Local (formerly CodeReady Containers)

Setup done

Start using

图 6-11　安装向导开始使用界面

在 OpenShift Local 菜单中选择 Start 选项以启动 OpenShift Local 实例，如图 6-14 所示。继续从 OpenShift Local 菜单中选择 Open logs 选项，如图 6-15 所示，可以观察实例的运行日志，如图 6-16 所示。

等待并确保 OpenShift Local 实例的运行状态为 Running，如图 6-17 所示。从 OpenShift Local 菜单中导航到 Copy OC login command (admin)，单击后将登录信息复制到剪贴板。

剪贴板中的内容是 OpenShift Local 命令行的登录信息，有如下类似内容：

```
oc login -u kubeadmin -p ohmPv-MNnLM-pAv5T-HJT5B https://api.crc.testing:6443
```

我们可以得到登录的用户名 kubeadmin，密码 ohmPv-MNnLM-pAv5T-HJT5B。

图 6-12 OpenShift Local 图标

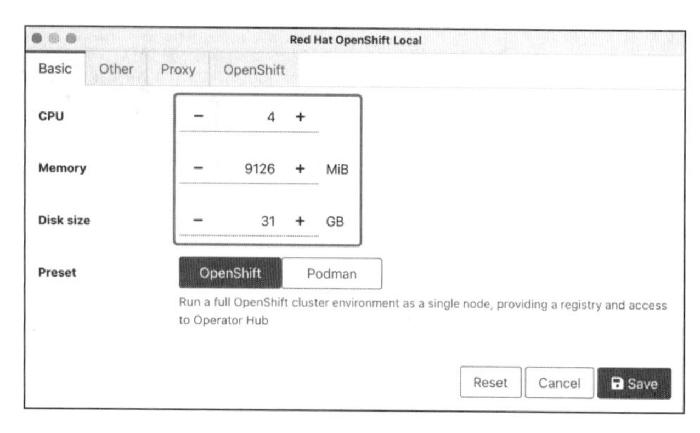

图 6-13 实例资源配置

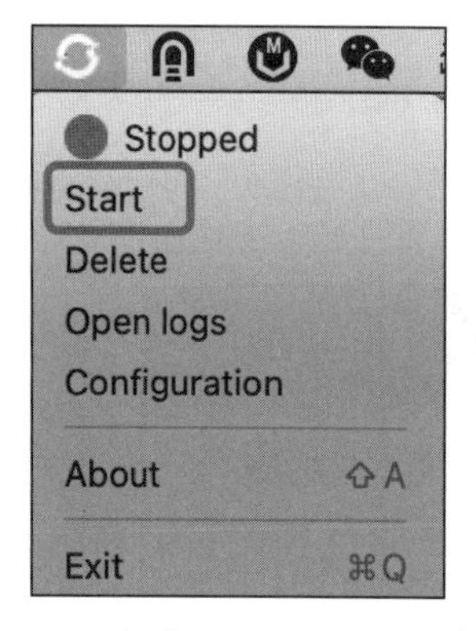

图 6-14 启动 OpenShift Local 实例

图 6-15 查看 OpenShift Local 日志

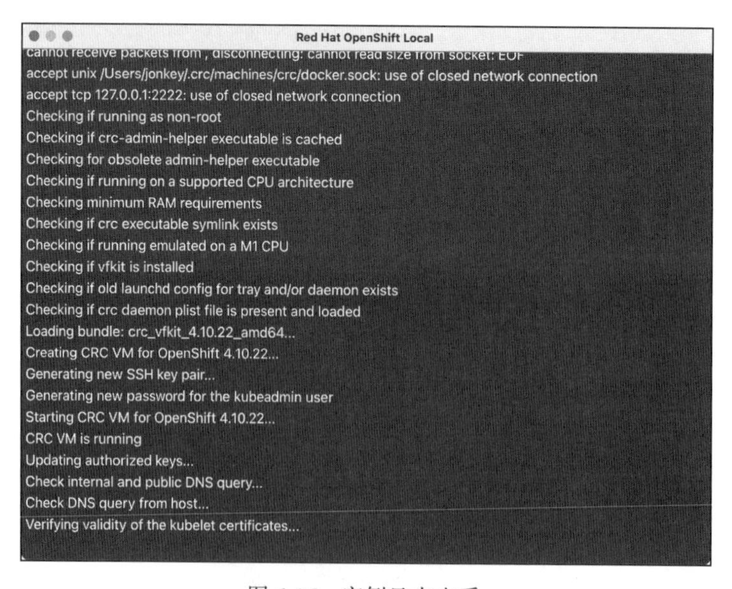

图 6-16 实例日志查看

提示 得到的密码是 OpenShift Local 安装程序为具体的安装环境随机产生的，会因为环境的不同而不同。

从 OpenShift Local 菜单中选择 Open Console 选项，如图 6-18 所示。系统会开启浏览器并导航到 OpenShift Local 登录页面，如图 6-19 所示。输入上面获取到的用户名和密码，点击 Log in 按钮，登录 OpenShift 管控台。

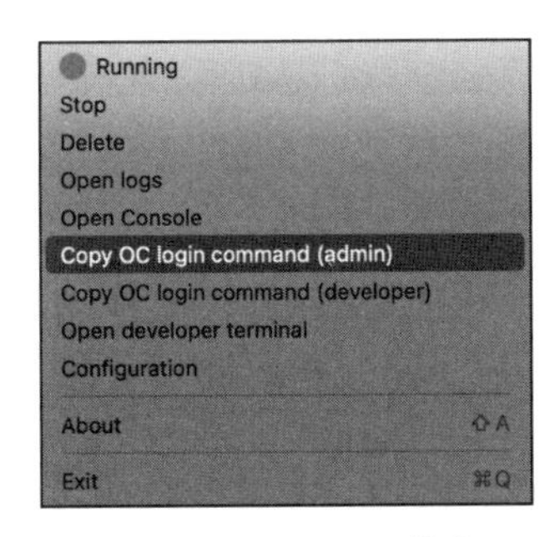

图 6-17 获取登录信息

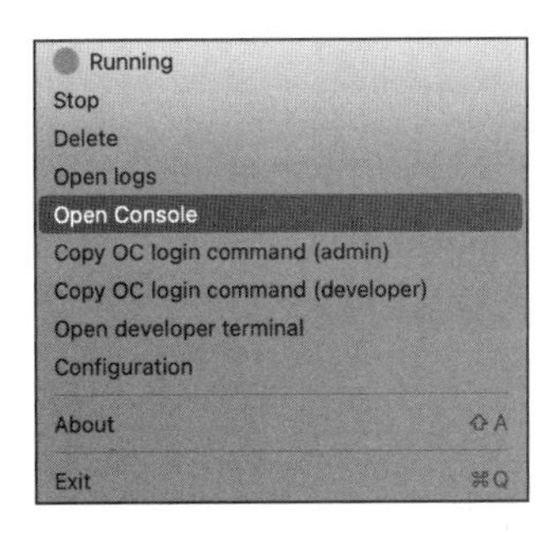

图 6-18 开启管控台页面

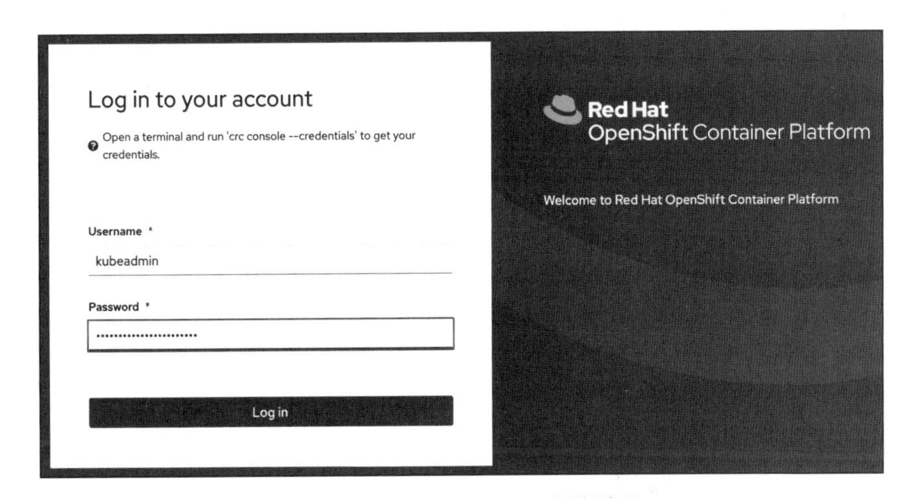

图 6-19 OpenShift Local 登录页面

6.1.3 安装 Business Automation Operator

成功登录 OpenShift 后，导航到 Operators → OperatorHub，输入 business 关键字，过滤可得到 Business Automation 的 Operator，如图 6-20 所示。

单击 Business Automation 进入安装确认页面，如图 6-21 所示。

滚动页面到 Installed Namespace 部分，从 Select Namespace 的下拉列表中选择 Create Namespace，创建新的命名空间，如图 6-22 所示。在系统的弹出窗口中的 Name 字段输入“rhdm”并单击 Create 按钮确认创建，如图 6-23 所示。

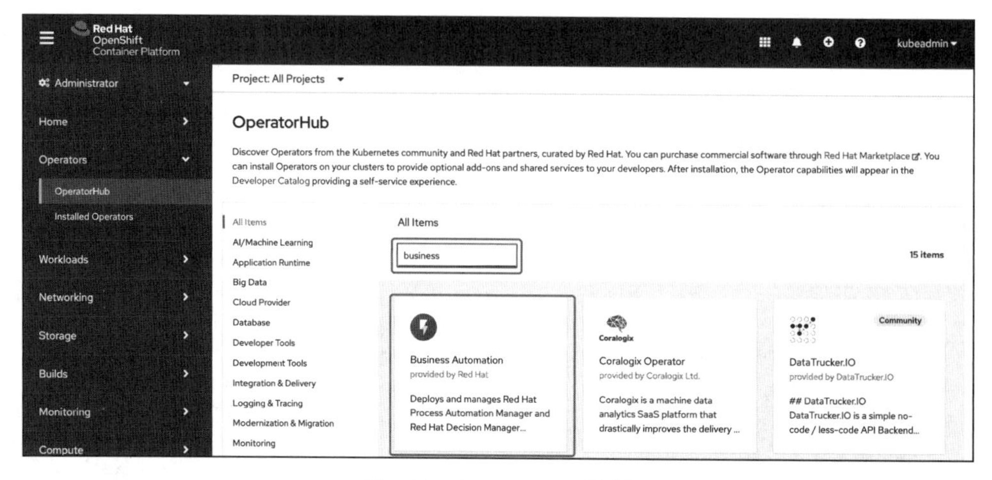

图 6-20 OperatorHub 页面

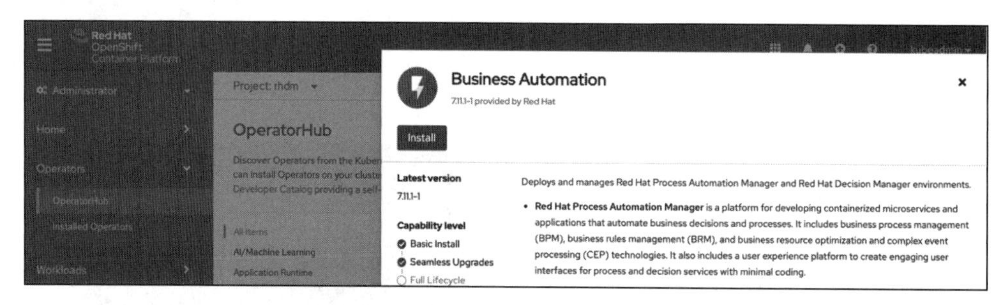

图 6-21 安装确认

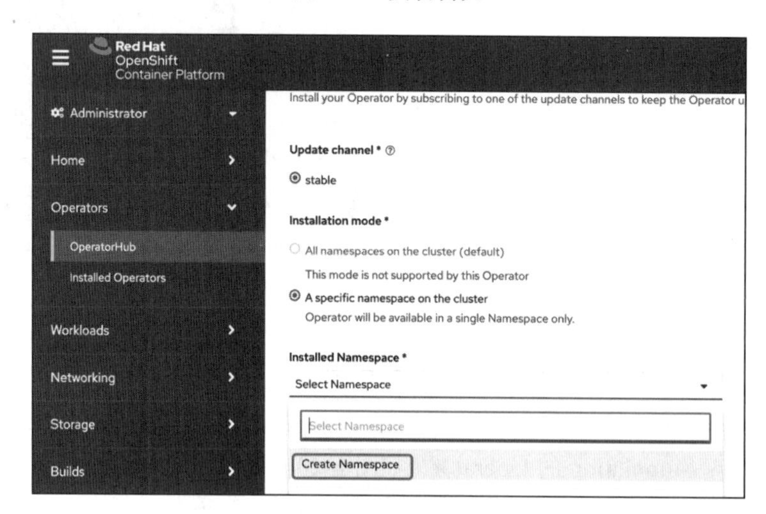

图 6-22 参数输入

提示 Project 是 OpenShift 中增强的项目管理单位，与 Kubernetes 中的 Namespace 是一一对应的。

图 6-23　创建命名空间

命名空间创建完成后，系统页面将返回到 Business Automation 安装页面，如图 6-24 所示。单击 Install 按钮确认安装，等待直到 Operator 安装完成，如图 6-25 所示。

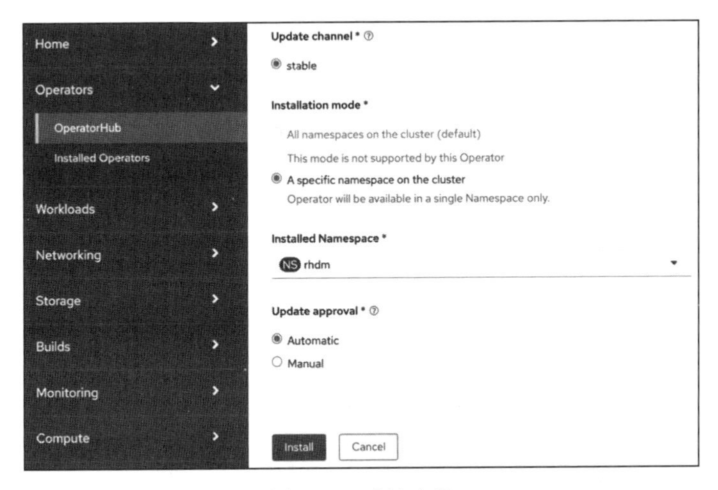

图 6-24　确认安装

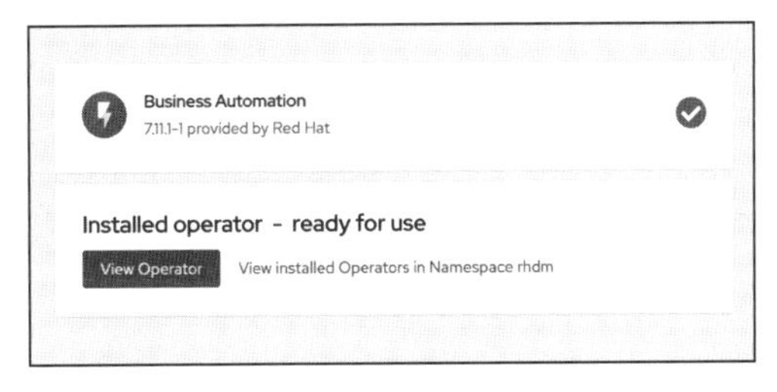

图 6-25　安装完成

6.1.4　安装业务中心与决策服务器

导航到 Operators → Installed Operators 页面，找到并单击 Business Automation，进入该 Operator 的详情页面，如图 6-26 所示。

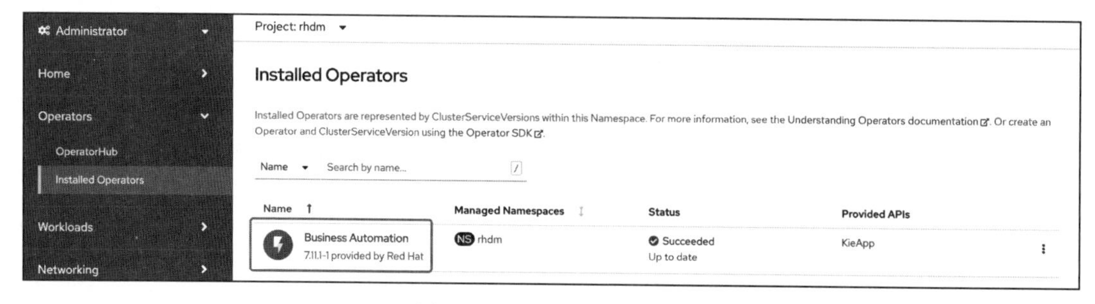

图 6-26　已安装 Operators

在详情页面中单击 Links 下的 Installer，如图 6-27 所示，系统将进入安装向导页面。

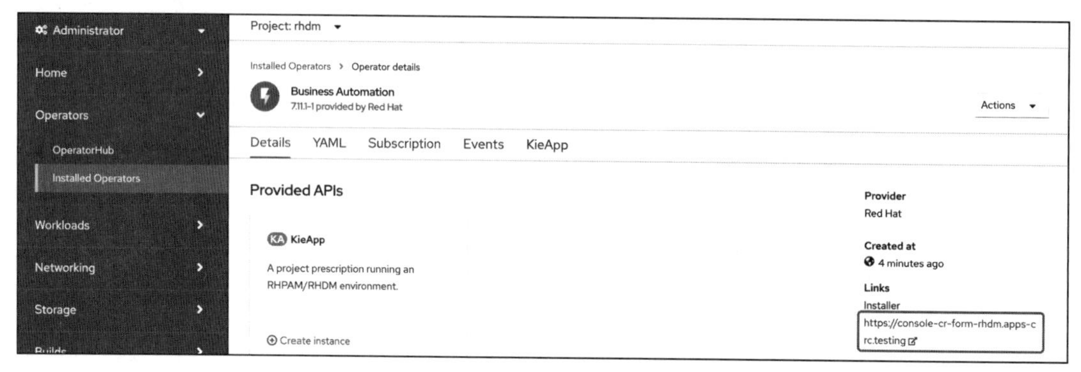

图 6-27　Operator 详情

在安装向导页面上，在 Application name 字段输入“rhdm”，在 Environment 字段选择 rhdm-authoring，如图 6-28 所示。

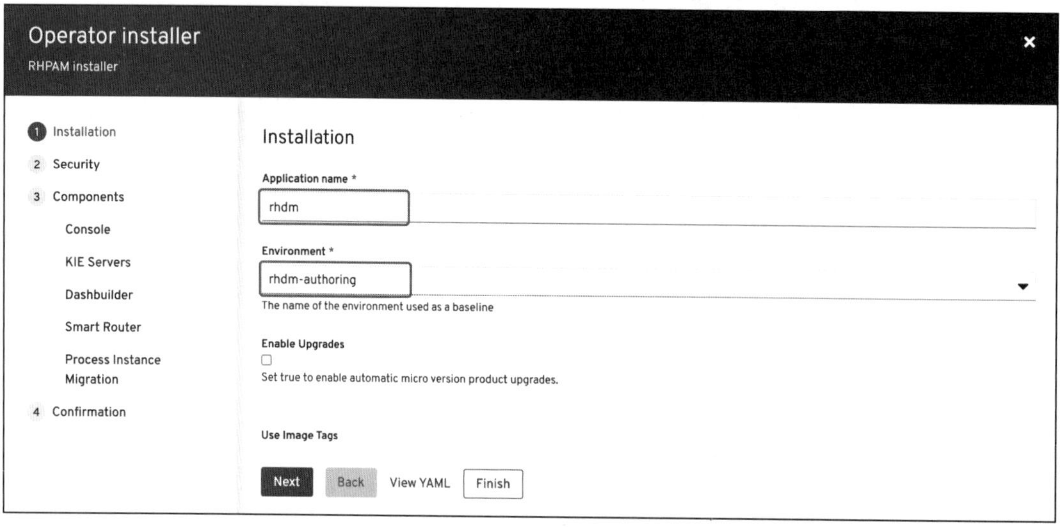

图 6-28　安装向导 1

滚动页面到底端，输入 Admin user 的用户名和密码，并单击 Finish 按钮，如图 6-29 所示。安装向导将导航到确认页面，如图 6-30 所示，单击 Deploy 按钮确认后并关闭浏览器的当前标签页。

导航到 OpenShift 中 rhdm 项目下的 Workloads → Pods，如图 6-31 所示，可以看到名称以 rhdm-rhdmcenter 和 rhdm-kieserver 开头的 Pod 状态为 Running 1/1，说明启动成功。

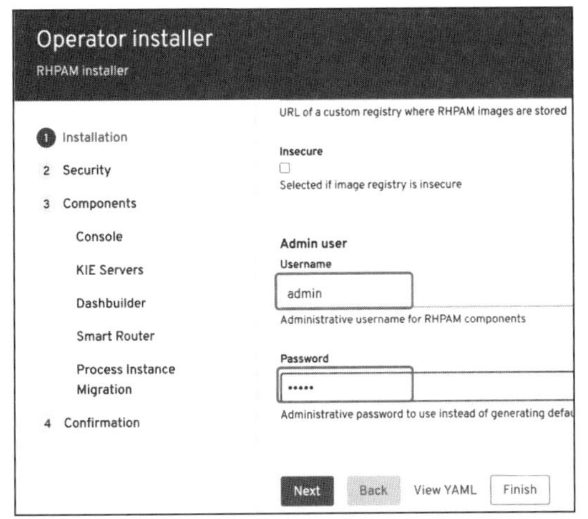

图 6-29　安装向导 2

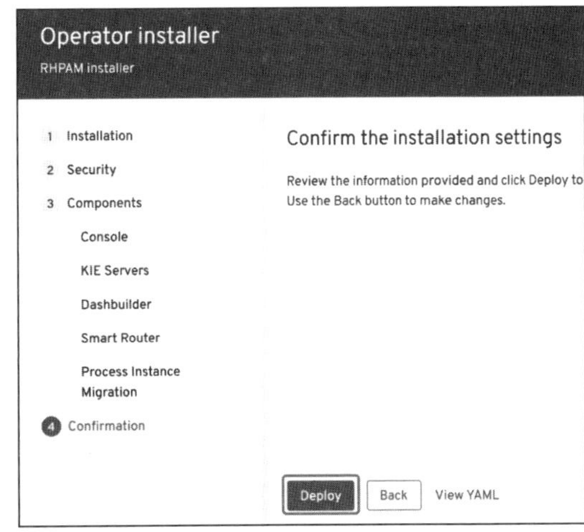

图 6-30　确认部署

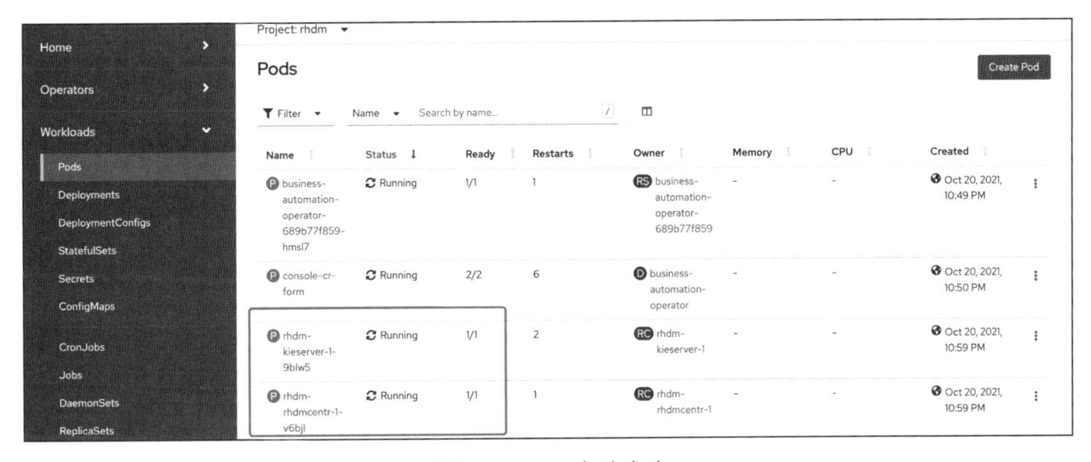

图 6-31　Pod 启动成功

6.1.5　验证安装

导航到 OpenShift 中 rhdm 项目的 Routes（路由）页面，如图 6-32 所示，单击业务中心链接以进入业务中心。

图 6-32　业务中心链接

输入之前设置的用户名和密码，单击 Sign In 按钮登录，如图 6-33 所示。登录成功后，系统主页将展示 Design 和 Deploy 选项，如图 6-34 所示，单击 Deploy 后进入决策服务器管理页面。

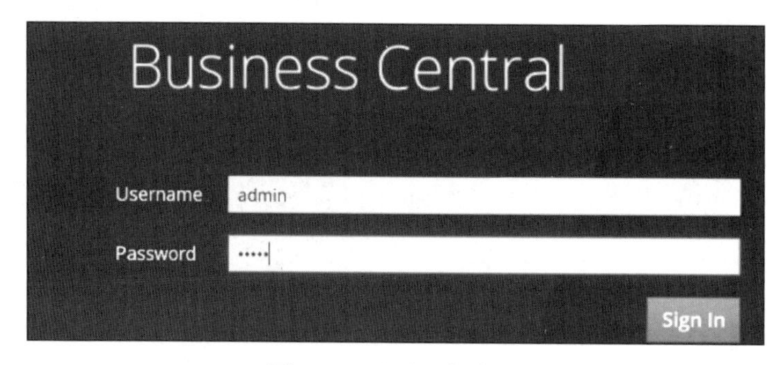

图 6-33　登录业务中心

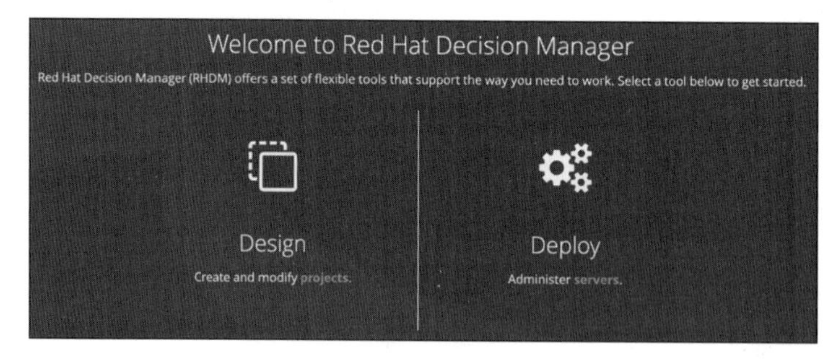

图 6-34　系统主页

在决策服务器管理页面上单击 rhdm-kieserver，如图 6-35 所示。可以看到默认的 KIE Server 已经启动。KIE Server 的地址为 http://10.217.5.102:8080/services/rest/server。至此，我们完成了 Drools 在容器云环境的安装验证。

提示　KIE Server 的地址会因为环境的不同而不同。

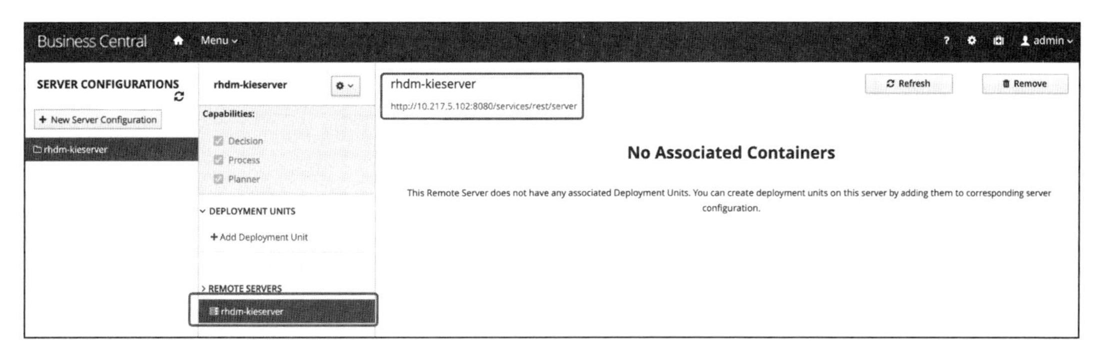

图 6-35　决策服务器管理页面

6.2 实战：东西在里面吗

6.2.1 功能说明

有如图 6-36 所示的物品及其位置分布关系，房子里有客厅、厨房，厨房里有西红柿、米饭，客厅里有桌子、椅子，桌子上有电脑、信封，信封里有钥匙。我们要根据给定的 2 个物品，来判断它们的归属关系，比如：西红柿在厨房里是正确的，西红柿在房子里也是正确的，因为西红柿和房子是间接的从属关系，而椅子在厨房里是不正确的。

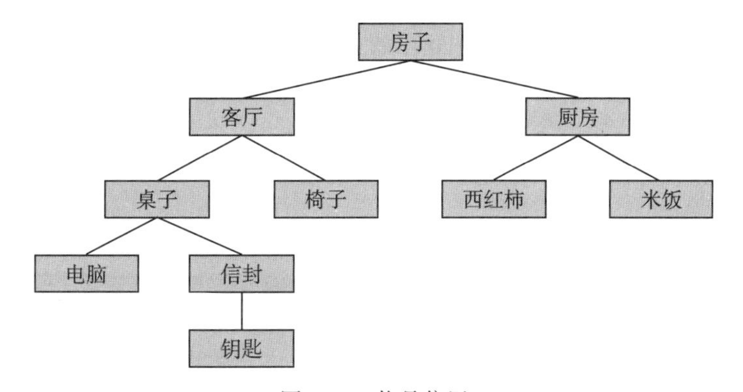

图 6-36　物品位置

6.2.2 规则实现

示例已经放到 GitHub 上了，位于 ch06/location 工程目录下。读者可以按照 5.3.2 节介绍的方式导入，也可以跟随下面的内容手工进行创建，以了解业务中心的使用。

1. 创建项目

登录 6.1.4 节创建好的云环境下的业务中心，导航到 Design → Spaces → DroolsInAction

工作空间，并单击 Add Project 按钮进行新项目的创建，如图 6-37 所示。在项目创建的弹出窗口中输入项目名称 Location，单击 Add 按钮确认创建项目，如图 6-38 所示。

提示　也可以使用第 5 章创建的主机环境或容器环境进行本实战。

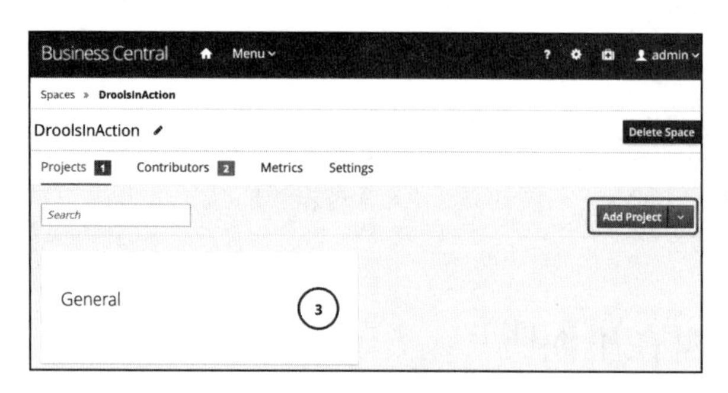

图 6-37　开始创建新项目

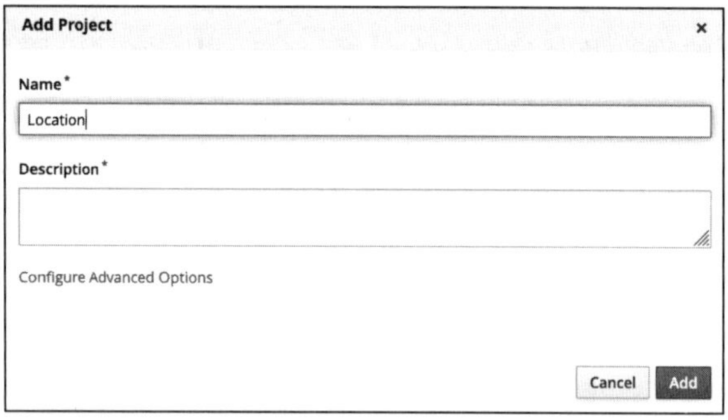

Add Project

Name*

Location

Description*

Configure Advanced Options

Cancel　Add

图 6-38　确认项目创建

项目创建成功后，系统将导航到 Location 项目内容页面，当前为空项目，如图 6-39 所示。

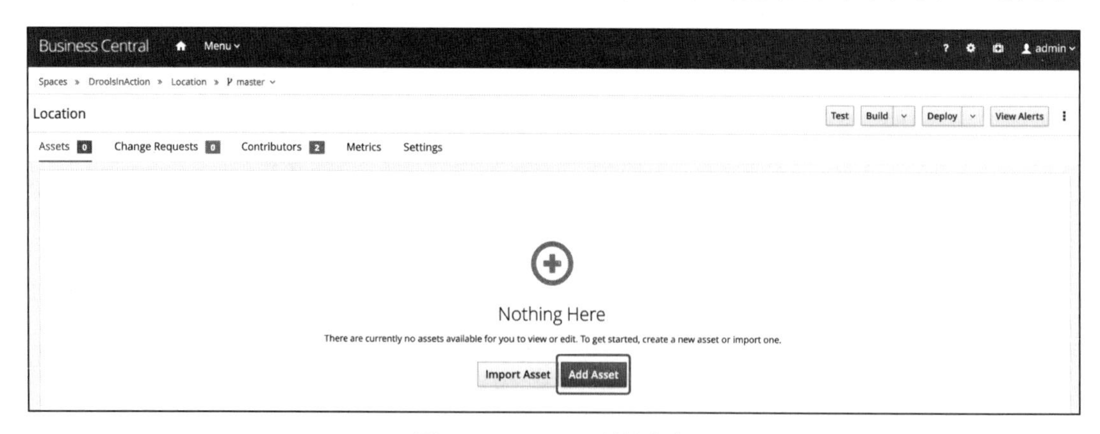

图 6-39　Location 项目内容

2. 创建数据对象

单击 Add Asset 按钮添加项目资产，如图 6-40 所示。在弹出数据对象窗口中输入数据对象名称 Location，下拉选择包 com.droolsinaction.location，单击 OK 按钮确认创建，如图 6-41 所示。

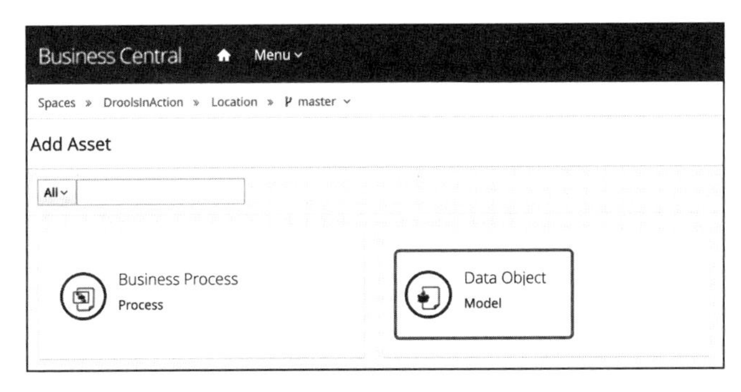

图 6-40　选择添加资产类别

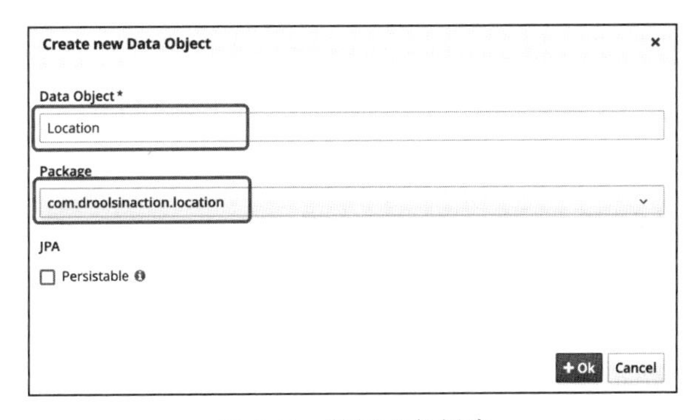

图 6-41　数据对象创建

Location 数据对象创建成功后，系统将导航到 Location 数据对象的 Model 页面，如图 6-42 所示。单击 Source 标签页，系统将展示 Location 数据对象的 Java 定义。

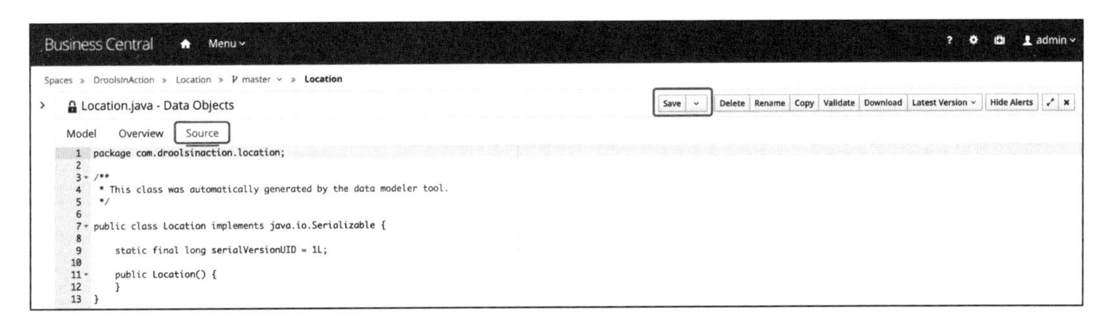

图 6-42　Location 数据对象的 Java 定义

复制如下 Location 定义并粘贴到页面上，覆盖系统生成的 Java 对象定义，单击 Save

按钮保存。

```
package com.droolsinaction.location;

import java.io.Serializable;
import org.kie.api.definition.type.Position;

public class Location implements Serializable {

  static final long serialVersionUID = 1L;

  @Position(0)
  private String item;

  @Position(1)
  private String location;

  public Location(String item, String location) {
    this.item = item;
    this.location = location;
  }

  public String getItem() {
    return item;
  }

  public void setItem(String item) {
    this.item = item;
  }

  public String getLocation() {
    return location;
  }

  public void setLocation(String location) {
    this.location = location;
  }

}
```

在以上的 Location 数据对象中，我们定义了如下属性：

- 物品的名称 item；
- 物品直接所属的位置 location。

属性的 @Position 注解是告诉 Drools，在对 Location 数据对象（工作内存中的事实对象）进行模式匹配的时候，可以遵从位置参数的定义，而不一定要用 Drools 默认的命名参数方式。比如，如下是以命名参数匹配 Location 数据对象的使用方式：

```
Location ( item == "key", location == "house" )
```

它可以简写成如下的位置参数匹配方式，不需要带参数名称。

```
Location ("key", "house")
```

用以上方式在 com.droolsinaction.location 包下创建 Query 数据对象，内容如下：

```
package com.droolsinaction.location;

import java.io.Serializable;

public class Query implements Serializable {

  static final long serialVersionUID = 1L;

  private String item;

  private String location;

  public Query() {
  }

  public Query(String item, String location) {
    this.item = item;
    this.location = location;
  }

  public String getItem() {
    return item;
  }

  public void setItem(String item) {
    this.item = item;
  }

  public String getLocation() {
    return location;
  }

  public void setLocation(String location) {
    this.location = location;
  }

  @Override
  public String toString() {
    return item + " 在 " + location + " 里吗？ ";
  }

}
```

在以上的 Query 数据对象定义中，我们依然用 item 作为物品的名称，用 location 作为物品直接所属的位置。

提示 定义结构与 Location 对象相同的 Query 对象是为了在模式匹配的时候区分直接从属关系和间接从属关系，也可以不定义 Query，沿用 Loation 对象，但这样会破坏规则的功能单一标准，不便于我们理解规则的功能。

用同样的方式在 com.droolsinaction.location 包下创建 QueryResult 数据对象，内容如下：

```
package com.droolsinaction.location;

import java.io.Serializable;

public class QueryResult implements Serializable {

  static final long serialVersionUID = 1L;

  private Query query;

  private String result;

  public QueryResult() {
  }

  public QueryResult(Query query, String result) {
    this.query = query;
    this.result = result;
  }

  public Query getQuery() {
    return query;
  }

  public void setQuery(Query query) {
    this.query = query;
  }

  public String getResult() {
    return result;
  }

  public void setResult(String result) {
    this.result = result;
  }

  @Override
  public String toString() {
    return query + " " + result;
  }

}
```

在以上的 QueryResult 数据对象的定义中，我们简单地包装了一下 Query 对象，并添加查询结果 result 的属性定义。

图 6-43 是数据对象创建完成后的项目数据对象资产列表。

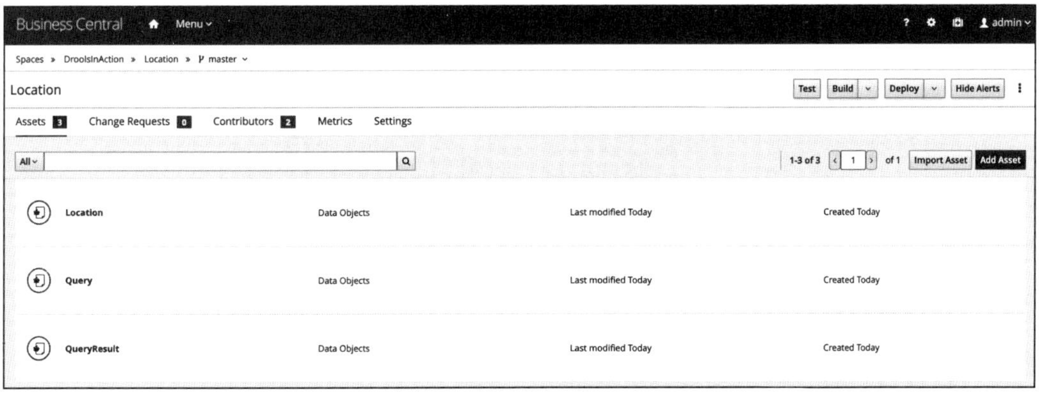

Business Central　Menu　? admin
Spaces » DroolsInAction » Location » master
Location　Test　Build　Deploy　Hide Alerts
Assets 3　Change Requests 0　Contributors 2　Metrics　Settings
All　1-3 of 3　1　of 1　Import Asset　Add Asset

Location	Data Objects	Last modified Today	Created Today
Query	Data Objects	Last modified Today	Created Today
QueryResult	Data Objects	Last modified Today	Created Today

图 6-43　项目数据对象资产列表

3. 创建规则

单击页面右侧的 Add Asset 按钮，选择 DRL file 资产类型，如图 6-44 所示。

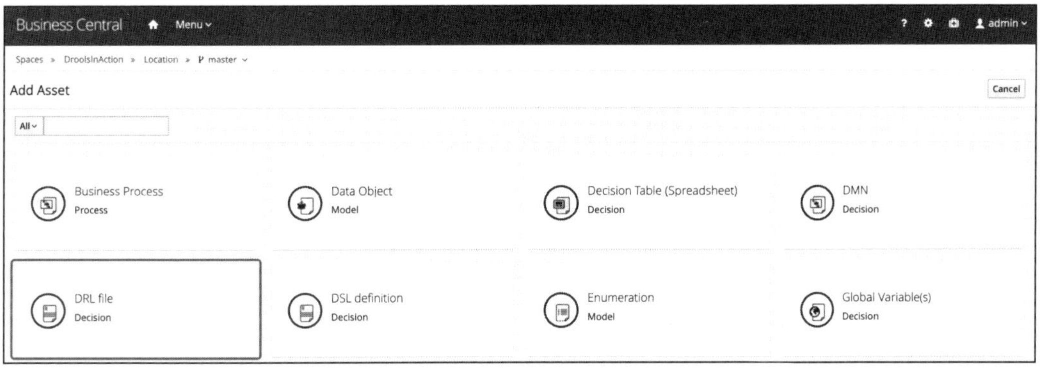

Business Central　Menu　? admin
Spaces » DroolsInAction » Location » master
Add Asset　Cancel
All

Business Process Process	Data Object Model	Decision Table (Spreadsheet) Decision	DMN Decision
DRL file Decision	DSL definition Decision	Enumeration Model	Global Variable(s) Decision

图 6-44　添加 DRL file

在弹出的 DRL 文件创建窗口中输入 DRL 名称“Location”，下拉并选择包 com.droolsinaction.location，如图 6-45 所示。系统页面将导航到 Location.drl - DRL 内容页面，如图 6-46 所示。

复制如下 Location 规则定义并粘贴到页面上，覆盖系统生成的 DRL 定义，单击 Save 按钮保存。

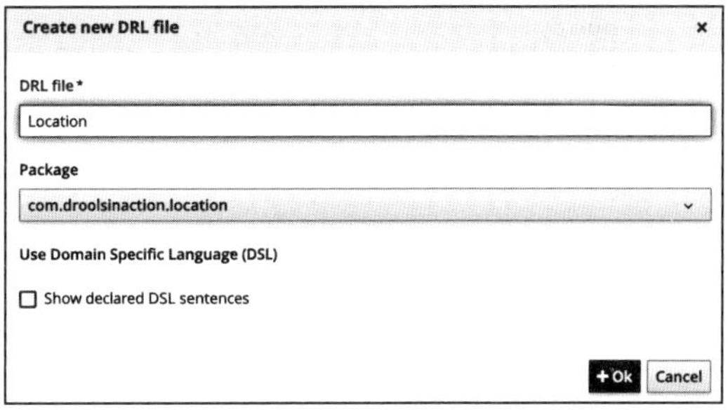

Create new DRL file
DRL file *
Location
Package
com.droolsinaction.location
Use Domain Specific Language (DSL)
Show declared DSL sentences
Ok　Cancel

图 6-45　DRL 规则创建

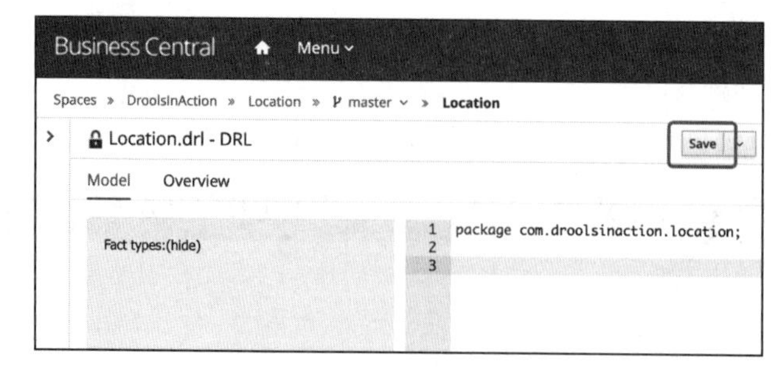

图 6-46 Location 规则内容

```
package com.droolsinaction.location;

dialect  "mvel"

query isContainedIn( String item, String location )
  Location( item, location; )
  or
  ( Location( x, location; ) and isContainedIn( item, x; ) )
end

rule bootstrap
when
  String()
then
  insert(new Location("客厅", "房子"));
  insert(new Location("厨房", "房子"));
  insert(new Location("米饭", "厨房"));
  insert(new Location("西红柿", "厨房"));
  insert(new Location("桌子", "客厅"));
  insert(new Location("椅子", "客厅"));
  insert(new Location("电脑", "桌子"));
  insert(new Location("信封", "桌子"));
  insert(new Location("钥匙", "信封"));
end

rule "the item is in the location"
when
  query: Query( item: item, location: location )
  isContainedIn( item, location; )
then
  insert(new QueryResult(query, "在"));
end

rule "the item is not in the location"
when
  query: Query( item: item, location: location )
  not isContainedIn( item, location; )
then
```

```
    insert(new QueryResult(query, " 不在 "));
end
```

在以上的规则文件中，我们在 isContainedIn 中用查询和反向推理（Backward Chaining）的方式定义了物品之间的间接从属关系，其逻辑如下。

1）在 isContainedIn 的查询中，我们首先匹配是否存在这样的直接从属关系的位置定义 Location(item, location;)。

2）如果存在，即满足该查询的匹配条件，返回匹配成功。

3）如果不存在，继续匹配是否存在这样的物品 x，它存放在查询参数指定的父物品中，即 Location(x, location;)，并查找是否存在指定的子物品间接从属于 x。

4）递归查找，直到找到这样的物品 x，返回匹配成功。

5）或者匹配了所有的事实对象也找不到这样的物品 x，返回不匹配。

提示　按照位置参数匹配中的分号是位置参数匹配的特定使用语法，比如 Location(item, location;)。

在 DRL 文件中，我们还定义了 bootstrap 规则，它用作规则内部产生和插入事实对象的引导器。我们也可以从规则外部通过 KIE session 插入事实对象，这里使用 bootstrap 实现是为了演示该用法。

我们也定义了 "the item is in the location" 规则，它在匹配输入的事实对象 Query 和 isContainedIn 条件后，产生满足间接从属关系的查询结果的事实对象；同理，"the item is not in the location" 规则产生不满足间接从属关系的查询结果的事实对象。

4. 发布规则

单击导航菜单的 Location 项目名称，系统将导航到 Location 项目的部署管理页面，如图 6-47 所示。

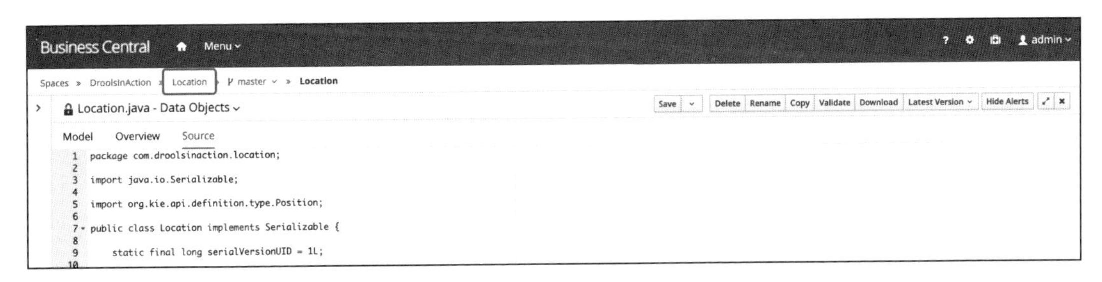

图 6-47　项目导航

单击 Deploy 按钮以发布 Location 规则项目，如图 6-48 所示。

系统会提示发布成功，如图 6-49 所示，可以单击 View deployment details 链接导航到 KIE Server 管理页面进一步查看 KIE Server 的运行状态。

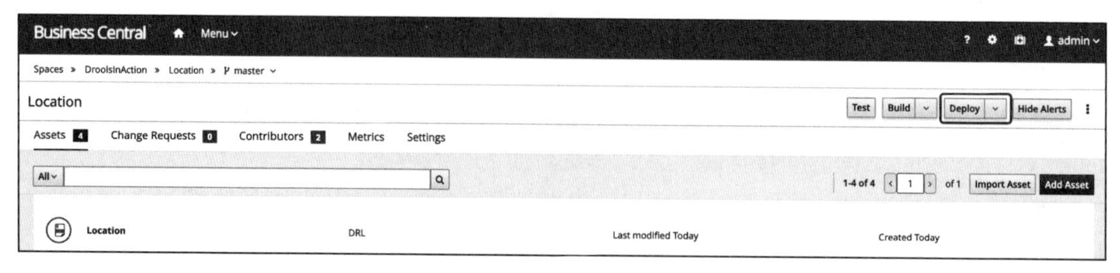

图 6-48　发布规则

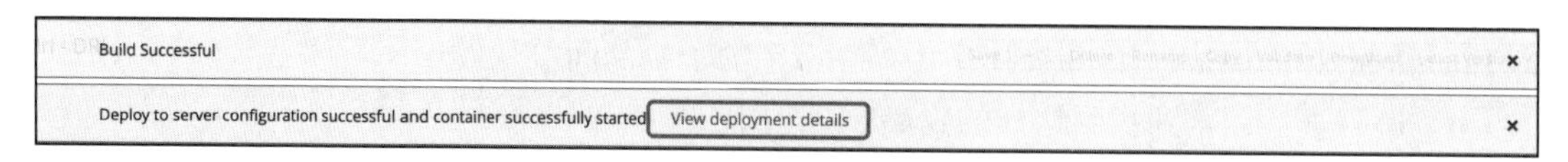

图 6-49　发布成功

6.2.3　验证规则

用浏览器访问决策服务器的Swagger页面，地址为https://rhdm-rhdmcentr-rhdm.apps.crc.testing，如图6-50所示。

提示　Swagger URL的基础地址可以从图6-32所示的业务中心链接中获取。

如果是本地的主机环境或容器环境，Swagger地址为http://localhost:8080/kie-server/docs。

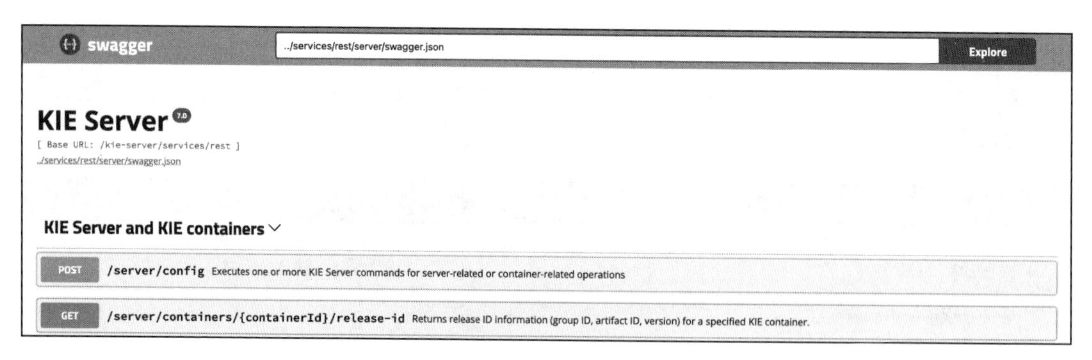

图 6-50　Swagger起始页

滚动页面并找到KIE session assets部分，将Parameter context type修改为application/json，单击Try it out按钮，如图6-51所示。

单击Try it out按钮，系统会进入body可编辑的状态，如图6-52所示。

在页面上将containerId配置为Location，再将如下RESTful请求的JSON格式文件内容输入到body部分，单击Execute按钮发送请求。

KIE session assets

POST /server/containers/instances/{containerId} Executes one or more runtime commands

Try it out

Parameters

Name	Description
containerId * required string (path)	Container id where rules should be evaluated on
body * required (body)	Commands to be executed on rule engine given as BatchExecutionCommand type Example Value | Model "string" Parameter content type application/json

图 6-51　KIE session assets 尝试

Name	Description
containerId * required string (path)	Container id where rules should be evaluated on Location
body * required (body)	Commands to be executed on rule engine given as BatchExecutionCommand type Example Value | Model

```
{
  "commands": [ {
      "insert": {
        "object": {
          "java.lang.String": "boostrap"
        }
      }
    },
    {
      "insert": {
        "object": {
          "com.droolsinaction.location.Query": {
            "item": "钥匙",
            "location": "房子"
          }
        }
      }
```

Cancel

Parameter content type

application/json

Execute

图 6-52　测试 Location 容器

```
{
  "commands": [ {
      "insert": {
        "object": {
          "java.lang.String": "boostrap"
        }
      }
    },
    {
      "insert": {
        "object": {
          "com.droolsinaction.location.Query": {
```

```
                "item": " 钥匙 ",
                "location": " 房子 "
              }
            }
          }
        },
        {
          "fire-all-rules": {}
        },
        {
          "get-objects": {
            "out-identifier": "queryResults",
            "class-object-filter" : {
              "string" : "com.droolsinaction.location.QueryResult"
            }
          }
        },
        {
          "dispose": {}
        }
      ]
    }
```

> **提示** 以上的 JSON 格式请求文件可以借助第 5 章的 RESTful 客户端程序，通过将 log4j 日志级别修改为 DEBUG 来获取。

执行完成后，页面显示预期的返回结果“钥匙在房子里”，如图 6-53 所示。

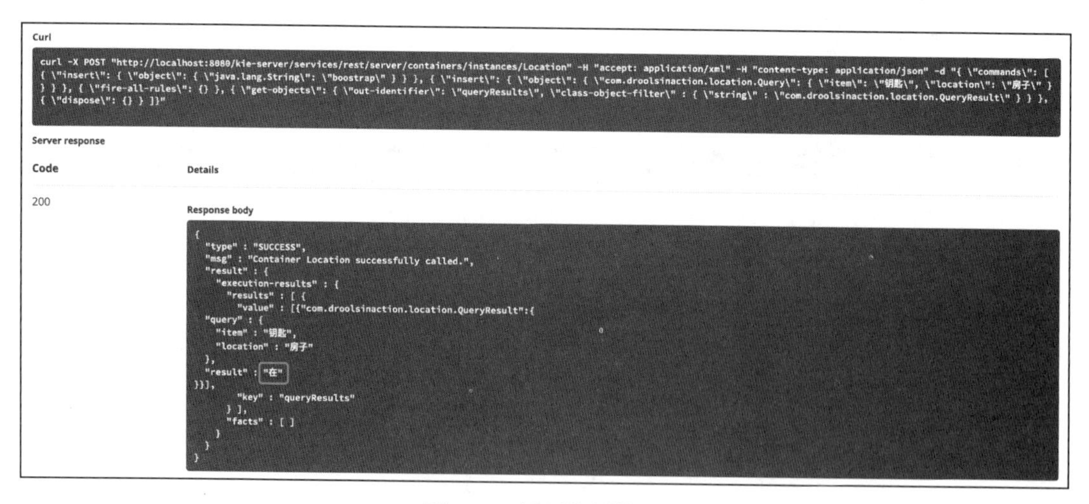

图 6-53 返回从属结果

将页面上 RESTful 请求 body 部分 JSON 格式文本中的“钥匙”为“笔记本”，单击 Execute 按钮再次发送请求，页面显示返回结果，如图 6-54 所示，与预期相同。

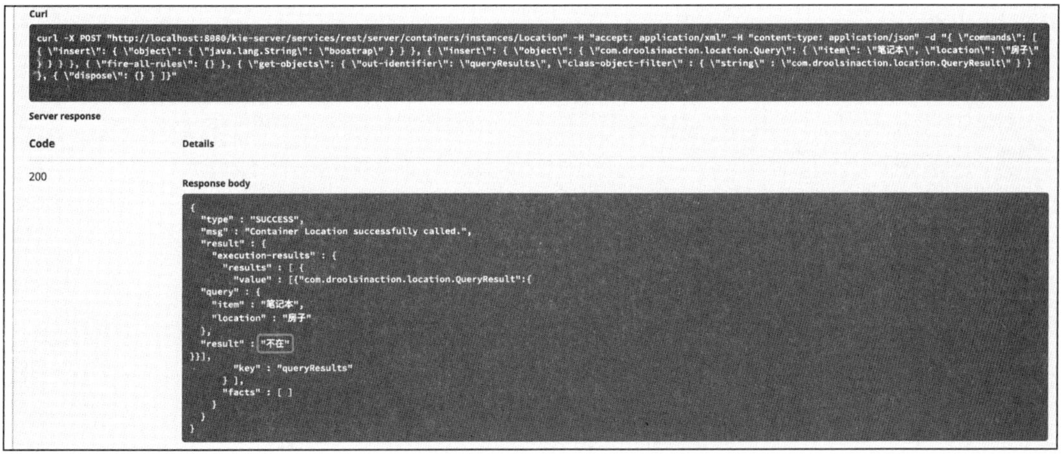

Curl

```
curl -X POST "http://localhost:8080/kie-server/services/rest/server/containers/instances/Location" -H "accept: application/xml" -H "content-type: application/json" -d "{ \"commands\": [
{ \"insert\": { \"object\": { \"java.lang.String\": \"boostrap\" } } }, { \"insert\": { \"object\": { \"com.droolsinaction.location.Query\": { \"item\": \"笔记本\", \"location\": \"房子\"
} } } }, { \"fire-all-rules\": {} }, { \"get-objects\": { \"out-identifier\": \"queryResults\", \"class-object-filter\" : { \"string\" : \"com.droolsinaction.location.QueryResult\" } }
}, { \"dispose\": {} } ]}"
```

Server response

Code　Details

200　Response body

```
{
  "type" : "SUCCESS",
  "msg" : "Container Location successfully called.",
  "result" : {
    "execution-results" : {
      "results" : [ {
        "value" : [{"com.droolsinaction.location.QueryResult":{
  "query" : {
    "item" : "笔记本",
    "location" : "房子"
  },
  "result" : "不在"
}}],
        "key" : "queryResults"
      } ],
      "facts" : [ ]
    }
  }
}
```

图 6-54　返回非从属结果

6.3　本章小结

本章要点如下。

- 搭建基于 OpenShift Local 的本地容器环境。
- 在 OpenShift Local 上部署 Business Automation Operator，并用 Business Automation 的配置向导创建本地云上的 Drool 业务中心和决策服务器。
- 在业务中心创建了“东西在里面吗”的数据对象和规则，并发布到决策服务器。
- 通过决策服务器提供的 Swagger 页面验证了已发布的规则。

Chapter 7 第 7 章

规则的测试

规则编写人员通常需要及时验证规则的准确性，Drools 为此在业务中心提供了测试场景设计器，让我们可以在线编写规则的测试用例，以便及时进行规则的验证。编写的测试用例同时用于后期规则修改后的回归测试。在本章，我们会首先了解测试场景设计器的使用，再基于测试场景设计器实现对前两章中实战规则“东西在里面吗”和“将军排队”的测试。

7.1 测试场景设计器

Drools 业务中心的测试场景设计器是基于表格的，我们可以以表格的形式定义测试场景和相关的测试用例。设计器的表格由表头和数据行组成。表头由用例描述（Scenario description）、GIVEN 和 EXPECT 三部分组成，如图 7-1 所示。

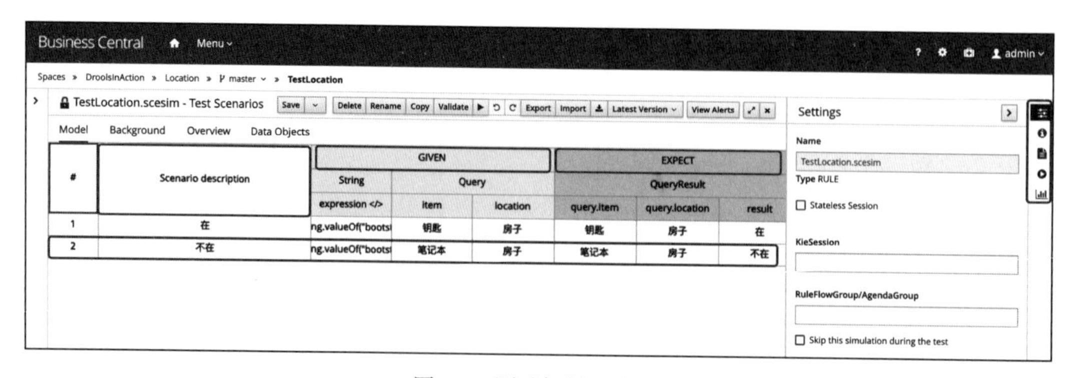

图 7-1 测试场景设计器

- ❑ 用例描述部分用于描述具体测试用例的测试内容，不参与规则的推导与计算。
- ❑ GIVEN 部分的用例输入参数是规则用到的事实对象及其属性的定义。
- ❑ EXPECT 部分定义的是规则由用例的 GIVEN 部分事实数据触发后期望的结果输出。同 GIVEN 部分类似，它也是以事实对象及其属性的方式定义的。

有了表头定义的输入和期望输出的对象与属性，我们就可以在表格中添加数据行，每行数据会形成一个测试用例。

7.1.1　全局参数配置

设计器右侧栏的 Settings 字段用于全局参数的配置，如图 7-1 所示，可配置项如下。

- ❑ Stateless Session：是否为无状态会话。
- ❑ KieSession：测试场景的 KIE session。
- ❑ RuleFlowGroup/AgendaGroup：测试场景的规则流组或议程组。
- ❑ Skip this simulation during the test：在项目级别运行测试时，忽略本测试场景。

7.1.2　数据对象别名

在配置输入条件或结果的表头时，假设一个数据对象已经指定给某列，还需要把这个数据对象指定给另一列，但我们发现，右侧的 Select Data Object 列表中没有之前指定的数据对象，如图 7-2 所示。我们需要通过定义数据对象的别名来解决这个问题。双击之前指定的列后，将列名修改为不同于数据对象类名称的别名，之前指定的数据对象会出现在 Select Data Object 列表中，如图 7-3 所示。

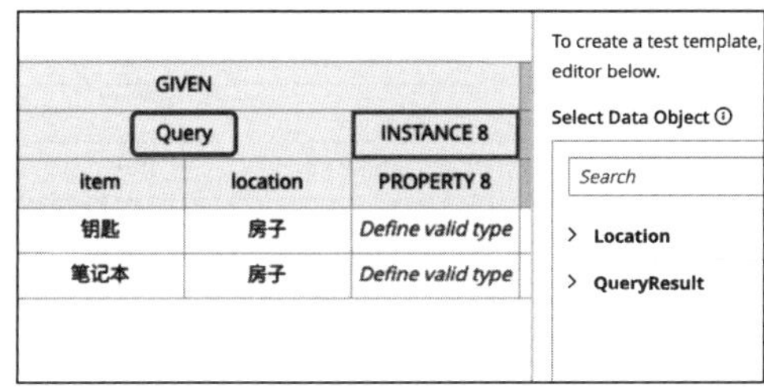

图 7-2　数据对象已映射

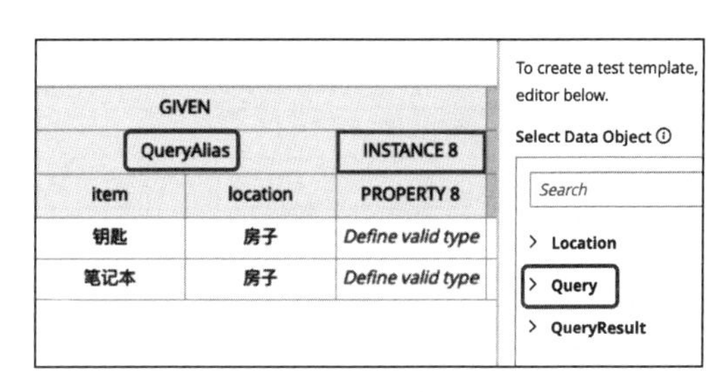

图 7-3　数据对象的别名

7.1.3　表达式语法

测试场景设计器的语法是基于 MVEL 的，其内置数据类型有 String、Boolean、Integer、Long、Double、Float、Character、Byte、Short 和 LocalDate。

如要使用非内置的数据类型，可以借助以 # 开头的 MVEL 实现。下面举个例子。

在条件列中使用 BigDecimal 作为输入值：

```
# java.math.BigDecimal.valueOf(10)
```

在结果列中使用 actualValue 作为输出值：

```
# actualValue.intValue() == 10
```

actualValue 是以变量形式代表结果输出列的值。

测试场景设计器支持的运算符见表 7-1。

表 7-1　运算符说明

运　算　符	说　　明
=	表示某列等于某个值，是所有列的默认运算符，也是条件列唯一支持的运算符
=, !=, <>	分别标识左右的值相等、不等、不等（与 != 相同），可以和其他的运算符配合使用
<, >, <=, >=	分别对左右的值进行比较操作：小于、大于、小于或等于、大于或等于
#	执行非内置数据类型的 MVEL 表达式计算后得到的值
[value1, value2, value3]	值列表，如果有一个或多个值有效，则结果为真
expression1; expression2; expression3	表达式列表，所有表达式有效，则结果为真

表达式的例子见表 7-2。

表 7-2　表达式举例

表　达　式	说　　明
-1	实际值等于 -1
< 0	实际值小于 0
! > 0	实际值不大于 0
[-1, 0, 1]	实际值是 -1、0 或 1
<> [1, -1]	实际值不等于 1 或 -1
! 100; 0	实际值不等于 100，而等于 0
!= < 0; <> > 1	实际值不小于 0 且不大于 1
<> <= 0; >= 1	实际值不小于或等于 0 且不大于或等于 1

7.2 “东西在里面吗”实战的测试

带有测试用例的示例已经放到 GitHub 上了，位于 ch07/location 工程目录下。读者可以按照 5.3.2 节介绍的方式导入，也可以继续阅读下面的内容来手工创建，以了解业务中心规则测试的使用。

提示　如果在导入过程中系统提示项目已经存在，则需要先删除同名的项目再导入。

7.2.1 创建测试场景

登录业务中心后，依次导航到 Spaces → DroolsInAction → Location 项目，单击 Add

Asset 按钮添加资产，如图 7-4 所示，系统将导航到资产类别选择页面。

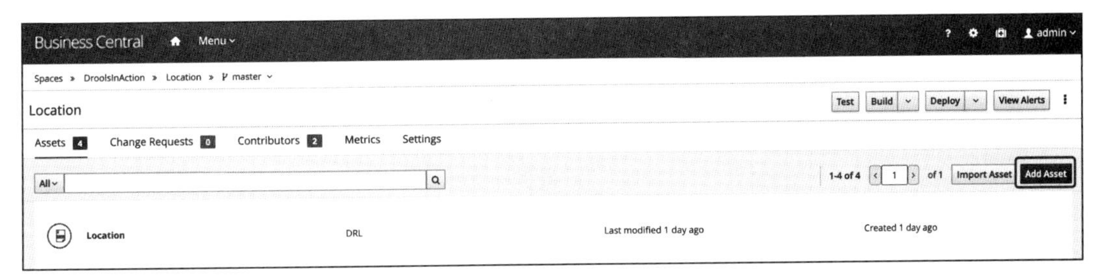

图 7-4　添加资产

在过滤条件中输入“test”，过滤后得到测试类型的资产类别，如图 7-5 所示。单击 Test Scenario 标签，系统将导航到创建测试场景页面，如图 7-6 所示。

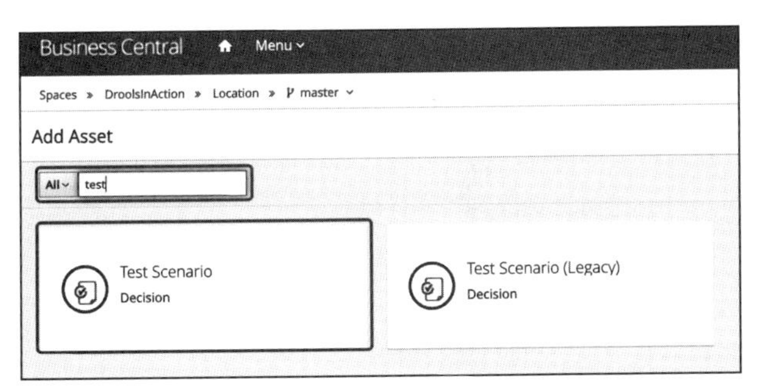

图 7-5　资产类别选择

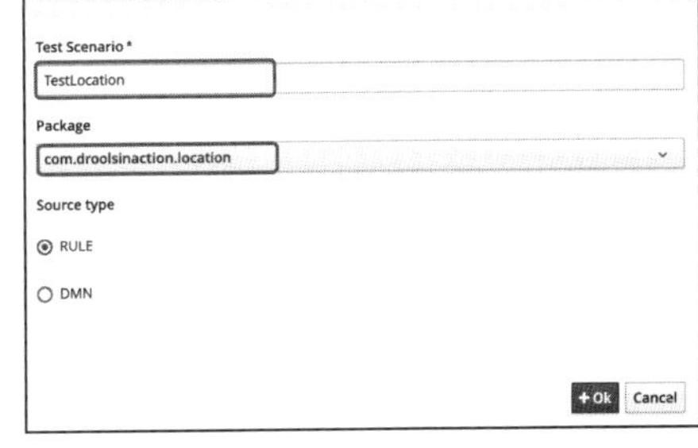

图 7-6　创建测试场景

输入测试场景的名称为 TestLocation，在 Package 字段下下拉选择包名 com.droolsinaction.location，单击 OK 按钮，系统将导航到测试场景详情页面，如图 7-7 所示。

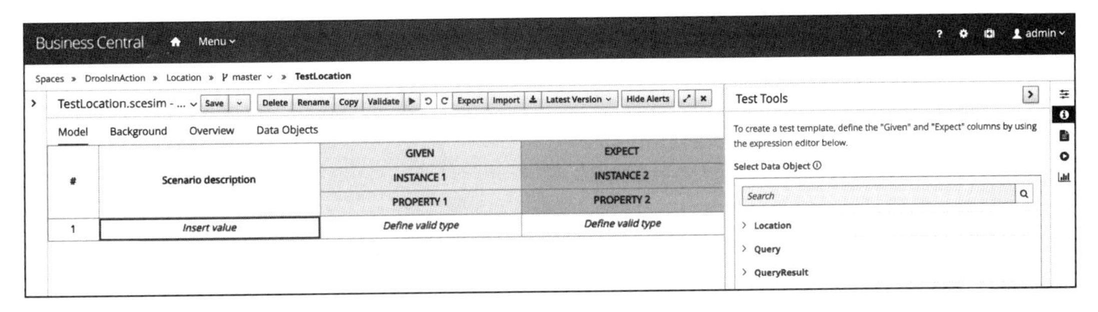

图 7-7　测试场景详情

7.2.2　定义测试场景数据结构

在数据对象标签页中单击 New Item 按钮，添加新的数据对象依赖，如图 7-8 所示。系统将导航到导入数据对象页面，如图 7-9 所示。

图 7-8 数据对象设置

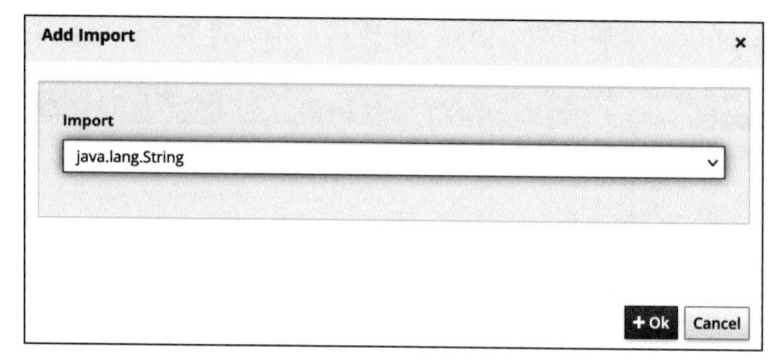

图 7-9 导入数据对象

在导入数据对象页面，下拉选择 java.lang.String 后单击 OK 按钮完成 String 类型的内置数据类型导入。系统将返回到测试场景详情页面，如图 7-10 所示。我们可以看到 String 类型已经出现在 Select Data Object 列表中，如果 String 没有出现，请刷新页面。

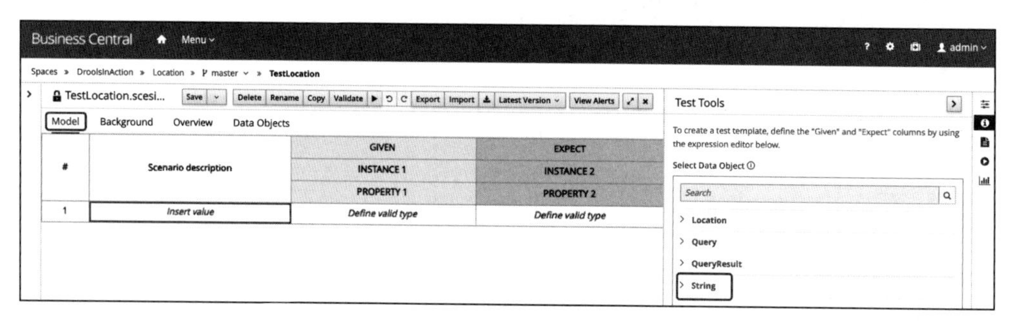

图 7-10 添加依赖后的测试场景详情

在测试场景详情页面中，首先单击选中 GIVEN 下的条件列 INSTANCE 1，再单击选中 Select Data Object 列表下的 String 数据对象，接着单击 Insert Data Object 按钮，将 GIVEN 下的条件列 INSTANCE 1 的类型修改为 String，如图 7-11 所示。注意，GIVEN 是测试场景的条件部分。

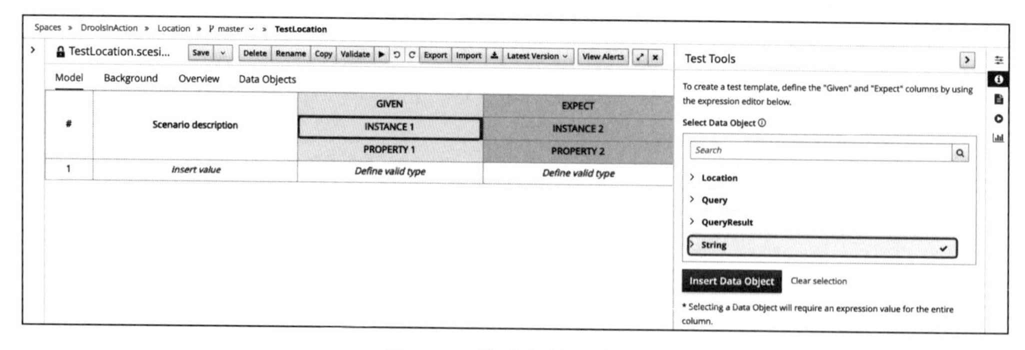

图 7-11 修改条件列类型

修改后的条件列定义如图 7-12 所示。

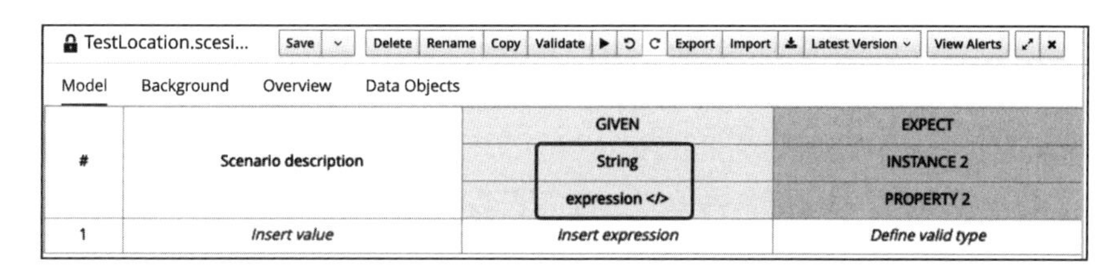

图 7-12　修改后的条件列

右击条件列的 String 位置并在弹出菜单中选择 Insert column right（在右侧添加列），如图 7-13 所示。系统将增加新的条件列 INSTANCE 4，如图 7-14 所示。

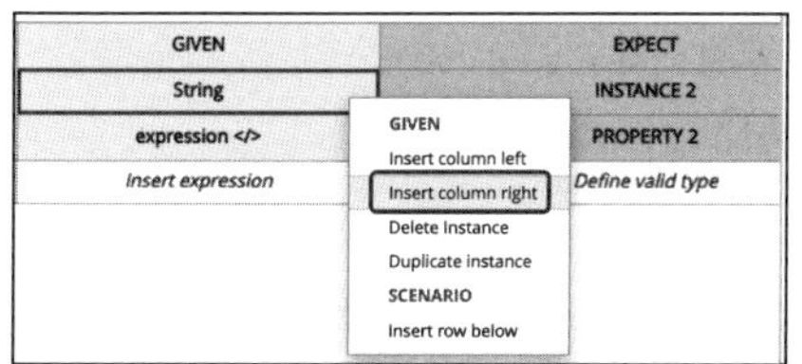

图 7-13　右侧添加条件列　　图 7-14　添加后的条件列

提示　系统新增的条件列不一定是 INSTANCE 4，INSTANCE 后的数字是系统根据当前的状态递增分配的。

先单击选中 GIVEN 下的条件列 INSTANCE 4，再单击选中 Select Data Object 列表下的 Query 数据对象，最后单击 Insert Data Object 按钮，将 GIVEN 下的条件列 INSTANCE 4 的类型修改为 Query，如图 7-15 所示。

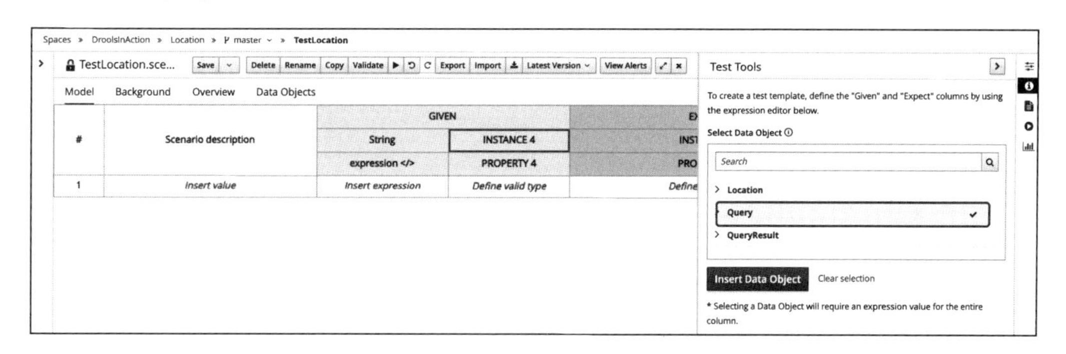

图 7-15　修改条件列类型

修改后的条件列如图 7-16 所示。单击选中 Query 下的“expression</>”单元格，展开右侧 Select Data Object 列表中的 Query 数据对象，选中 item 属性后单击 Insert Data Object 按钮，以添加 Query 数据对象的 item 条件列。

右击 item 单元格，在弹出菜单中选择 Insert column right 选项，为 Query 数据对象添加新的条件列，如图 7-17 所示。

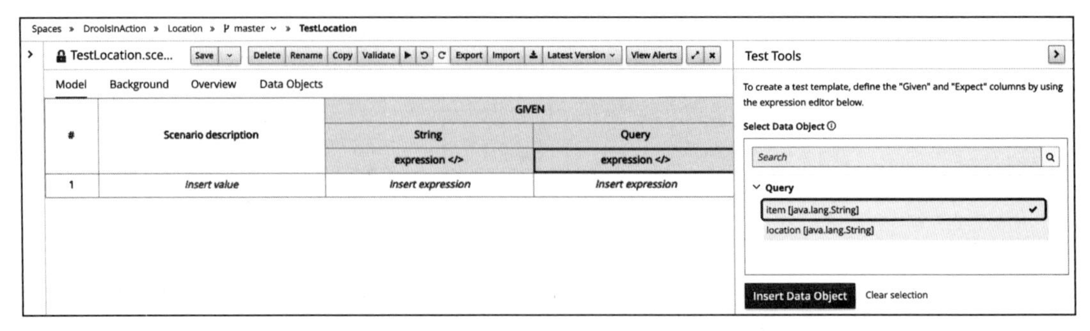

图 7-16 添加 Query 数据对象的 item 条件列

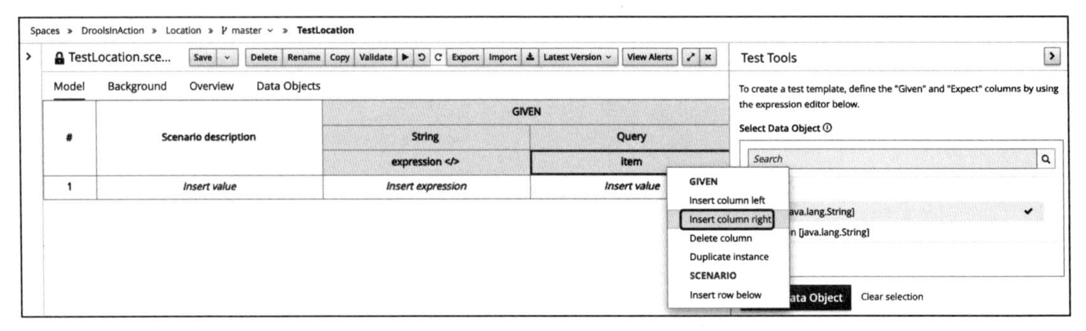

图 7-17 右侧添加 Query 数据对象的新条件列

将新添加的 Query 下的条件列 PROPERTY 6 的类型修改为 location，如图 7-18 所示。

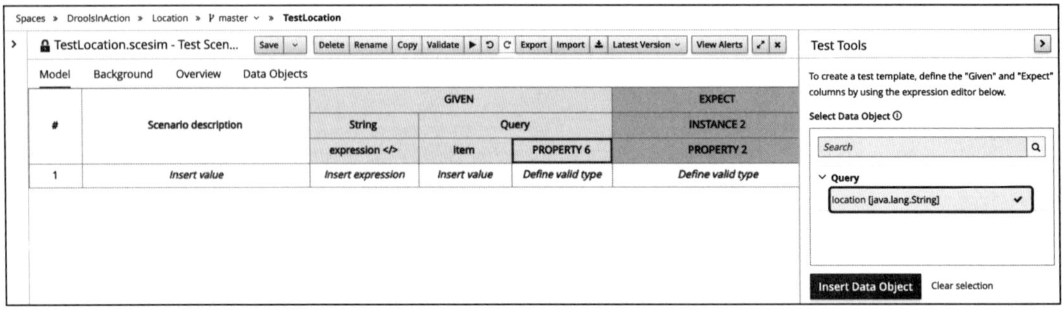

图 7-18 修改条件列类型

将 EXPECT（期望结果）的数据对象类型修改为 QueryResult，如图 7-19 所示。再将 QueryResult 的结果列修改为 item，如图 7-20 所示。

添加到测试场景表头的结果列为 query.item，如图 7-21 所示。在 query.item 结果列右侧添加新的结果列，并将新添加的结果列修改为 location，如图 7-22 所示。

在 query.location 结果列右侧添加新的结果列，如图 7-23 所示。将新添加的结果列修改为 result，如图 7-24 所示。

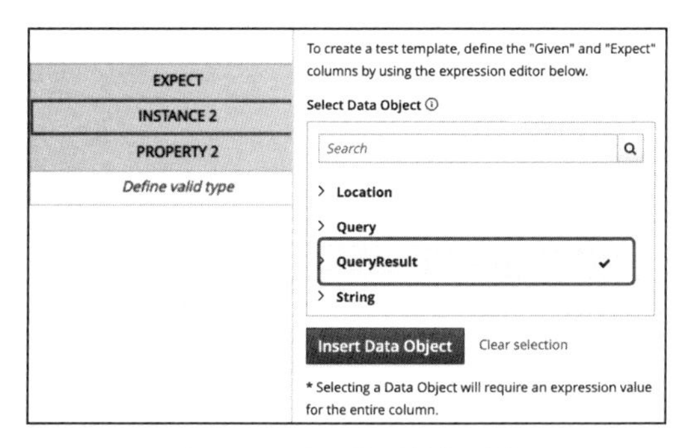

图 7-19　设置结果数据对象

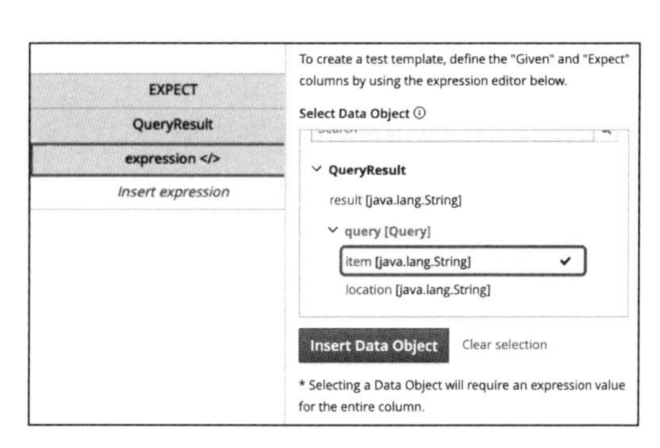

图 7-20　添加 item 结果列

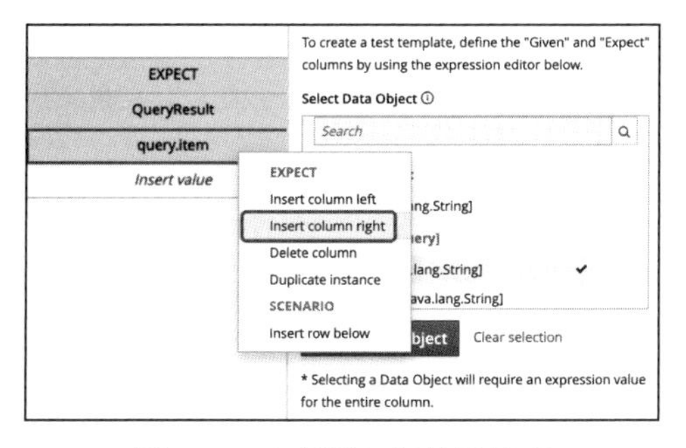

图 7-21　右侧添加新的结果列

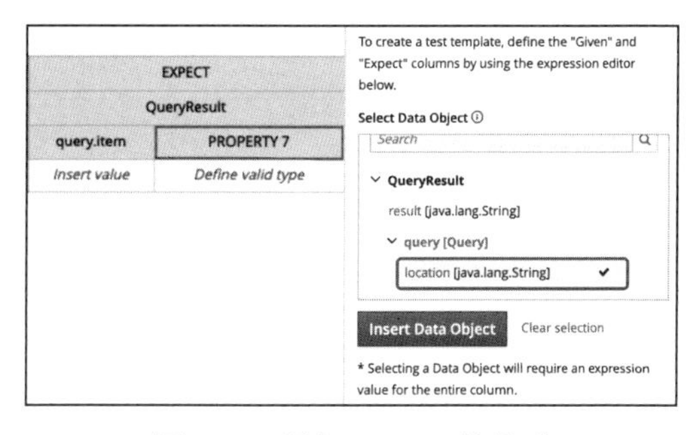

图 7-22　添加 location 结果列

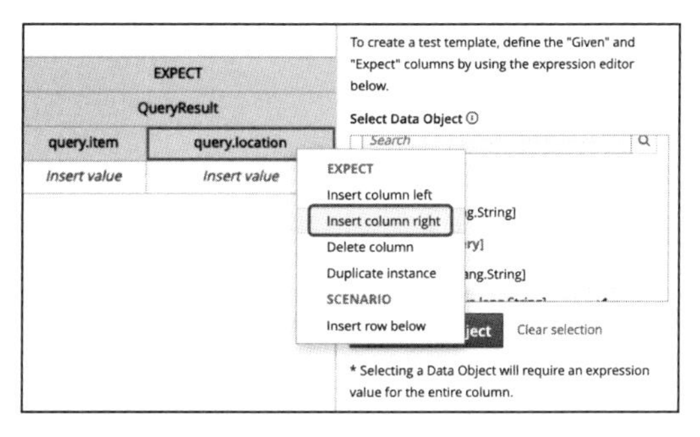

图 7-23　右侧添加新的结果列

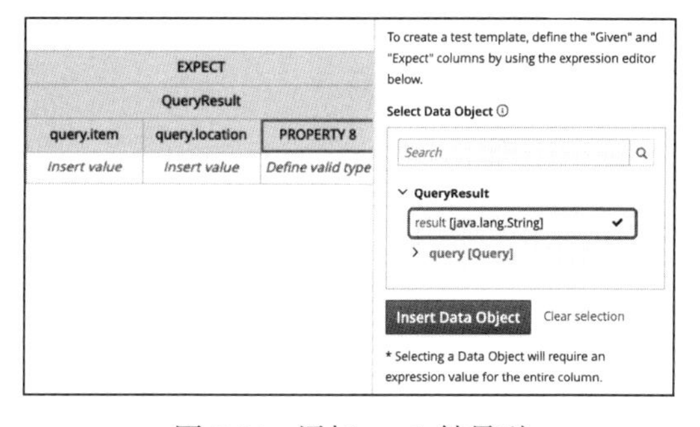

图 7-24　添加 result 结果列

完整的测试场景表头定义如图 7-25 所示。

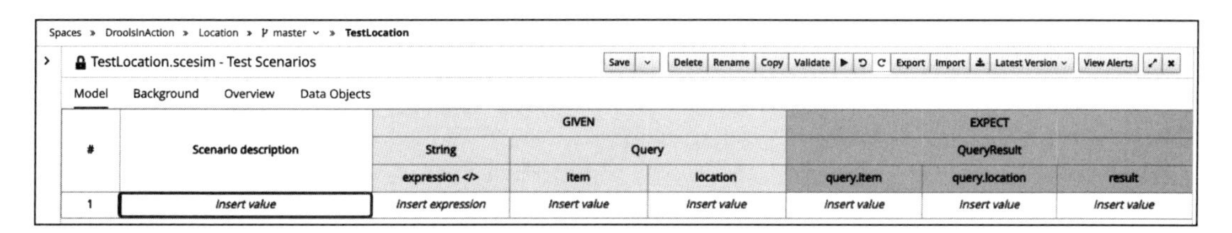

图 7-25　完整的测试场景表头定义

7.2.3 添加用例数据并测试

双击用例数据的数据行单元格，可以输入用例相关信息。

在测试用例数据的第 1 行分别输入如下用例信息。

```
#: 1
Scenario description: 在
GIVEN → String → expression</>: # String.valueOf("bootstrap")
GIVEN → Query → item: 钥匙
GIVEN → Query → location: 房子
EXPECT→ QueryResult → query.item: 钥匙
EXPECT→ QueryResult → query.location: 房子
EXPECT→ QueryResult → result: 在
```

图 7-26 是测试用例 1 的完整定义。

Spaces » DroolsInAction » Location » master » TestLocation

TestLocation.scesim - Test Scenarios

Save | Delete | Rename | Copy | Validate | ▶ | Export | Import | Latest Version | View Alerts

Model | Background | Overview | Data Objects

#	Scenario description	GIVEN			EXPECT		
		String	Query		QueryResult		
		expression </>	item	location	query.item	query.location	result
1	在	# String.valueOf("bootstrap")	钥匙	房子	钥匙	房子	在

图 7-26　一个完整的测试用例

> **提示**　在 String 条件列的输入为 # String.valueOf("bootstrap")，用 # 符号表示 # 后面的是 Java 表达式。我们直接用 Java 语言的 String 类型，而不是自定义的数据对象，因此，需要通过该表达式构造出 Java 的 String 型字符串。这样做是为了演示测试用例中的表达式使用方式，实际使用中应尽量避免。

单击 Save 按钮保存，再单击三角图标运行测试用例。测试通过，结果如图 7-27 所示。

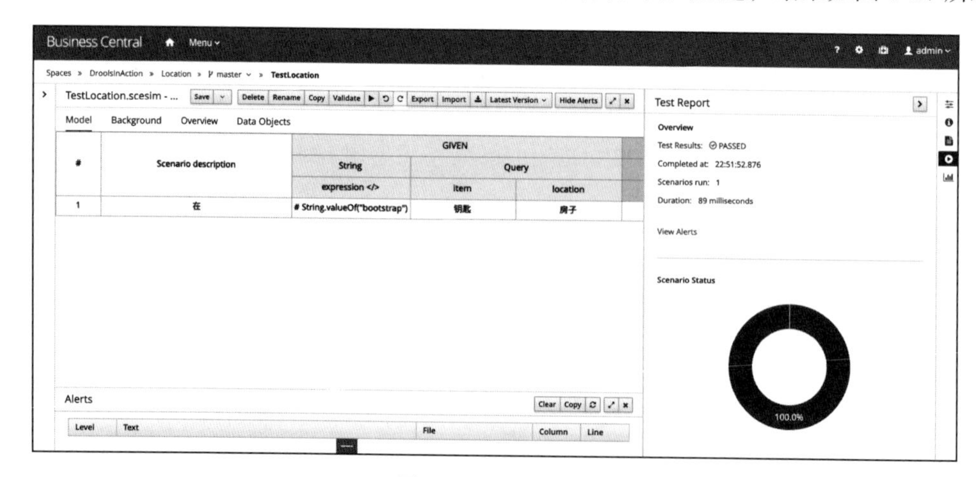

图 7-27　测试通过

右击测试用例第 1 行的任意数据单元格，在弹出菜单中选择 Insert row below（在下方添加），如图 7-28 所示。

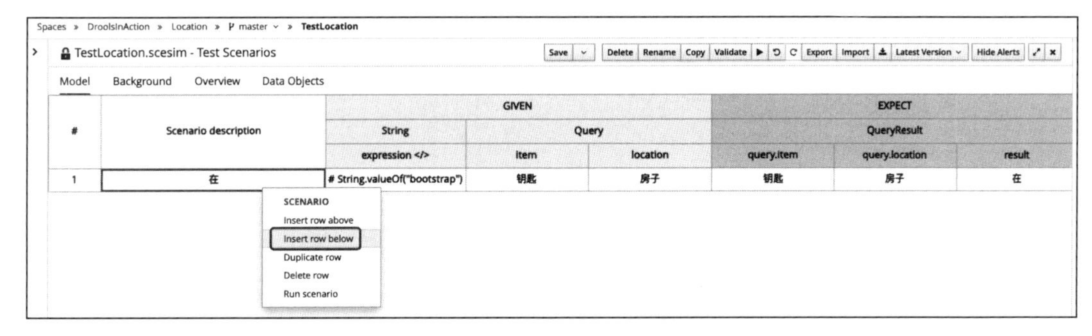

图 7-28　添加新的测试用例

输入测试用例 2 的信息，内容如下。

```
#: 2
Scenario description: 不在
GIVEN → String → expression</>: # String.valueOf("bootstrap")
GIVEN → Query → item: 笔记本
GIVEN → Query → location: 房子
EXPECT→ QueryResult → query.item: 笔记本
EXPECT→ QueryResult → query.location: 房子
EXPECT→ QueryResult → result: 在
```

测试用例 2 的完整定义如图 7-29 所示。

Spaces » DroolsInAction » Location » master » TestLocation

TestLocation.scesim - Test Scenarios

Save | Delete | Rename | Copy | Validate | Export | Import | Latest Version | Hide Alerts

Model　Background　Overview　Data Objects

#	Scenario description	GIVEN			EXPECT		
		String	Query		QueryResult		
		expression </>	item	location	query.item	query.location	result
1	在	# String.valueOf("bootstrap")	钥匙	房子	钥匙	房子	在
2	不在	# String.valueOf("bootstrap")	笔记本	房子	笔记本	房子	在

图 7-29　测试用例 2 的数据

输入完成后，单击 Save 按钮保存，再单击三角图标运行测试用例。测试失败，结果如图 7-30 所示。

用例数据左半部分代表用例失败（不符合预期的结果）。将鼠标移到失败部分，可以看到失败的原因为没有满足预期条件的用例，如图 7-31 所示。

将测试用例 2 数据中 result 列的值修改为“不在”，如图 7-32 所示。

保存后再次运行测试用例，测试通过，结果如图 7-33 所示。至此，我们完成了“东西在里面吗”的规则测试。

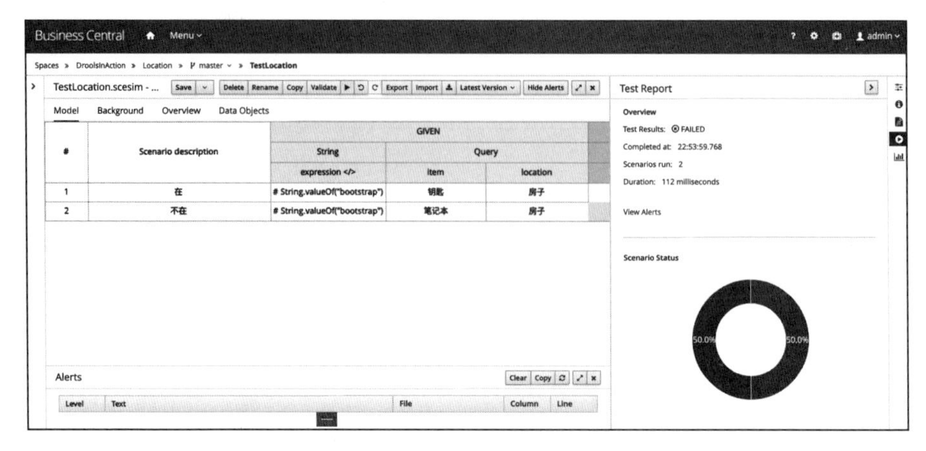

图 7-30　测试失败

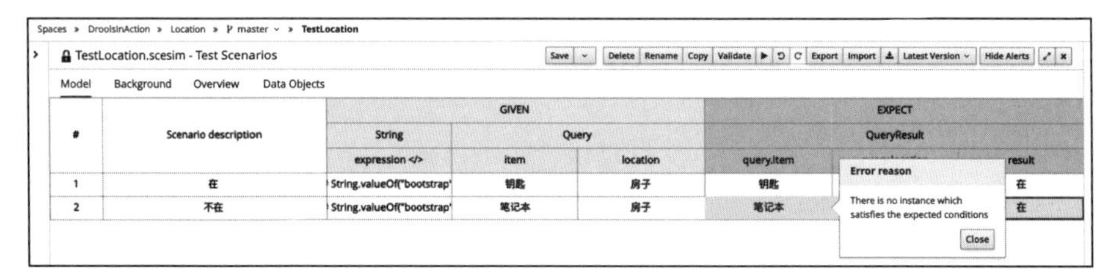

图 7-31　查看失败原因

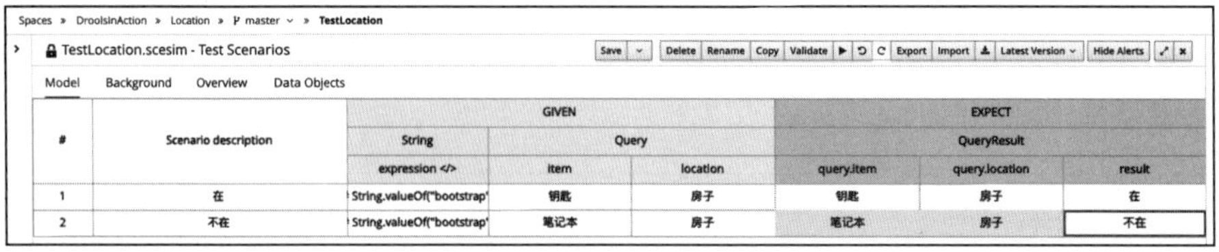

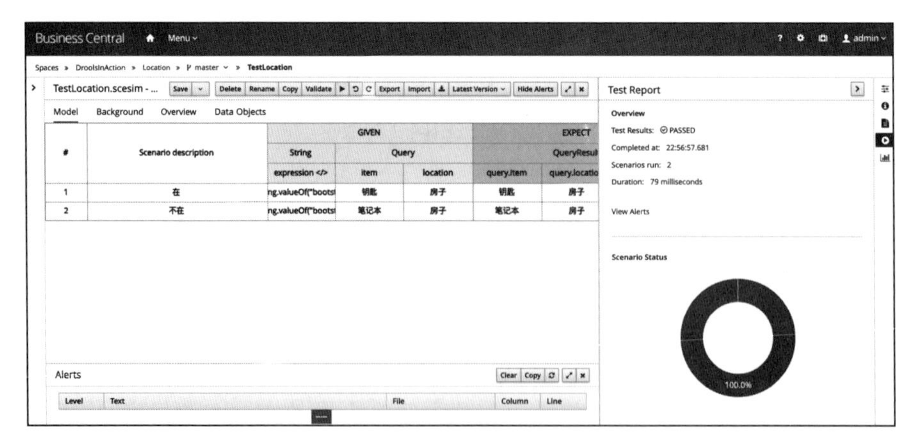

图 7-32　修改测试用例数据

图 7-33　测试通过

7.3 “将军排队”实战的测试

带有测试用例的示例已经放到 GitHub 上了，位于 ch07/location 工程目录下。读者可以按照 5.3.2 节介绍的方式导入，也可以继续跟随下面的内容来手工创建，以了解业务中心规则测试的使用。

提示　如果在导入过程中系统提示项目已经存在，则需要先删除同名的项目再导入。

7.3.1 创建测试场景与用例

登录业务中心，依次导航到 Spaces → DroolsInAction → General 项目，参考 7.2 节创建测试场景与用例数据，用例数据见表 7-3。

表 7-3　测试用例数据

general.name	general.pantsColor	general.position
吕布	白色	1
关羽	蓝色	2
赵云	紫色	3
张飞	黑色	4

完整的测试场景和用例如图 7-34 所示。

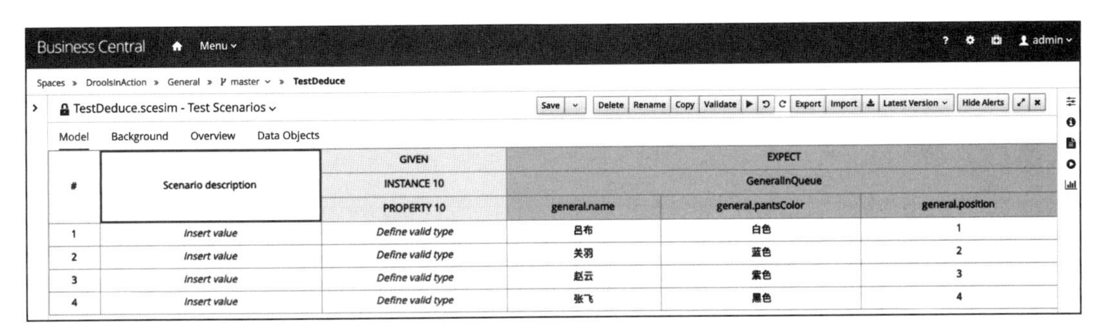

图 7-34　测试场景与用例

提示　将军排队的规则没有条件列 GIVEN，系统已产生的条件列可以忽略。

将军排队的规则需要外部提供每位将军的位置和裤子颜色的事实对象，以便在规则中通过匹配进行筛选。我们可以通过测试场景设计器的背景数据来提供这些外部数据。单击 Background 标签，系统将切换到背景数据编辑页面，如图 7-35 左侧所示。手动将背景数据的表头名称改为 General，将 General 对象的属性列 name、pantsColor 和 position 添加为输入列，然后编辑并添加第 1 条背景数据：

```
name: 吕布
pantsColor: 白色
postion: 1
```

单击 Save 按钮后，运行测试用例，系统提示测试失败，如图 7-35 右侧所示。

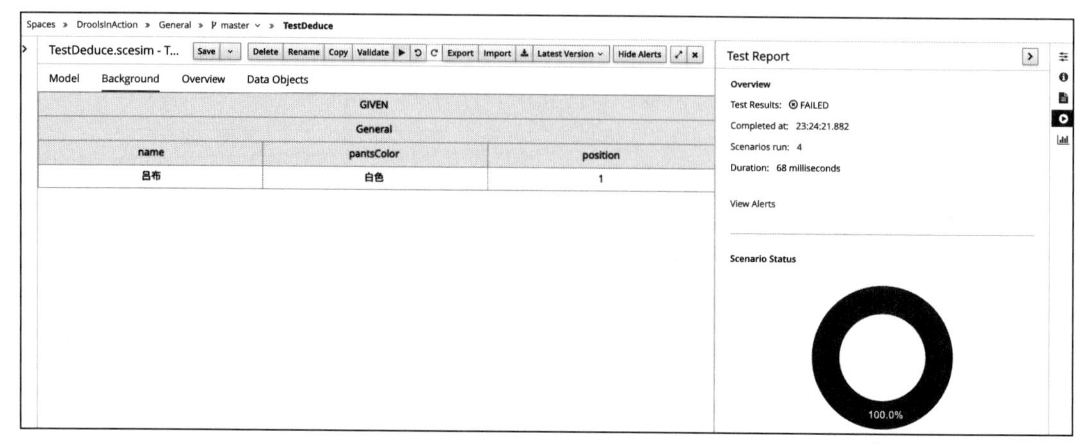

图 7-35 测试失败

提示 背景数据的表头、数据的定义和编辑方式与测试场景的 GIVEN 部分相同。

7.3.2 编写背景数据并测试

测试所需要的数据对象较多，我们可以在外部生成后再导入。单击 Export（导出）按钮导出背景数据，如图 7-36 所示。

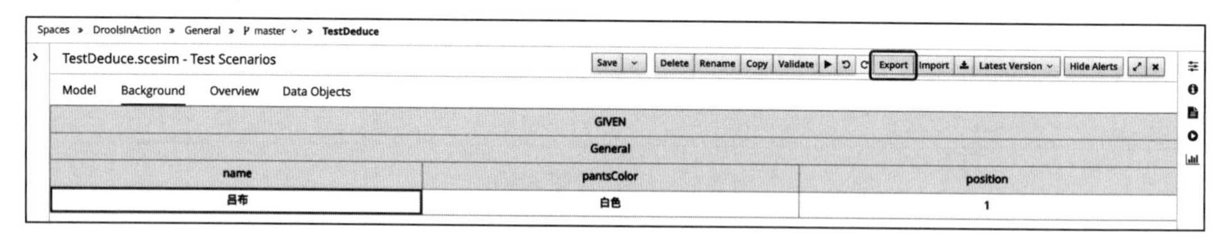

图 7-36 导出背景数据

导出的背景数据为 CSV 格式的文件，内容如下：

```
GIVEN,GIVEN,GIVEN
General,General,General
name,pantsColor,position
吕布 , 白色 ,1
```

用 Excel 或 macOS 下的 Numbers 等文本工具打开该文件并补全背景数据。在背景数据管理页面中单击 Import（导入）按钮，在弹出的选择文件导入窗口中，浏览并选择补全的背景数据文件，单击 Import 按钮确认导入，如图 7-37 所示。

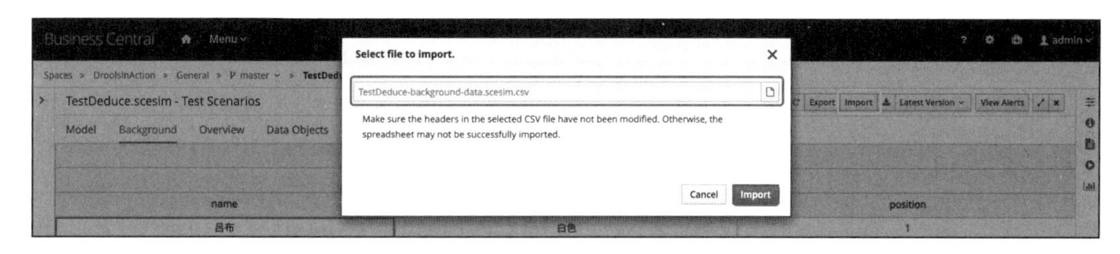

图 7-37　导入背景数据

提示　补全的完整事实数据已经放到 GitHub 上，文件路径为 ch07/data/TestDeduce-background-data.scesim.csv。

成功导入完整的背景数据后，浏览并确认数据无误后保存，如图 7-38 所示。

Spaces » DroolsInAction » General » master » TestDeduce

TestDeduce.scesim - Test Scenarios　Save　Delete　Rename　Copy　Validate　Export　Import　Latest Version　Hide Alerts

Model　Background　Overview　Data Objects

GIVEN		
General		
name	pantsColor	position
吕布	白色	1
吕布	白色	2
吕布	白色	3

图 7-38　导入后的背景数据

单击三角图标运行测试用例，测试通过，结果如图 7-39 所示。至此，我们完成了“将军排队”的规则测试。

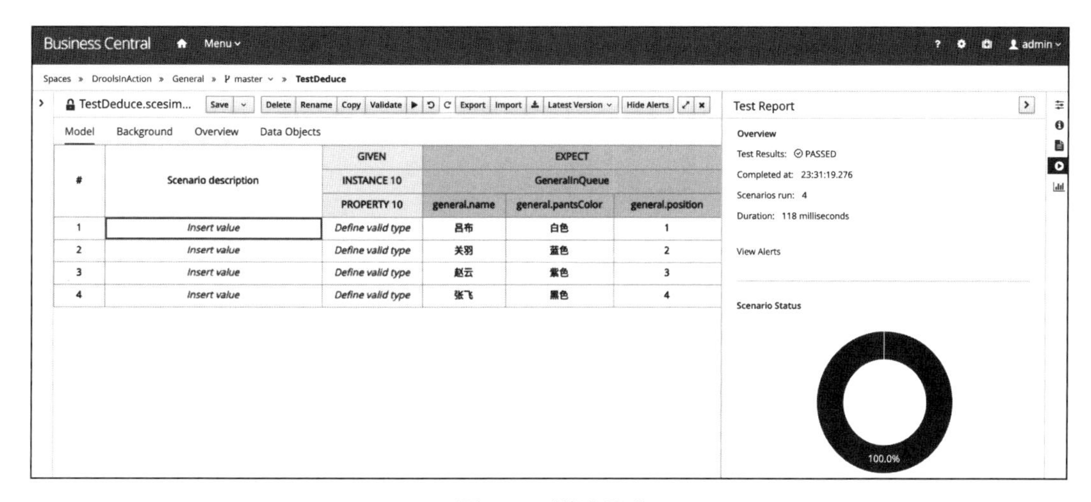

图 7-39　测试通过

测试用例数据也可以用与背景数据类似的方式导出到外部，编辑后再导入设计器中。“东西在里面吗”和“将军排队”的测试用例数据已经放到 GitHub 上了，位于 ch07/data 目录下。

7.4 本章小结

本章要点如下。

- 测试场景设计器的组成、语法、参数配置和对象别名的使用。
- 如何编写规则的测试用例。
- 完成了“东西在里面吗”规则的测试用例编写。
- 完成了“将军排队”规则的测试用例编写。

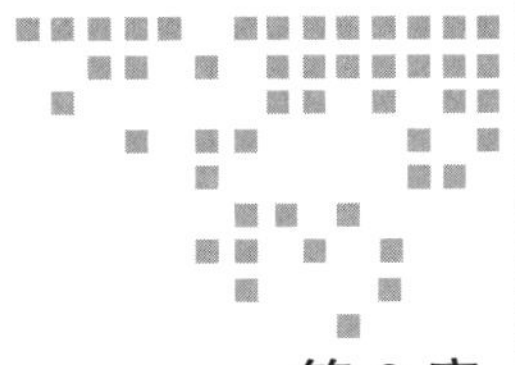

第 8 章 Chapter 8

向导式规则

在这一章，我们将不再在规则文件中编写规则，而是来初步了解 Drools 的图形化界面规则编辑，然后以实际案例逐步掌握 Drools 的向导式规则的编写，并用上一章掌握的规则测试方法对案例实现的规则进行测试与验证。

8.1 向导式规则设计器

对于业务人员来说，直接以 DRL 的方式创建规则不好理解，为此，Drools 在业务中心提供了向导式规则设计器。业务人员或规则开发人员可以通过向导式规则设计器、基于规则所依赖的数据对象完成规则的创建，而不必直接编写 DRL 规则。通过向导式规则设计器设计的规则称为向导式规则。向导式规则最终会被业务中心解析为 DRL。

8.1.1 数据对象

向导式规则通常依赖我们定义的数据对象。数据对象的实例就是规则用到的事实数据，我们可以在业务中心的 Menu → Design → <具体项目> 下通过 Add Asset 菜单来添加数据对象。在添加的过程中，需要输入数据对象的名称，选择数据对象所保存的包名，定义数据对象的属性（见图 8-1）。属性定义页面上带 * 号的为必填项，每项的用途如下：

- Id 是属性的唯一标识符，对应的是 Java POJO 的属性名；
- Label 是可选项，它是属性的描述信息；
- Type 是属性的类型，对应的是 Java POJO 的属性类型；
- List 是可选项，勾选代表这个属性是列表属性（列表内的数据类型可以是 Java 内置的数据类型，也可以是我们自定义的数据对象类型）。

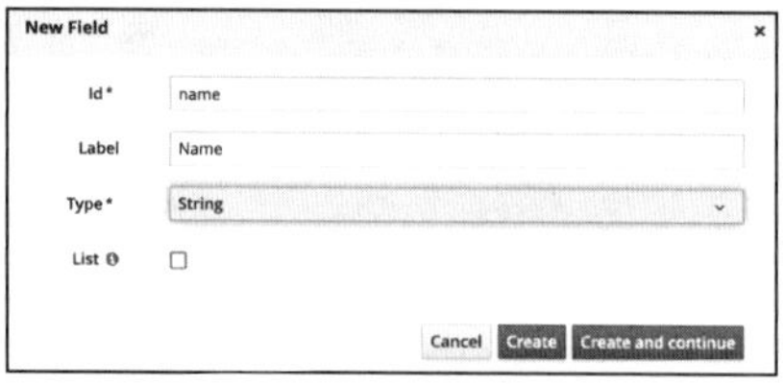

图 8-1　数据对象属性定义

单击属性定义页面中的 Create and continue 按钮后，系统会保持在属性定义窗口，我们可以继续添加新的属性。如果所需的属性都已定义完成，可以单击 Create 按钮，系统将关闭属性定义窗口，返回到数据对象定义页面。图 8-2 是一个基于向导创建的数据对象示例。

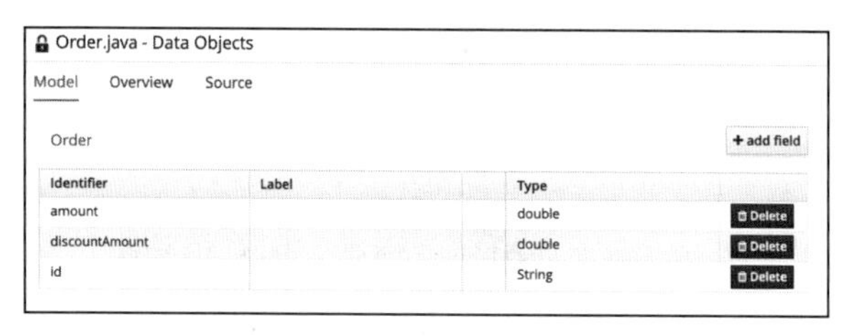

图 8-2　数据对象示例

8.1.2　设计规则

在业务中心的 Menu → Design → < 具体项目 > 下通过 Add Asset 菜单选择 Guide Rule 类型的资产，输入规则的名称和规则存放的包位置后，即可进入向导式规则设计器页面。规则设计器的页面布局如图 8-3 所示，主要部分的作用如下。

- ❑ EXTENDS 部分可以配置规则的继承关系。
- ❑ WHEN 部分用于规则的条件定义。
- ❑ THEN 部分用于规则动作的定义。
- ❑ 页面右侧的图标用于 WHEN 和 THEN 部分条件或动作的添加、删除、顺序调整。
- ❑ 菜单栏中的 Validate（校验）按钮用于规则的语法校验。

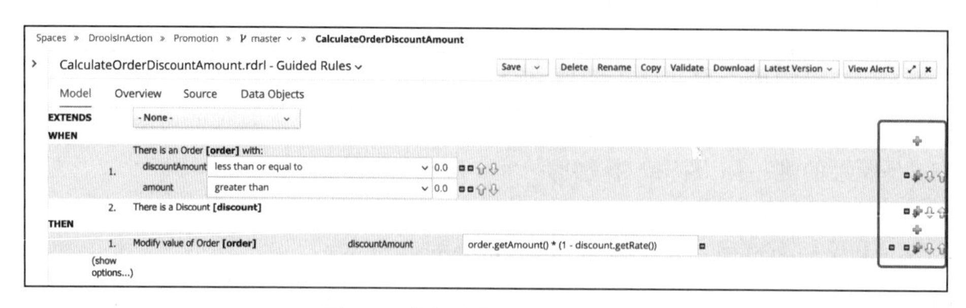

图 8-3　向导式规则设计器页面

8.2　实战：商品促销

8.2.1　功能说明

现有如下商品与价格，我们要在电商的促销日开展商品促销活动，所有商品都进行 8 折优惠。

- 手机：2888 元
- 耳机：388 元

有一份订单，用户购买了 1 部手机和 2 个耳机。

总金额：2888 + 388 × 2 = 3664（元）。

鉴于手机和耳机由不同的供货商提供，我们需要分别计算出每个供货商在这份订单中优惠让利的金额，计算逻辑如下。

1）计算总优惠金额：3664 ×（1 − 0.8）= 732.8（元）。

2）按交易金额比例将优惠金额平摊到每一个供货商。

- 手机供货商：732.8 ×（2888 / 3664）= 577.6（元），如有小数位，则第二位向上取整。
- 耳机供货商：732.8 ×（388 × 2 / 3664）= 155.2（元），如有小数位，则第二位向上取整。

8.2.2　规则实现

示例已经放到 GitHub 上了，位于 ch08/promotion 工程目录下。读者可以按照 5.3.2 节介绍的方式导入，也可以继续跟随下面的内容进行手工创建，以了解向导式规则的创建与使用。

1. 创建数据对象

创建新的工程 Promotion 后，导航到添加资产的类型选择页面，输入 data 作为过滤条件，筛选出 Data Object 的资源类型，如图 8-4 所示。单击 Data Object 标签后，系统将导航到数据对象创建页面。在该页面上输入名称 Product，下拉并选择包名 com.droolsinaction.promotion。单击 OK 按钮确认添加，如图 8-5 所示。

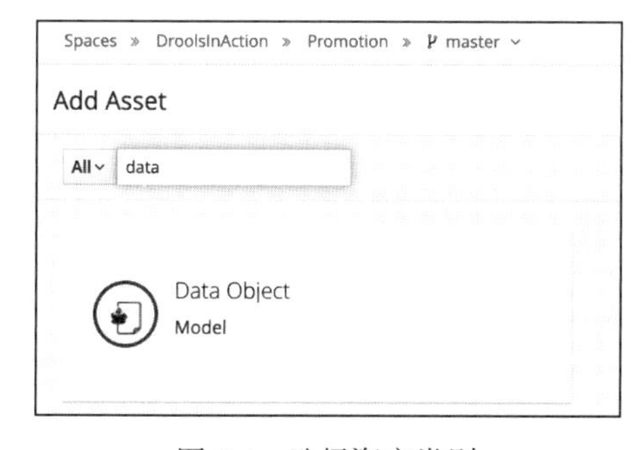

图 8-4　选择资产类别

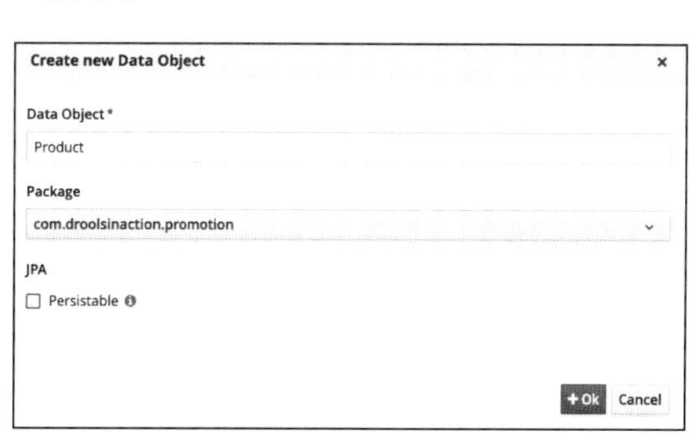

图 8-5　创建数据对象

数据对象初始状态没有任何属性，单击 add field 按钮添加属性，如图 8-6 所示。

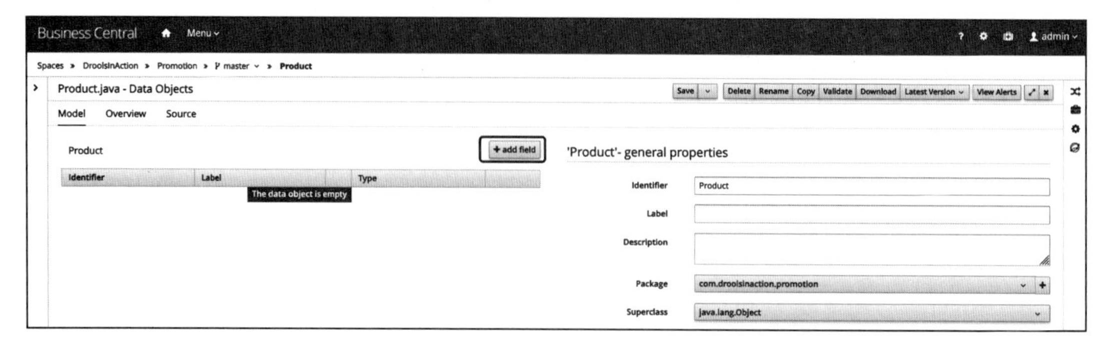

图 8-6　属性添加页面

在单击 add field 按钮后，系统将进入属性创建页面，如图 8-7 所示。输入 Id 为 sku，下拉并选择类型为 String，单击 Create and continue 按钮完成添加。继续添加 Id 为 name、类型为 String 的属性，如图 8-8 所示。

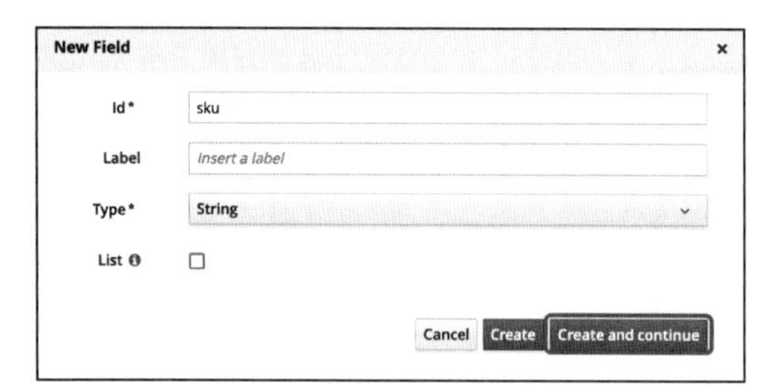

图 8-7　添加 sku 属性

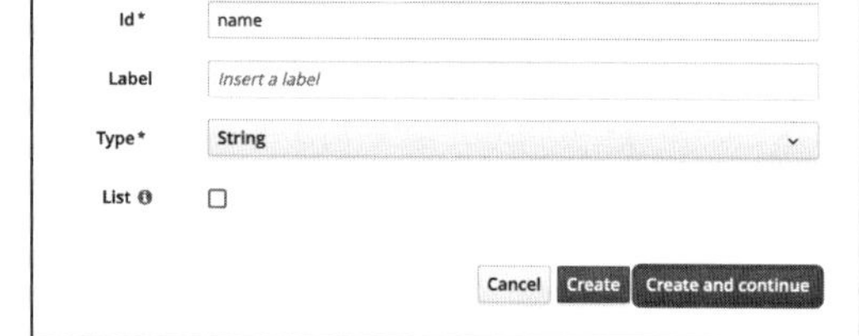

图 8-8　添加 name 属性

继续添加 Id 为 price、类型为 double 的属性，然后单击 Create 按钮，完成 Product 数据对象的创建，如图 8-9 所示。图 8-10 是创建完成后的 Product 数据对象的定义。

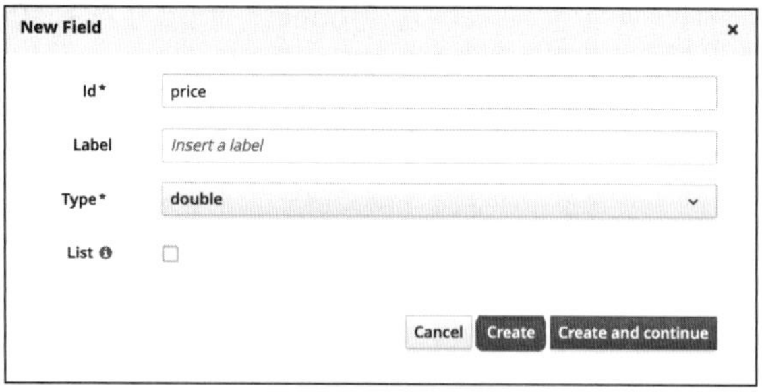

图 8-9　添加 price 属性

单击 Source 标签后，可以看到向导创建出的 Product 数据对象的 Java 实现，如图 8-11 所示。单击工具栏中的 Save 按钮以保存该数据对象的定义。

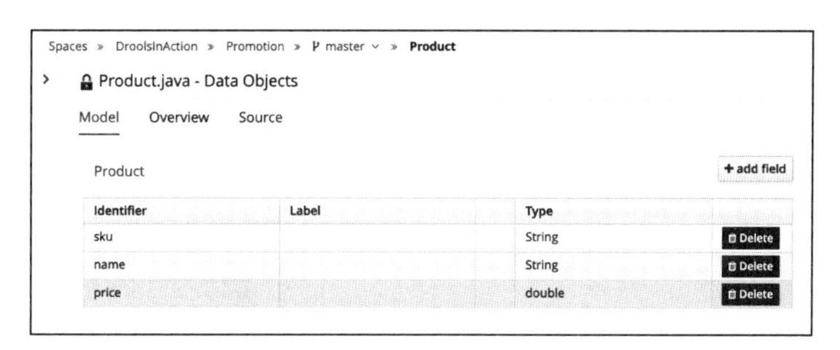

图 8-10　Product 数据对象的定义

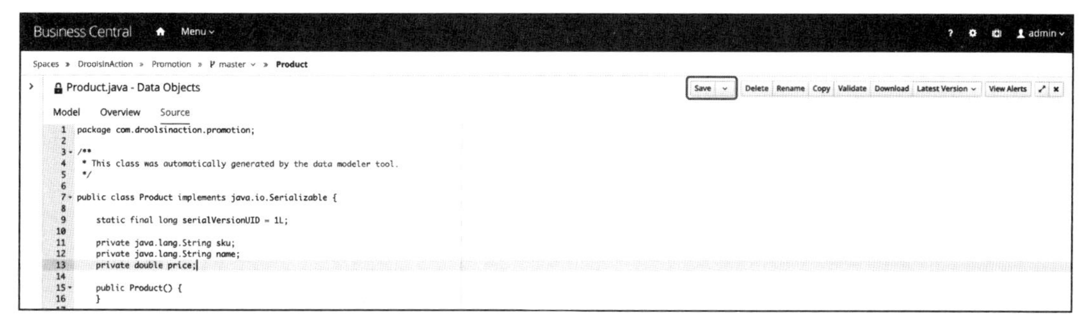

图 8-11　Product 数据对象的 Java 实现

按照定义 Product 数据对象的方法进行以下操作。

1）实现 Order 数据对象的创建，如图 8-12 所示，属性信息：amount:double；discountAmout:double；id:String。

2）实现 OrderItem 数据对象的创建，如图 8-13 所示，属性信息：amount:double；discountAmout:double；orderId:String；quant:int；sku:String。

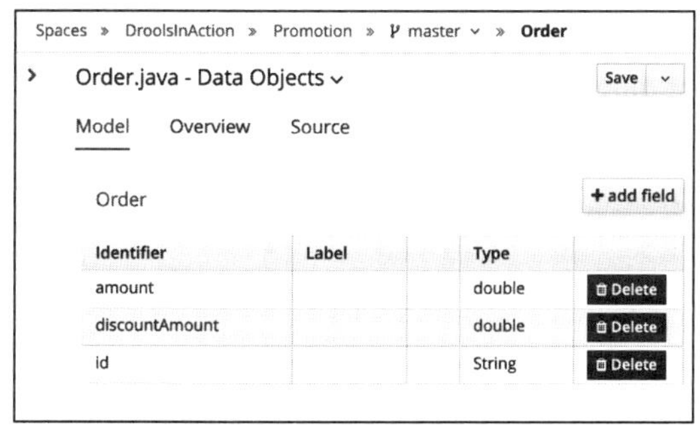

图 8-12　Order 数据对象定义

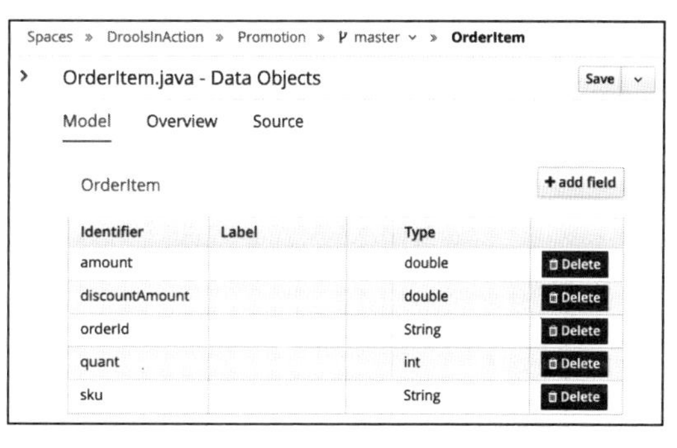

图 8-13　OrderItem 数据对象定义

3）实现 Discount 数据对象的创建，如图 8-14 所示，属性信息：description:String；rate:double。

完成规则需要的所有数据对象定义后的数据对象资产列表如图 8-15 所示。

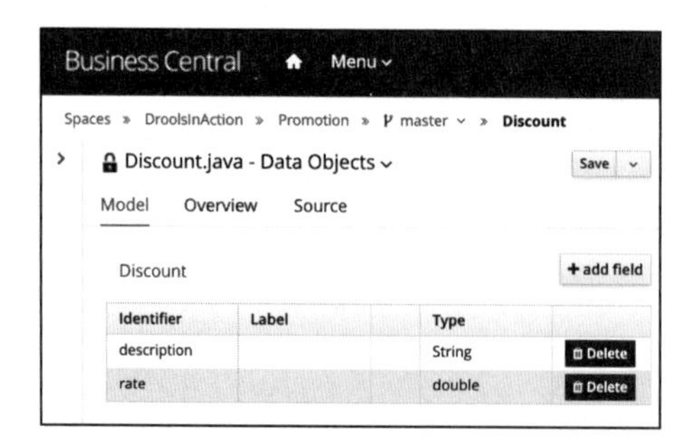

图 8-14　Discount 数据对象定义

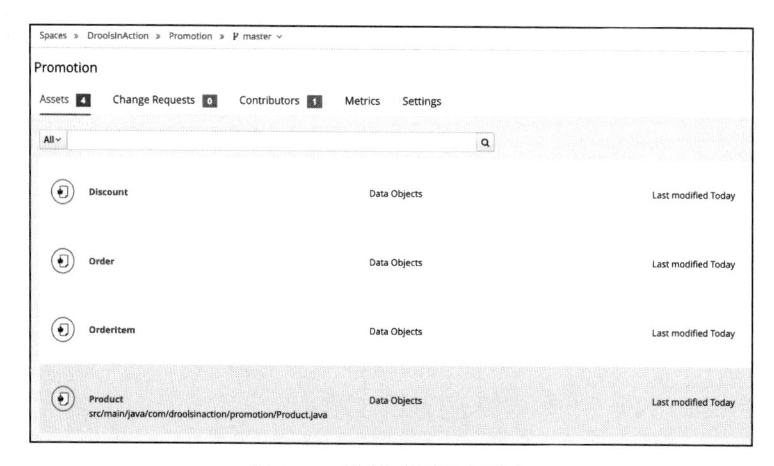

图 8-15　数据对象资产列表

2. 创建规则 CalculateOrderItemAmount

导航到资产创建的类型选择页面，输入 guided rule 后过滤出 Guided Rule，如图 8-16 所示。单击 Guided Rule，系统将进入规则创建页面。输入规则名称 CalculateOrderItem-Amount，下拉并选择包 com.droolsinaction.promotion，单击 OK 按钮确认创建，如图 8-17 所示。

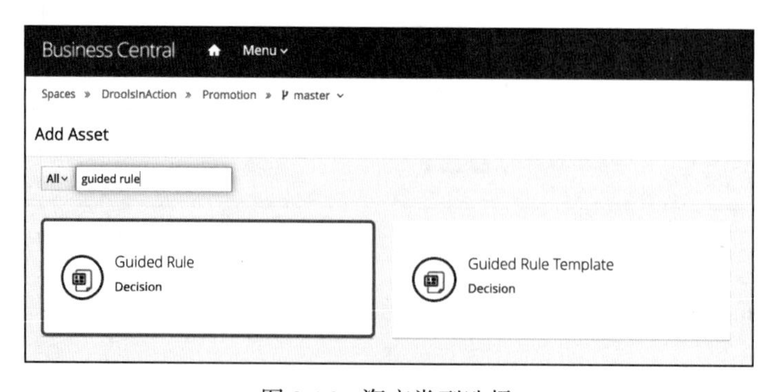

图 8-16　资产类型选择

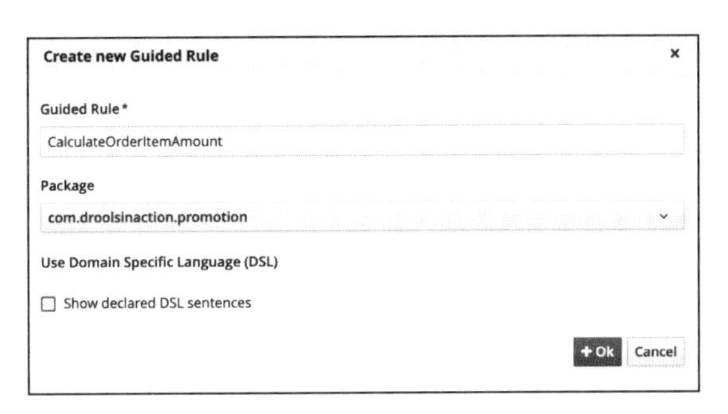

图 8-17　规则创建

在系统导航到的规则配置页面中，单击 WHEN 右侧的加号图标以添加规则条件判断，如图 8-18 所示。

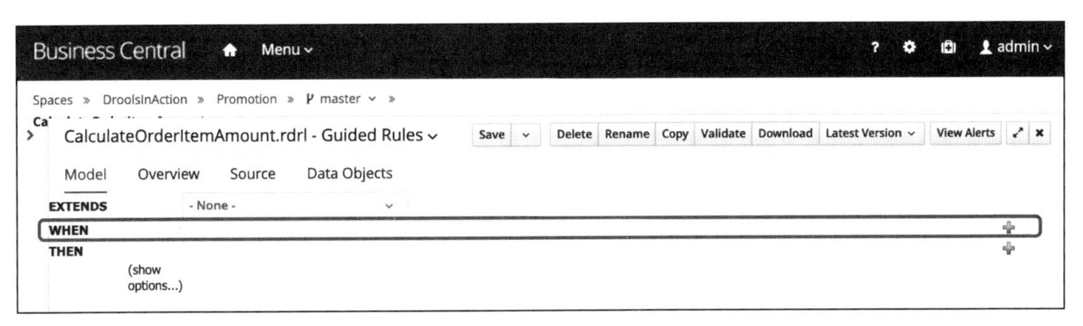

图 8-18　添加规则条件

在弹出的条件选择窗口中选择参与条件判断的事实对象 Order，如图 8-19 所示。单击 OK 按钮确认后，规则编辑页面提示已配置的规则条件为 There is an Order（如果有一个 Order），如图 8-20 所示。

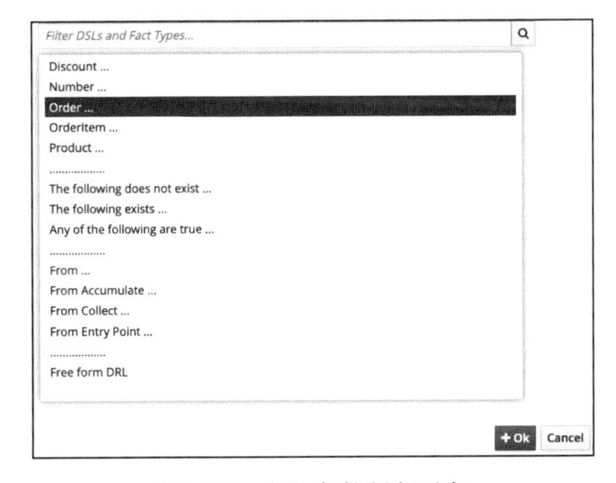

图 8-19　选取条件判断对象

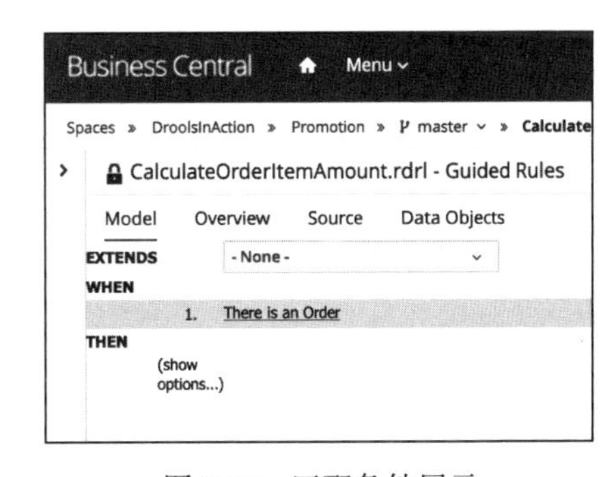

图 8-20　匹配条件展示

单击 There is an Order 链接，在弹出的事实对象 Order 的约束编辑窗口中的 Variable

name 输入框，输入事实对象 Order 的绑定变量 order，如图 8-21 所示。单击 Set 按钮确认并返回到规则编辑页面，图 8-22 是变量绑定后的规则编辑页面。

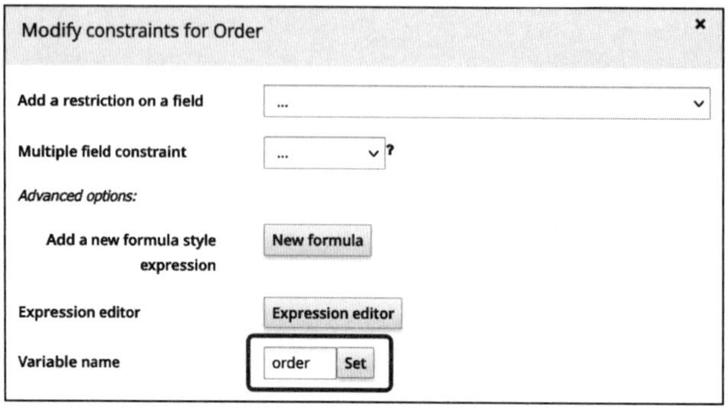

图 8-21　事实对象变量绑定

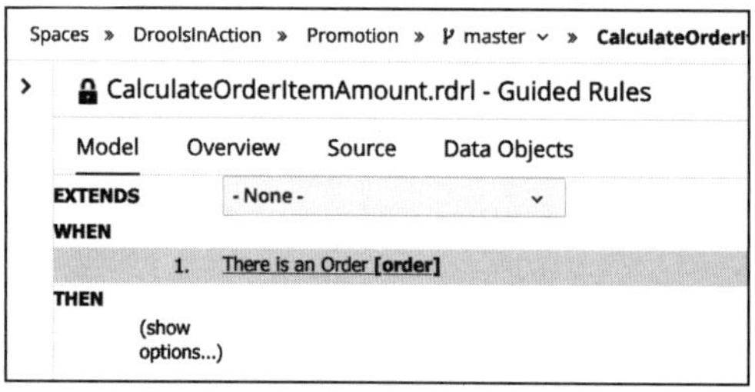

图 8-22　变量绑定后的规则条件展示

单击规则匹配条件 Order 右侧的加号图标，以在 Order 条件下添加新的匹配条件，如图 8-23 所示。

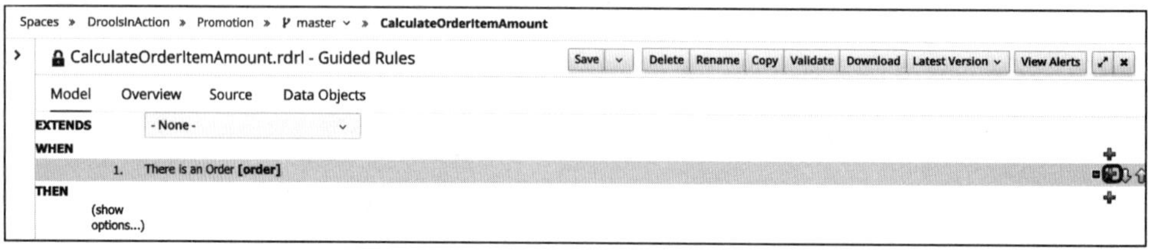

图 8-23　添加规则匹配条件

在弹出的条件选择窗口中，选择参与条件判断的事实对象 OrderItem，如图 8-24 所示。单击 OK 按钮确认后，系统将返回到规则编辑页面，页面提示已配置的规则条件为 There is an OrderItem（如果有一个 OrderItem），如图 8-25 所示。

单击 There is an OrderItem 链接，在弹出的事实对象 OrderItem 的约束编辑窗口中的 Variable name 输入框，输入事实对象 OrderItem 的绑定变量 orderItem，如图 8-26 所示，单击 Set 按钮确认并返回规则编辑页面，图 8-27 是变量绑定后的规则编辑页面。

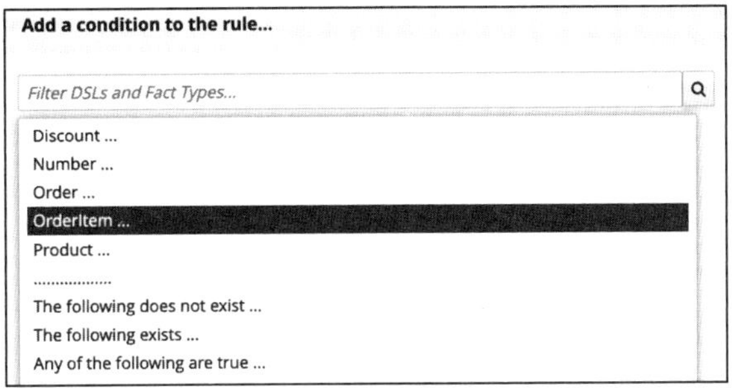

Add a condition to the rule...

Filter DSLs and Fact Types...

Discount ...
Number ...
Order ...
OrderItem ...
Product ...
....
The following does not exist ...
The following exists ...
Any of the following are true ...

图 8-24　选取条件判断对象

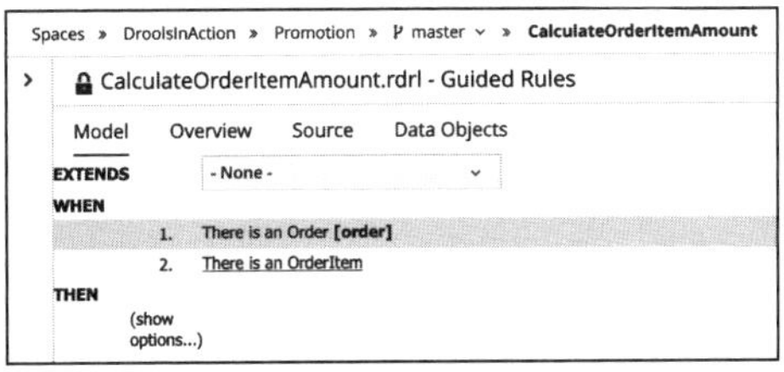

Spaces » DroolsInAction » Promotion » master » CalculateOrderItemAmount
CalculateOrderItemAmount.rdrl - Guided Rules
Model　Overview　Source　Data Objects
EXTENDS　- None -
WHEN
1. There is an Order [order]
2. There is an OrderItem
THEN
(show options...)

图 8-25　匹配条件展示

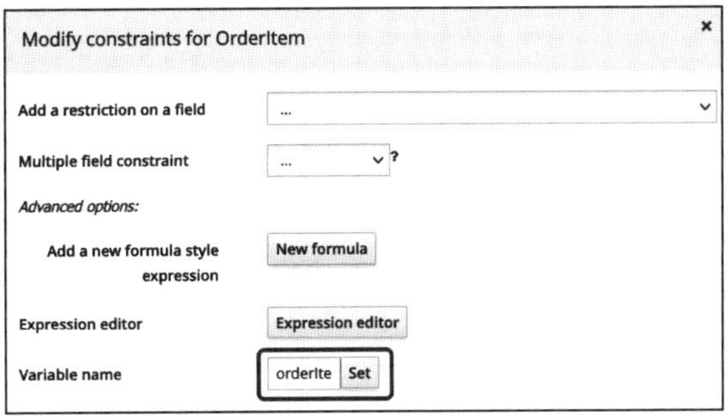

Modify constraints for OrderItem
Add a restriction on a field　...
Multiple field constraint　...　?
Advanced options:
Add a new formula style expression　New formula
Expression editor　Expression editor
Variable name　orderIte　Set

图 8-26　事实对象变量绑定

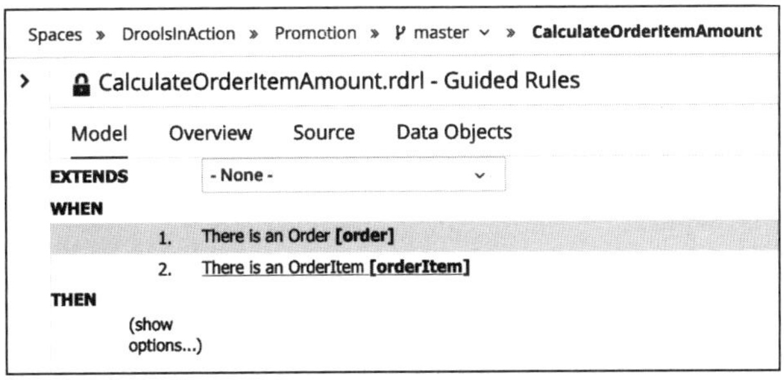

Spaces » DroolsInAction » Promotion » master » CalculateOrderItemAmount
CalculateOrderItemAmount.rdrl - Guided Rules
Model　Overview　Source　Data Objects
EXTENDS　- None -
WHEN
1. There is an Order [order]
2. There is an OrderItem [orderItem]
THEN
(show options...)

图 8-27　变量绑定后的规则条件展示

单击 There is an OrderItem 条件，在 Modify contraints for OrderItem（修改 OrderItem

约束条件）窗口中 Add a restriction on a field（添加一个约束属性）字段的右侧下拉列表中，选择约束的属性 orderId，如图 8-28 所示。属性选择后，系统将返回到规则配置页面。在页面上新添加的约束属性 orderId 的右侧下拉列表中选择 equal to（等于），并单击右侧编辑图标，进行约束属性的条件关联值配置，如图 8-29 所示。

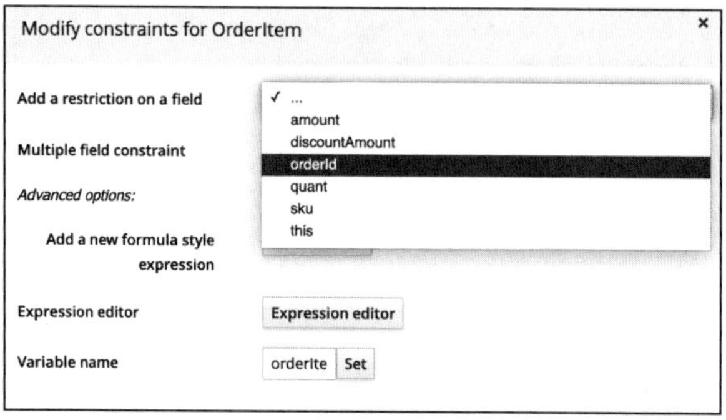

图 8-28 添加约束属性

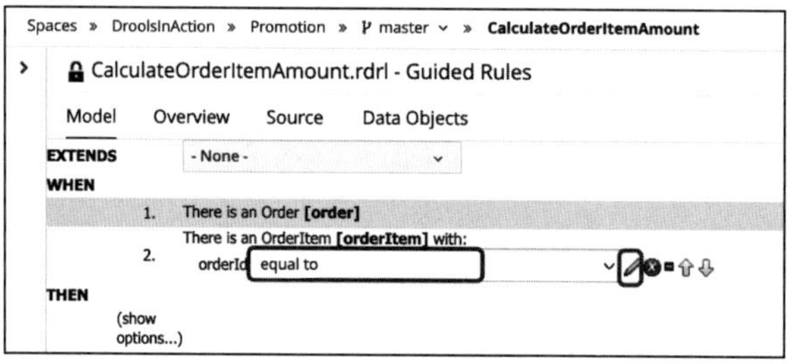

图 8-29 配置约束属性条件

在弹出的约束属性条件关联值配置页面中，选择 Expression editor（表达式编辑器），如图 8-30 所示，系统会返回到规则编辑页面。下拉并选择 equal to（等于）右侧的、已绑定的事实对象 order，如图 8-31 所示。

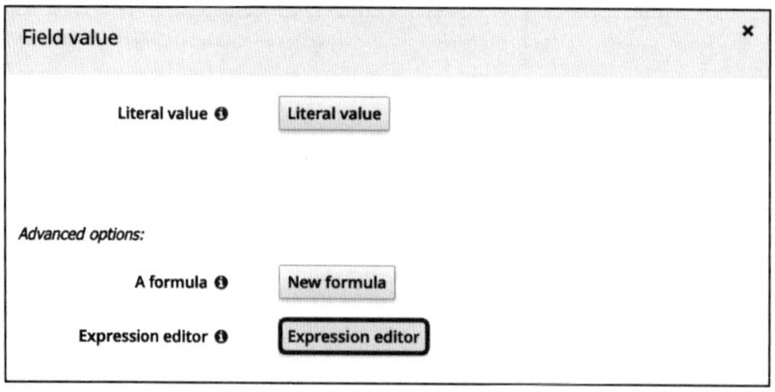

图 8-30 约束属性条件关联值配置页

单击 order 右侧的 Order 事实对象的属性下拉列表并选择 id，这样就建立了 orderItem

的 orderId 属性与 order 的 id 属性之间的关联，如图 8-32 所示。单击规则编辑页面的 There is an OrderItem 条件继续添加新的约束，如图 8-33 所示。

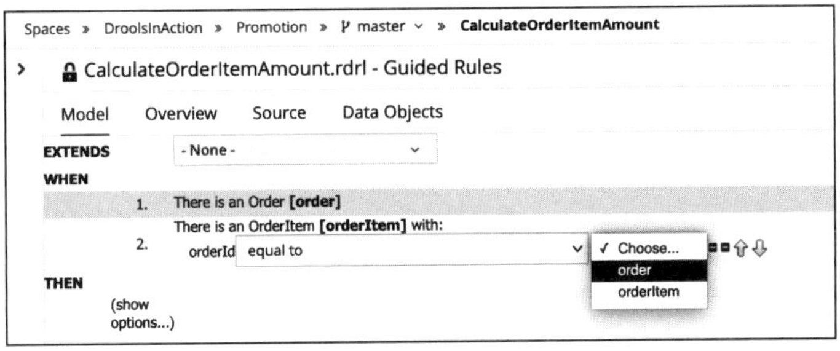

图 8-31　约束条件表达式配置一

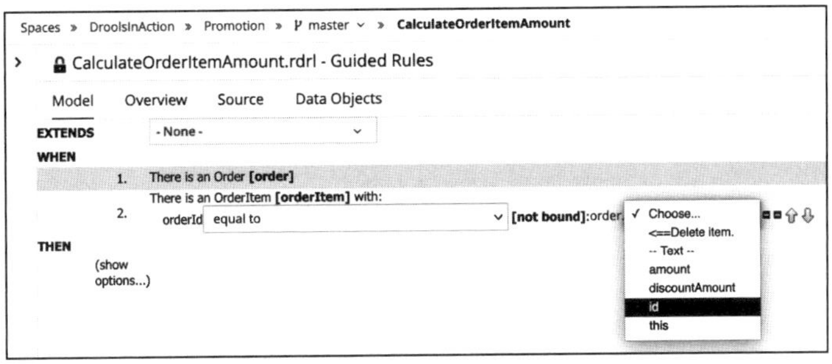

图 8-32　约束条件表达式配置二

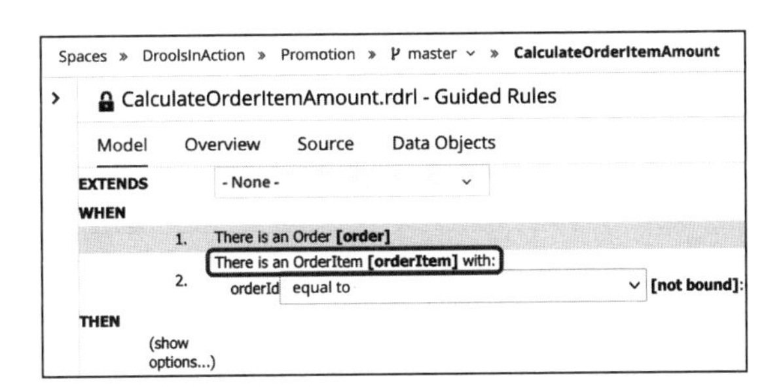

图 8-33　添加约束条件

在 Modify contraints for OrderItem 窗口中 Add a restriction on a field 字段的右侧下拉列表中选择约束的属性 amount，如图 8-34 所示。在规则配置页面中 amount 的右侧选择操作符 less than or equal to（小于或等于），如图 8-35 所示。

单击操作符右侧的编辑图标，如图 8-36 所示，系统将进入约束值编辑页面，选择 Literal value（字面值），如图 8-37 所示。

输入约束值 0.0，单击 Source 标签切换到代码标签页，如图 8-38 所示，我们可以观察到规则配置页面产生的规则代码，如图 8-39 所示。

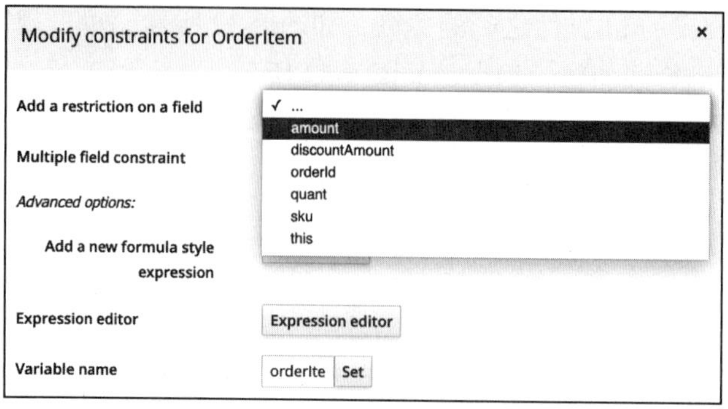

图 8-34 添加约束属性

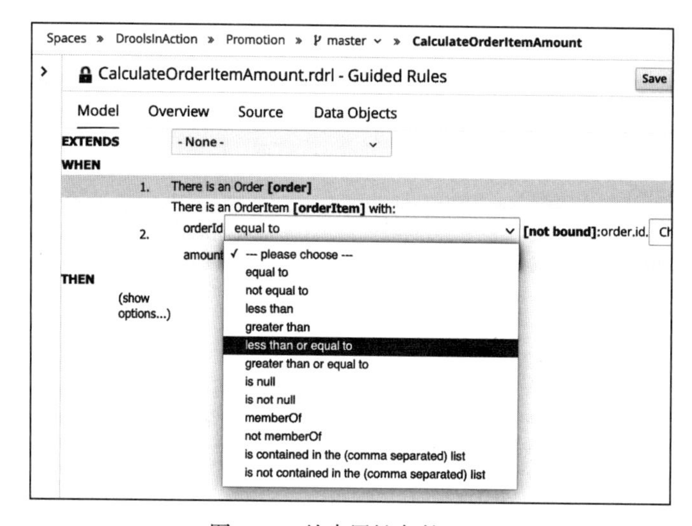

图 8-35 约束属性条件配置

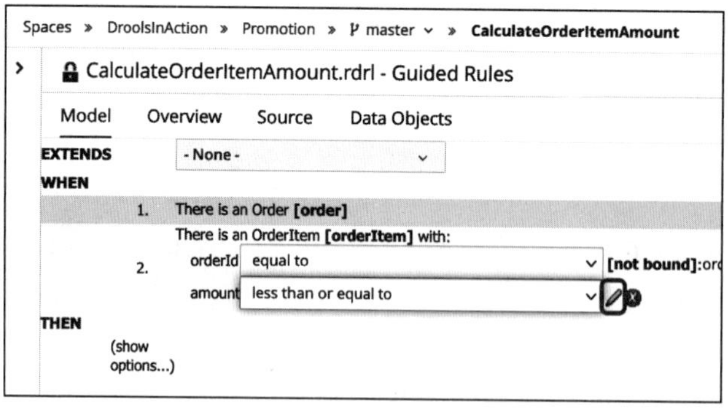

图 8-36 约束值编辑图标

单击规则匹配条件 OrderItem 右侧的加号图标，以在 OrderItem 条件下添加新匹配条件，如图 8-40 所示。

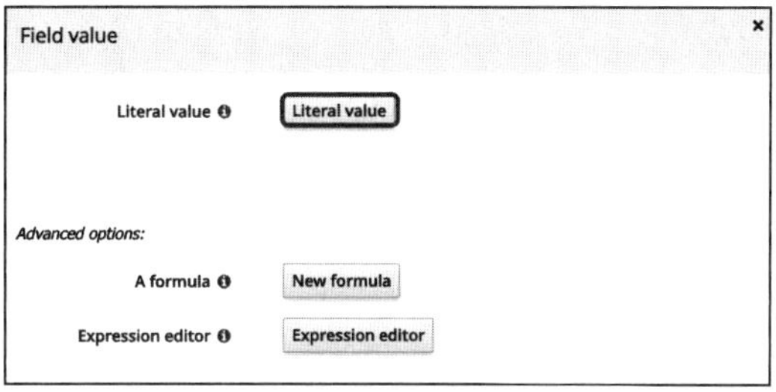

Field value

Literal value　Literal value

Advanced options:

A formula　New formula

Expression editor　Expression editor

图 8-37　约束值编辑页面

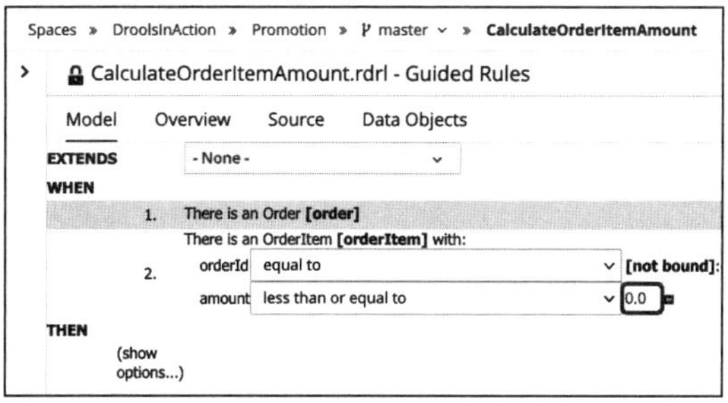

Spaces » DroolsInAction » Promotion » master » CalculateOrderItemAmount

CalculateOrderItemAmount.rdrl - Guided Rules

Model　Overview　Source　Data Objects

EXTENDS　- None -

WHEN

1. There is an Order [order]

2. There is an OrderItem [orderItem] with:
orderId　equal to　[not bound]:
amount　less than or equal to　0.0

THEN

(show options...)

图 8-38　字面约束值

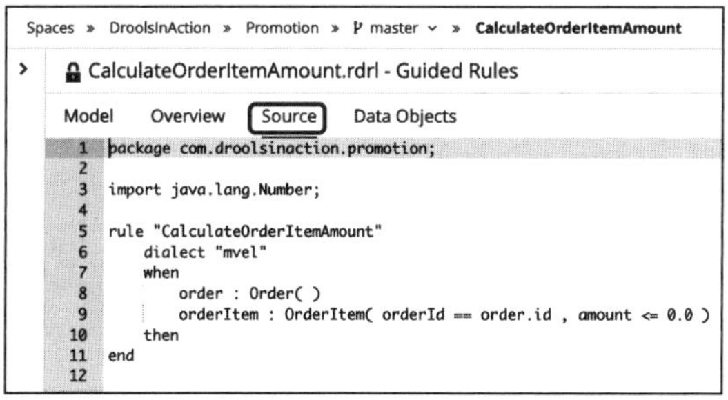

Spaces » DroolsInAction » Promotion » master » CalculateOrderItemAmount

CalculateOrderItemAmount.rdrl - Guided Rules

Model　Overview　Source　Data Objects

```
1  package com.droolsinaction.promotion;
2
3  import java.lang.Number;
4
5  rule "CalculateOrderItemAmount"
6      dialect "mvel"
7      when
8          order : Order( )
9          orderItem : OrderItem( orderId == order.id , amount <= 0.0 )
10     then
11 end
12
```

图 8-39　规则配置页面产生的规则代码

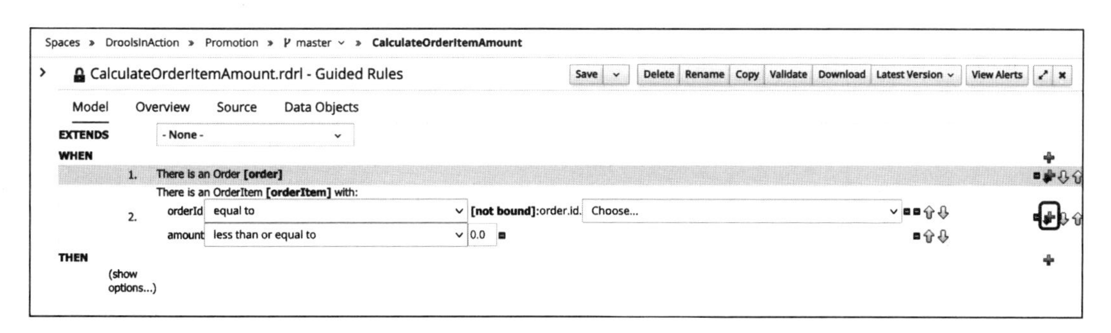

图 8-40　添加新的匹配条件

在弹出的条件选择窗口中，选择参与条件判断的事实对象 Product，如图 8-41 所示。单击 OK 按钮确认后系统将返回到规则编辑页面，页面提示已配置的规则条件为 There is a Product（如果有一个 Product）。单击 There is a Product 后，在弹出的修改 Product 的约束窗口中输入绑定变量的名称 product，单击 Set 按钮确认绑定，如图 8-42 所示。

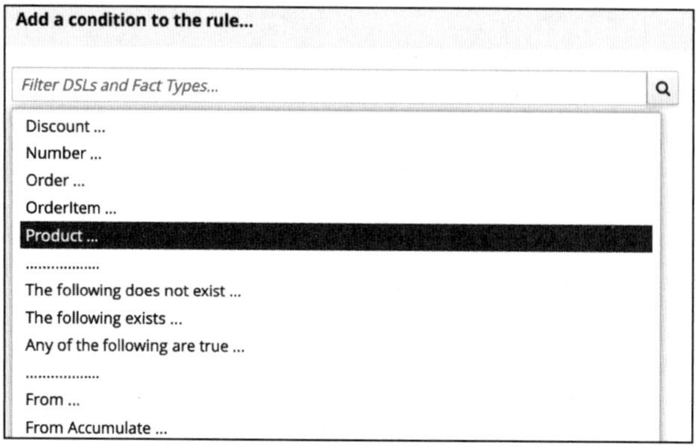

Add a condition to the rule...

Filter DSLs and Fact Types...

Discount ...
Number ...
Order ...
OrderItem ...
Product ...
....
The following does not exist ...
The following exists ...
Any of the following are true ...
....
From ...
From Accumulate ...

图 8-41　选取条件判断对象

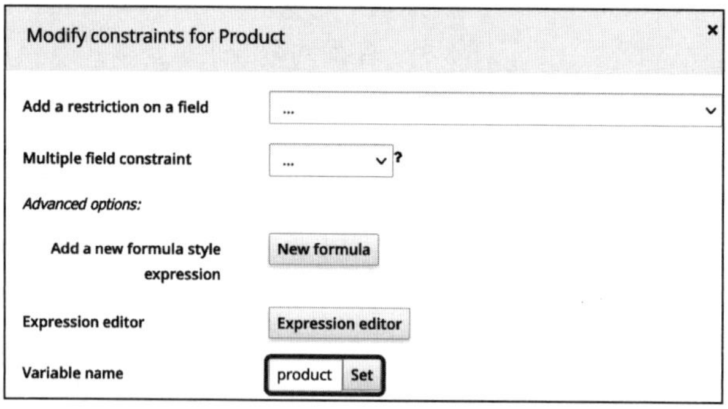

Modify constraints for Product ×

Add a restriction on a field ...
Multiple field constraint ... ?
Advanced options:
Add a new formula style expression　New formula
Expression editor　Expression editor
Variable name　product　Set

图 8-42　变量绑定

添加 product 事实对象的约束属性 sku，如图 8-43 所示，选择操作符 equal to，如图 8-44 所示。

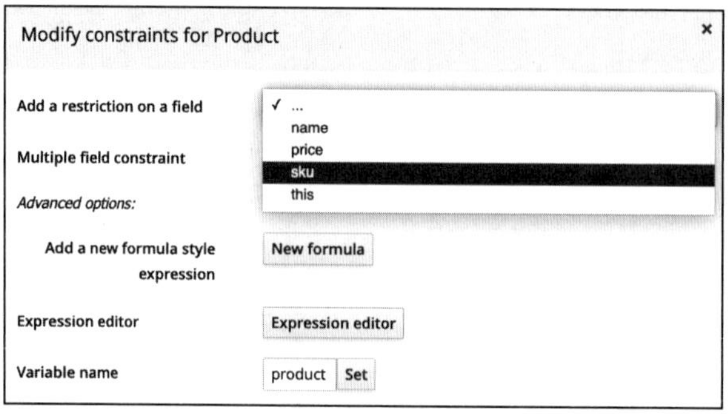

Modify constraints for Product ×

Add a restriction on a field　✓ ...
name
price
sku
this
Multiple field constraint
Advanced options:
Add a new formula style expression　New formula
Expression editor　Expression editor
Variable name　product　Set

图 8-43　添加约束属性

单击约束值编辑图标，如图 8-45 所示，在弹出的约束值编辑窗口中单击 Expression editor（表达式编辑器），如图 8-46 所示。

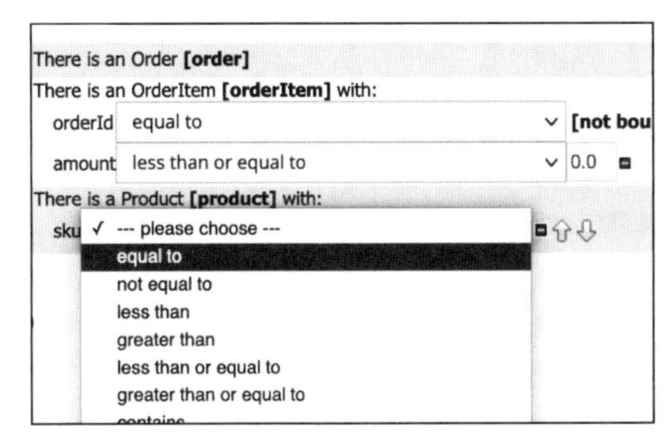

图 8-44　修改约束符

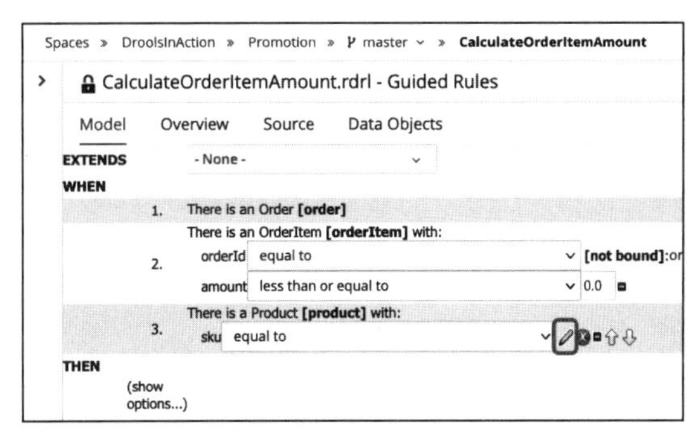

图 8-45　约束值配置

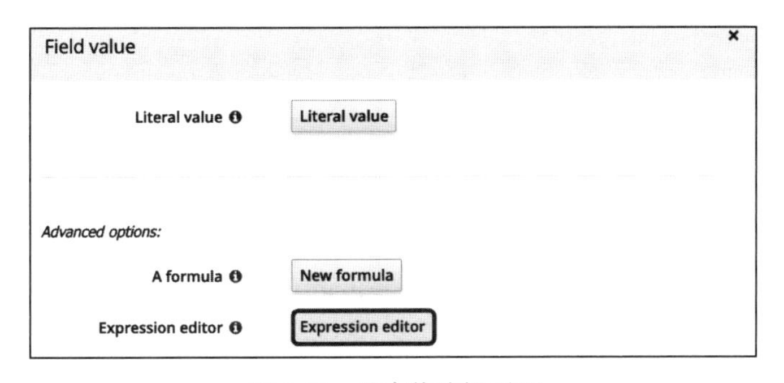

图 8-46　约束值编辑页面

在系统返回的规则编辑页面上，选择约束值为之前绑定的变量 orderItem，如图 8-47 所示，并下拉选择 orderItem 的属性 sku 为最终的约束值，如图 8-48 所示。

在规则编辑页面单击 THEN 行右侧的加号图标进行规则动作的添加，如图 8-49 所示。

在弹出的动作列表选择窗口中选择 Modify orderItem（修改 orderItem 对象），如图 8-50 所示，在系统返回的规则编辑页面上单击编辑图标，如图 8-51 所示。

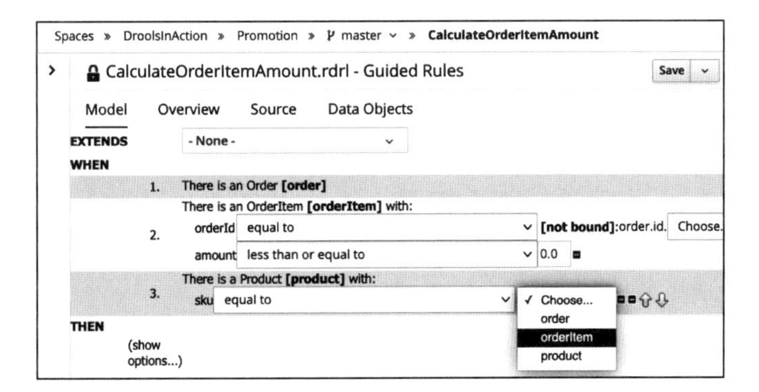

图 8-47　操作符选择

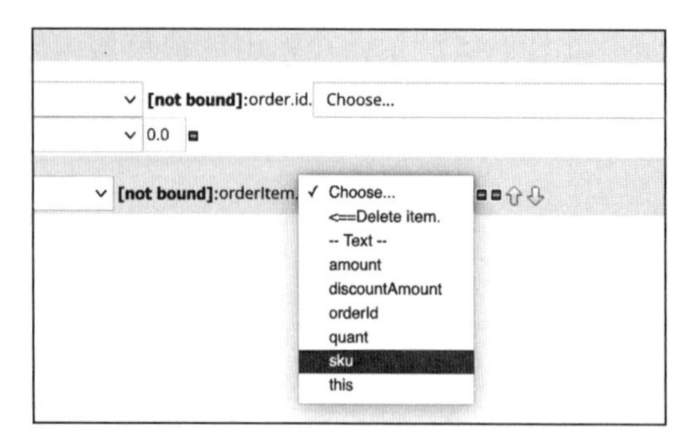

图 8-48　约束值选择

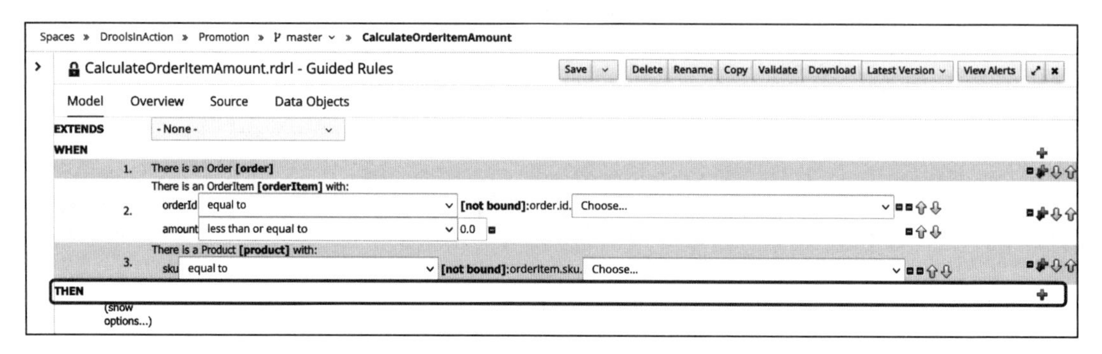

图 8-49　添加规则动作

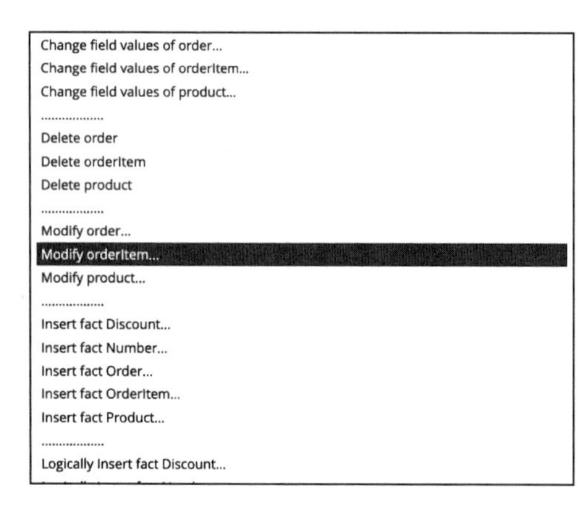

图 8-50　规则动作选择

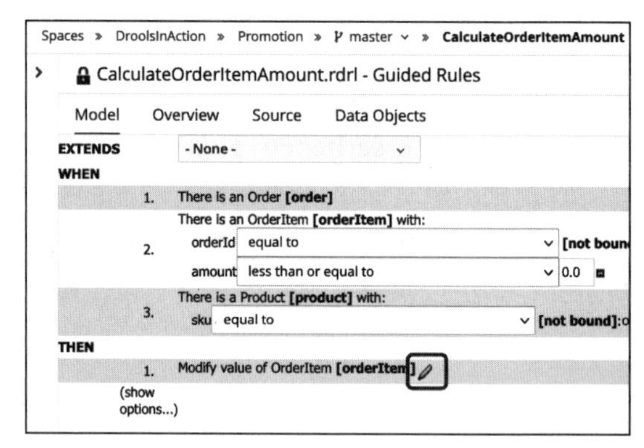

图 8-51　规则动作编辑

在弹出的 orderItem 属性下拉列表中选择 amount 为要修改的对象属性，如图 8-52 所示。

在返回的规则编辑页面上，单击 amount 右侧的编辑图标，如图 8-53 所示，在弹出的属性值设置窗口中选择 Formula（公式），如图 8-54 所示。

在规则编辑页面的 amount 右侧公式编辑区域输入如下表达式，如图 8-55 所示。

```
product.getPrice() * orderItem.getQuant()
```

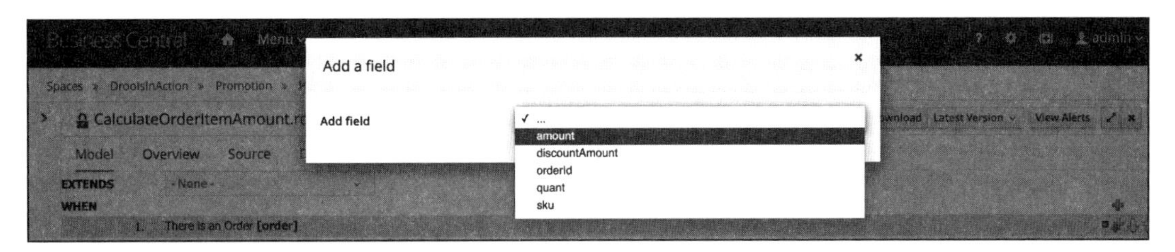

图 8-52　修改属性选择

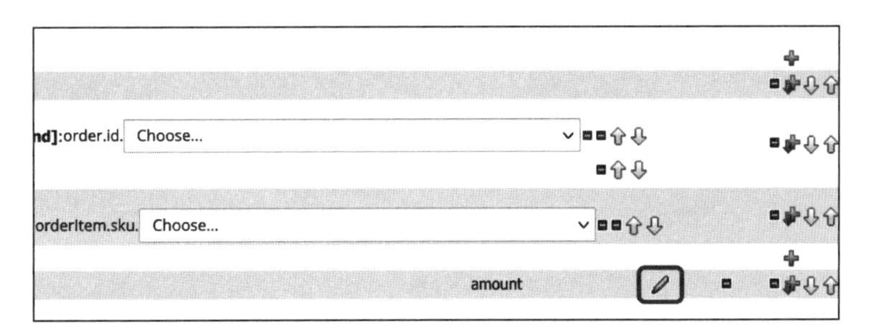

图 8-53　属性编辑图标

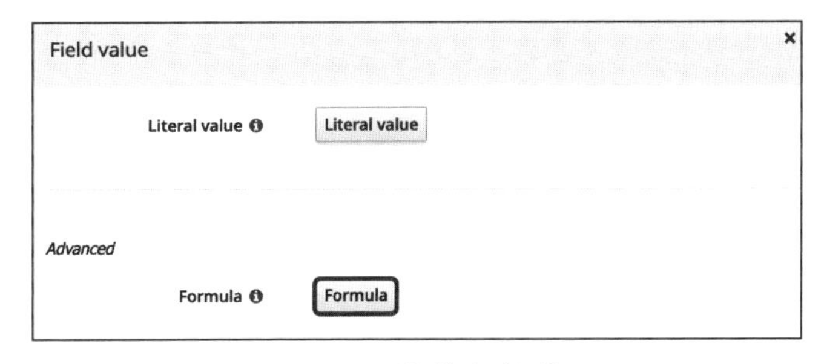

图 8-54　属性值公式图标

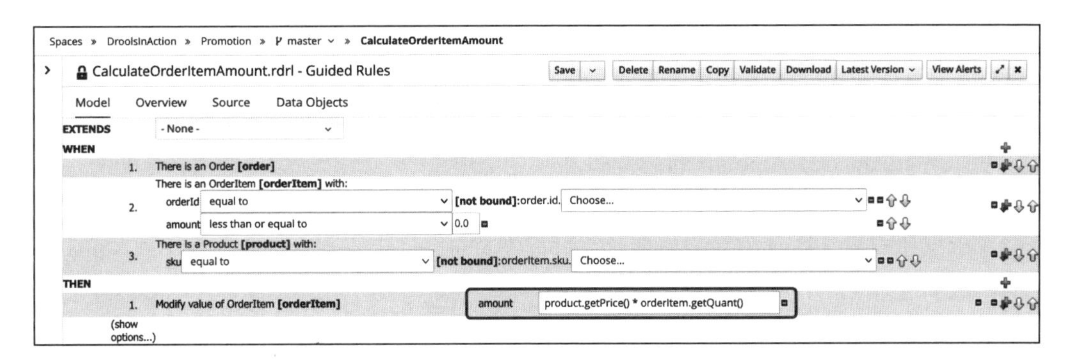

图 8-55　输入表达式

至此，CalculateOrderItemAmount 的规则创建完成，该规则计算出订单（Order）里每个子项（不同产品种类）的金额。规则配置页面产生的规则代码如下：

```
package com.droolsinaction.promotion;

import java.lang.Number;

rule "CalculateOrderItemAmount"
  dialect "mvel"
when
order : Order( )
    orderItem : OrderItem( orderId == order.id, amount <= 0.0 )
    product : Product( sku == orderItem.sku )
then
  modify( orderItem ) {
    setAmount( product.getPrice() * orderItem.getQuant() )
  }
end
```

3. 创建规则 CalculateOrderAmount

参考规则 CalculateOrderItemAmount 的创建方法，以向导方式创建规则 CalculateOrder-Amount，图 8-56 是创建完成后的规则定义页面。

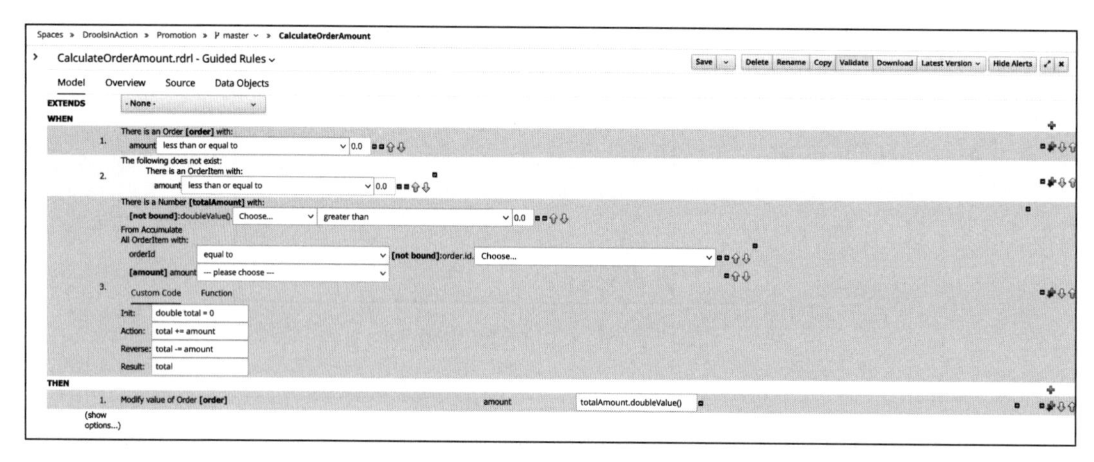

图 8-56　规则 CalculateOrderAmount

规则 CalculateOrderAmount 的逻辑如下：

1）筛选出没有计算过总金额的订单；

2）确保所有属于该订单的子项都计算过分类总金额；

3）求和，计算出订单总金额；

4）将计算出的总金额更新到订单事实对象中。

规则配置页面产生的规则代码如下：

```
package com.droolsinaction.promotion;

import java.lang.Number;
```

```
rule "CalculateOrderAmount"
dialect "mvel"
when
  order : Order( amount <= 0.0 )
  not (OrderItem( amount <= 0.0 ))
  totalAmount : Number( doubleValue() > 0.0 ) from
    accumulate ( OrderItem( orderId == order.id, amount : amount),
      init( double total = 0 ),
      action( total += amount ),
      reverse( total -= amount ),
      result( total )
    )
then
  modify( order ) {
    setAmount( totalAmount.doubleValue() )
  }
end
```

4. 创建规则 CalculateOrderDiscountAmount

参考规则 CalculateOrderItemAmount 的创建方法，以向导方式创建规则 CalculateOrder-DiscountAmount，图 8-57 是创建完成后的规则定义页面。

图 8-57　规则 CalculateOrderDiscountAmount

规则 CalculateOrderDiscountAmount 的逻辑如下：

1）筛选出计算过总金额且没有计算过优惠折扣的订单；

2）根据折扣率计算出折扣的价格，并更新订单的优惠金额。

规则配置页面产生的规则代码如下：

```
package com.droolsinaction.promotion;

import java.lang.Number;

rule "CalculateOrderDiscountAmount"
dialect "mvel"
when
  order : Order( discountAmount <= 0.0, amount > 0.0 )
  discount : Discount( )
```

```
then
  modify( order ) {
    setDiscountAmount( order.getAmount() * (1 - discount.getRate()) )
  }
end
```

5. 创建规则 ProrateDiscountAmountToOrderItems

参考规则 CalculateOrderItemAmount 的创建方法，以向导方式创建规则 ProrateDiscount-AmountToOrderItems，图 8-58 是创建完成后的规则定义页面。

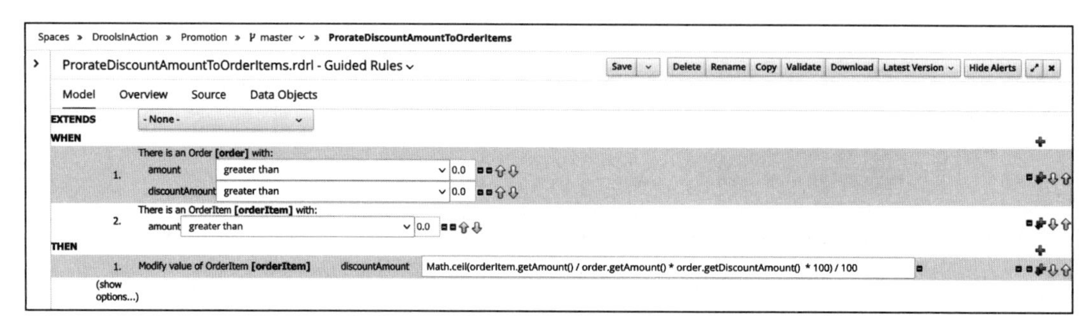

图 8-58 规则 ProrateDiscountAmountToOrderItems

规则 ProrateDiscountAmountToOrderItems 的逻辑如下：

1）筛选出计算过金额与优惠折扣的订单；

2）筛选出计算过金额的订单子项；

3）按比例将优惠金额分摊到订单子项。

规则配置页面产生的规则代码如下：

```
package com.droolsinaction.promotion;

import java.lang.Number;

rule "ProrateDiscountAmountToOrderItems"
dialect "mvel"
  order : Order( amount > 0.0, discountAmount > 0.0 )
  orderItem : OrderItem( amount > 0.0 )
then
  modify( orderItem ) {
    setDiscountAmount( Math.ceil(orderItem.getAmount() / order.getAmount() *
      order.getDiscountAmount()  * 100) / 100 )
  }
end
```

8.2.3 验证规则

在第 7 章中，我们了解了 Drools 的测试场景设计器的使用。本节我们将用 Drools 提供的遗留测试工具来编写测试用例，以了解 Drools 遗留测试工具的使用。

导航到项目的资产添加页面，用 test 关键字过滤，选择 Test Scenario(Legacy)，如图 8-59 所示。在系统弹出的窗口中输入测试资产的名称 TestPromotion，选择包 com.droolsinaction.promotion，如图 8-60 所示，单击 OK 按钮确认创建。

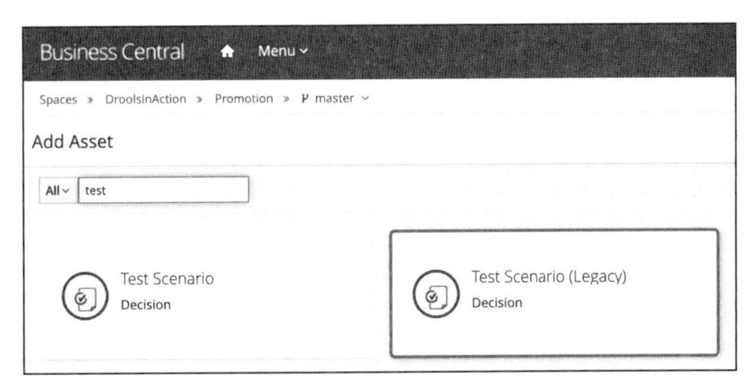

图 8-59　资料类型选择

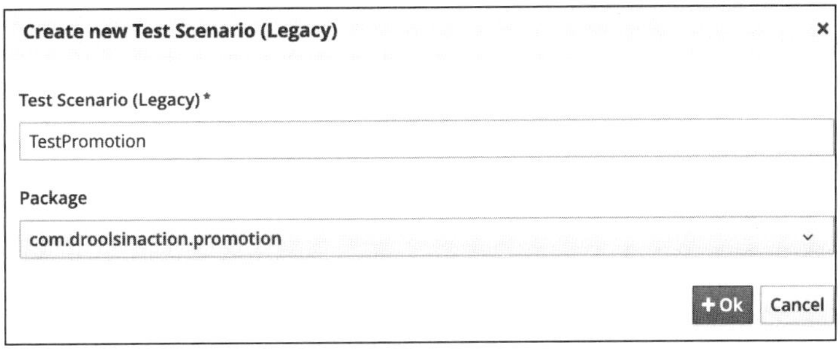

Create new Test Scenario (Legacy)

Test Scenario (Legacy) *

TestPromotion

Package

com.droolsinaction.promotion

+Ok　Cancel

图 8-60　新建资产

系统会导航到空白的测试编辑页面，单击 GIVEN 按钮进行事实对象添加，如图 8-61 所示。在弹出窗口的 Insert a new fact 字段右侧下拉列表中选择 Product，并在 Fact name 右侧的输入框中输入名称 p1，单击 Add 按钮确认添加事实对象，如图 8-62 所示。

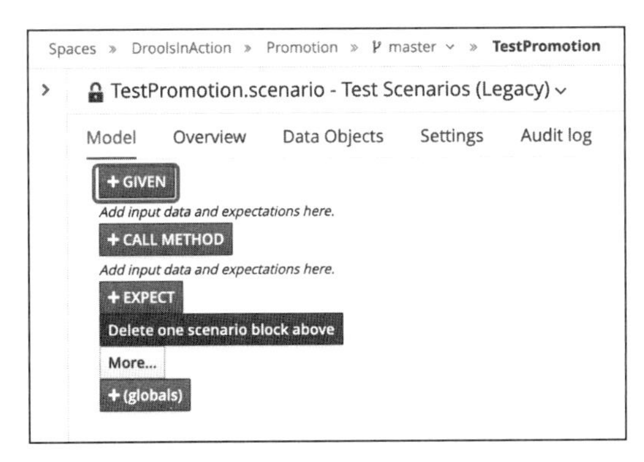

图 8-61　测试编辑页面

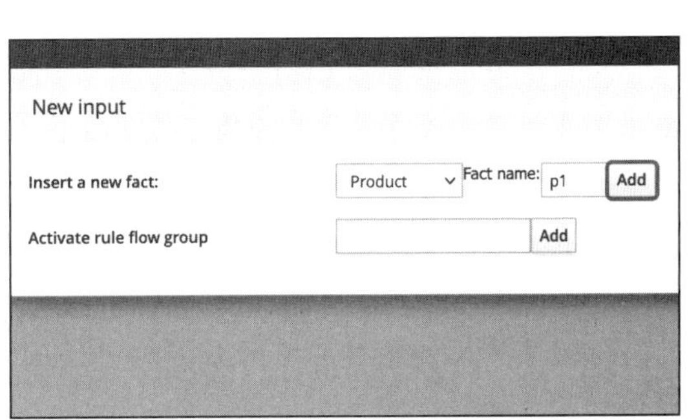

图 8-62　添加事实对象

提示 此时，我们期望添加一个类型为 Product 的事实数据，并将待添加的事实数据绑定到 p1 变量。

系统将返回到测试编辑页面，在 Insert 'Product' 下单击 Add a field（添加一个属性）链接，如图 8-63 所示，在弹出窗口中选择要添加的 Product 的属性 name，如图 8-64 所示，单击 OK 按钮确认添加。

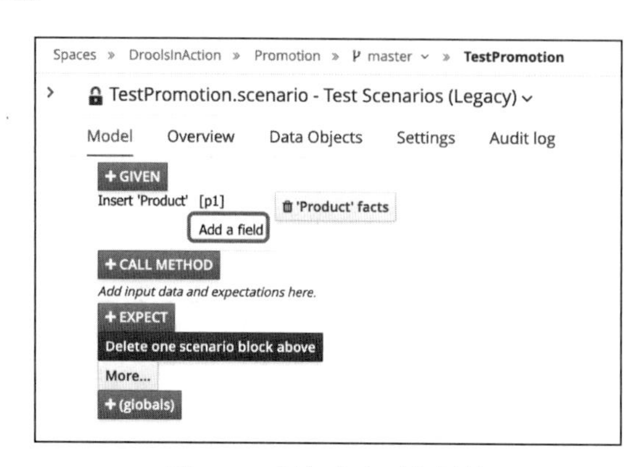

图 8-63 添加事实对象属性

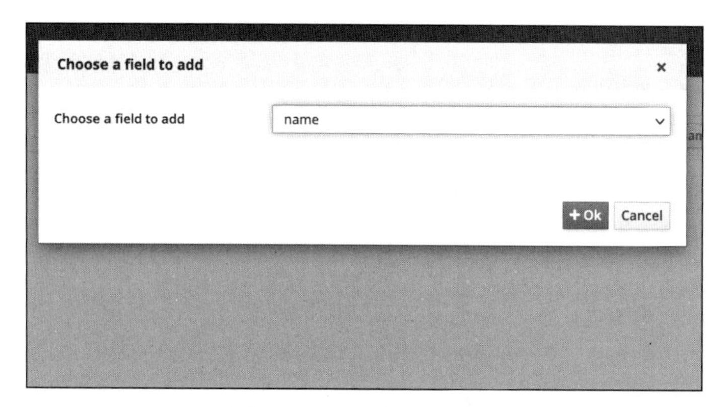

图 8-64 选择待添加属性

在系统返回的测试编辑页面上，单击 name 右侧的编辑图标，如图 8-65 所示。在弹出窗口中单击 Literal value（字面值），以将 name 的属性值配置为字面值类型，如图 8-66 所示。

返回测试编辑页面后，输入 name 的值“手机”，如图 8-67 所示。继续按照以上方式添加绑定 p1 变量的 Product 对象的如下属性 sku（值为 cellphone-001）和 price（值为 2888），图 8-68 是添加完成后的页面信息。

继续在测试编辑页面单击 GIVEN 按钮，添加新的事实对象，如图 8-69 所示。在弹出窗口中，选择添加的事实对象类型 Product，输入名称 p2 后，单击 Add 按钮确认添加，如图 8-70 所示。

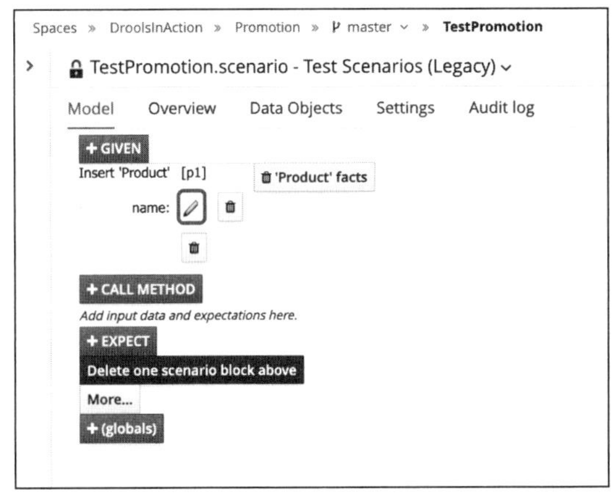

图 8-65　属性编辑图标

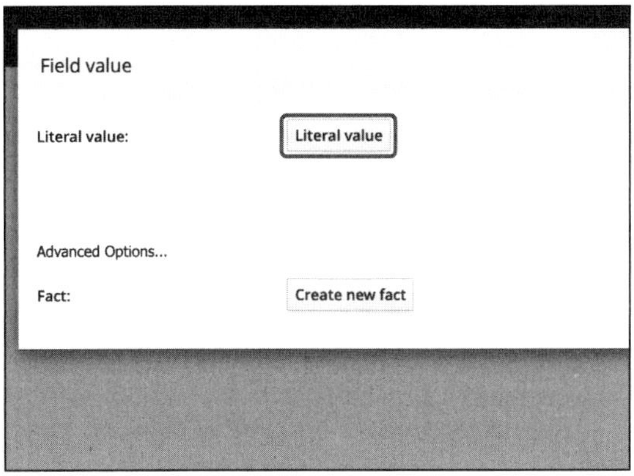

Field value

Literal value:　Literal value

Advanced Options...

Fact:　Create new fact

图 8-66　属性值配置页面

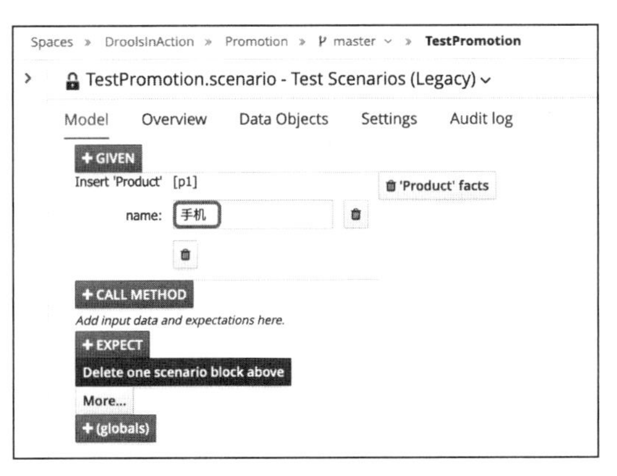

图 8-67　属性值填写

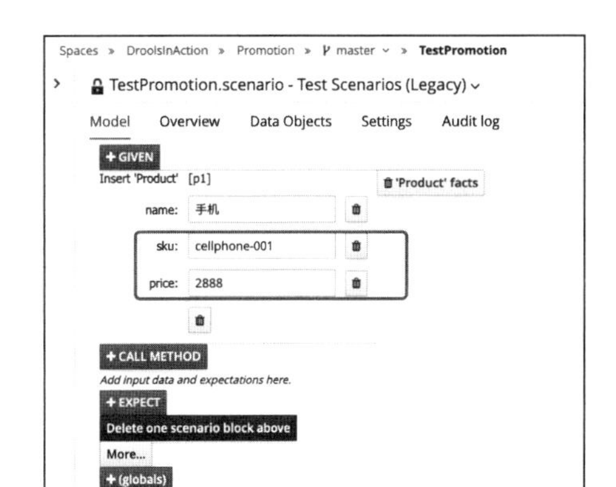

图 8-68　其余属性值配置

图 8-69　添加事实对象图标

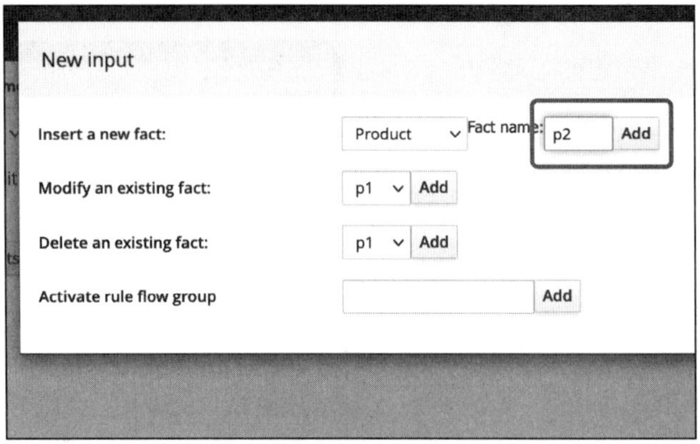

图 8-70　添加事实对象

参考“手机”事实对象的添加方式，添加“耳机”p2 的如下属性，如图 8-71 所示。

name：耳机

sku：earphone-001

price：388

完成其余事实对象的创建，如图 8-72 所示，信息如下。

添加别名为 item1 的 OrderItem 对象。

orderId：001

sku：cellphone-001

quant：1

添加别名为 item2 的 OrderItem 对象。

orderId：001

sku：earphone-001

quant：2

添加别名为 discount 的 Discount 对象。

description：会员 8 折

rate：0.8

在测试编辑页面上，单击 EXPECT 按钮以添加期望的结果对象，如图 8-73 所示。在弹出窗口的 Any fact that matches 字段的下拉列表中选择 OrderItem，单击 Add 按钮以确认，如图 8-74 所示。

在系统返回的测试配置页面上，单击“A fact of type 'OrderItem' has values: ”，如图 8-75 所示，在弹出的 OrderItem 的属性选择窗口中选择 sku，如图 8-76 所示。

在系统返回的测试配置页面上，选择 sku 属性的操作符 equals，在其右侧的值输入框输入 cellphone-001，如图 8-77 所示。继续添加以下的 OrderItem 对象属性值，如图 8-78 所示。

orderId：操作符为 equals，值为 001。

discountAmount：操作符为 equals，值为 577.6。

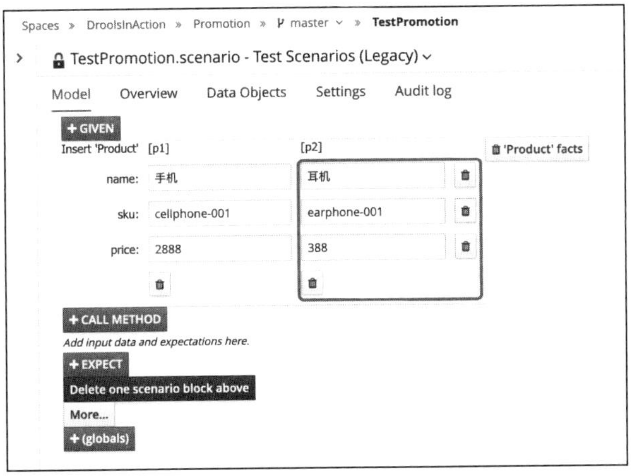

Spaces » DroolsInAction » Promotion » master » TestPromotion

TestPromotion.scenario - Test Scenarios (Legacy)

Model　Overview　Data Objects　Settings　Audit log

+ GIVEN

Insert 'Product' [p1] [p2]　'Product' facts

name: 手机　耳机

sku: cellphone-001　earphone-001

price: 2888　388

+ CALL METHOD

Add input data and expectations here.

+ EXPECT

Delete one scenario block above

More...

+ (globals)

图 8-71　新增事实对象

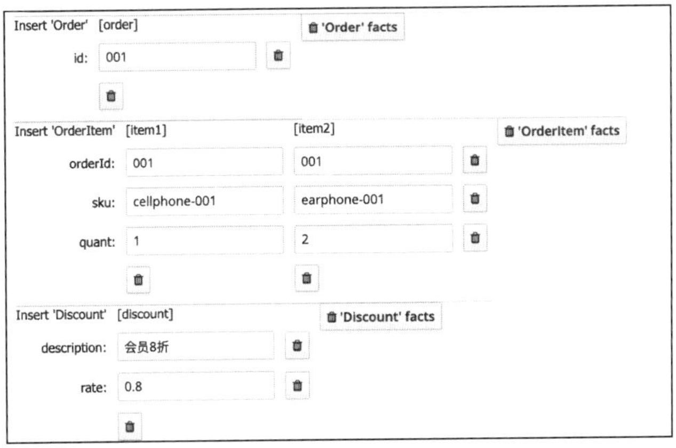

Insert 'Order' [order]　'Order' facts

id: 001

Insert 'OrderItem' [item1] [item2]　'OrderItem' facts

orderId: 001　001

sku: cellphone-001　earphone-001

quant: 1　2

Insert 'Discount' [discount]　'Discount' facts

description: 会员8折

rate: 0.8

图 8-72　其余的事实对象

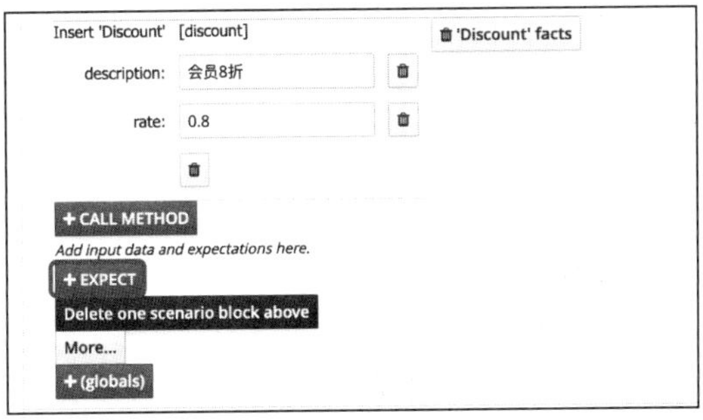

Insert 'Discount' [discount]　'Discount' facts

description: 会员8折

rate: 0.8

+ CALL METHOD

Add input data and expectations here.

+ EXPECT

Delete one scenario block above

More...

+ (globals)

图 8-73　结果对象添加图标

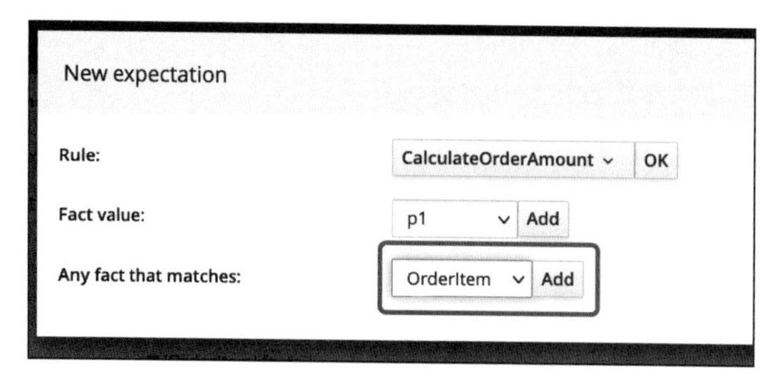

图 8-74 结果对象添加页面

图 8-75 添加的结果对象

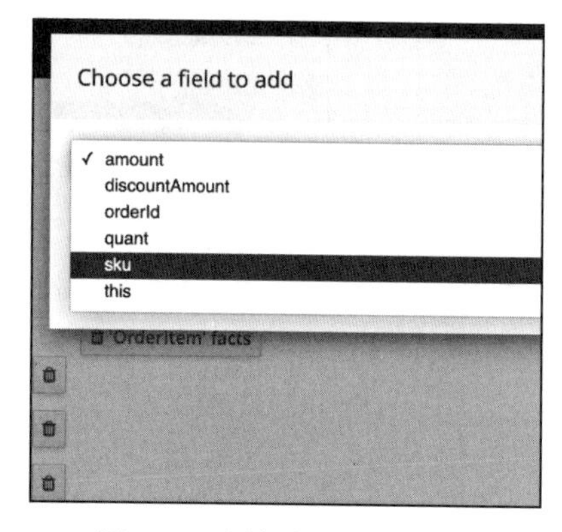

图 8-76 添加结果对象属性

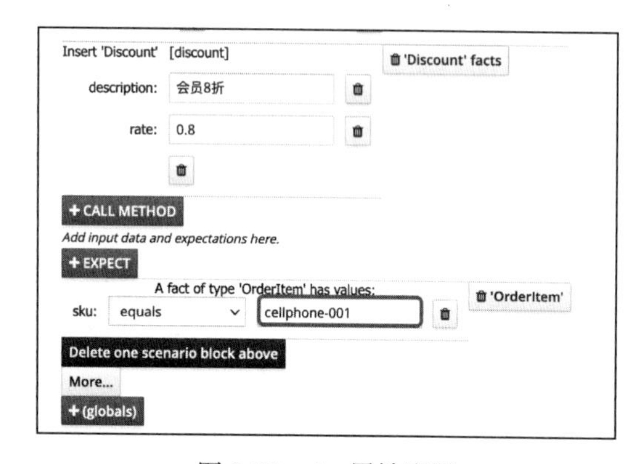

图 8-77 sku 属性配置

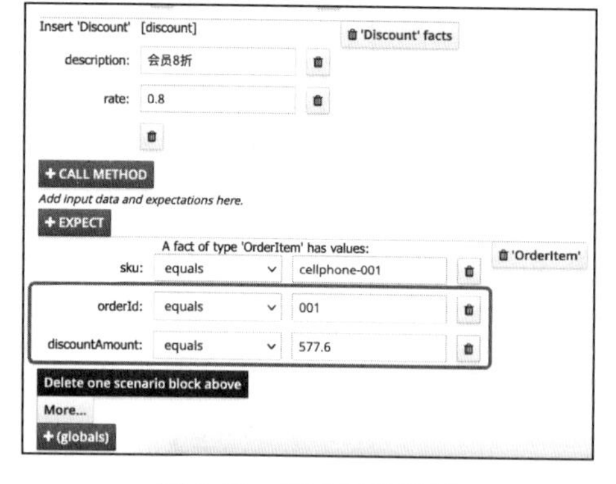

图 8-78 其余属性配置

继续添加一个新的 EXPECT 事实对象，类型为 OrderItem，属性信息如下：

sku：操作符为 equals，值为 earphone-001。

orderId：操作符为 equals，值为 001。

discountAmount：操作符为 equals，值为 155.2。

添加完成后的结果对象如图 8-79 所示。单击 Save 按钮保存后，单击 Run Scenario 按钮运行测试用例，测试通过的结果如图 8-80 所示，页面左侧出现对号图标。

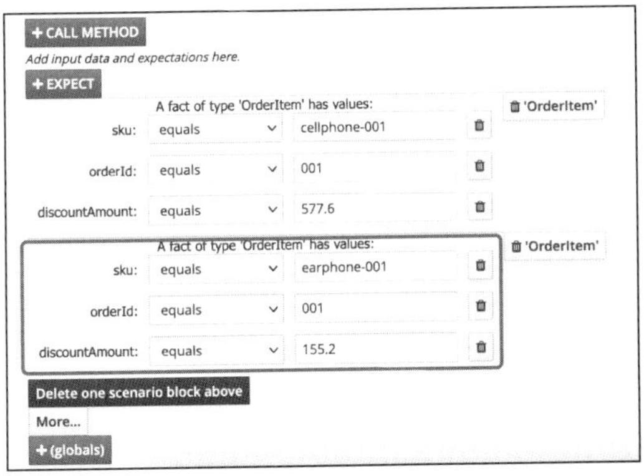

图 8-79　新增结果对象

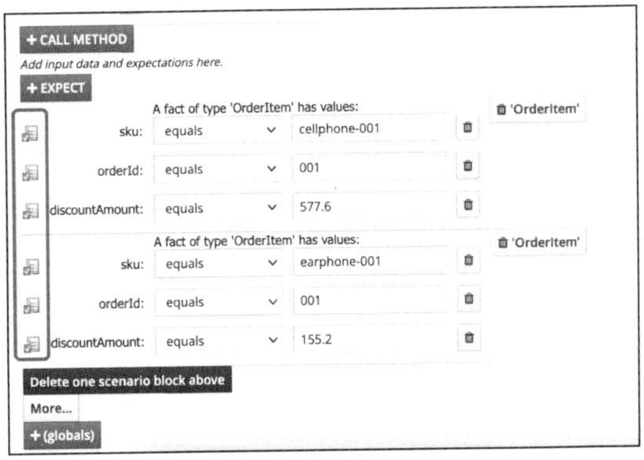

图 8-80　测试通过

单击 Audit log 标签，可以切换到测试用例运行的审计日志查看页面，如图 8-81 所示。

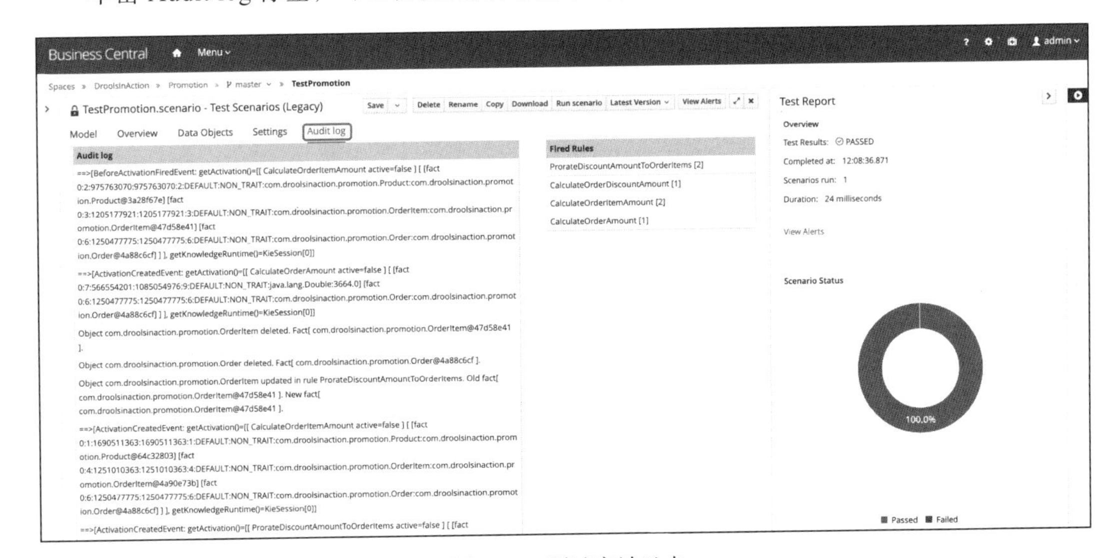

图 8-81　测试审计日志

8.3　本章小结

本章要点如下。

- 什么是向导式规则设计器。
- 如何使用向导式规则设计器创建向导式规则：定义数据对象、添加条件、添加动作。
- 用向导式规则设计器完成了商品促销规则的编写。
- 用业务中心的遗留测试工具对创建的商品促销规则进行了测试。

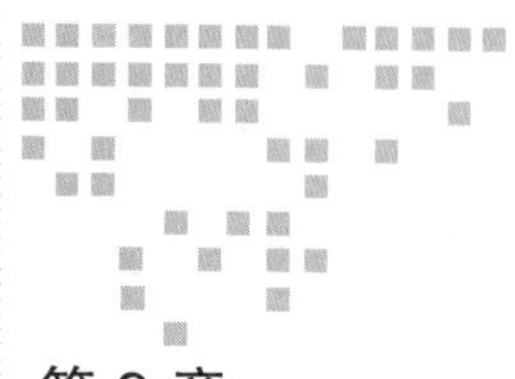

Chapter 9 第 9 章

向导式规则模板与领域专用语言

在上一章中，我们了解了如何使用 Drools 的向导式规则创建单个规则。在这一章，我们将用 Drools 的向导式规则模板创建多个规则，还将探索 Drools 的领域专用语言的定义与使用。

9.1 向导式规则模板

Drools 的向导式规则模板是指以向导的方式进行规则创建的模板。Drools 在规则模板中以 key 作为占位符，key 的实际值会以表格的形式定义在独立的数据表格中，数据表格的每一行会用来替换规则模板中的占位符，最终形成一条规则。Drools 的向导式规则模板是为多个有相同的匹配条件和动作逻辑而事实数据不同的规则设计的，它把规则的共性抽象出来形成模板，把个性部分独立于模板之外，以表格的形式进行配置，模板和表格数据最终会被翻译成规则语言 DRL。因此，通过向导式规则模板创建规则有以下两步：

- ❑ 创建规则模板；
- ❑ 定义数据表。

9.1.1 创建规则模板

在业务中心的 Menu → Design → < 具体项目 > 下通过 Add Asset 菜单，选择 Guide Rule Template 类型的资产进入向导规则模板的创建过程。在输入规则的名称、选择规则存放的包名后，系统会导航到向导式规则模板设计页面，其布局如图 9-1 所示。

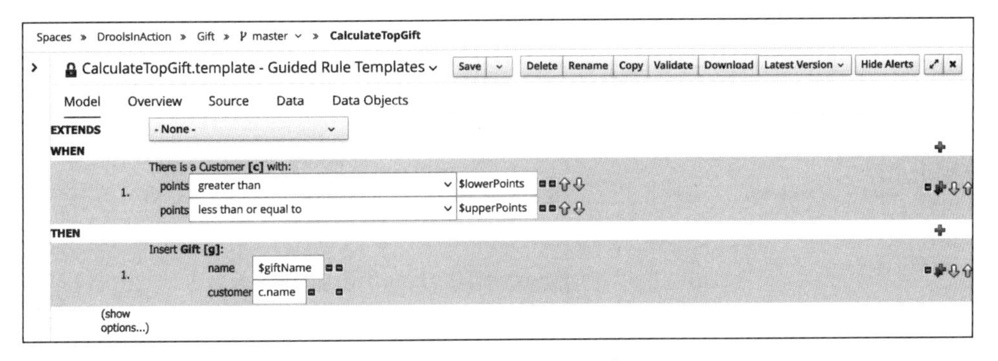

图 9-1　向导式规则模板设计页面

向导式规则模板设计页面的布局和功能与向导式规则设计页面类似。

- EXTENDS 部分用于配置规则的继承关系。
- WHEN 部分用于规则的条件定义。
- THEN 部分用于规则的动作定义。
- 右侧的图标用于 WHEN 和 THEN 部分条件或动作的添加、删除、顺序调整。
- 菜单栏中的 Validate 用于规则的语法检查。
- 与 Source（源代码）同级别的 Data 标签页是模板参数的数据表定义页面。
- 模板的参数 key 是以 $ 符号开头的变量，如 $lowerPoints。参数变量可以用在条件判断的操作符对象上，但需要事先定义该操作符对象为 Template key，如图 9-2 所示。
- 在 show options 选项中，可以进行规则相关属性的定义，如图 9-3 所示。

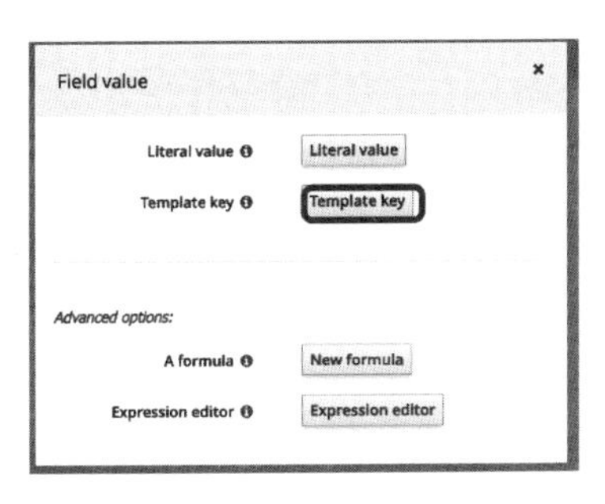

图 9-2　模板参数配置

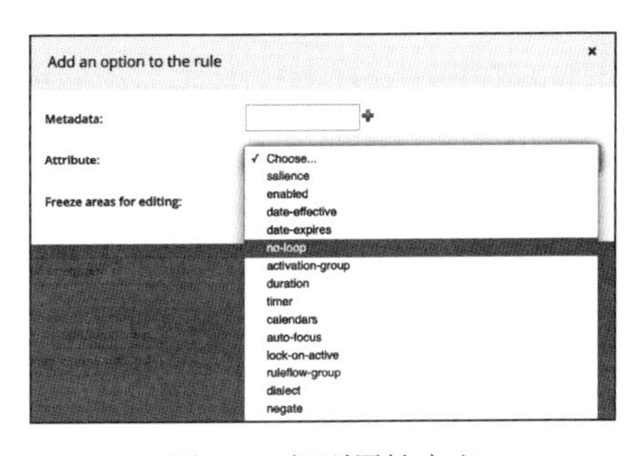

图 9-3　规则属性定义

9.1.2　定义数据表

当规则模板中含有以 $ 开头的模板参数时，Data 标签页的数据表编辑器会自动识别出所有的模板参数，并以模板中的所有模板参数为表头，形成可编辑的数据表格，如图 9-4 所示。双击单元格可以激活相应单元格的编辑状态，单击 Add row 按钮可以在表格的最后添加一行记录，单击每一行开头的加号图标会在该行上添加新记录，单击减号图标可以删除当前行的记录。

在数据表中我们可以使用枚举类型的数据，如图 9-5 所示。需要事先在规则模板所在的工程中定义枚举类型的资产（Asset），图 9-6 所示是一个枚举类型的定义示例。

Model　Overview　Source　Data　Data Objects

Add row...

$lowerPoints	$upperPoints	$giftName
1000	2000	tanana吸管杯
2000	3000	小米体脂秤2
3000	4000	小米手环5
4000	5000	CC10智能音箱
5000	6000	SK2神仙水精华液
6000		skg颈椎按摩器

图 9-4　模板规则数据表

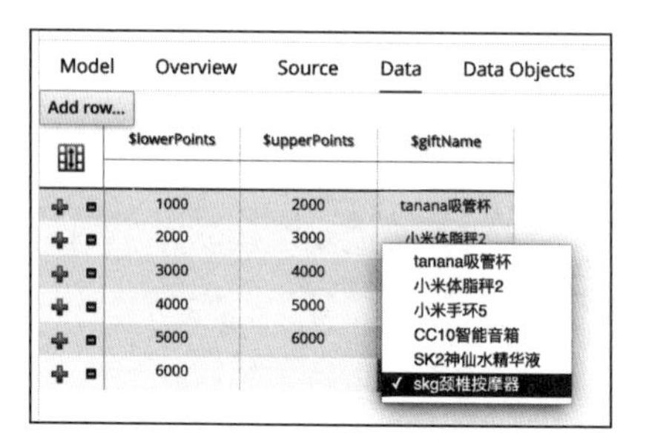

图 9-5　枚举类型字段数据

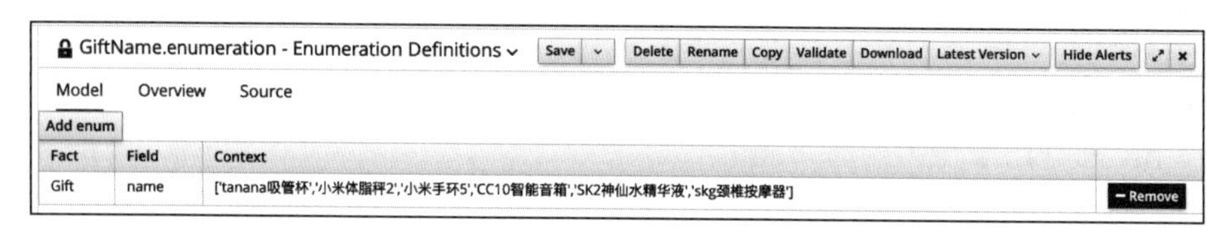

图 9-6　枚举资产定义

在枚举资产编辑页面上，单击 Add enum 按钮后可以添加新的枚举类型。Fact 列是该枚举类型所属的事实对象，Field 列是枚举类型所属事实对象中的枚举字段，Context 列是枚举类型的值列表，格式为列表表达式，如 ['item1','item2','itemN']。

枚举的值也可以借助 Helper 类从外部加载，例如：

```
(new com.droolsinaction.gift.DataHelper()).getListOfGifts("@{parameter}")
```

"@{parameter}" 是传递给 Helper 类的可选参数，该参数是枚举所属事实对象的属性字段，在 Field 中声明，如 name[parameter]。

9.2　领域专用语言

Drools 提供了领域专用语言（Domain Specific Language，DSL）以便于业务人员以对其更友好的方式使用。在实际的使用场景中，通常由开发人员编写 DSL，规则编写人员再用开发人员定义的 DSL 进行规则的编写。Drools 会将用 DSL 编写的规则转换成 DRL 规则语言。

在业务中心的 Menu → Design → <具体项目> 下通过 Add Asset 菜单，选择 DSL definition 类型的资产后进入 DSL 创建页面，输入 DSL 的名称和 DSL 存放的包位置后，系统会进入图 9-7 所示的 DSL 定义页面。

Drools 中的 DSL 是以映射字典的方式实现的，格式为：

[范围][类型定义]DSL 表达式 = 规则语言 DRL 映射值

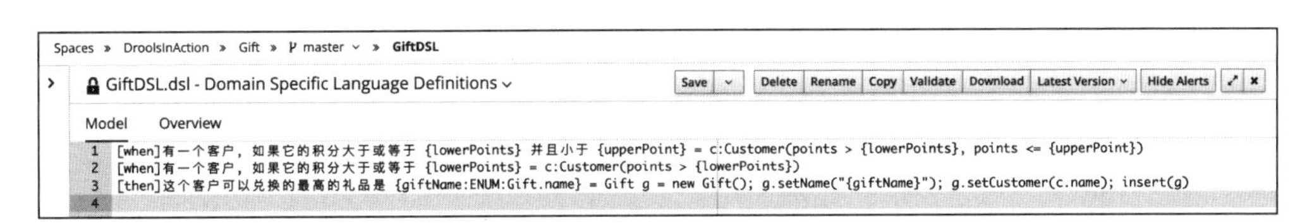

图 9-7　DSL 定义页面

- 范围。各个取值的含义如下。
  - [when] 或 [condition]：声明该条 DSL 适用于规则的条件部分。
  - [then] 或 [consequence]：声明该条 DSL 适用于规则的动作部分。
  - [*]：声明该条 DSL 适用于规则的条件部分和动作部分。
  - [keyword]：声明该条 DSL 适用于规则的任何部分。
- 类型定义。该部分是可选项，可以省略或是空的 []，这部分内容是提供给规则编辑环境中编辑器的提示信息，不参与字典映射的替换操作。
- DSL 表达式。这是 DSL 的可视化部分，以等号（=）结束。DSL 的用户用这部分编写规则，Drools 会用等号后面的规则语言来替换掉这部分的定义。DSL 表达式中的变量需要以 {variable} 格式进行定义。
- 规则语言 DRL 映射值。这是最终规则执行的规则语句，它会抽取 DSL 表达式里定义的变量的值，来替换掉在这部分定义的变量，最终形成可以运行的规则语言。

一个完整的 DSL 定义、使用和解析的例子如图 9-7~ 图 9-9 所示。

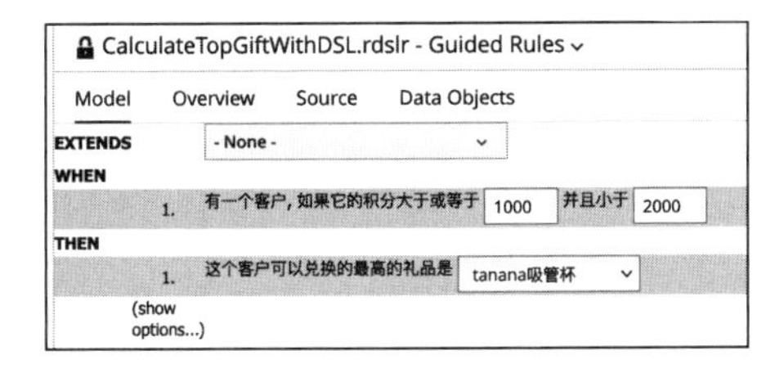

图 9-8　DSL 使用

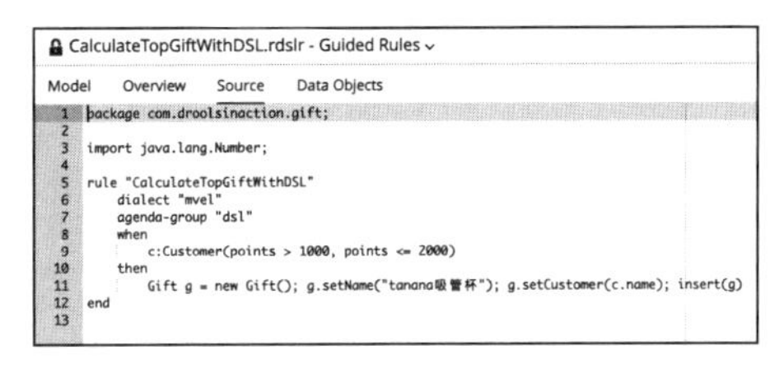

CalculateTopGiftWithDSL.rdslr - Guided Rules
Model
Overview
Source
Data Objects
1 package com.droolsinaction.gift;
2
3 import java.lang.Number;
4
5 rule "CalculateTopGiftWithDSL"
6 dialect "mvel"
7 agenda-group "dsl"
8 when
9 c:Customer(points > 1000, points <= 2000)
10 then
11 Gift g = new Gift(); g.setName("tanana吸管杯"); g.setCustomer(c.name); insert(g)
12 end
13

图 9-9　DSL 解析

9.3　实战：积分换礼品

9.3.1　功能说明

网上商城的用户在每次交易后会获得一定的积分，积分积累到一定程度，用户可以用积分向商城兑换礼品。不同的积分范围可兑换的礼品种类不同，表 9-1 给出了积分与可兑换礼品的对应关系。我们要用规则实现：根据用户的积分，找到用户可以换取的所需积分最高的礼品。

表 9-1　积分与可兑换礼品的对应关系

积分	礼品	积分	礼品
1000 < 积分 ≤ 2000	tanana 吸管杯	4000 < 积分 ≤ 5000	CC10 智能音箱
2000 < 积分 ≤ 3000	小米体脂秤 2	5000 < 积分 ≤ 6000	SK2 神仙水精华液
3000 < 积分 ≤ 4000	小米手环 5	积分 > 6000	skg 颈椎按摩器

9.3.2　规则实现

示例已经放到 GitHub 上了，位于 ch09/gift 工程目录下。读者可以按照 5.3.2 节介绍的方式导入，也可以跟随下面的内容进行手工创建，以了解向导式规则模板以及 DSL 的创建与使用。

1. 创建数据对象

创建新的工程 Gift 后，系统将导航到添加资产的类型选择页面（见图 9-10），选择 Data Object 的资源类型，系统将导航到数据对象创建页面。

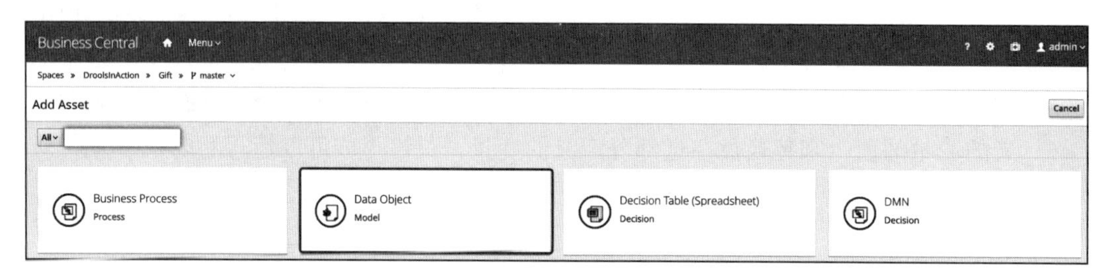

图 9-10　数据对象资产类型

在数据对象创建页面输入名称 Customer，下拉并选择包名 com.droolsinaction.gift，单击 OK 按钮确认添加，如图 9-11 所示。添加对象属性 name(String) 和 points(int)，如图 9-12 所示。

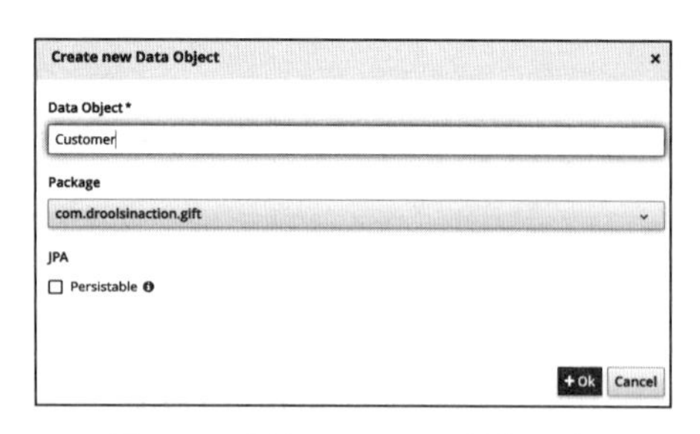

图 9-11　添加 Customer 数据对象

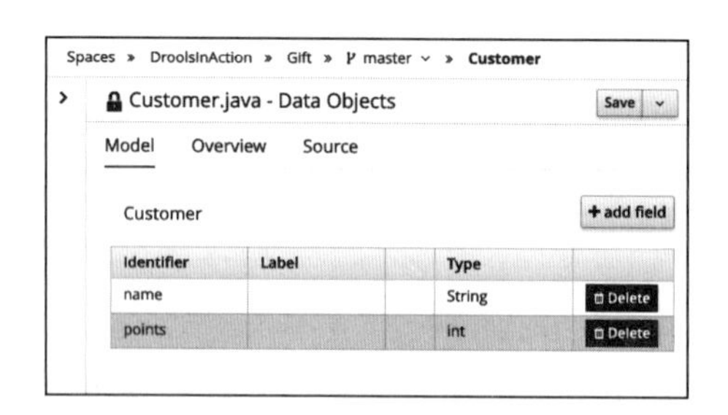

图 9-12　Customer 数据对象属性

继续在包 com.droolsinaction.gift 下创建 Gift 数据对象，如图 9-13 所示。添加数据对象属性 name(String) 和 customer(String)，如图 9-14 所示。

图 9-13　添加 Gift 数据对象

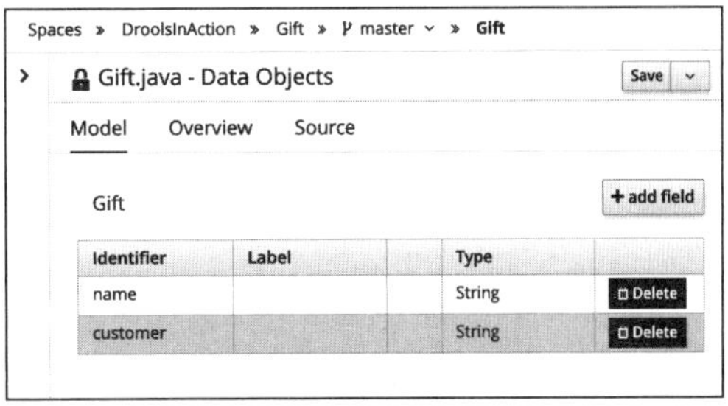

图 9-14　Gift 数据对象属性

2. 创建枚举类型

在资产创建页面通过关键字“enum”过滤并选中 Enumeration，如图 9-15 所示。在弹出窗口中输入枚举名称 GiftName，并选择包 com.droolsinaction.gift，单击 OK 按钮确认创建，如图 9-16 所示。

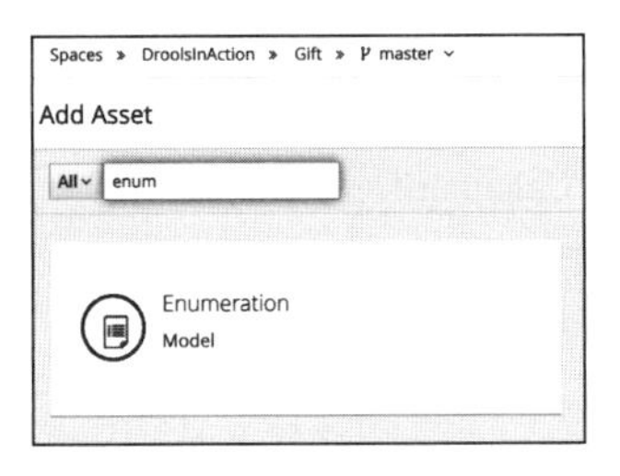

图 9-15　添加枚举类型

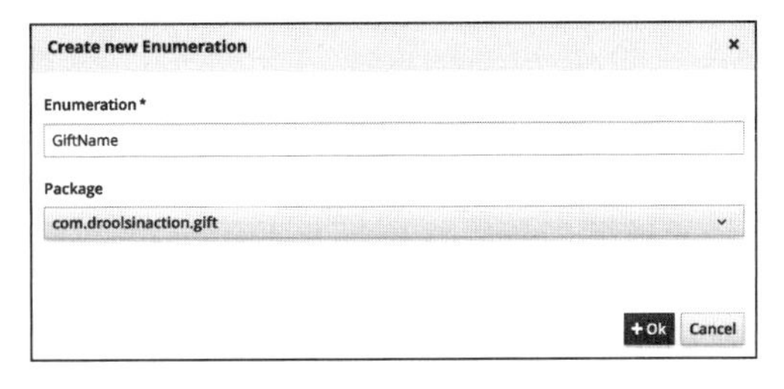

图 9-16　创建 GiftName 枚举

系统将导航到 GiftName 枚举类型的空白条目编辑页面，如图 9-17 所示，单击 Add enum 按钮添加新的枚举条目。

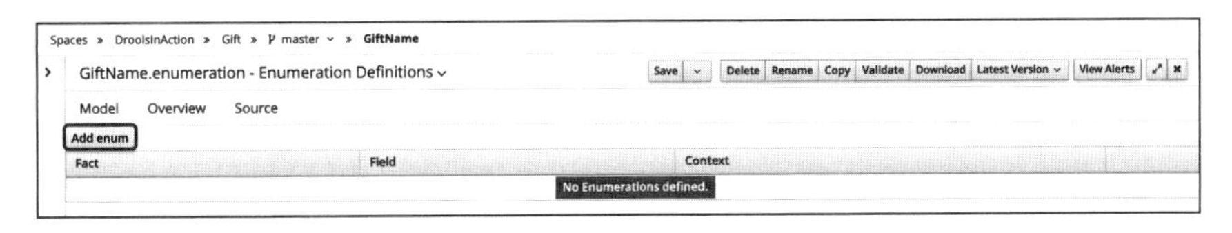

图 9-17　枚举条目空白编辑页面

输入枚举条目定义事实对象（Fact）为 Gift，对象属性（Field）为 name，并输入如下的上下文（Context）：

['tanana 吸管杯 ',' 小米体脂秤 2',' 小米手环 5','CC10 智能音箱 ','SK2 神仙水精华液 ','skg 颈椎按摩器 ']

单击 Save 按钮进行保存，如图 9-18 所示。

3. 创建模板规则

在资产创建页面通过关键字“template”过滤并选中 Guided Rule Template，如图 9-19

所示。在弹出的窗口中输入模板名称 CalculateTopGift，并选择包 com.droolsinaction.gift，单击 OK 按钮确认创建，如图 9-20 所示。

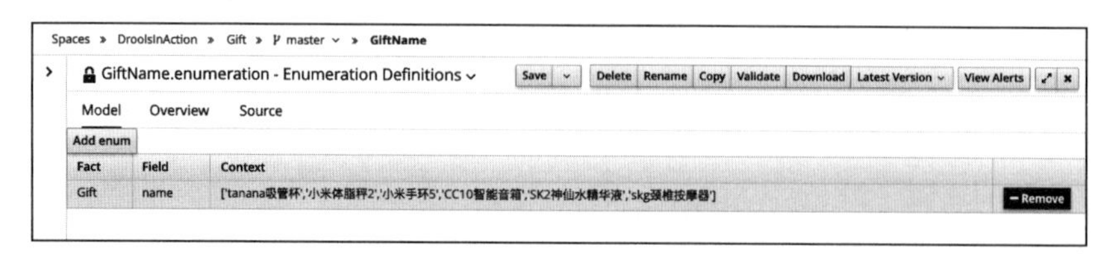

图 9-18　Gift 枚举条目定义

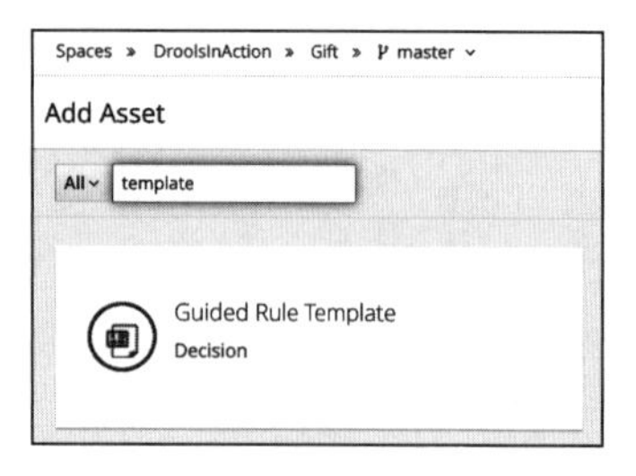

图 9-19　向导式规则模板资产类别

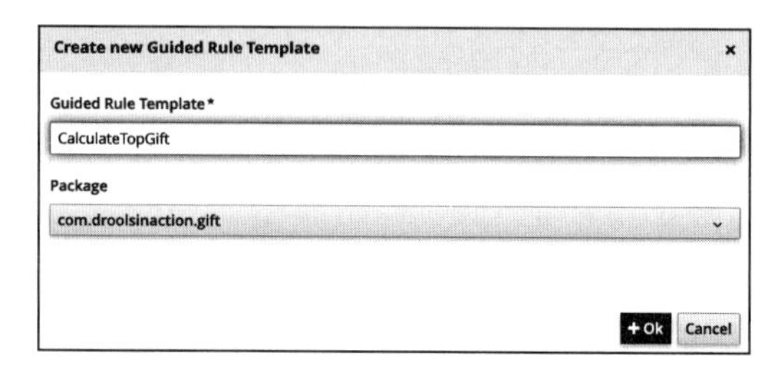

图 9-20　创建 CalculateTopGift 模板

系统将导航到向导式规则模板的设计页面，如图 9-21 所示。单击 WHEN 右侧的加号图标，添加规则模板的匹配条件。

图 9-21　规则模板的设计页面

在弹出的添加规则约束对象窗口中，选择 Customer，确认后返回到模板设计页面。在模板设计页面上单击 Customer，在弹出的修改 Customer 约束条件窗口中，在 Variable name 字段输入“c”并单击 set 按钮，以将 Customer 对象绑定到变量 c，如图 9-23 所示。

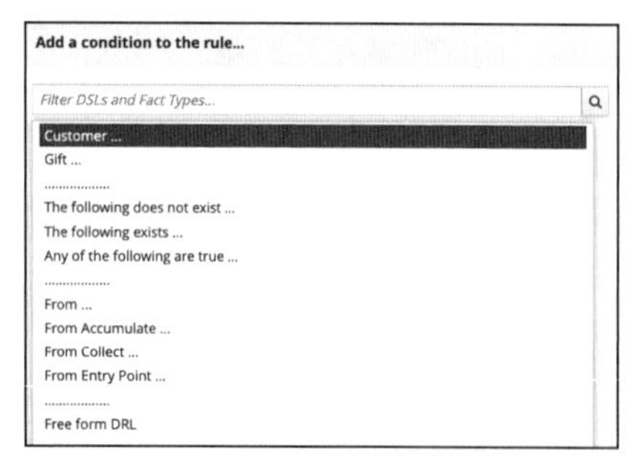

图 9-22　添加 Customer 约束对象

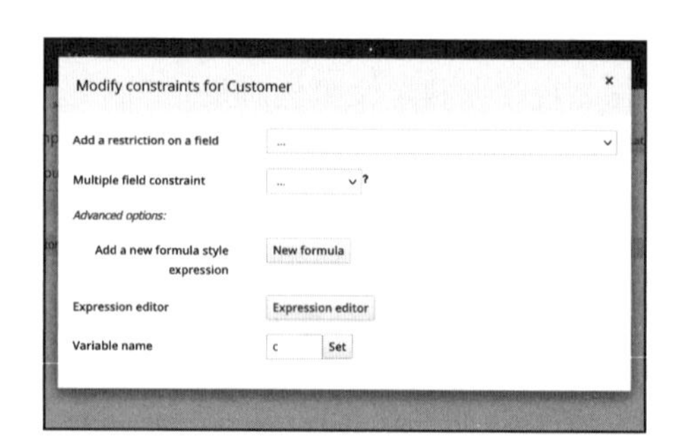

图 9-23　将 Customer 对象绑定到变量 c

在模板设计页面，再次单击 Customer，在弹出的修改 Customer 约束条件窗口中下拉并选择 Customer 的 points 数据作为新添加的约束条件，如图 9-24 所示。在返回的模板设计页面上，选择 points 属性的约束操作符为 greater than（大于），如图 9-25 所示。

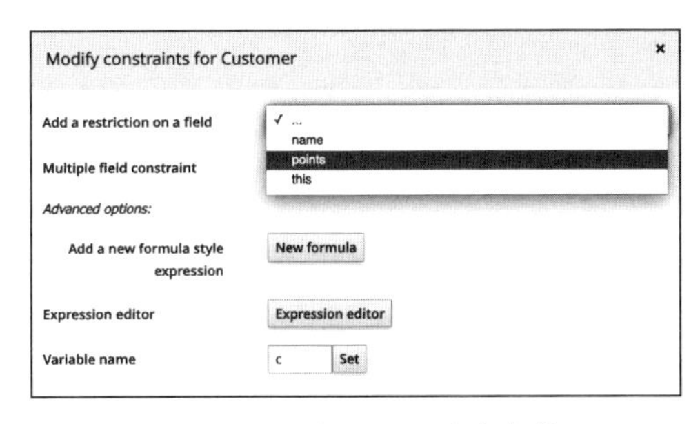

图 9-24　添加 points 约束条件

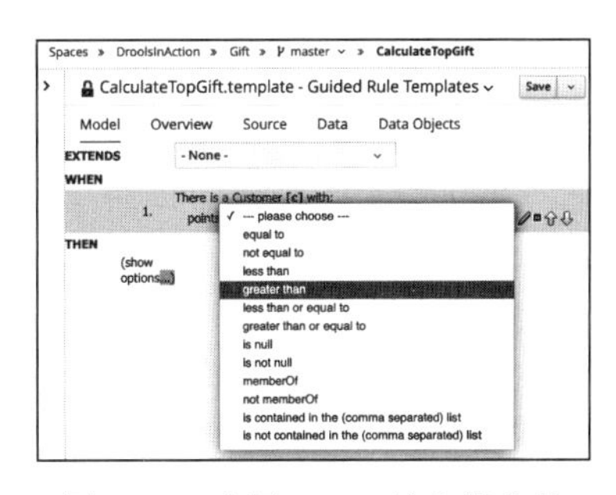

图 9-25　选择 points 约束操作符

单击 points 约束操作符右侧的编辑图标，编辑操作符的操作对象，如图 9-26 所示。在弹出属性值的窗口中选择 Template key，以标识该操作符的操作对象为模板的参数，如图 9-27 所示。

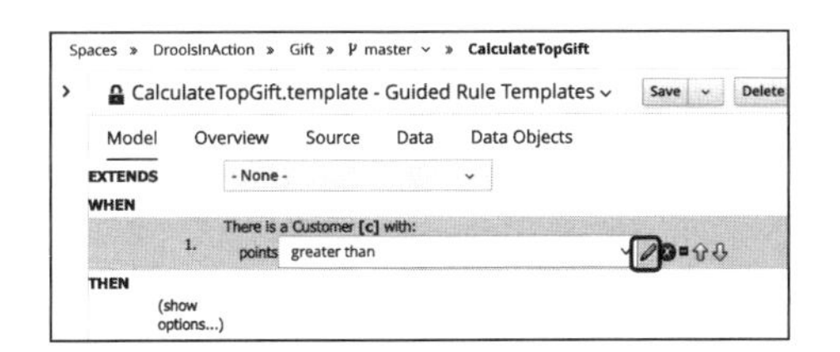

图 9-26　编辑操作对象图标

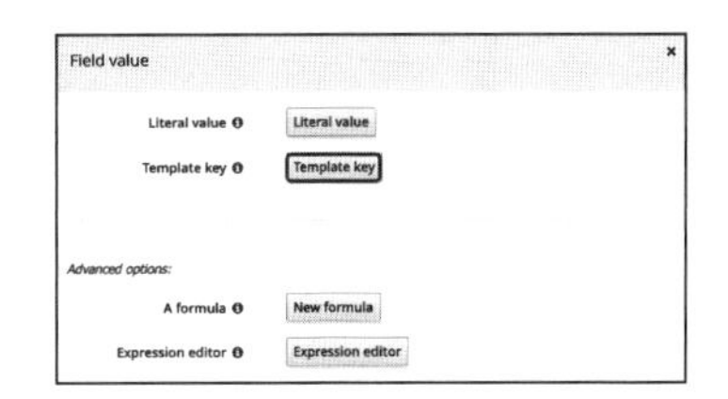

图 9-27　模板参数选择页面

在模板设计页面的操作对象窗口中输入模板参数 $lowerPoints，如图 9-28 所示。

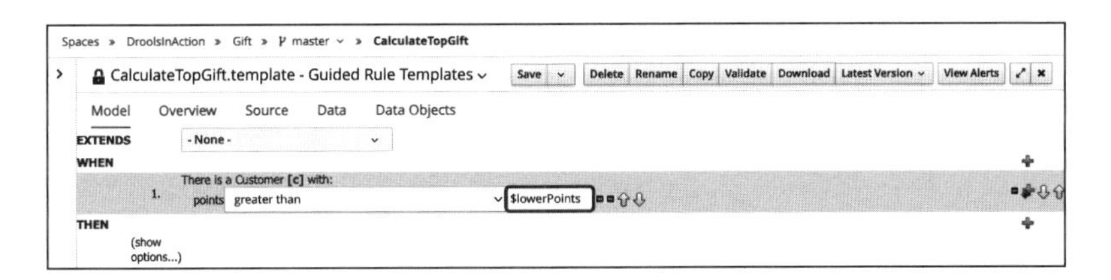

图 9-28　模板参数配置

继续为 Customer 对象添加属性约束，操作符为 less than or equal to（小于或等于），将操作对象设置为模板参数，并输入模板参数 $upperPoints，如图 9-29 所示。

在模板设计页面中单击 THEN 右侧的加号图标，添加规则的动作，在弹出的窗口中选择 Insert fact Gift，如图 9-30 所示。单击 OK 按钮确认后，回到模板设计页面，单击 Gift 进行变量绑定。在弹出的窗口中，输入“g”并单击 Set 按钮以确认绑定，如图 9-31 所示。

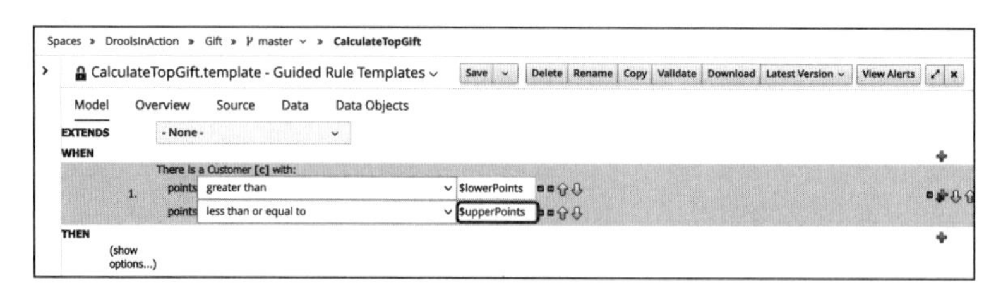

图 9-29　添加 points 的小于或等于模板参数约束

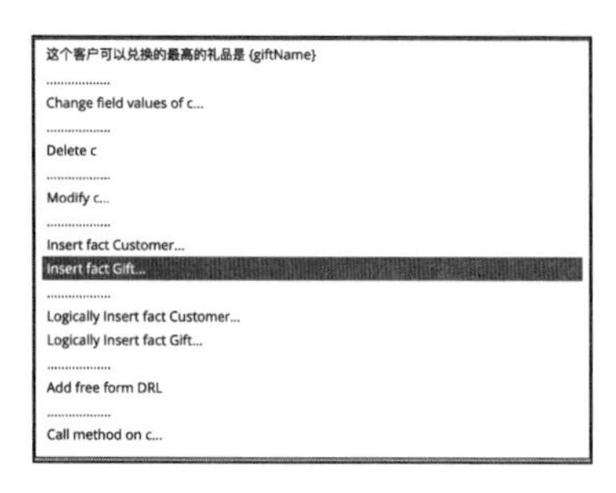

图 9-30　添加 Gift 规则动作

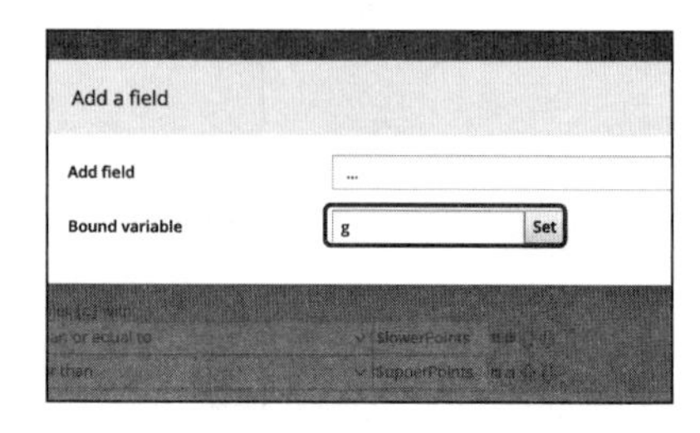

图 9-31　将 Gift 绑定到变量 g

添加 Gift 的属性 name，并将其属性值设置为 Template key，输入模板变量 $giftName，继续添加 Gift 的属性 customer，设置 customer 属性的值为公式类型，并输入公式 c.name，如图 9-32 所示。

单击“show options...”展开 options 选项配置页面。单击 options 右侧的加号图标添加规则的配置项。

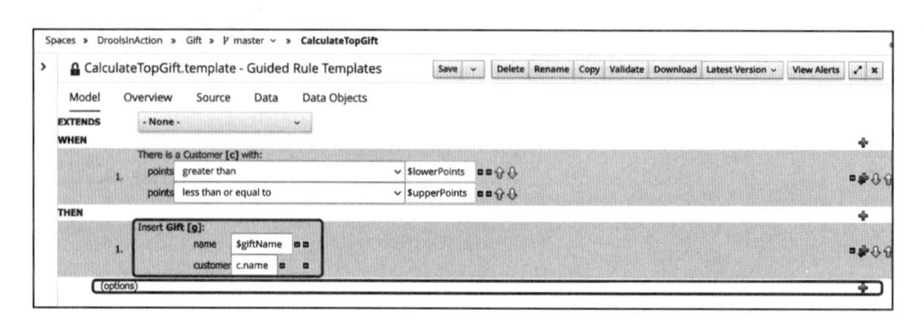

图 9-32　规则动作配置

在弹出的配置项属性中，下拉并选择 agenda-group，如图 9-33 所示。在规则模板设计页面的 agenda-group 字段中输入“template”，以将该规则模板产生规则的调度组配置为 template 组，如图 9-34 所示。

4. 创建数据表

在模板规则设计页面上单击 Data 标签，进入数据表编辑页面，如图 9-35 所示。可以看到编辑器自动识别出的模板中的参数。单击 Add row 按钮添加输入条目，在新增加的输入条目 $lowerPoints 列的单元格中输入 1000，在 $upperPoints 列的单元格中输入 2000，单击

$giftName 单元格，在之前定义的枚举下拉列表中选择“tanana 吸管杯”，如图 9-36 所示。

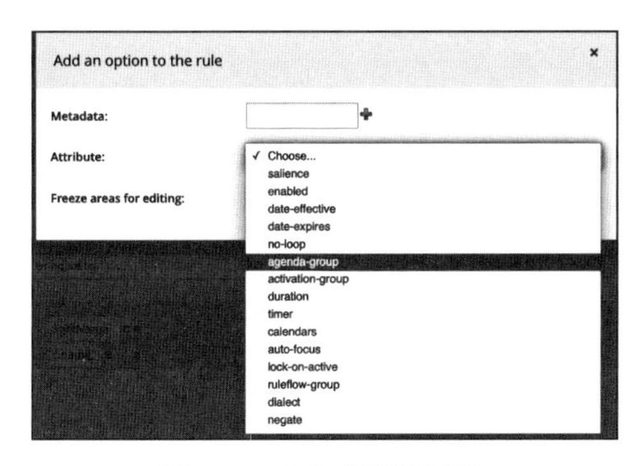

图 9-33　添加规则的属性

图 9-34　配置规则的调度组

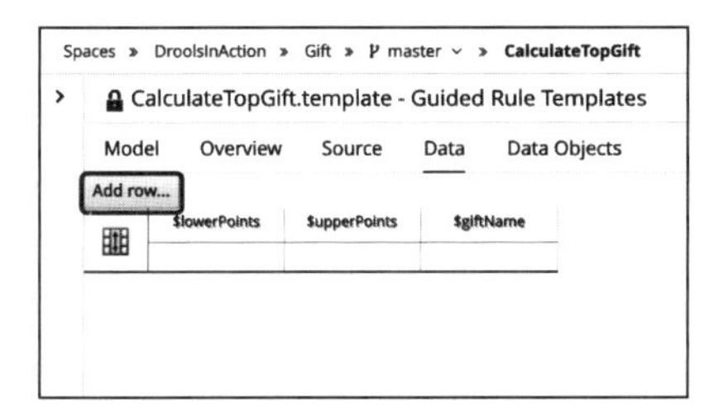

图 9-35　数据表编辑页面

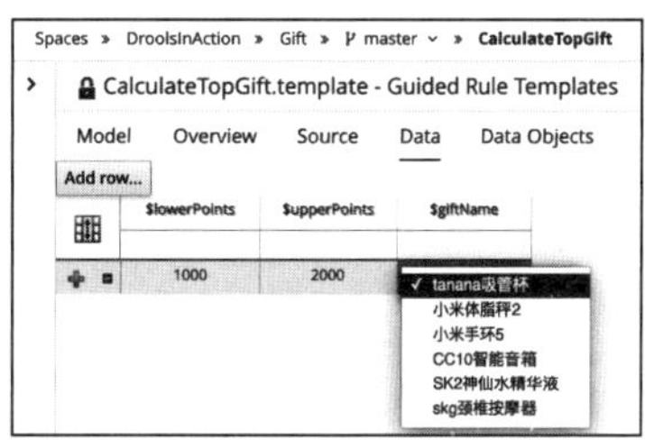

图 9-36　枚举类型选择

继续根据表 9-1 输入剩余的数据条目。图 9-37 是输入完成后的数据表页面，单击 Save 按钮进行保存。单击 Source 标签以切换到 Source 标签页，可以看到系统根据之前定义的规则模板和数据表产生的规则代码，如图 9-38 所示。

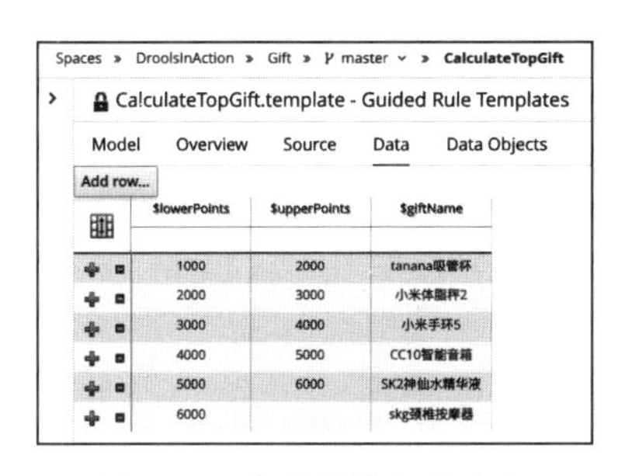

图 9-37　完成的数据表定义

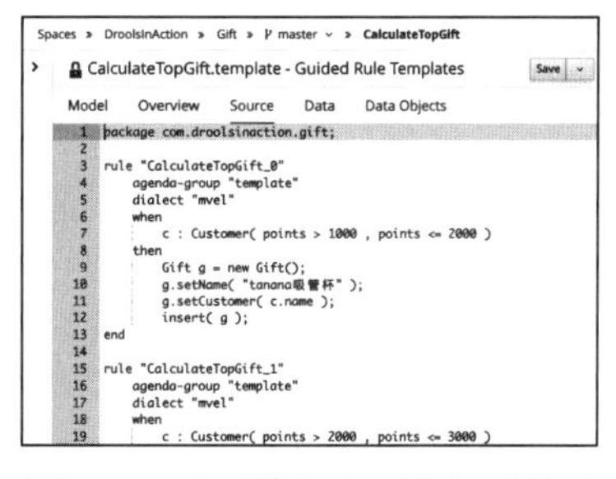

图 9-38　查看模板规则的规则代码

规则模板和数据表产生的完整规则代码如下：

```
package com.droolsinaction.gift;


rule " CalculateTopGift_0 "
  agenda-group " template "
  dialect " mvel "
```

```
    when
      c : Customer( points > 1000, points <= 2000 )
    then
      Gift g = new Gift();
      g.setName( " tanana 吸管杯 " );
      g.setCustomer( c.name );
      insert( g );
end

rule " CalculateTopGift_1 "
    agenda-group " template "
    dialect " mvel "
    when
      c : Customer( points > 2000, points <= 3000 )
    then
      Gift g = new Gift();
      g.setName( " 小米体脂秤 2 " );
      g.setCustomer( c.name );
      insert( g );
end

rule " CalculateTopGift_2 "
    agenda-group " template "
    dialect " mvel "
    when
      c : Customer( points > 3000, points <= 4000 )
    then
      Gift g = new Gift();
      g.setName( " 小米手环 5 " );
      g.setCustomer( c.name );
      insert( g );
end

rule " CalculateTopGift_3 "
    agenda-group " template "
    dialect " mvel "
    when
      c : Customer( points > 4000, points <= 5000 )
    then
      Gift g = new Gift();
      g.setName( " CC10 智能音箱 " );
      g.setCustomer( c.name );
      insert( g );
end

rule " CalculateTopGift_4 "
    agenda-group " template "
    dialect " mvel "
    when
      c : Customer( points > 5000, points <= 6000 )
    then
      Gift g = new Gift();
      g.setName( " SK2 神仙水精华液 " );
```

```
    g.setCustomer( c.name );
    insert( g );
end

rule " CalculateTopGift_5 "
  agenda-group " template "
  dialect " mvel "
  when
    c : Customer( points > 6000 )
  then
    Gift g = new Gift();
    g.setName( "skg颈椎按摩器 " );
    g.setCustomer( c.name );
    insert( g );
end
```

9.3.3 验证规则

在资产创建页面通过关键字 test 过滤并选择 Test Scenario，如图 9-39 所示。在弹出的窗口中输入测试场景的名称 TestCalculateTopGift，在下拉列表中选择包 com.droolsinaction.gift，单击 OK 按钮确认创建，如图 9-40 所示。

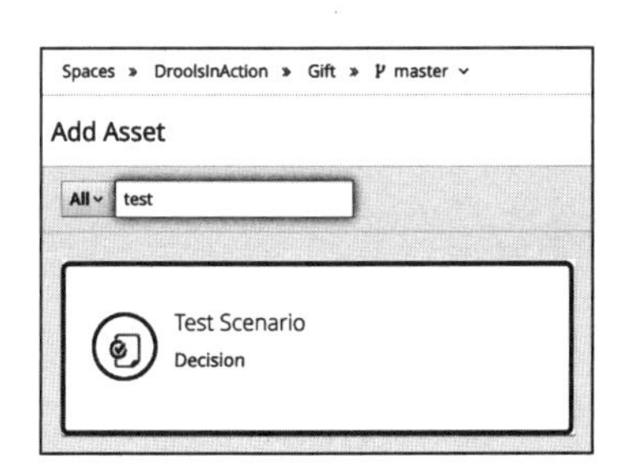

图 9-39　添加测试用例

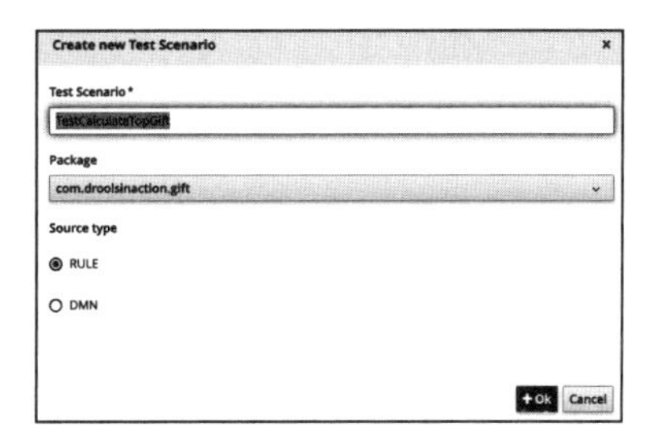

图 9-40　创建 TestCalculateTopGift 用例

根据表 9-1 编写测试用例，并在 Settings 中将 AgendaGroup 设置为 template，如图 9-41 所示。

#	Scenario description	GIVEN Customer points	GIVEN Customer name	EXPECT Gift name	EXPECT Gift customer
1	场景1	1001	客户1	tanana吸管杯	客户1
2	场景2	2001	客户2	小米体脂秤2	客户2
3	场景3	3001	客户3	小米手环5	客户3
4	场景4	4001	客户4	CC10智能音箱	客户4
5	场景5	5001	客户5	SK2神仙水精华液	客户5
6	场景6	6001	客户6	skg颈椎按摩器	客户6

图 9-41　测试用例

单击右侧的三角图标运行测试用例，系统提示测试通过（PASSED），如图 9-42 所示。

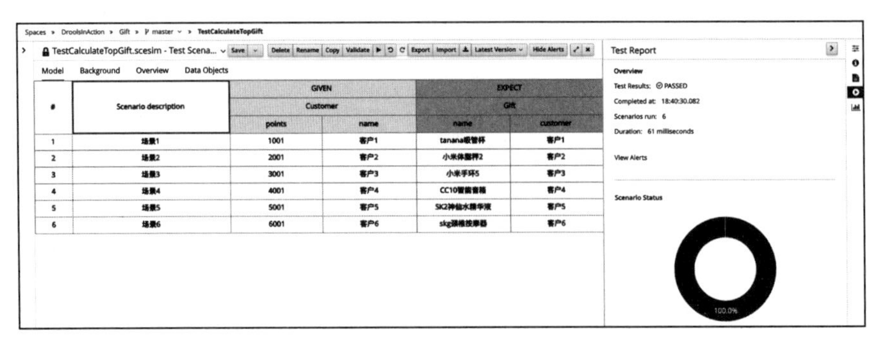

图 9-42　测试通过

9.3.4　DSL 规则实现

1. 创建 DSL

在资产创建页面通过关键字 dsl 过滤并选择 DSL definition，如图 9-43 所示。在弹出的窗口中输入 DSL 的名称 GiftDSL，在下拉列表中选择包 com.droolsinaction.gift，单击 OK 按钮确认创建，如图 9-44 所示。

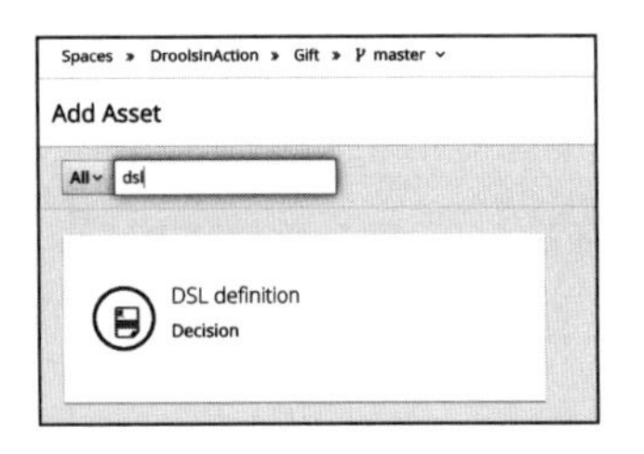

图 9-43　添加 DSL

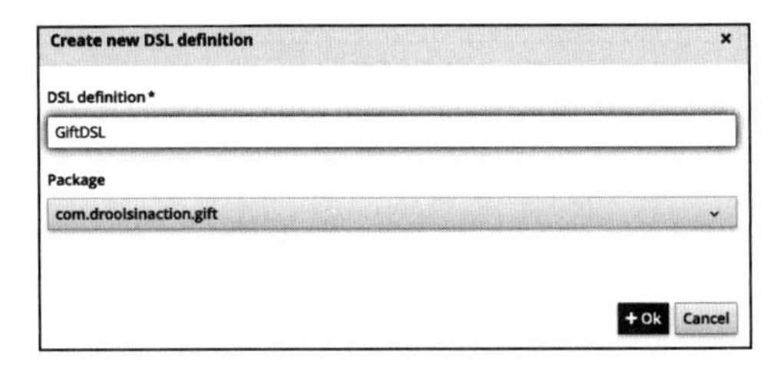

图 9-44　创建 GiftDSL

系统将导航到空白的 DSL 编辑页面，输入如下 DSL 定义，并单击 Save 按钮，如图 9-45 所示。

```
[when]有一个客户，如果它的积分大于或等于 {lowerPoints} 并且小于 {upperPoint} =
  c:Customer(points > {lowerPoints}, points <= {upperPoint})
[when]有一个客户，如果它的积分大于或等于 {lowerPoints} = c:Customer(points >
  {lowerPoints})
[then]这个客户可以兑换的最高的礼品是 {giftName:ENUM:Gift.name} = Gift g = new Gift();
  g.setName("{giftName}"); g.setCustomer(c.name); insert(g)
```

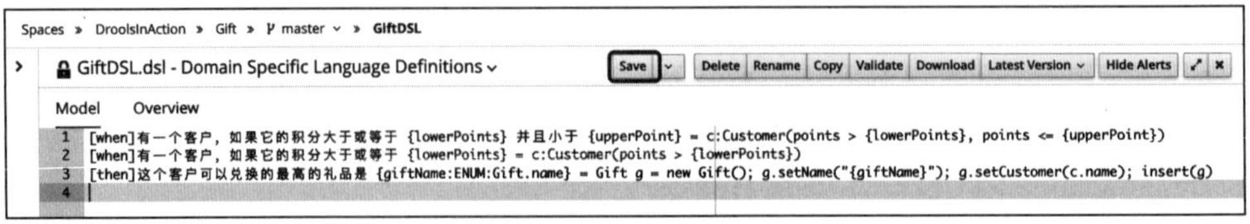

图 9-45　DSL 编辑页面

2. 创建 DSL 规则

在资产创建页面通过关键字 rule 过滤并选择 Guided Rule，如图 9-46 所示。在弹出的窗口中输入规则名称 CalculateTopGiftWithDSL，从下拉列表中并选择包 com.droolsinaction.gift，选中 Show declared DSL sentences 复选框后，单击 OK 按钮确认创建，如图 9-47 所示。

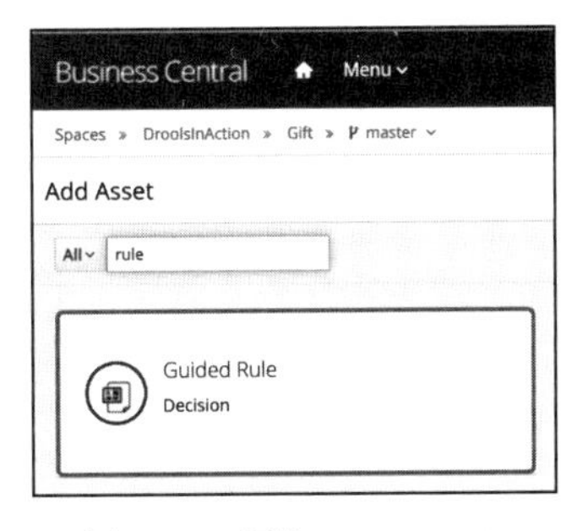

图 9-46　添加 Guide Rule

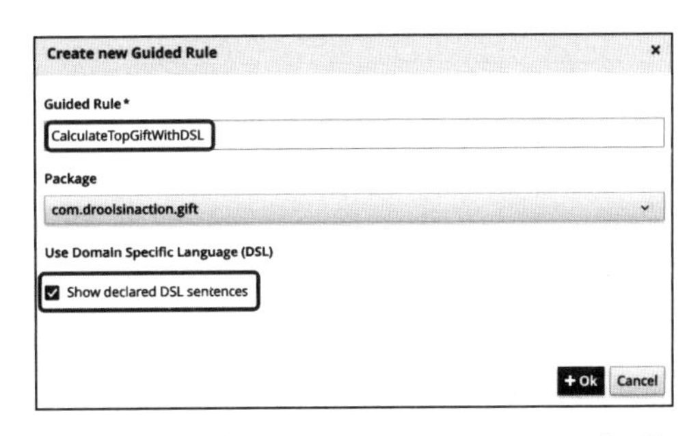

图 9-47　创建 CalculateTopGiftWithDSL 规则

系统将进入 DSL 向导式规则的编辑页面，如图 9-48 所示。单击 WHEN 右侧的加号图标以添加规则的判断条件。

图 9-48　DSL 向导式规则编辑页面

在系统弹出的对象约束选择窗口中，选择之前定义的应用于规则条件部分的如下 DSL 条目，如图 9-49 所示。

“有一个客户，如果它的积分大于或等于 {lowerPoints} 并且小于 {upperPoint}”

单击 OK 按钮确认后，系统会返回到规则编辑页面。输入变量 lowerPoints 的值 1000、upperPoint 的值 2000，如图 9-50 所示。

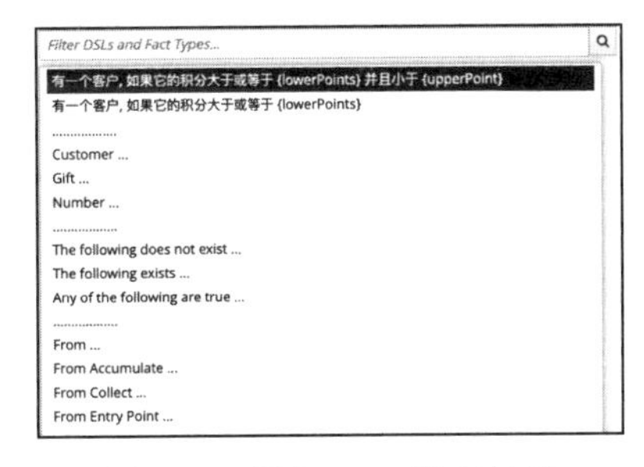

图 9-49　添加 DSL 约束条目

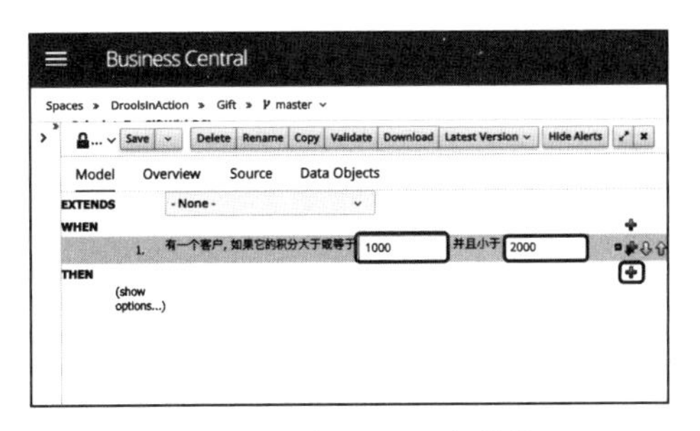

图 9-50　输入 DSL 参数值

单击 THEN 右侧的加号图标，添加规则的动作。在弹出的动作选择窗口中选择之前定义的用作规则动作的如下 DSL 条目，如图 9-51 所示。

“这个客户可以兑换的最高的礼品是 {giftName:ENUM:Gift.name}”

单击 OK 按钮确认后，系统将返回到规则编辑页面，下拉并选择 giftName 为枚举类型的“tanana 吸管杯”，如图 9-52 所示。

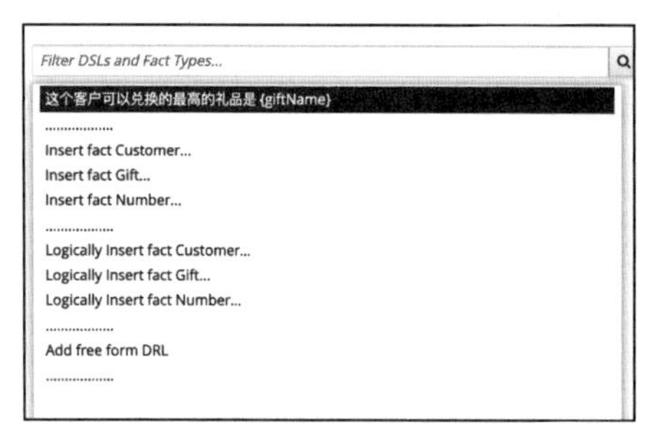

图 9-51　添加 DSL 动作

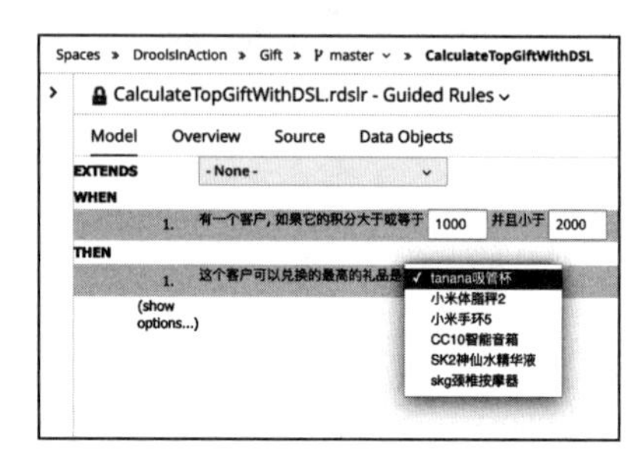

图 9-52　选择枚举变量值

在规则编辑页面的底部，展开 options 配置界面，添加规则属性 agenda-group，并将 agenda-group 的值设置为 dsl，单击 Save 按钮进行保存，如图 9-53 所示。单击 Source 标签，查看编辑器产生的规则代码。

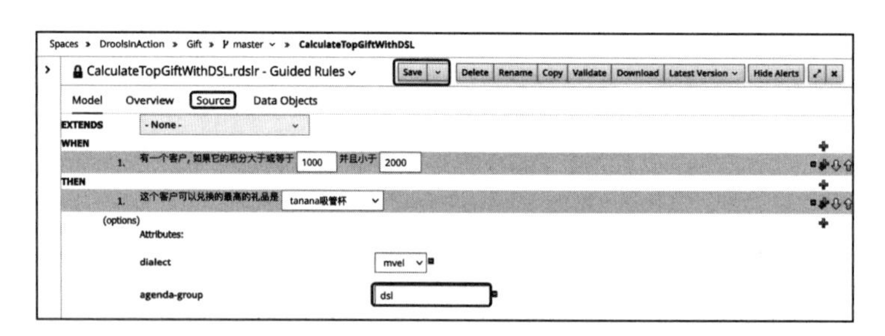

图 9-53　添加规则调度组

DSL 向导式规则设计器产生的完整规则代码如下：

```
package com.droolsinaction.gift;

import java.lang.Number;

rule "CalculateTopGiftWithDSL"
  dialect "mvel"
  agenda-group "dsl"
  when
    c:Customer(points > 1000, points <= 2000)
  then
    Gift g = new Gift(); g.setName("tanana 吸管杯 "); g.setCustomer(c.name); insert(g)
end
```

9.3.5　验证 DSL 规则

新建名称为 TestCalculateTopGiftWithDSL 的测试场景，输入测试数据，名称为“客户1”，积分为“1001”，期望的结果礼品为“tanana 吸管杯”，并在 Settings 中将 AgendaGroup 配置为“dsl”，如图 9-54 所示。

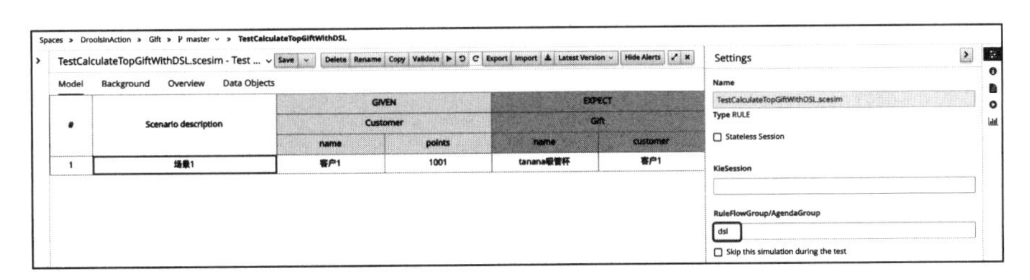

图 9-54　DSL 规则测试用例

单击右侧的三角图标开始测试，系统提示测试通过，如图 9-55 所示。

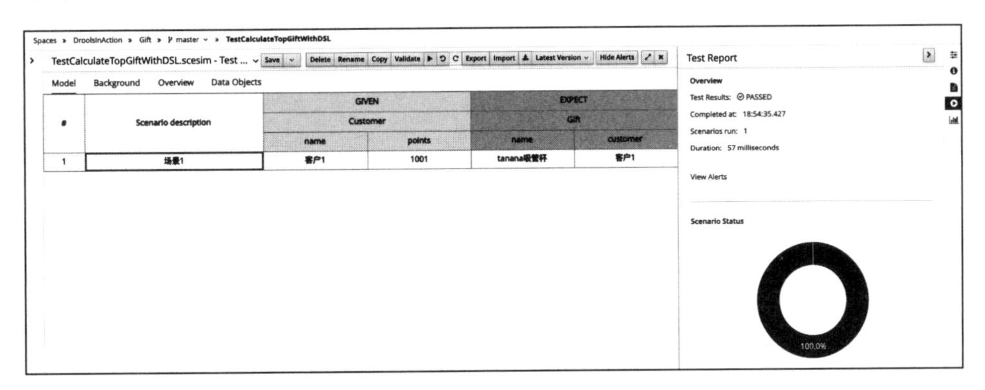

图 9-55　DSL 规则测试通过

9.4　本章小结

本章要点如下。

- 向导式规则模板是参数化的向导式规则。
- 可以在模板中定义模板参数，在数据表中添加数据来实例化模板，最终形成规则。
- 枚举类型的定义与使用。
- DSL 的定义与使用。
- 用规则模板和 DSL 实现积分换礼品规则。

Chapter 10 第 10 章

规　则　表

在本章，我们将了解 Drools 提供的应用最为广泛的工具——规则表，了解其基本概念、组成与使用，还将探索如何用电子表格来创建规则。

10.1　向导式规则表

Drools 在业务中心提供了向导式规则表设计器，它会以向导的方式一步步指导规则编写者编写设计规则表头：添加依赖数据对象，定义规则的属性，添加规则的条件，定义规则的动作，从而形成表格形式的规则模板。再以表格中的每行数据进行具体规则的定义，形成规则表。规则表最终会由业务中心解析为 DRL。

10.1.1　创建向导式规则表

向导式规则表是在业务中心的 Menu → Design → <具体项目>下，通过单击 Add Asset 按钮，选择 Guide Decision Table 类型的资产进行创建的。在向导式规则表创建页面，输入规则表的名称，选择规则存放的包位置“<default>”，再勾选 Use Wizard，以开启向导模式，如图 10-1 所示。单击页面中的 Hit Policy 下拉菜单可以看到规则表的命中选项列表，如图 10-2 所示。各个命中选项的说明如下。

- None：默认的命中策略，如果有多条规则匹配通过，系统会给出冲突提示，但依然会执行所有匹配的规则。
- Resolved Hit：如果多条规则匹配，只执行优先级最高的那条规则。
- Unique Hit：只允许匹配一条规则，如果有多条规则匹配，系统会给出冲突提示。

❑ First Hit：按照匹配规则的先后顺序，只执行第一条规则。

❑ Rule Order：如果有多条规则匹配，系统不会给出冲突提示，这些匹配的规则都会被执行。

图 10-1　创建向导式规则表

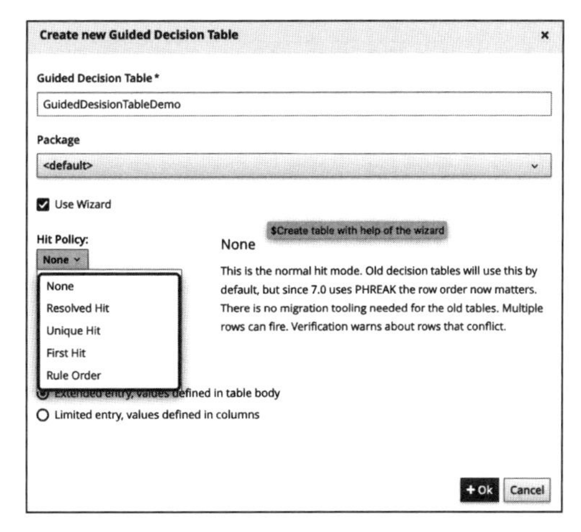

图 10-2　向导式规则表命中策略

图 10-1 中的 Table Format（表格类型）有以下两种。

1）Extended entry, values defined in table body：扩展条目模式，规则相关的数据在规则表格体中定义，如图 10-3 所示。

2）Limited entry, values defined in columns：有限条目模式，规则相关条件判断在规则表格头定义，表格体中是布尔值选项，如图 10-4 所示。请忽略业务中心对有限条目模式分析的粉色提示。（单击 Validate 按钮检查规则表产生的规则后可以看到“Item successfully validated”的验证通过提示。）

GuidedDecisionTabbleDemo | Pinned mode

#	Description	f1 : TravelProfile		r : Recommendation
		出差比例 > x%	出差比例 <= x%	推荐
1		0	30	MacBook Pro 15
2		30	100	MacBook Pro 13

图 10-3　扩展条目规则表

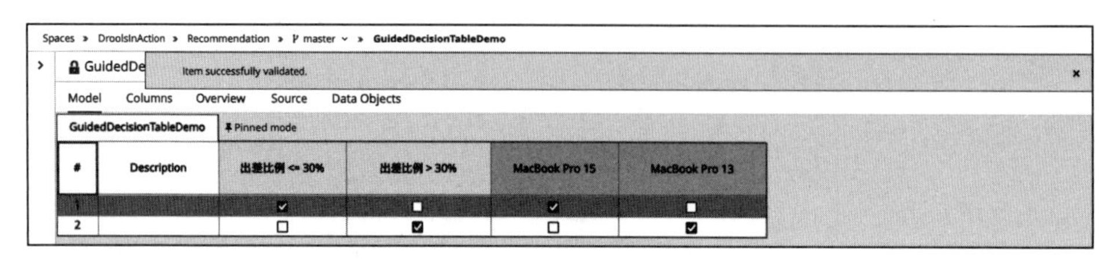

图 10-4　有限条目规则表

单击规则表创建页面上的 OK 按钮后，系统会导航到规则表创建向导页面，如图 10-5 所示。

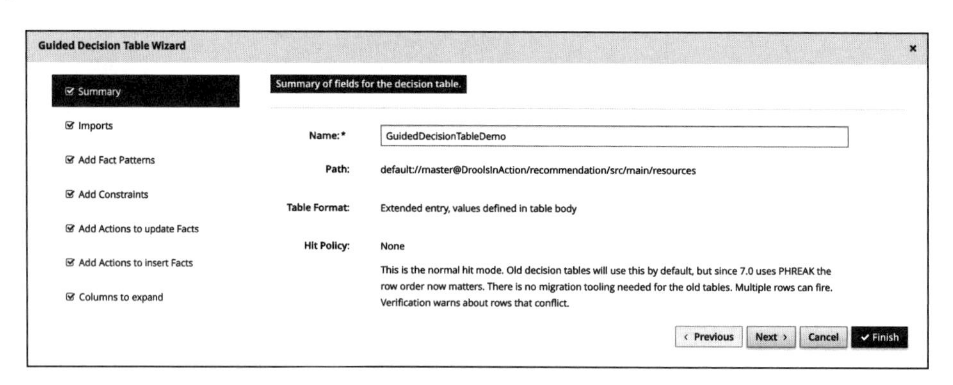

图 10-5　规则表创建向导

创建向导由以下步骤组成。

1）Summary：规则表属性的概要说明。

2）Imports：导入规则用到的数据对象类型。

3）Add Fact Patterns：添加参与规则的模式匹配事实数据类型。

4）Add Constraints：添加规则的约束条件。

5）Add Actions to update Facts：添加规则的更新事实对象动作。

6）Add Actions to insert Facts：添加规则的插入事实对象动作。

7）Columns to expand：从已定义列中选择需要在规则表的表格模式下展开的列。

10.1.2　导入数据对象类型

规则所依赖的事实数据类型需要在 Imports（导入）步骤中导入，才可以在后续的向导步骤中使用。Imports 步骤的页面如图 10-6 所示。从左侧的可用类型列表中选择需要导入的模型类别，单击可用类型列表框右侧的向右箭头“>”即完成该选中类型的导入操作。在进行类型导入的时候，既需要导入规则条件判断部分用到的类型，也需要导入规则执行动作部分用到的类型。

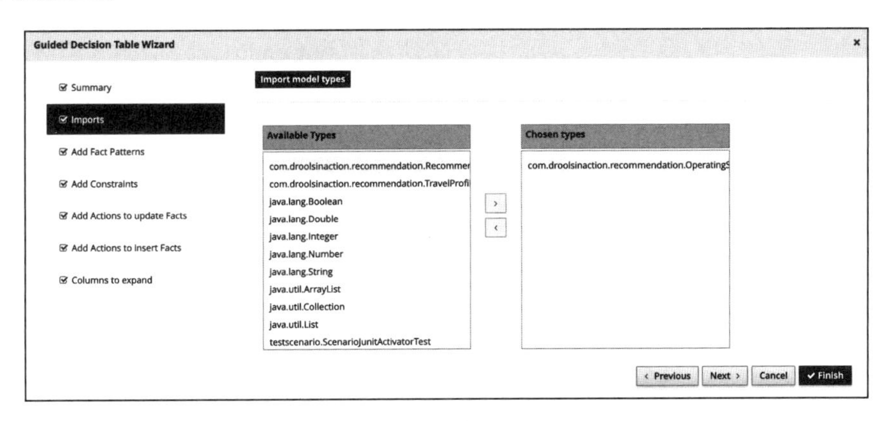

图 10-6 规则表的 Imports 页面

10.1.3 添加模式匹配事实

在向导的上一步中，导入的是规则的条件判断和规则的动作所用到的对象类型。在 Add Fact Patterns（添加模式匹配事实）步骤中，我们看到的是筛选出规则的条件判断所用到的数据类型，这里的 Available（可用模式）Patterns 中是上一步中导入的类型。选中所需要的类型后，单击 Available patterns 列表框右侧向右箭头“>”即将该类型添加为规则的匹配条件。对于同一种数据类型，如果要进行多次模式匹配，则需要进行多次添加。如图 10-7 所示，数据类型 OperatingSystem 被添加了 1 次，数据类型 TravelProfile 被添加了 2 次。

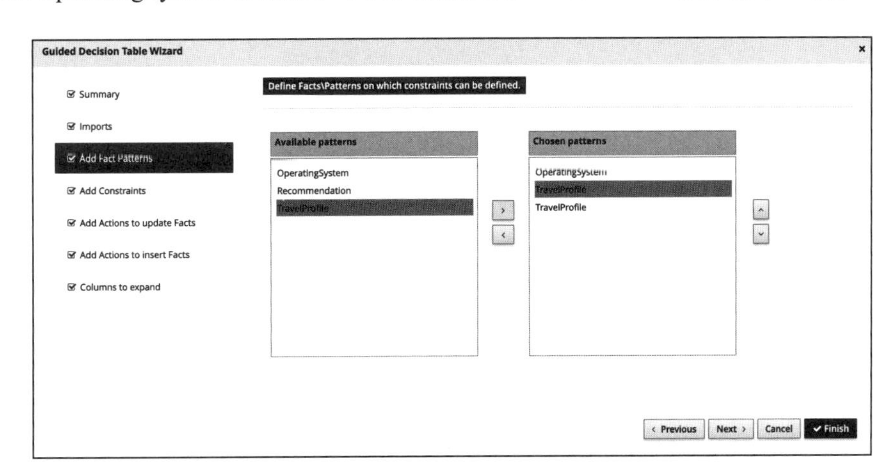

图 10-7 规则表的 Add Fact Patterns 页面

10.1.4 添加约束

向导的 Add Constraints（添加约束）步骤是对上一步中已经设置为模式匹配的数据类型进行条件约束的设置。从 Available patterns 中选中需要编辑的对象，该对象的属性会在 Available fields（可用字段）中以列表的方式显示。选中待约束的属性后，单击 Available fields 列表框右侧的向右箭头“>”，会将该属性添加到 Conditions（条件）列表中。单击 Conditions 列表中的条件属性后，页面下部会展开条件编辑器，如图 10-8 所示。输入该条件列的列头信息，选择该属性参与条件判断的操作符，再选择计算类型（字面值或公式），输入可选的字段值列表（以逗号分割），还可以进行该字段默认值的设置。

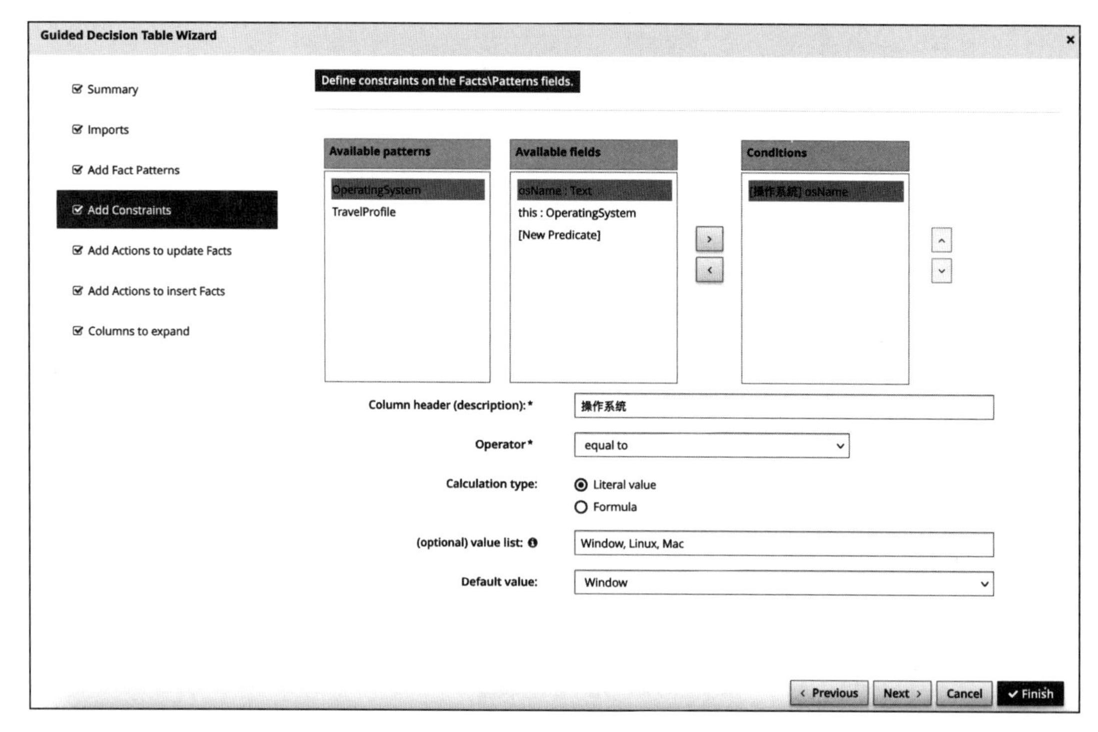

图 10-8 规则表的 Add Constraints 页面

10.1.5 添加更新动作

向导的 Add Actions to update Facts（添加更新动作）步骤是进行规则的编辑动作设置。只能对上一步中参与条件判断的数据对象进行编辑。也可以从规则的角度理解为：只有规则的条件部分筛选出的事实数据对象，才能在该规则的动作部分对其进行编辑，没有筛选出的无法编辑。

从 Available patterns 中选中需要编辑的对象，该对象的可用属性会在 Available fields 中以列表的方式显示。在 Available fields 中选中参与规则条件判断的属性后，单击

Available fields 列表框右侧的向右箭头“>”，将该属性添加到 Chosen fields（选中属性）列表。单击 Chosen fields 列表中的条件属性后，页面下侧会展开动作编辑器，如图 10-9 所示。输入要更改的属性列头信息，再添加其余的可选信息。如果需要在该对象的属性更新后通知决策引擎（对该变化进行规则的模式匹配触发），则勾选 Update engine with changes 选项。

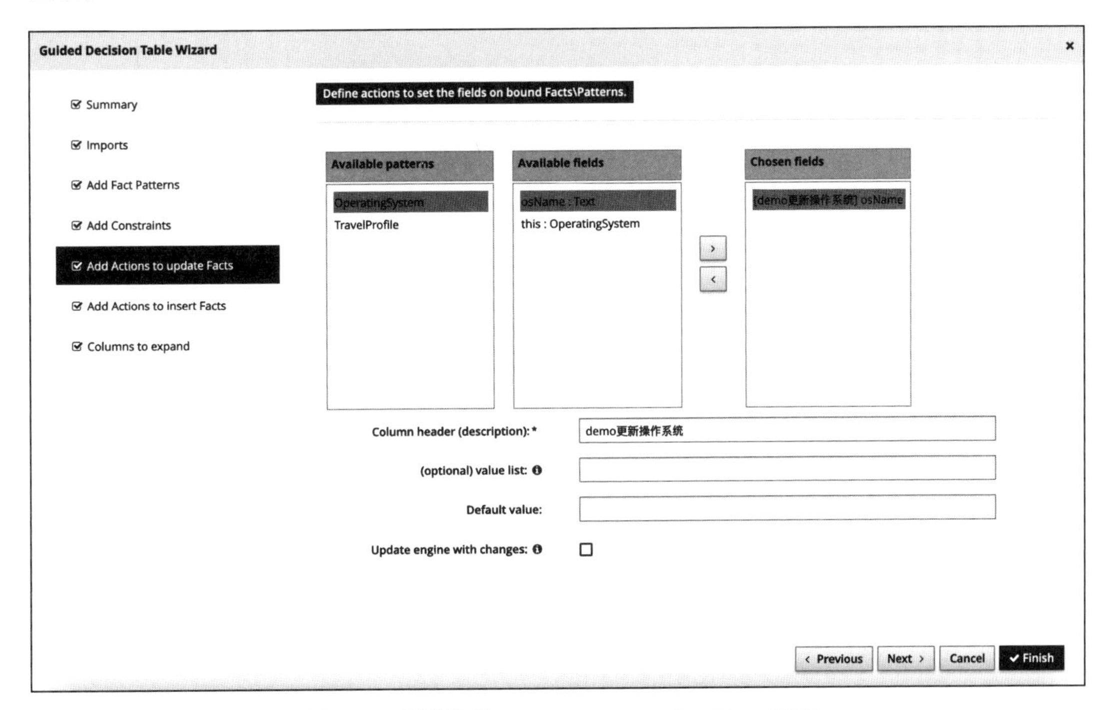

图 10-9 规则表的 Add Actions to update Facts 页面

10.1.6 添加插入动作

如果规则不是要对被规则条件筛选出的事实数据进行修改，而是添加新的事实数据，则可以在向导的 Add Actions to insert Facts（添加插入动作）步骤中定义，如图 10-10 所示。从 Available patterns 中选中需要添加的事实对象，单击 Available patterns 列表框右侧的向右箭头“>”，将该事实对象添加到 Chosen patterns 列表中。在 Chosen patterns 列表框中选中要添加的事实对象，Available fields 列表会显示该对象所有的属性。选中要添加的对象属性，单击列表框右侧的向右箭头“>”，将该属性添加到 Chosen fields 列表中。在 Chosen fields 列表中选中属性后，系统将显示属性编辑器，输入属性列的列头信息和其他可选信息。如需要添加其他属性，可重复此过程。

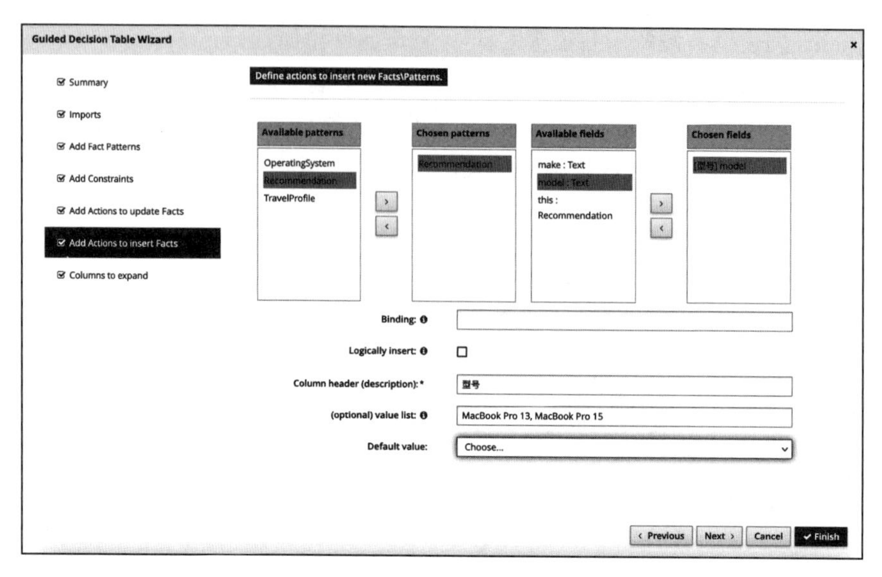

图 10-10　规则表的 Add Actions to insert Facts 页面

10.1.7　选择展开列

如果在之前步骤中的条件判断的列中定义了该列的值的列表，那么在向导 Columns to expand（选择展开列）步骤中，想要在生成的规则表数据部分以该列的值进行列表展开，则可以取消勾选 Fully expand the table, including all columns 选项。该列将出现在 Available columns 列表中，选中该列后，单击 Available columns 列表框右侧的向右箭头“>”，即将该列添加到按列值展开列表中，如图 10-11 所示。

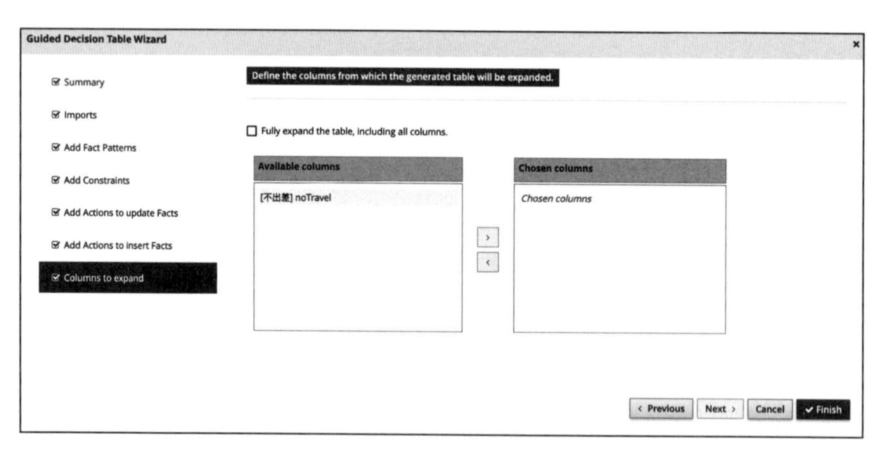

图 10-11　规则表的 Columns to expand 页面

按列值展开生成的规则表如图 10-12 所示，没有按列值展开生成的规则表如图 10-13 所示。

DemoExpand			
#	Description	f1 : TravelProfile	f2 : Recommendation
		是否出差	推荐型号
1		true	
2		false	

图 10-12 按列展开的规则表

DemoNotExpand			
#	Description	f1 : TravelProfile	f2 : Recommendation
		是否出差	推荐型号

图 10-13 不按列展开的规则表

10.1.8 添加规则表数据

在规则表的模板创建完成后，可以根据规则的定义以表格的形式添加规则数据，如图 10-14 所示。

Recommendation							
#	Description	f1 : OperatingSystem	f2 : TravelProfile			f3 : Recommendation	
		操作系统	不出差	出差比例 > x%	出差比例 <= x%	制造商	型号
1	Windows/Linux 用户，出差 <=30%	Windows/Linux	false	0	30	联想	ThinkPad T15p
2	Windows/Linux 用户，出差 > 30%	Windows/Linux	false	30	100	联想	ThinkPad X1 Carbon Gen 9
3	Windows/Linux 用户，不出差	Windows/Linux	true			联想	ThinkCentre M90t
4	Mac 用户，出差 <=30%	macOS	false	0	30	苹果	MacBook Pro 15
5	Mac 用户，出差 > 30%	macOS	false	30	100	苹果	MacBook Pro 13
6	Mac 用户，不出差	macOS	true			苹果	MacBook Pro 15

图 10-14 规则表数据编辑页面

规则数据添加完成后，单击 Source 标签，可以看到业务中心为每一条规则数据生成了一条规则，如图 10-15 所示。

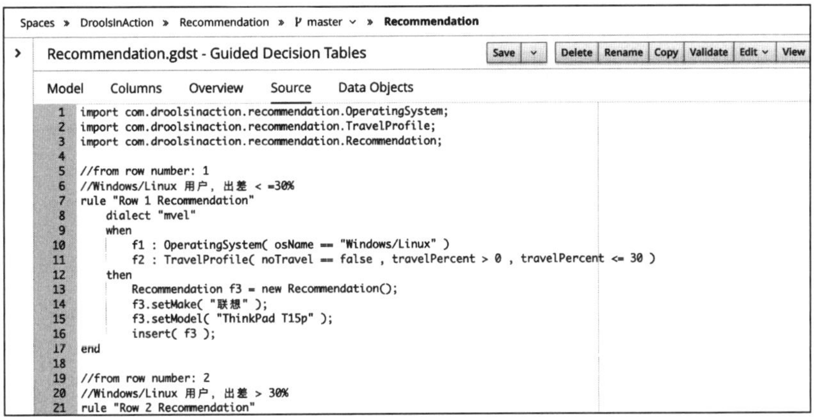

```
Spaces » DroolsInAction » Recommendation » master » Recommendation
Recommendation.gdst - Guided Decision Tables    Save | Delete | Rename | Copy | Validate | Edit | View
Model   Columns   Overview   Source   Data Objects

1  import com.droolsinaction.recommendation.OperatingSystem;
2  import com.droolsinaction.recommendation.TravelProfile;
3  import com.droolsinaction.recommendation.Recommendation;
4
5  //from row number: 1
6  //Windows/Linux 用户, 出差 < =30%
7  rule "Row 1 Recommendation"
8      dialect "mvel"
9      when
10         f1 : OperatingSystem( osName == "Windows/Linux" )
11         f2 : TravelProfile( noTravel == false , travelPercent > 0 , travelPercent <= 30 )
12     then
13         Recommendation f3 = new Recommendation();
14         f3.setMake( "联想" );
15         f3.setModel( "ThinkPad T15p" );
16         insert( f3 );
17 end
18
19 //from row number: 2
20 //Windows/Linux 用户, 出差 > 30%
21 rule "Row 2 Recommendation"
```

图 10-15 规则数据产生的规则代码

10.2 电子表格规则表

电子表格规则表是指用 XLS 或 XLSX 格式表达的、以表格形式定义的规则。它与向导式规则表类似，也需要事先定义规则的模板（表头），再编辑表格的规则数据。规则引擎会把每一行的规则数据解析为一条基于 DRL 的规则。它与向导式规则表不同的是，它生成最终 DRL 规则的相关模板的定义是在电子表格中描述的。图 10-16 是一个电子表格规则表的例子。

	RuleSet						
	Import	com.droolsinaction.recommendation.OperatingSystem, com.droolsinaction.recommendation.TravelProfile, com.droolsinaction.recommendation.Recommendation					
	Declare	dialect "mvel";					
	RuleTable Recommendation						
	CONDITION	CONDITION	CONDITION	CONDITION	ACTION	ACTION	ACTION
	f1 : OperatingSystem	f2 : TravelProfile					
	osName == $param	noTravel == $param	travelPercent > $param	travelPercent <= $param	Recommendation f3 = new Recommendation(); insert(f3);	f3.setMake($param);	f3.setModel($param);
	操作系统	不出差	出差比例 > x%	出差比例 <= x%		制造商	型号
Windows/Linux 用户，出差 <=30%	"Windows/Linux"	"false"	0	30	X	"联想"	"ThinkPad T15p"
Windows/Linux 用户，出差 > 30%	"Windows/Linux"	"false"	30	100	X	"联想"	"ThinkPad X1 Carbon Gen 9"
Windows/Linux 用户，不出差	"Windows/Linux"	"true"			X	"联想"	"ThinkCentre M90t"
Mac 用户，出差 <=30%	"macOS"	"false"	0	30	X	"苹果"	"MacBook Pro 15"
Mac 用户，出差 > 30%	"macOS"	"false"	30	100	X	"苹果"	"MacBook Pro 13"
Mac 用户，不出差	"macOS"	"true"			X	"苹果"	"MacBook Pro 15"

图 10-16　电子表格规则表示例

我们可以把电子表格规则表理解为规则模板与数据表的合成体，即在电子表格中定义规则的模板框架，再用表格中指定区域的数据表展开模板，生成基于 DRL 的指定规则集的规则。

电子表格规则表的定义由以下两部分组成。

- RuleSet：规则集，定义了规则集的全局属性，如规则集的名称、导入依赖包、规则方言等通用的规则属性。一个电子表格规则表中只能有一个规则集。
- RuleTable：规则表，以列的形式定义了规则的条件部分，称为条件列，用 CONDITION 关键字来标识。以列的形式定义的规则的动作部分称为动作列，用 ACTION 关键字来标识。规则表的数据部分是规则模板的数据表。一个电子表格规则表中可以有多个规则表。

准备好电子表格规则表文件后，可以从业务中心添加 Decision Table (Spreadsheet) 类型资产，再将定义好的电子表格规则表文件导入到业务中心，如图 10-17 所示。

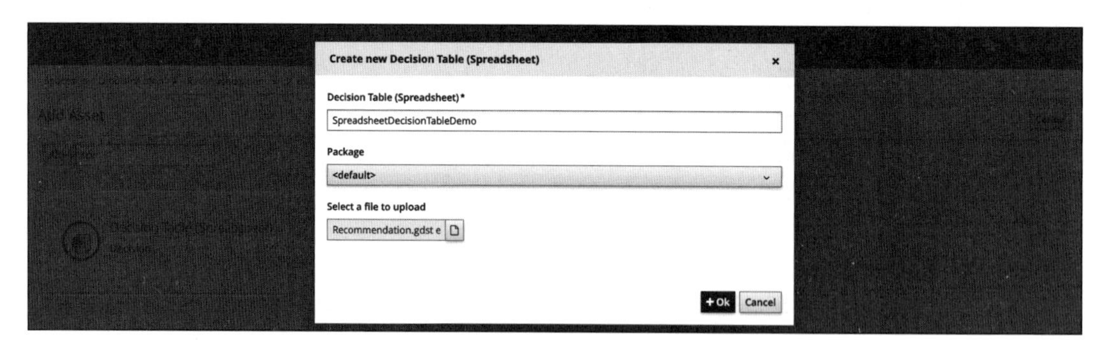

图 10-17　导入电子表格规则表文件

导入后的电子表格规则表可以通过页面上的 Convert 按钮转换为向导式规则表，如图 10-18 所示。

也可以在向导式规则表资产页面中通过页面上的 Convert to XLS 按钮，将向导式规则表转换为电子表格规则表，如图 10-19 所示。

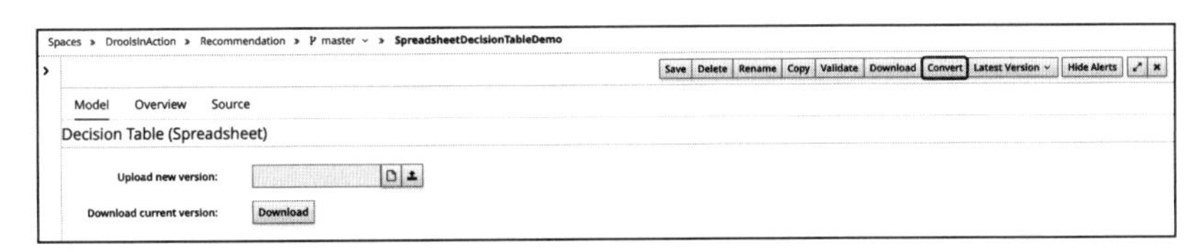

图 10-18　将电子表格规则表转换为向导式规则表

Recommendation (converted on 13-Dec-2021 17-24-21).gdst -... Save Delete Rename Copy Validate Edit View Insert Latest Version Download Convert to XLS Hide Alerts

Model　Columns　Overview　Source　Data Objects

Recommendation								
#	Description	操作系统	不出差	出差比例 > x%	出差比例 <= x%		型号	制造商
		param1	param2	param3	param4		param6	param5
1	Windows/Linux 用户，出差 <=30%	"Windows/Linux"	☐	0	30	☐	"ThinkPad T15p"	"联想"
2	Windows/Linux 用户，出差 > 30%	"Windows/Linux"	☐	30	100	☐	"ThinkPad X1 Carbon Gen 9"	"联想"
3	Windows/Linux 用户，不出差	"Windows/Linux"	☐			☐	"ThinkCentre M90t"	"联想"
4	Mac 用户，出差 <=30%	"macOS"	☐	0	30	☐	"MacBook Pro 15"	"苹果"
5	Mac 用户，出差 > 30%	"macOS"	☐	30	100	☐	"MacBook Pro 13"	"苹果"
6	Mac 用户，不出差	"macOS"	☐			☐	"MacBook Pro 15"	"苹果"

图 10-19　将向导式规则表转换为电子表格规则表

10.3　实战：电脑推荐

10.3.1　功能说明

企业员工在申请电脑的时候有如下配置规则供参考。

- ❑ 员工可以根据自己的偏好选择 Windows/Linux/macOS 操作系统。
- ❑ 为不出差、偏好 Windows/Linux 操作系统的员工，推荐联想的 ThinkCentre M90t。
- ❑ 为出差的时间比例不高于 30%、偏好 Windows/Linux 操作系统的员工，推荐联想的 ThinkPad T15p。
- ❑ 为出差的时间比例高于 30%、偏好 Windows/Linux 操作系统的员工，推荐联想的 ThinkPad X1 Carbon Gen 9。
- ❑ 为不出差、偏好 macOS 操作系统的员工，推荐苹果的 MacBook Pro 15。
- ❑ 为出差的时间比例不高于 30%、偏好 macOS 操作系统的员工，推荐苹果的 MacBook Pro 15。
- ❑ 为出差的时间比例高于 30%、偏好 macOS 操作系统的员工，推荐苹果的 MacBook Pro 13。

我们要根据以上规则，实现根据员工的操作系统偏好和出差情况，向员工推荐电脑制造商和型号。

10.3.2　规则实现

示例已经放到 GitHub 上了，位于 ch10/recommendation 工程目录下。读者可以按照

5.3.2 节介绍的方式导入，也可以跟随下面的内容进行手工创建，以了解规则表的创建和使用。

1. 创建数据对象

创建新的工程 Recommendation，导航到添加资产的类型选择页面，选择 Data Object 资产类型，如图 10-20 所示，系统将导航到数据对象创建页面。

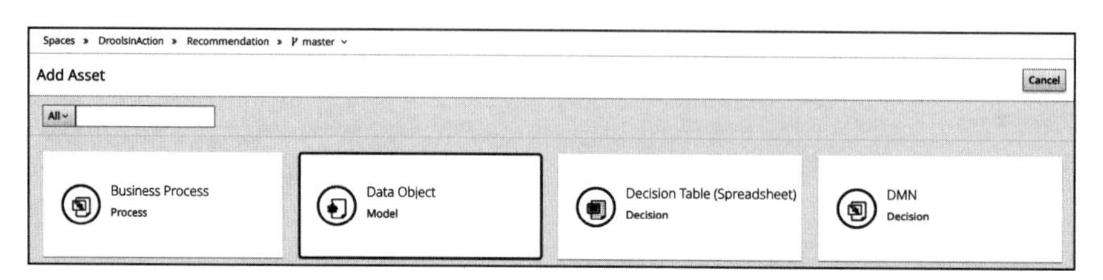

图 10-20　数据对象资产类型

在数据对象创建页面输入名称 OperatingSystem，下拉并选择包名 com.droolsinaction.recommendation，单击 OK 按钮确认添加，如图 10-21 所示。添加数据对象属性 osName(String)，如图 10-22 所示。

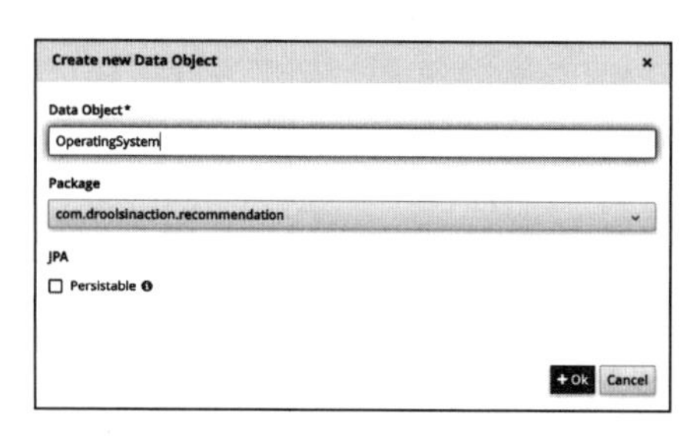

图 10-21　添加 OperatingSystem 数据对象

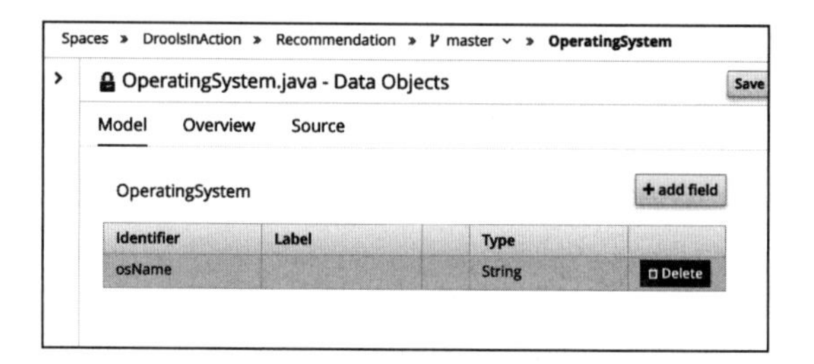

图 10-22　OperatingSystem 数据对象属性

继续在包 com.droolsinaction.recommendation 下创建 TravelProfile 数据对象，如图 10-23 所示。分别添加数据对象属性 noTravel(boolean) 和 travelPercent(int)，如图 10-24 所示。

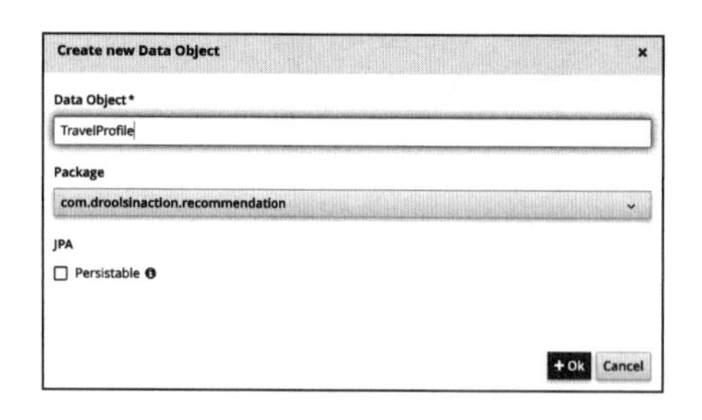

图 10-23　添加 TravelProfile 数据对象

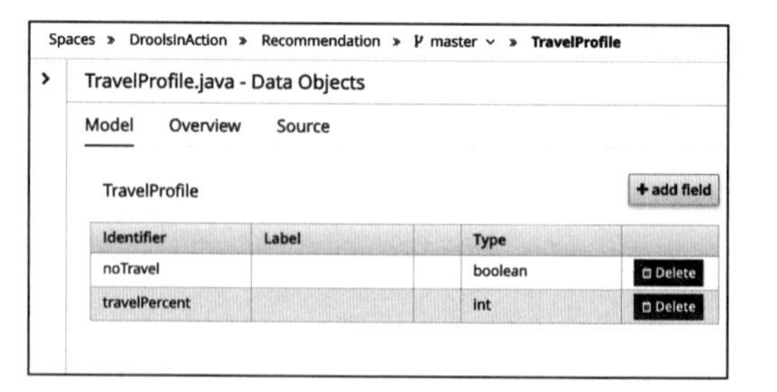

图 10-24　TravelProfile 数据对象属性

继续在包 com.droolsinaction.recommendation 下创建 Recommendation 数据对象，如图 10-25 所示。分别添加数据对象属性 make(String) 和 model(String)，如图 10-26 所示。

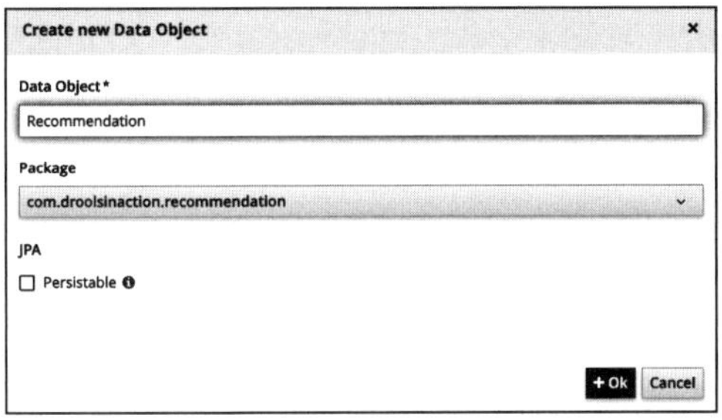

图 10-25　添加 Recommendation 数据对象

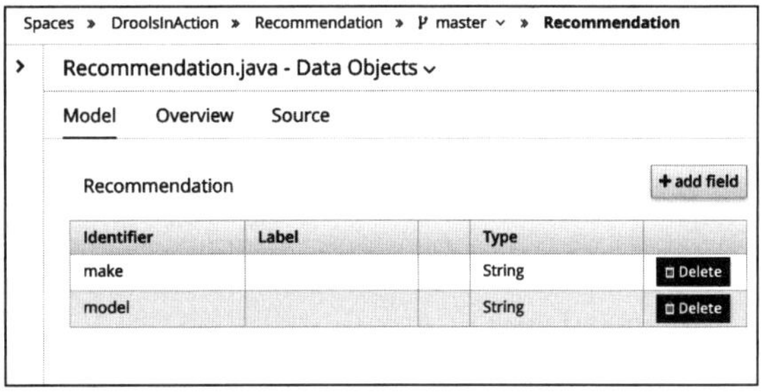

图 10-26　Recommendation 数据对象属性

2. 创建向导式规则表

在资产创建页面通过关键字 guided decision table 过滤并选择 Guided Decision Table，如图 10-27 所示。在弹出的窗口中输入规则名称 Recommendation，选择包 <default>，选中 Use Wizard 后单击 OK 按钮确认创建，如图 10-28 所示。

在弹出的向导规则窗口中，确认规则的名称为 Recommendation，单击 Next 按钮继续，如图 10-29 所示。

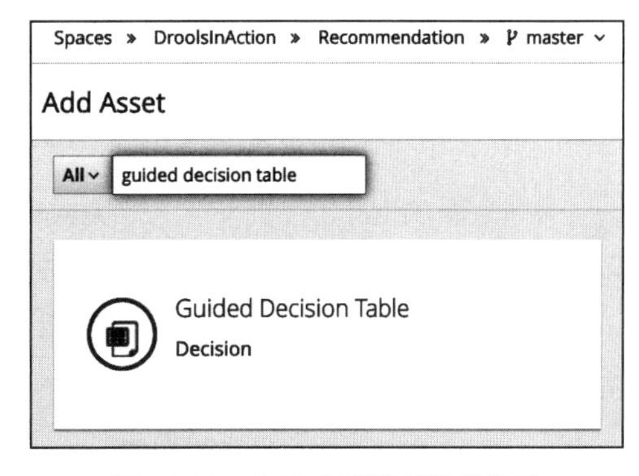

图 10-27　向导式规则表资产类型

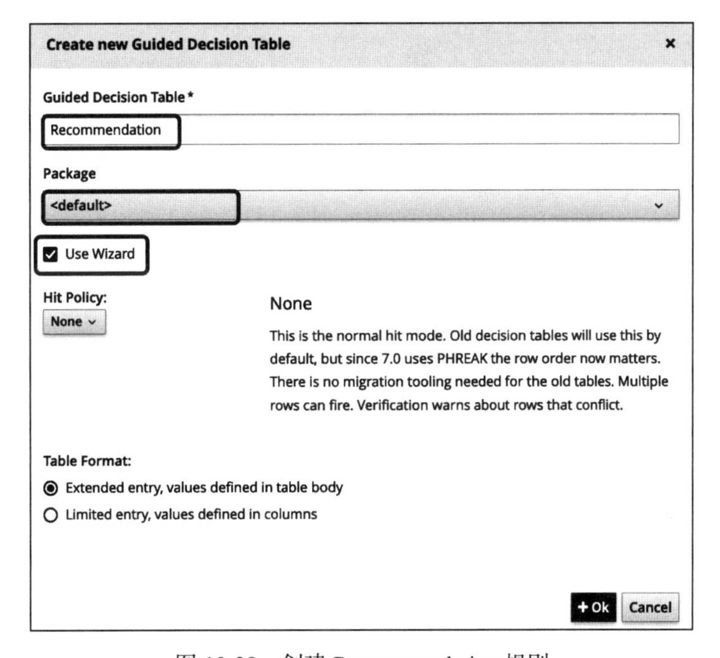

图 10-28　创建 Recommendation 规则

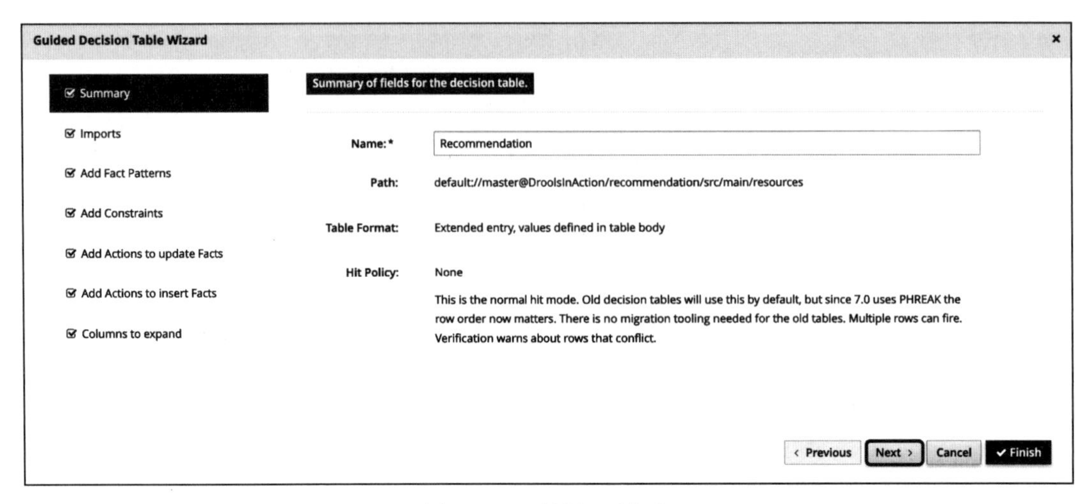

图 10-29　确认规则名称

在向导的 Imports 页面上，从 Available Types 列表中分别选中 OperatingSystem、Recommendation 和 TravelProfile 数据对象，单击 Available Types 列表框右侧的向右箭头“>”以导入规则所依赖的数据对象，如图 10-30 所示，单击 Next 按钮继续。

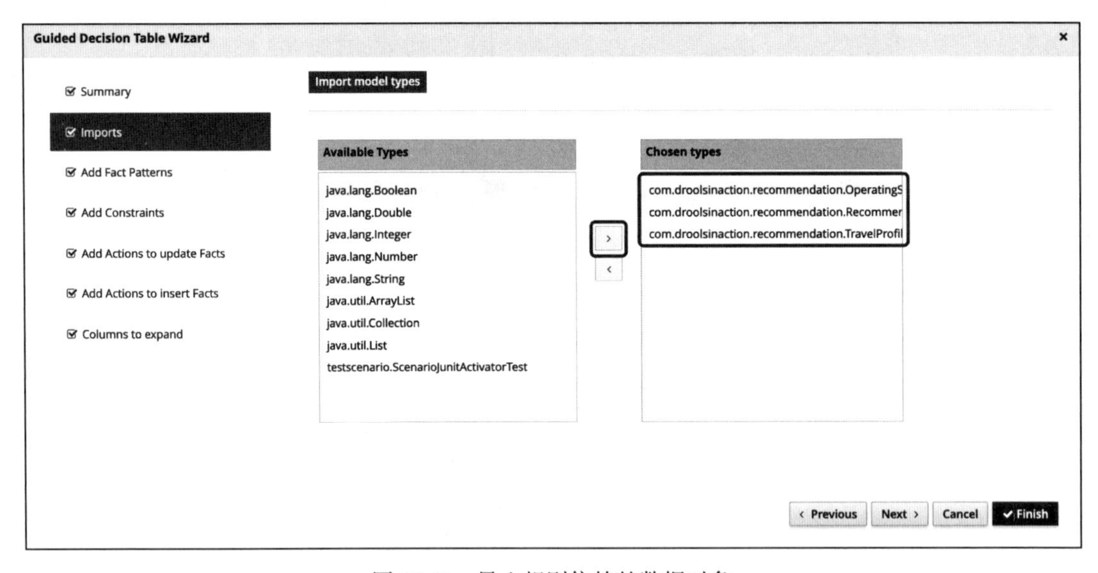

图 10-30　导入规则依赖的数据对象

在向导的 Add Fact Patterns 页面上，从 Available patterns 列表中分别选中 TravelProfile 和 OperatingSystem 数据对象，单击 Available patterns 列表框右侧的向右箭头“>”，以添加规则条件判断中所依赖的事实对象，如图 10-31 所示，单击 Next 按钮继续。

在向导的 Add Constraints 页面上，选中 Available patterns 列表中的 OperatingSystem，在 Available fields 列表中选中 osName 字段，单击 Available fields 列表框右侧的向右箭头，

以将 osName 添加字段到 Conditions 列表中，如图 10-32 所示。选中 Conditions 列表中的 osName 字段，在 Column header (description) 字段输入“操作系统”，在 Calculation type 字段选择 Literal value 选项，在 (optional) value list 字段输入“Windows/Linux, Mac”。

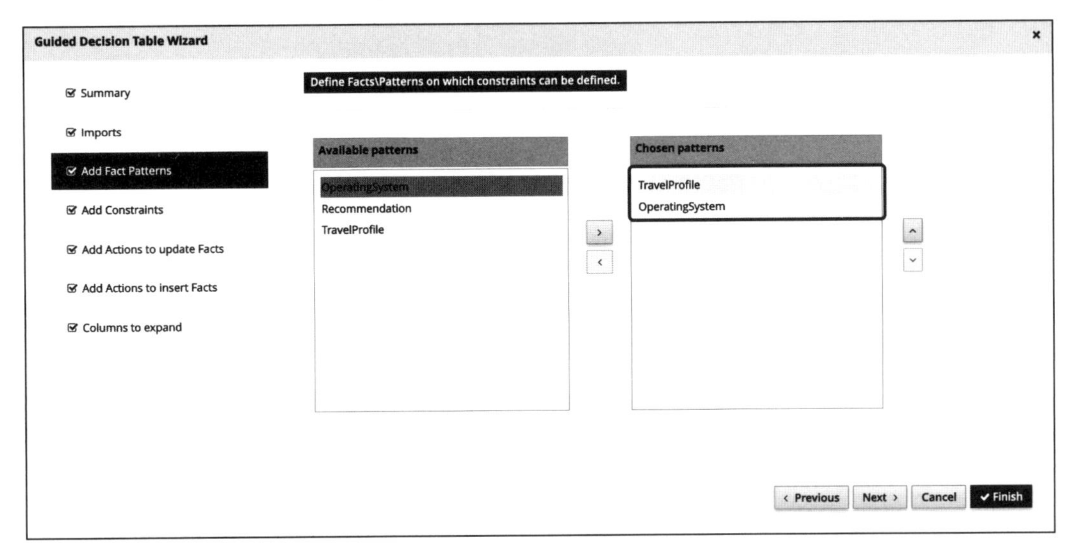

图 10-31 筛选规则事实对象

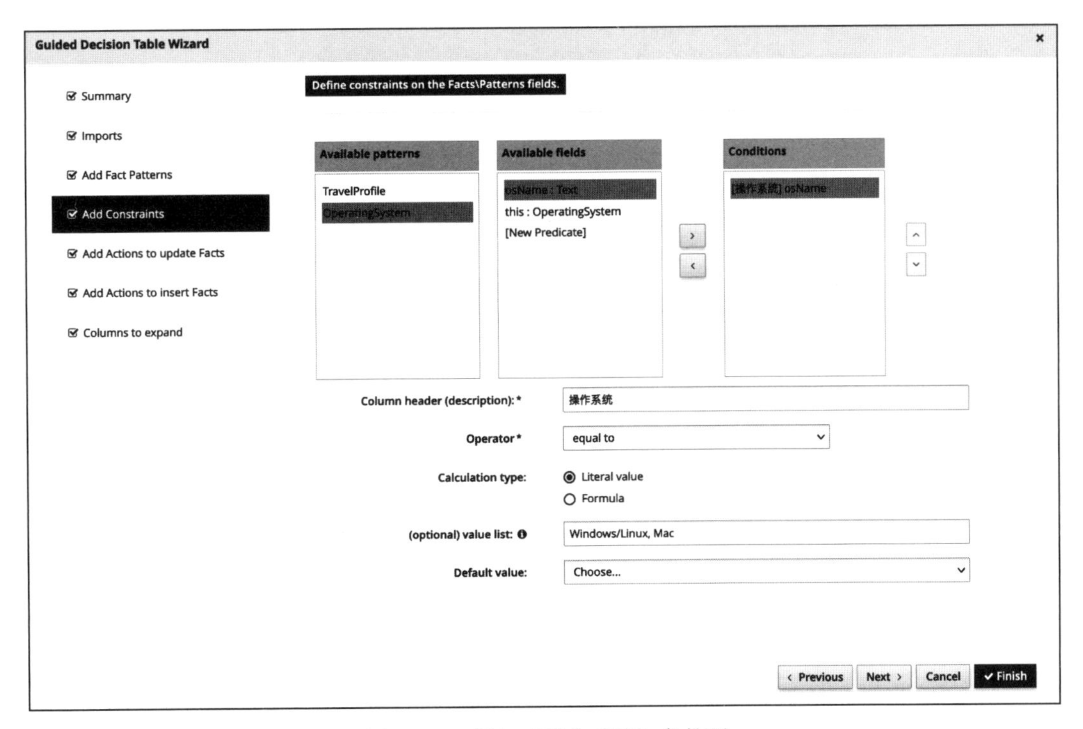

图 10-32 添加“操作系统”条件列

继续在向导的 Add Constraints 页面上，选中 Available patterns 列表中的 TravelProfile，在 Available fields 列表中分别选中 noTravel 和 travelPercent 字段，单击 Available fields 列表框右侧的向右箭头“>”，以将 noTravel 和 travelPercent 字段添加到 Conditions 列表，如图 10-33 所示。

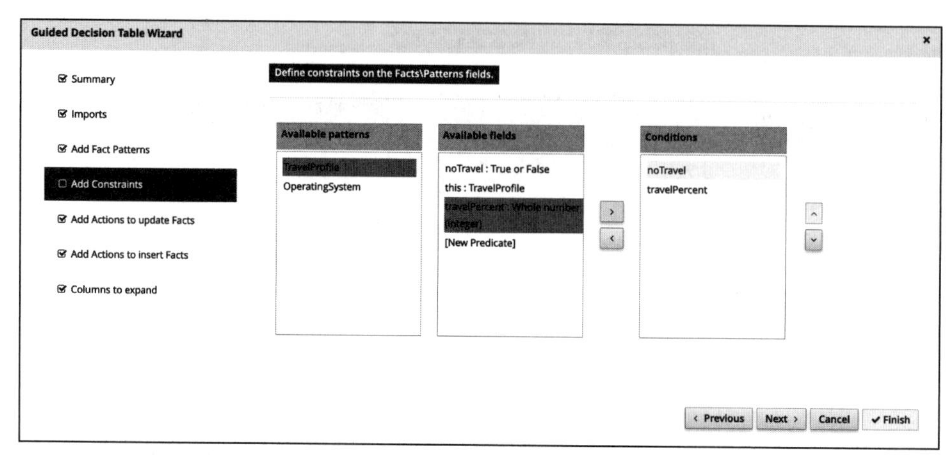

图 10-33 添加 noTravel 和 travelPercent 条件

选中 Conditions 列表中的 noTravel 字段，然后在下面的 Column header (description) 字段输入“不出差”，在 Calculation type 字段选择“Literal value”选项，在 (optional)value list 字段输入“true, false”，如图 10-34 所示。

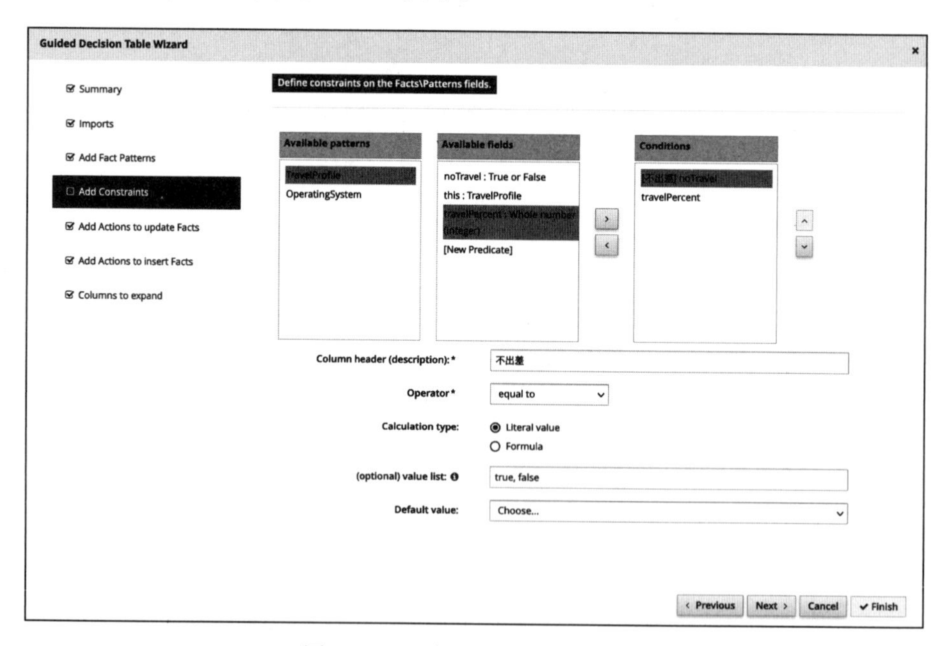

图 10-34 添加“不出差”条件列

选中 Conditions 列表中的 travelPercent 字段，然后在下面的 Column header (description) 字段输入“出差比例 > x%”，在 Calculation type 字段选择“ Literal value”选项，如图 10-35 所示。

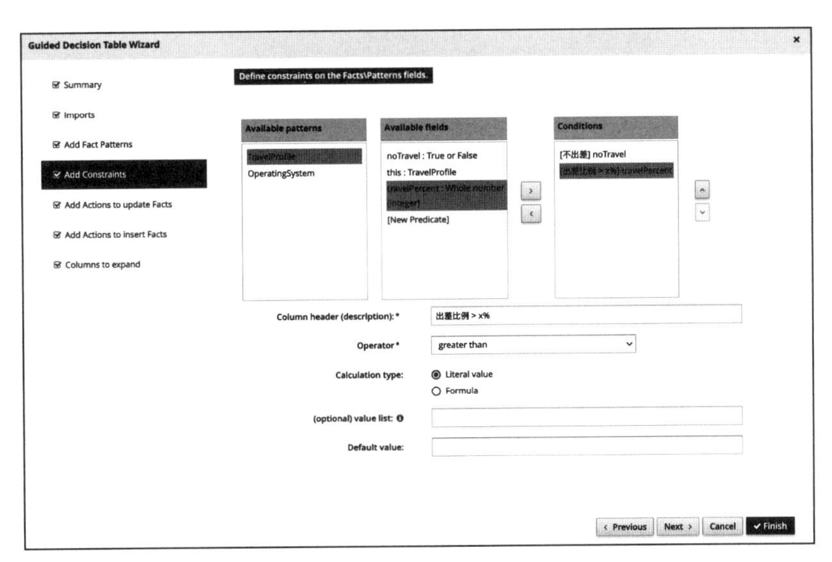

图 10-35 添加“出差比例大于”条件列

再次在 Available fields 列表中选中 travelPercent，单击 Available fields 列表框右侧的向右箭头“>”以添加新的 travelPercent 约束条件列，如图 10-36 所示。选中 Conditions 列表中的 travelPercent 字段，然后在下面的 Column header (description) 字段输入“出差比例 <= x%”，在 Calculation type 字段选择“Literal value”选项。

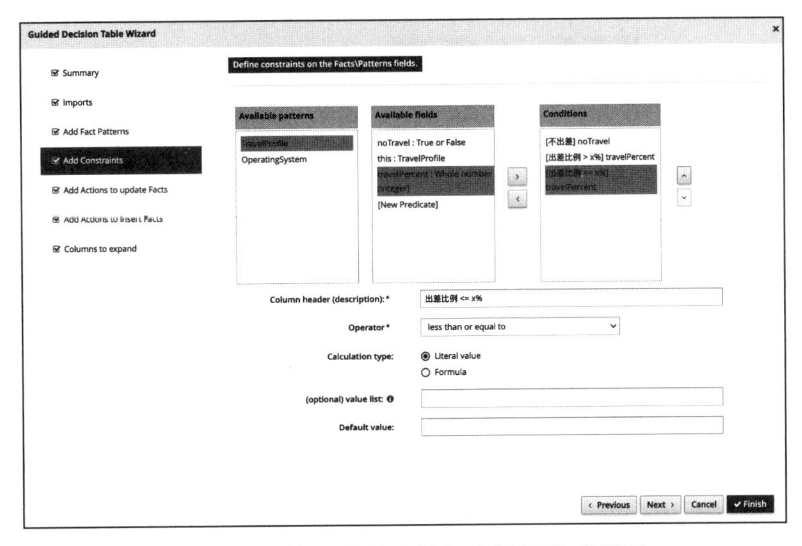

图 10-36 添加“出差比例小于或等于”条件列

在向导的 Add Actions to update Facts 页面上，直接单击 Next 按钮，系统将导航到 Add Actions to insert Facts 页面，如图 10-37 所示。

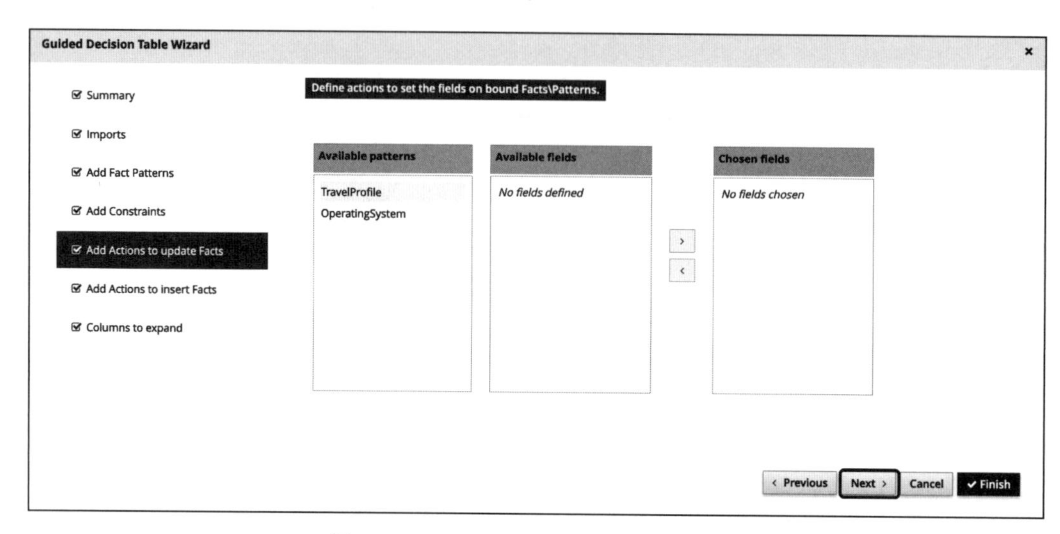

图 10-37 Add Actions to insert Facts 页面

在向导的 Add Actions to insert Facts 页面上，从 Available patterns 中选中 Recommendation，单击 Available patterns 列表框右侧的向右箭头“>”以将 Recommendation 事实对象添加到 Chosen patterns 列表中，如图 10-38 所示。在 Available fields 列表中分别选中 make 和 model 字段，单击 Available fields 列表框右侧的向右箭头“>”，以将 make 和 model 添加到 Chosen fields 列表。

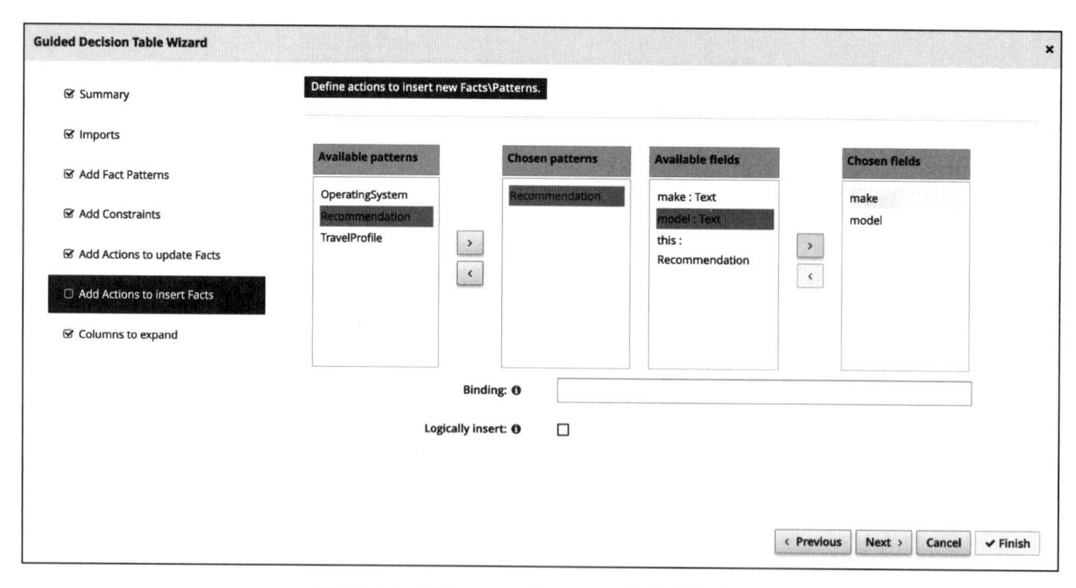

图 10-38 添加 make 和 model 事实数据字段

选中 Chosen fields 列表中的 make 字段，然后在下面的 Column header (description) 字段输入“制造商”，在 (optional) value list 字段输入“联想 , 苹果”，如图 10-39 所示。

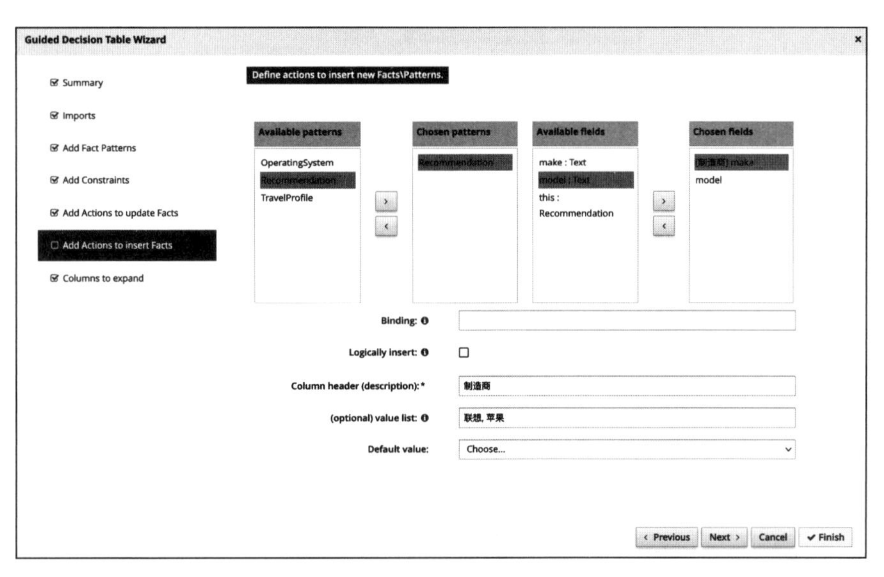

图 10-39　添加“制造商”动作列

选中 Chosen fields 列表中的 model 字段，然后在下面的 Column header (description) 字段输入“型号”，在 (optional) value list 字段输入“ ThinkPad X1 Carbon Gen 9 ， ThinkPad T15p, ThinkCentre M90t, MacBook Pro 13, MacBook Pro 15”，如图 10-40 所示，接着单击 Next 按钮继续。

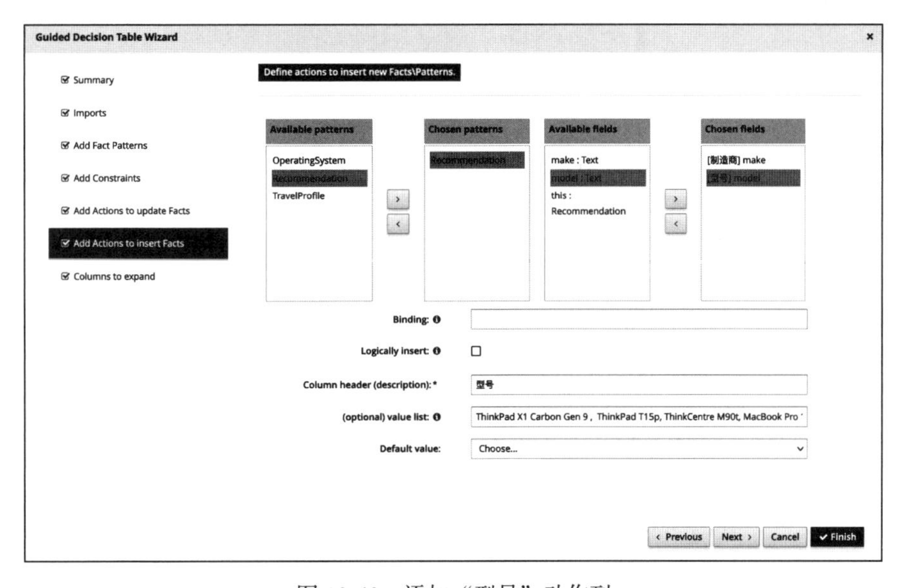

图 10-40　添加“型号”动作列

在向导的 Columns to expend 页面上，直接单击 Finish 按钮结束向导，如图 10-41 所示。

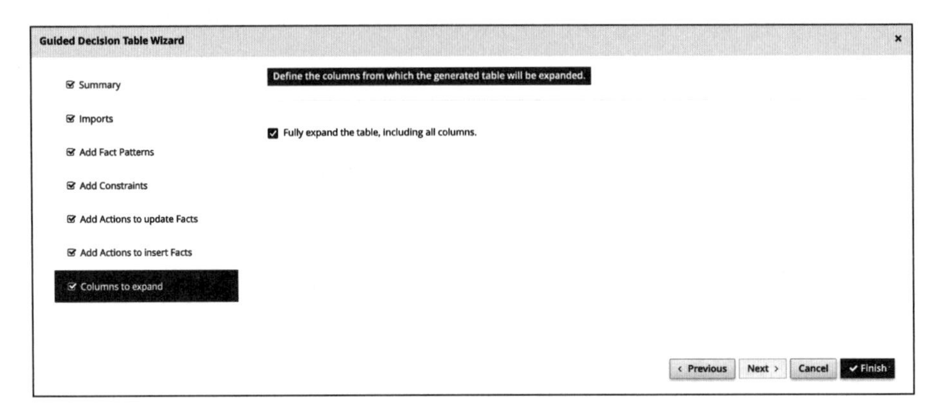

图 10-41 向导完成页面

向导结束后，单击规则表编辑页面上的 Model 标签，系统将切换到规则表的模型编辑页面，如图 10-42 所示。

Spaces » DroolsInAction » Recommendation » master » Recommendation

Recommendation.gdst - Guided Decision Tables

Save | Delete | Rename | Copy | Validate | Edit | View | Insert

Model | Columns | Overview | Source | Data Objects

Recommendation

#	Description	f1 : TravelProfile			f2 : OperatingSystem	f3 : Recommendation	
		不出差	出差比例 > x%	出差比例 <= x%	操作系统	制造商	型号
1		true			Windows/Linux		
2		true			macOS		
3		false			Windows/Linux		
4		false			macOS		

图 10-42 规则表模型编辑页面

在模型编辑页面上，根据表 10-1 添加规则数据行，图 10-43 是编辑完成后的规则表。

表 10-1 规则定义表

#	Description	不出差	出差比例 > x%	出差比例 <= x%	操作系统	制造商	型号
1	Mac 用户，不出差	true			macOS	苹果	MacBook Pro 15
2	Mac 用户，出差 <=30%	false	0	30	macOS	苹果	MacBook Pro 15
3	Mac 用户，出差 > 30%	false	30	100	macOS	苹果	MacBook Pro 13
4	Windows/Linux 用户，不出差	true			Windows/Linux	联想	ThinkCentre M90t
5	Windows/Linux 用户，出差 <=30%	false	0	30	Windows/Linux	联想	ThinkPad T15p
6	Windows/Linux 用户，出差 > 30%	false	30	100	Windows/Linux	联想	ThinkPad X1 Carbon Gen 9

Recommendation							
		f1 : TravelProfile			f2 : OperatingSystem	f3 : Recommendation	
#	Description	不出差	出差比例 > x%	出差比例 <= x%	操作系统	制造商	型号
1	Mac 用户，不出差	true			macOS	苹果	MacBook Pro 15
2	Mac 用户，出差 <=30%	false	0	30	macOS	苹果	MacBook Pro 15
3	Mac 用户，出差 > 30%	false	30	100	macOS	苹果	MacBook Pro 13
4	Windows/Linux 用户，不出差	true			Windows/Linux	联想	ThinkCentre M90t
5	Windows/Linux 用户，出差 <=30%	false	0	30	Windows/Linux	联想	ThinkPad T15p
6	Windows/Linux 用户，出差 > 30%	false	30	100	Windows/Linux	联想	ThinkPad X1 Carbon Gen 9

图 10-43 完整的规则表

在规则表编辑页面上，单击 Source 标签，系统将切换到业务中心为之前定义的规则表产生的规则源码页面，如图 10-44 所示。

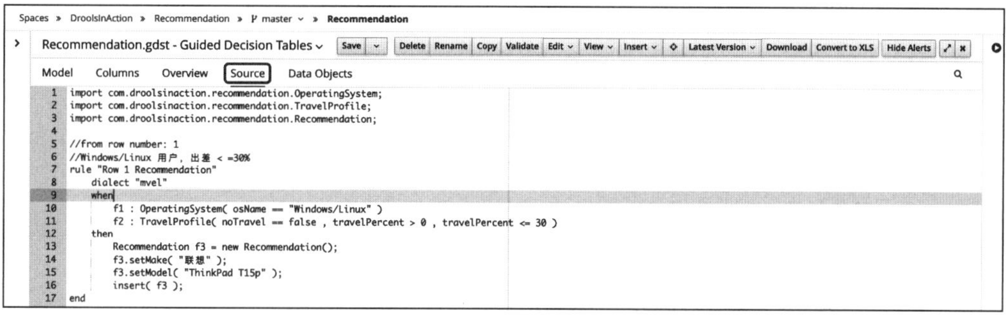

```
Spaces » DroolsInAction » Recommendation » master » Recommendation
Recommendation.gdst - Guided Decision Tables
Model  Columns  Overview  Source  Data Objects
1  import com.droolsinaction.recommendation.OperatingSystem;
2  import com.droolsinaction.recommendation.TravelProfile;
3  import com.droolsinaction.recommendation.Recommendation;
4
5  //from row number: 1
6  //Windows/Linux 用户, 出差 < =30%
7  rule "Row 1 Recommendation"
8      dialect "mvel"
9      when
10         f1 : OperatingSystem( osName == "Windows/Linux" )
11         f2 : TravelProfile( noTravel == false , travelPercent > 0 , travelPercent <= 30 )
12     then
13         Recommendation f3 = new Recommendation();
14         f3.setMake( "联想" );
15         f3.setModel( "ThinkPad T15p" );
16         insert( f3 );
17 end
```

图 10-44 规则表产生的规则源码

业务中心为规则表产生的完整 DRL 代码如下：

```
import com.droolsinaction.recommendation.OperatingSystem;
import com.droolsinaction.recommendation.TravelProfile;
import com.droolsinaction.recommendation.Recommendation;

// 第 1 行产生的规则
// Windows/Linux 用户，出差 <= 30%
rule "Row 1 Recommendation"
  dialect "mvel"
  when
    f1 : OperatingSystem( osName == "Windows/Linux" )
    f2 : TravelProfile( noTravel == false, travelPercent > 0, travelPercent <= 30 )
  then
    Recommendation f3 = new Recommendation();
    f3.setMake( "联想" );
    f3.setModel( "ThinkPad T15p" );
    insert( f3 );
end

// 第 2 行产生的规则
```

```
// Windows/Linux 用户，出差 > 30%
rule "Row 2 Recommendation"
  dialect "mvel"
  when
    f1 : OperatingSystem( osName == "Windows/Linux" )
    f2 : TravelProfile( noTravel == false, travelPercent > 30, travelPercent <= 100 )
  then
    Recommendation f3 = new Recommendation();
    f3.setMake( "联想" );
    f3.setModel( "ThinkPad X1 Carbon Gen 9" );
    insert( f3 );
end

// 第 3 行产生的规则
// Windows/Linux 用户，不出差
rule "Row 3 Recommendation"
  dialect "mvel"
  when
    f1 : OperatingSystem( osName == "Windows/Linux" )
    f2 : TravelProfile( noTravel == true )
  then
    Recommendation f3 = new Recommendation();
    f3.setMake( "联想" );
    f3.setModel( "ThinkCentre M90t" );
    insert( f3 );
end

// 第 4 行产生的规则
// Mac 用户，出差 <=30%
rule "Row 4 Recommendation"
  dialect "mvel"
  when
    f1 : OperatingSystem( osName == "Mac" )
    f2 : TravelProfile( noTravel == false, travelPercent > 0, travelPercent <= 30 )
  then
    Recommendation f3 = new Recommendation();
    f3.setMake( "苹果" );
    f3.setModel( "MacBook Pro 15" );
    insert( f3 );
end

// 第 5 行产生的规则
// Mac 用户，出差 > 30%
rule "Row 5 Recommendation"
  dialect "mvel"
  when
```

```
    f1 : OperatingSystem( osName == "Mac" )
    f2 : TravelProfile( noTravel == false, travelPercent > 30, travelPercent <= 100 )
  then
    Recommendation f3 = new Recommendation();
    f3.setMake( " 苹果 " );
    f3.setModel( "MacBook Pro 13" );
    insert( f3 );
end

// 第 6 行产生的规则
// Mac 用户，不出差
rule "Row 6 Recommendation"
  dialect "mvel"
  when
    f1 : OperatingSystem( osName == "Mac" )
    f2 : TravelProfile( noTravel == true )
  then
    Recommendation f3 = new Recommendation();
    f3.setMake( " 苹果 " );
    f3.setModel( "MacBook Pro 15" );
    insert( f3 );
end
```

10.3.3 验证规则

在资产创建页面通过关键字 test 过滤并选择 Test Scenario，如图 10-45 所示。在弹出窗口中输入测试场景的名称 TestRecommendation，选择包 com.droolsinaction.recommendation，单击 OK 按钮确认创建，如图 10-46 所示。

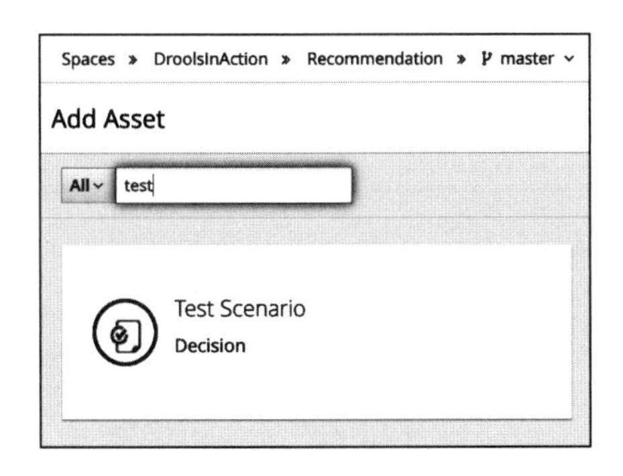

图 10-45 筛选测试用例资产列表

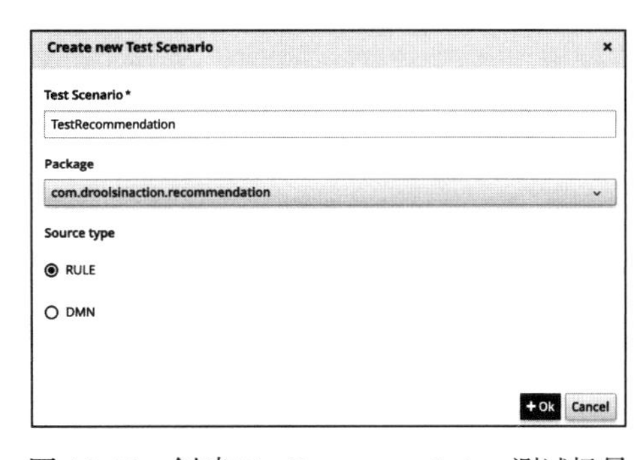

图 10-46 创建 TestRecommendation 测试场景

根据表 10-1 说明的规则定义，完成规则测试用例的编写，图 10-47 所示为编写完成的测试用例。

单击三角图标开始测试，系统提示测试通过，如图 10-48 所示。

Spaces » DroolsInAction » Recommendation » master » TestRecommendation

TestRecommendation.scesim - Test Scenarios

Model　Background　Overview　Data Objects

#	Scenario description	GIVEN			EXPECT	
		OperatingSystem	TravelProfile		Recommendation	
		osName	travelPercent	noTravel	make	model
1	Windows/Linux用户，出差25%	Windows/Linux	25	false	联想	ThinkPad T15p
2	Windows/Linux用户，出差95%	Windows/Linux	95	false	联想	ThinkPad X1 Carbon Gen 9
3	Windows/Linux用户，不出差	Windows/Linux	Insert value	true	联想	ThinkCentre M90t
4	Mac用户，出差15%	Mac	15	false	苹果	MacBook Pro 15
5	Mac用户，出差75%	Mac	75	false	苹果	MacBook Pro 13
6	Mac用户，不出差	Mac	Insert value	true	苹果	MacBook Pro 15

图 10-47　编写完成的测试用例

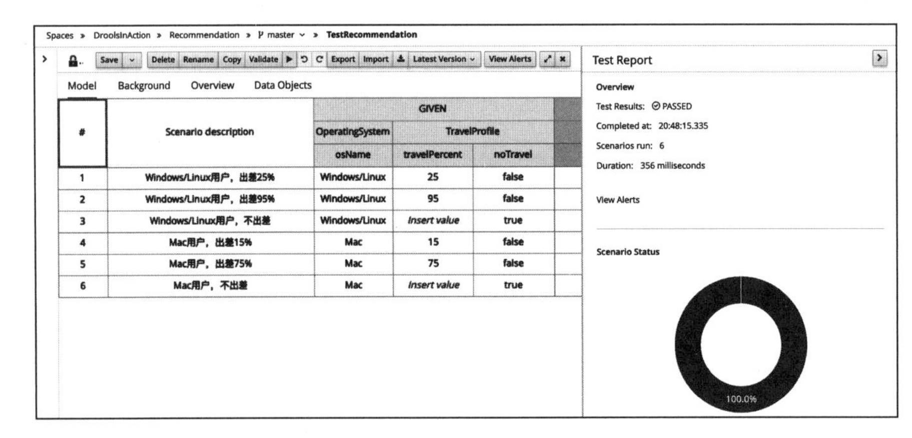

图 10-48　测试通过

10.3.4　转换为电子表格规则表

导航到规则表编辑页面，单击 Convert to XLS 按钮，如图 10-49 所示，系统将产生 XLS 规则表。

Spaces » DroolsInAction » Recommendation » master » Recommendation

Recommendation.gdst - Guided Decision Tables

Model　Columns　Overview　Source　Data Objects

Recommendation

#	Description	f1 : OperatingSystem	f2 : TravelProfile			f3 : Recommendation	
		操作系统	不出差	出差比例 > x%	出差比例 <= x%	制造商	型号
1	Windows/Linux 用户，出差 <=30%	Windows/Linux	false	0	30	联想	ThinkPad T15p
2	Windows/Linux 用户，出差 > 30%	Windows/Linux	false	30	100	联想	ThinkPad X1 Carbon Gen 9
3	Windows/Linux 用户，不出差	Windows/Linux	true			联想	ThinkCentre M90t
4	Mac 用户，出差 <=30%	Mac	false	0	30	苹果	MacBook Pro 15
5	Mac 用户，出差 > 30%	Mac	false	30	100	苹果	MacBook Pro 13
6	Mac 用户，不出差	Mac	true			苹果	MacBook Pro 15

图 10-49　转换为电子表格规则

单击导航路径上的 Recommendation 项目，返回 Recommendation 项目的资产列表页面，如图 10-50 所示，可以看到系统根据我们创建的规则表生成的电子表格规则文件。

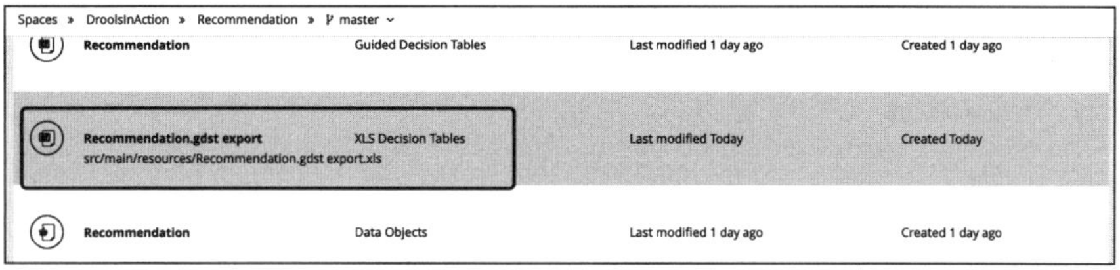

图 10-50　转换后创建的电子表格规则文件

单击 Recommendation.gdst export，将导航到电子表格规则表的详情页面，如图 10-51 所示。单击 Download 按钮后，浏览器将下载 Recommendation.gdst export.xls 文件。根据提示将该文件保存到本地磁盘。

图 10-51　电子表格规则表的详情页面

打开保存到本地的电子表格规则文件，可以看到如图 10-52 所示的规则文件定义。

	A	B	C	D	E	F	G	H
1								
2		RuleSet						
3		Import	com.droolsinaction.recommendation.OperatingSystem, com.droolsinaction.recommendation.TravelProfile, com.droolsinaction.recommendation.Recommendation					
4		Declare	dialect "mvel";					
5		RuleTable Recommendation						
6		CONDITION	CONDITION	CONDITION	CONDITION	ACTION	ACTION	ACTION
7		f1 : OperatingSystem	f2 : TravelProfile					
8		osName == $param	noTravel == $param	travelPercent > $param	travelPercent <= $param	Recommendation f3 = new Recommendation(); insert(f3);	f3.setMake($param);	f3.setModel($param);
9		操作系统	不出差	出差比例 > x%	出差比例 <= x%		制造商	型号
10	Windows/Linux 用户，出差 <=30%	"Windows/Linux"	"false"	0	30	X	"联想"	"ThinkPad T15p"
11	Windows/Linux 用户，出差 > 30%	"Windows/Linux"	"false"	30	100	X	"联想"	"ThinkPad X1 Carbon Gen 9"
12	Windows/Linux 用户，不出差	"Windows/Linux"	"true"			X	"联想"	"ThinkCentre M90t"
13	Mac 用户，出差 <=30%	"macOS"	"false"	0	30	X	"苹果"	"MacBook Pro 15"
14	Mac 用户，出差 > 30%	"macOS"	"false"	30	100	X	"苹果"	"MacBook Pro 13"
15	Mac 用户，不出差	"macOS"	"true"			X	"苹果"	"MacBook Pro 15"
16								

图 10-52　电子表格规则内容

在电子表格规则表的详情页面，单击 Delete 按钮删除该电子表格规则，如图 10-53 所示。

图 10-53　删除转换的电子表格规则

单击导航路径上的 Recommendation 项目，返回 Recommendation 项目的资产列表页面，单击 Import Asset 按钮导入新资产，如图 10-54 所示。

Spaces » DroolsInAction » Recommendation » master
Recommendation
Test | Build | Deploy | Hide Alerts
Assets 6 | Change Requests 0 | Contributors 1 | Metrics | Settings
All | 1-6 of 6 | 1 | of 1 | Import Asset | Add Asset
OperatingSystem | Data Objects | Last modified 1 day ago | Created 1 day ago

图 10-54 导入资产入口

在弹出的导入资产窗口中浏览并选择本地保存的 Recommendation.gdst export.xls 文件，选择包名 <default>，输入资产名称 SpreadsheetRecommendation，如图 10-55 所示，单击 OK 按钮确认导入。

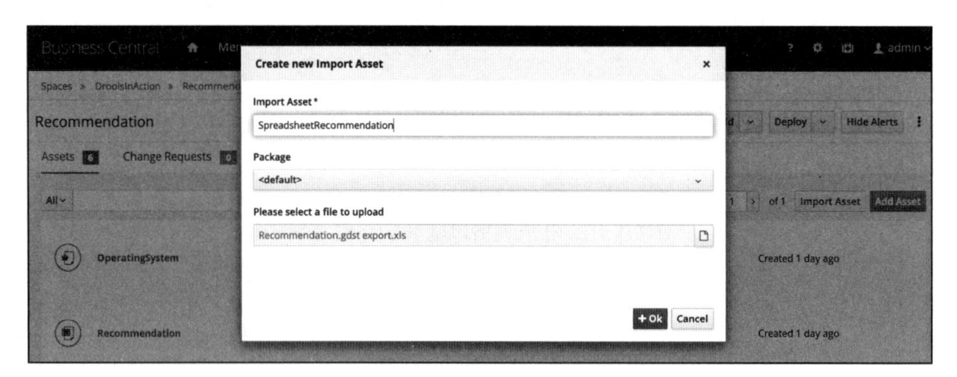

图 10-55 导入电子表格规则窗口

SpreadsheetRecommendation 电子表格规则导入成功，单击 Source 标签后，可看到导入的规则产生的规则代码，如图 10-56 所示。

Spaces » DroolsInAction » Recommendation » master » SpreadsheetRecommendation
SpreadsheetRecommendation.xls - XLS Decision Tables
Save | Delete | Rename | Copy | Validate | Download | Convert | Latest Version | Hide Alerts
Model | Overview | Source

```
package rule_table;
//generated from Decision Table
import com.droolsinaction.recommendation.OperatingSystem;
import com.droolsinaction.recommendation.TravelProfile;
import com.droolsinaction.recommendation.Recommendation;
dialect "mvel";
// rule values at B10, header at B5
rule "Recommendation_10"
    when
        f1 : OperatingSystem(osName == "Windows/Linux")
        f2 : TravelProfile(noTravel == "false", travelPercent > 0, travelPercent <= 30)
    then
        Recommendation f3 = new Recommendation(); insert( f3 );
        f3.setMake( "联想" );
        f3.setModel( "ThinkPad T15p" );
end

// rule values at B11, header at B5
rule "Recommendation_11"
    when
        f1 : OperatingSystem(osName == "Windows/Linux")
        f2 : TravelProfile(noTravel == "false", travelPercent > 30, travelPercent <= 100)
    then
        Recommendation f3 = new Recommendation(); insert( f3 );
        f3.setMake( "联想" );
        f3.setModel( "ThinkPad X1 Carbon Gen 9" );
end
```

图 10-56 导入后的电子表格规则代码

电子表格产生的完整 DRL 规则定义如下：

```
package rule_table;
// 由规则表产生
import com.droolsinaction.recommendation.OperatingSystem;
import com.droolsinaction.recommendation.TravelProfile;
import com.droolsinaction.recommendation.Recommendation;
dialect "mvel";
// B5 单元格的头和 B10 单元格的值产生的规则
rule "Recommendation_10"
  when
    f1 : OperatingSystem(osName == "Windows/Linux")
    f2 : TravelProfile(noTravel == "false", travelPercent > 0, travelPercent <= 30)
  then
    Recommendation f3 = new Recommendation(); insert( f3 );
    f3.setMake( "联想" );
    f3.setModel( "ThinkPad T15p" );
end

// B5 单元格的头和 B11 单元格的值产生的规则
rule "Recommendation_11"
  when
    f1 : OperatingSystem(osName == "Windows/Linux")
    f2 : TravelProfile(noTravel == "false", travelPercent > 30, travelPercent <= 100)
  then
    Recommendation f3 = new Recommendation(); insert( f3 );
    f3.setMake( "联想" );
    f3.setModel( "ThinkPad X1 Carbon Gen 9" );
end

// B5 单元格的头和 B12 单元格的值产生的规则
rule "Recommendation_12"
  when
    f1 : OperatingSystem(osName == "Windows/Linux")
    f2 : TravelProfile(noTravel == "true")
  then
    Recommendation f3 = new Recommendation(); insert( f3 );
    f3.setMake( "联想" );
    f3.setModel( "ThinkCentre M90t" );
end

// B5 单元格的头和 B13 单元格的值产生的规则
rule "Recommendation_13"
  when
    f1 : OperatingSystem(osName == "macOS")
    f2 : TravelProfile(noTravel == "false", travelPercent > 0, travelPercent <= 30)
  then
    Recommendation f3 = new Recommendation(); insert( f3 );
    f3.setMake( "苹果" );
    f3.setModel( "MacBook Pro 15" );
end

// B5 单元格的头和 B14 单元格的值产生的规则
```

```
rule "Recommendation_14"
  when
    f1 : OperatingSystem(osName == "macOS")
    f2 : TravelProfile(noTravel == "false", travelPercent > 30, travelPercent <= 100)
  then
    Recommendation f3 = new Recommendation(); insert( f3 );
    f3.setMake( " 苹果 " );
    f3.setModel( "MacBook Pro 13" );
end

// B5 单元格的头和 B15 单元格的值产生的规则
rule "Recommendation_15"
  when
    f1 : OperatingSystem(osName == "macOS")
    f2 : TravelProfile(noTravel == "true")
  then
    Recommendation f3 = new Recommendation(); insert( f3 );
    f3.setMake( " 苹果 " );
    f3.setModel( "MacBook Pro 15" );
end
```

10.4 本章小结

本章要点如下。

- 向导式规则表的创建步骤：导入依赖对象、添加模式匹配事实、添加约束、添加更新动作、添加插入动作、选择展开列。
- 电子表格规则表的组成，如何导入电子表格规则，以及电子表格规则表和向导式规则表之间的相互转换。
- 用向导式规则表实现电脑推荐的规则。
- 实践了电脑推荐规则向电子表格规则表的转换：下载再次导入后，生成了期望的规则。

第11章 Chapter 11

规 则 流

在之前的章中，我们了解并实践的是没有执行顺序的一个或多个规则的执行。在本章中，我们将探索如何以规则流控制与编排规则的执行，以及如何进行规则流的执行与验证。

11.1 什么是规则流

规则流又称决策流，它的运行过程类似于工作流。规则流用来对已有的多组规则按照流程指定的顺序进行编排和执行，使复杂的业务规则能以直观的方式展现。分组的规则在规则流的编排过程中可以串行执行，也可以并行执行，或是根据指定的条件进行分支判断执行。

11.2 Drools中的规则流

新版 Drools 中的规则流是借助 BPMN2 的业务流程嵌入业务规则节点实现的，规则流中的业务规则节点指定了与该节点所关联的规则流组，因此，Drools 中的规则流可以理解为：对特定的多个规则，划分成不同的规则组，规则组之间通过各自的规则流组进行标识和区分，再通过业务流程控制这些规则流组执行的先后顺序或条件关系。

提示 BPMN2 是 Business Process Model and Notation Version 2.0 的缩写，是业务流程建模与表达的标准。参考链接为 https://www.omg.org/spec/BPMN/2.0。

Drools 在业务中心提供了业务流程资产的创建入口，如图 11-1 所示。

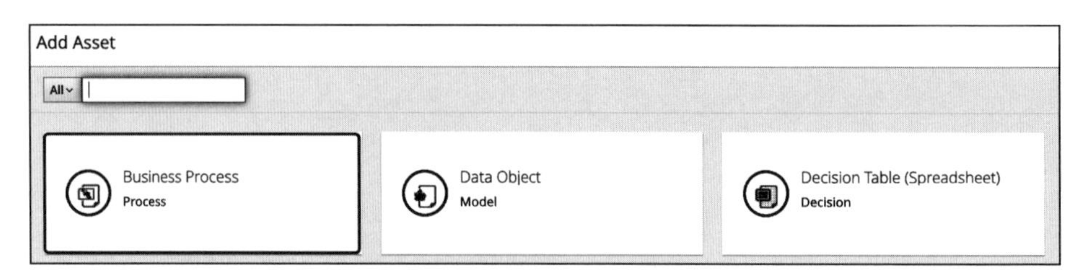

图 11-1　Drools 创建规则流入口

在业务中心创建业务流程资产后，系统会导航到业务流程的编辑器（规则流编辑器）页面，如图 11-2 所示。编辑器左侧是流程控制节点元素，中间部分是流程编辑画布，右侧是流程属性设置界面。

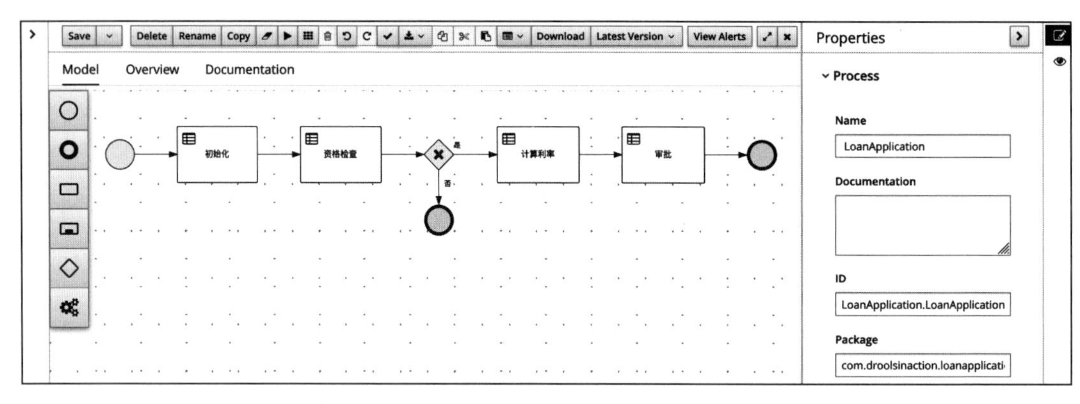

图 11-2　规则流编辑器

流程控制节点元素的说明见表 11-1。

表 11-1　流程控制节点元素的说明

图　标	类　别	名　称	用　途
	事件	开始事件	不需要触发条件，直接开始流程
	事件	结束事件	流程正常结束，没有其他特殊行为与流程的结束相关
	事件	终止事件	终止正在执行的流程活动，从而结束流程
	任务	脚本任务	表示在流程执行期间要执行的脚本
	任务	服务任务	表示流程执行期间要调用一个服务
	任务	规则任务	表示流程执行期间要执行一组规则
	子流程	可复用子流程	表示可复用的子流程

（续）

图　标	类　别	名　称	用　途
	网关	并行网关	多条分支同时执行
	网关	排他网关	只执行符合条件的一个分支

规则流中业务规则节点的规则流组是在规则流编辑器的配置页面中配置的，如图 11-3 所示。工程中具有 ruleflow-group 规则属性的规则流组会自动出现在属性页面 Rule Flow Group 的下拉列表中。

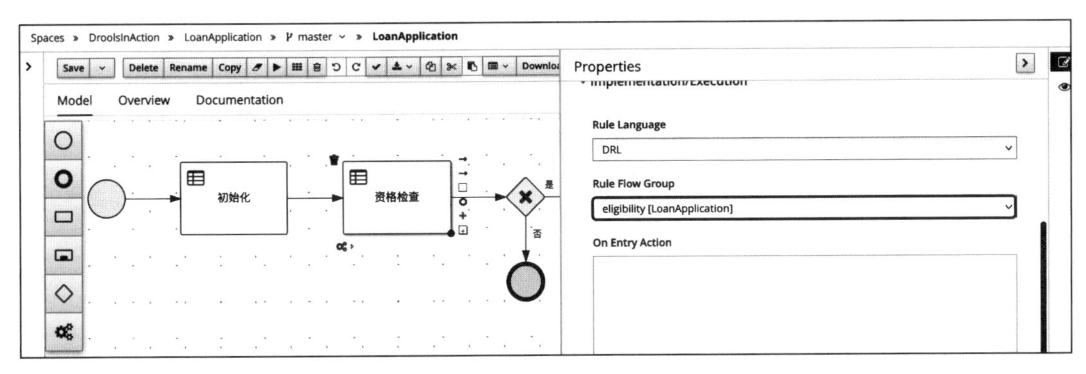

图 11-3　业务规则节点规则流组配置

网关的分支连线判断条件是在连线的属性页面中配置的，如图 11-4 所示。

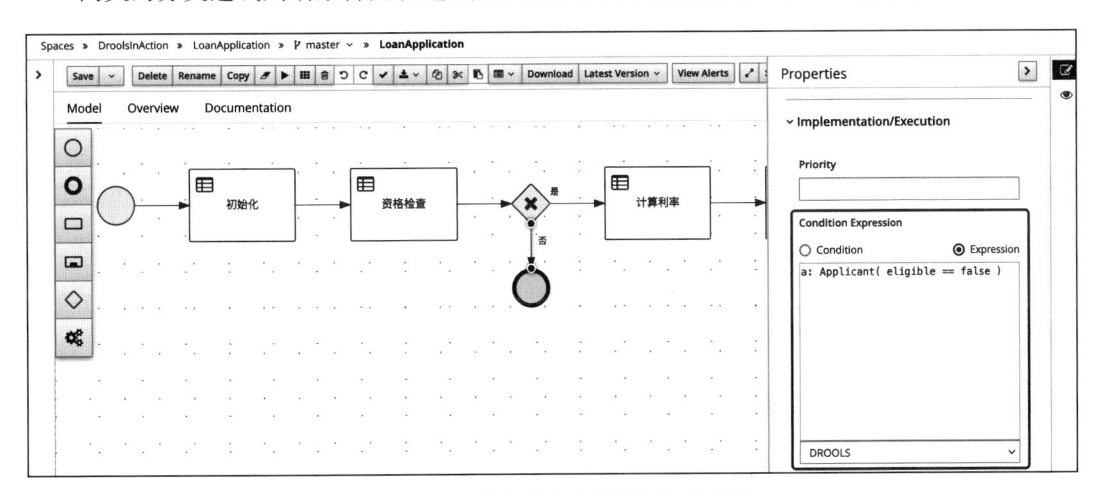

图 11-4　网关的分支连线判断条件配置

我们可以为网关配置默认的路由分支，如图 11-5 所示。配置网关的默认路由分支，可以省略一个选择分支的条件配置。

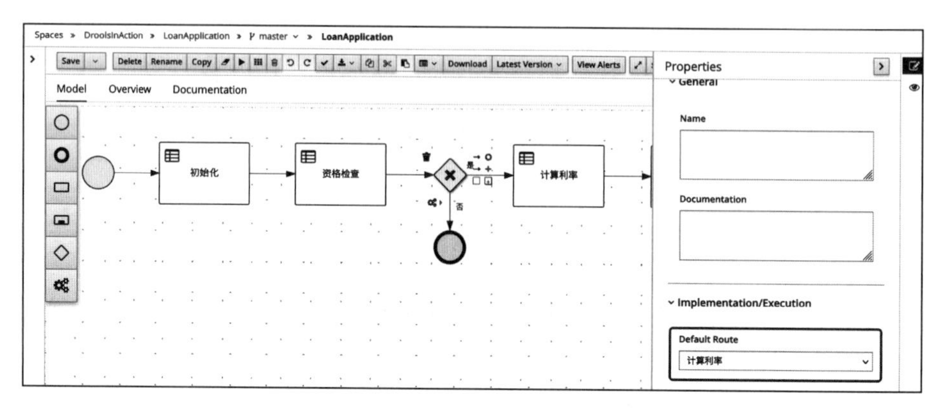

图 11-5　网关默认路由分支配置

11.3　实战：贷款申请

11.3.1　功能说明

银行的个人贷款业务有如下政策：

1）申请人的年龄区间为 18 ～ 70 岁，即年龄 >= 18，并且年龄 <= 70；

2）贷款利率、年限和贷款金额相关，如表 11-2 所示。

表 11-2　贷款利率表

类别	金额小于（元）	金额大于或等于（元）	年限	利率（%）
小额 - 7 年		300 000	7	0.47
普通 - 7 年	300 000	600 000	7	0.70
大额 - 7 年	600 000		7	0.98
小额 - 10 年		300 000	10	0.72
普通 - 10 年	300 000	600 000	10	0.90
大额 - 10 年	600 000		10	1.10
小额 - 12 年		300 000	12	0.87
普通 - 12 年	300 000	600 000	12	1.06
大额 - 12 年	600 000		12	1.31
小额 - 15 年		300 000	15	1.06
普通 - 15 年	300 000	600 000	15	1.20
大额 - 15 年	600 000		15	1.45
小额 - 20 年		300 000	20	1.25
普通 - 20 年	300 000	600 000	20	1.39
大额 - 20 年	600 000		20	1.65
小额 - 25 年		300 000	25	1.45
普通 - 25 年	300 000	600 000	25	1.65
大额 - 25 年	600 000		25	1.85

3）贷款申请人在申请贷款时需要提供年收入和贷款金额。

4）贷款申请能否得到批准取决于贷款金额、贷款申请人的信用评分和个人按月还款的负债率，规则如表11-3所示。

表11-3 贷款申请审批规则

金额大于（元）	金额小于或等于（元）	负债率大于（%）	负债率小于或等于（%）	信用评分大于	信用评分小于或等于	是否批准	说明
	1000					否	金额过低
1 000 000						否	金额过高
1000	1 000 000	30				否	负债率过高
1000			30		300	否	信用评分不足
1000	100 000		30	300		是	信用评分满足
100 000	400 000		30		400	否	信用评分不足
100 000	400 000		30	400		是	信用评分满足
400 000	500 000		30		500	否	信用评分不足
400 000	500 000		30	500		是	信用评分满足
500 000	1 000 000		30		700	否	信用评分不足
500 000	1 000 000		30	700		是	信用评分满足

我们要根据以上个人贷款业务规则，用规则流实现贷款申请的审批。

11.3.2 规则流实现

示例已经放到GitHub上了，位于ch11/loanapplication工程目录下。读者可以按照5.3.2节介绍的方式导入，也可以跟随下面的内容进行手工创建，以了解规则流的创建和使用。

1. 创建数据对象

创建新的工程LoanApplication，导航到资产添加的类型选择页面，选择Data Object的资源类型，如图11-6所示，系统将导航到数据对象创建页面。

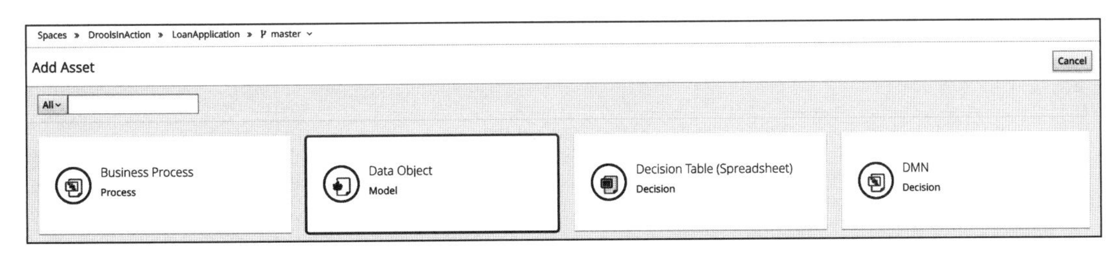

图11-6 数据对象资产类型

在数据对象创建页面输入名称Applicant，下拉并选择包com.droolsinaction.loanapplication，单击OK按钮确认添加，如图11-7所示。添加数据对象属性age (int)、creditScore(int)、eligible(boolean)、monthlyIncome(double)、name(String)和yearlyIncome(long)，添加完成后的Applicant数据对象的定义如图11-8所示。

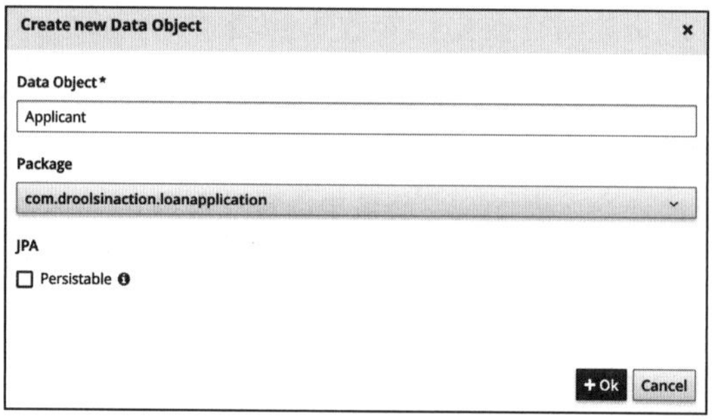

图 11-7　添加 Applicant 数据对象

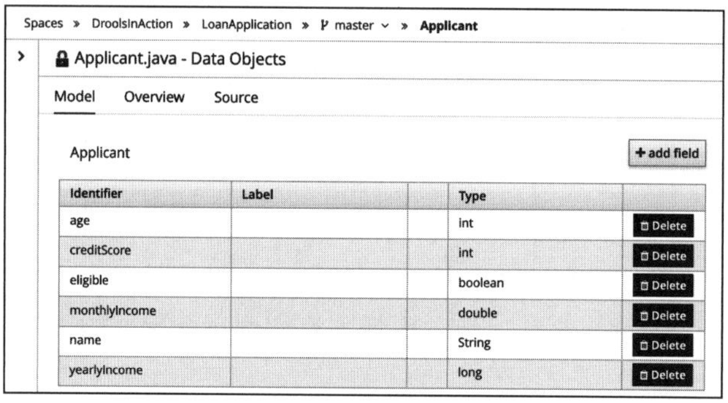

图 11-8　Applicant 数据对象属性

继续在包 com.droolsinaction.loanapplication 下创建 Loan 数据对象，如图 11-9 所示。添加数据对象属性 amount (long)、approved (boolean)、comment (String)、duration (int)、interestRate (double) 和 monthlyRepayment (double)，添加完成后的 Loan 数据对象的定义如图 11-10 所示。

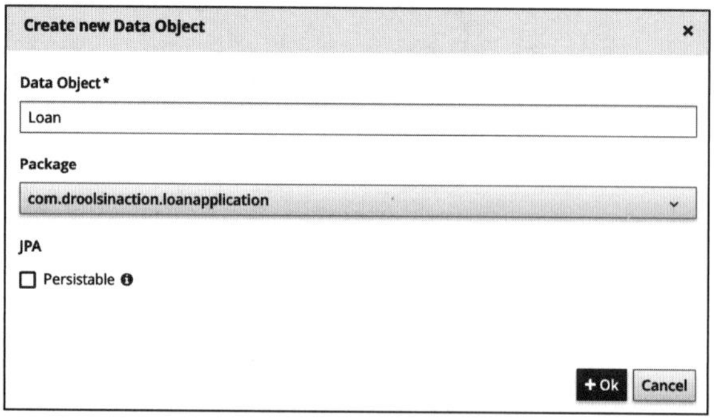

图 11-9　添加 Loan 数据对象

2. 创建初始化规则

在资产创建页面通过关键字 drl 过滤并选择 DRL file，如图 11-11 所示。在弹出的窗口中输入规则名称 initialization，选择包 com.droolsinaction.loanapplication，单击 OK 按钮确认创建，如图 11-12 所示。

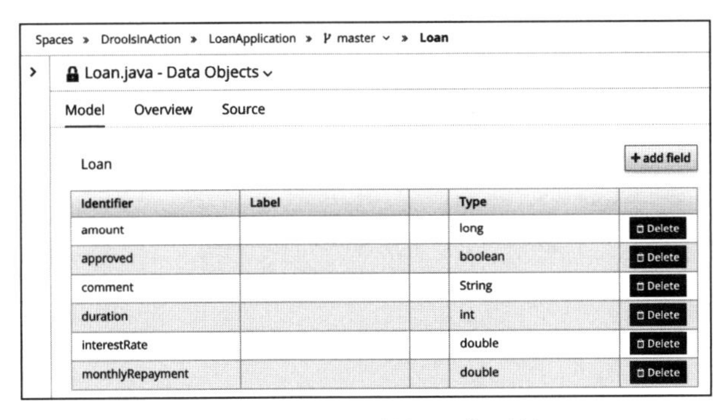

图 11-10　Loan 数据对象属性

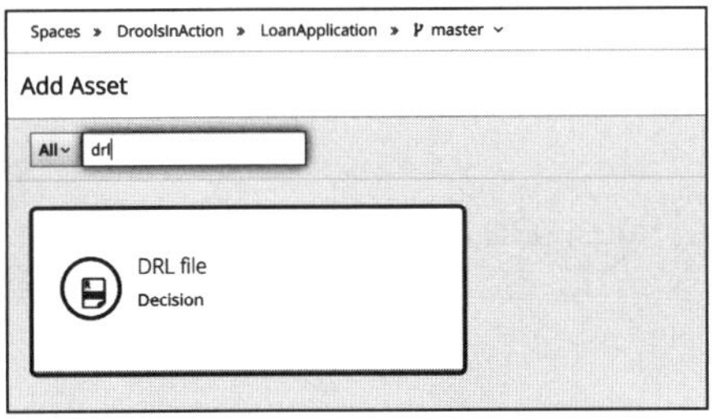

图 11-11　DRL file 资产类型

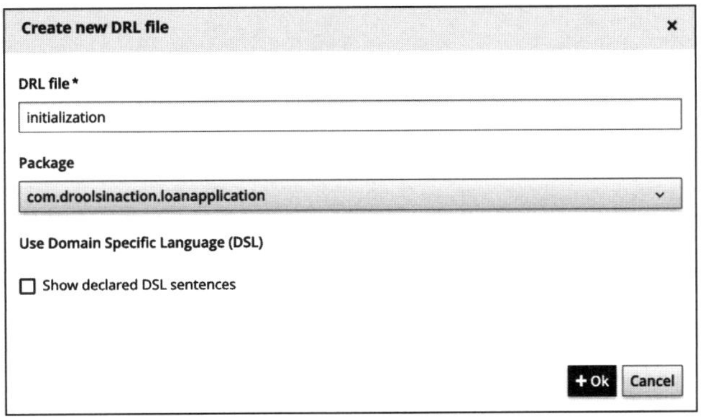

图 11-12　创建 initialization 规则

在新创建的 DRL 规则编辑页面输入如下的初始化规则定义，如图 11-13 所示，单击 Save 按钮保存。

```
package com.droolsinaction.loanapplication;

rule "Setting default values on Applicant"
```

```
  dialect "mvel"
  ruleflow-group "initialization"
  no-loop true
  when
    applicant : Applicant( )
  then
    System.out.println("Rule fired : [" + drools.getRule().getName()+"]");
    modify(applicant) {
      setEligible( true ),
      setMonthlyIncome (applicant.getYearlyIncome()/12)
    }
    update(applicant);
end

rule "Setting default values on Loan"
  dialect "mvel"
  ruleflow-group "initialization-rules"
  no-loop true
  when
    loan : Loan( )
  then
    System.out.println("Rule fired : [" + drools.getRule().getName()+"]");
    modify(loan) {
      setApproved( false )
    }
end
```

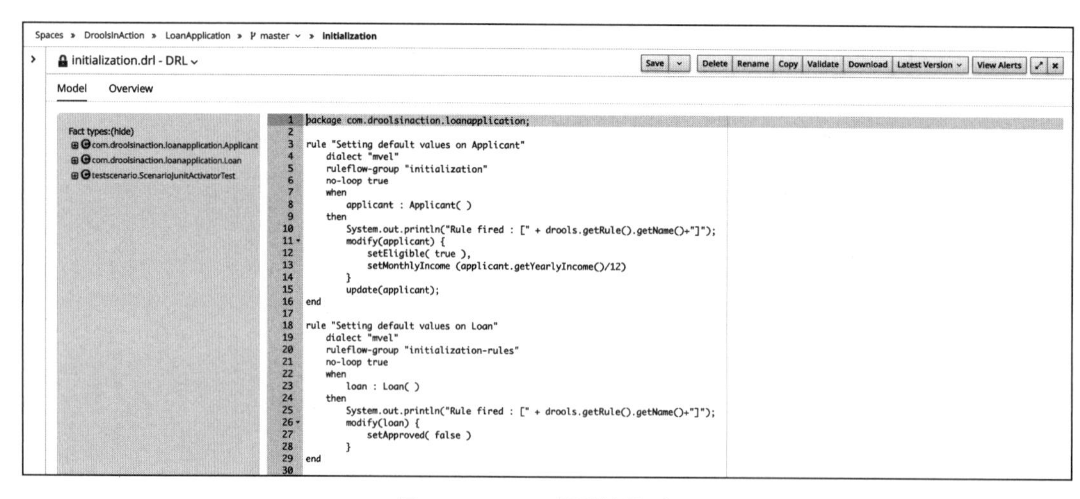

图11-13　DRL规则编辑页面

在资产创建页面通过关键字test过滤并选择Test Scenario，如图11-14所示。在弹出窗口输入initialization规则的测试场景名称TestInitialization，选择包com.droolsinaction.loanapplication，单击OK按钮确认创建，如图11-15所示。

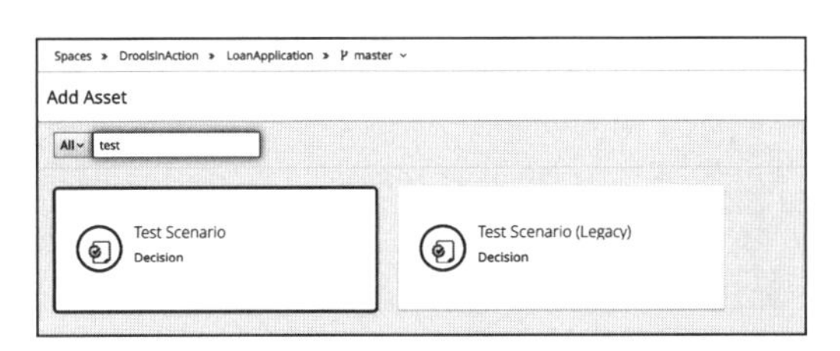

图 11-14　Test Scenario 资产类型

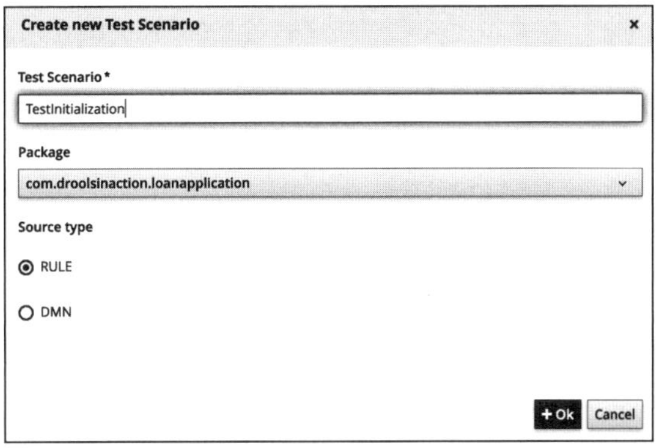

Create new Test Scenario

Test Scenario *

TestInitialization

Package

com.droolsinaction.loanapplication

Source type

RULE

DMN

Ok　Cancel

图 11-15　创建 TestInitialization 规则测试场景

编辑测试场景，指定输入数据 Applicant → yearlyIncome(12000)、Loan → amount(1000)，指定期望值 Applicant → monthlyIncome(1000.0d)、Applicant → eligible(true)、Loan → approved(false)。编辑完成后结果如图 11-16 所示。

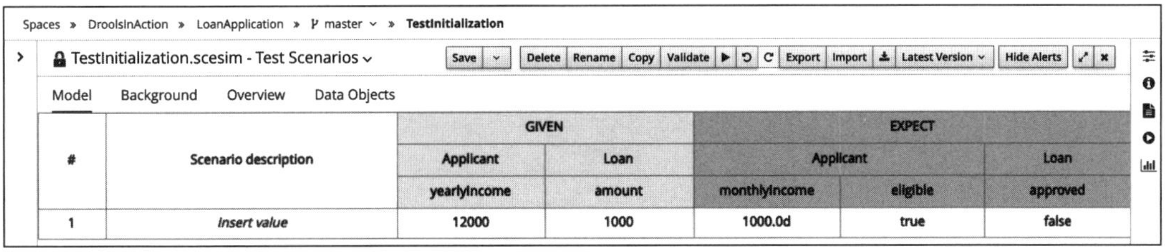

Spaces » DroolsInAction » LoanApplication » master » TestInitialization

TestInitialization.scesim - Test Scenarios　Save　Delete　Rename　Copy　Validate　Export　Import　Latest Version　Hide Alerts

Model　Background　Overview　Data Objects

#	Scenario description	GIVEN		EXPECT		
		Applicant	Loan	Applicant		Loan
		yearlyIncome	amount	monthlyIncome	eligible	approved
1	Insert value	12000	1000	1000.0d	true	false

图 11-16　TestInitialization 规则测试场景

单击图 11-6 中右侧的 Settings 菜单，展开配置编辑页面，选中 Stateless Session 选项，输入规则组名称 initialization，如图 11-17 所示。单击三角图标运行测试用例，系统提示测试通过，如图 11-18 所示。

3. 创建资格检查规则

在资产创建页面通过关键字 dsl 过滤并选择 DSL definition，如图 11-19 所示。在弹出的窗口中输入 DSL 名称 EligibilityDSL，选择包 com.droolsinaction.loanapplication，单击 OK 按钮确认创建，如图 11-20 所示。

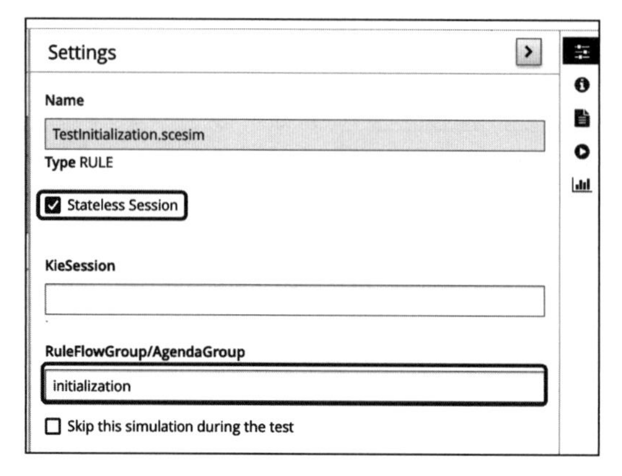

图 11-17　测试场景配置

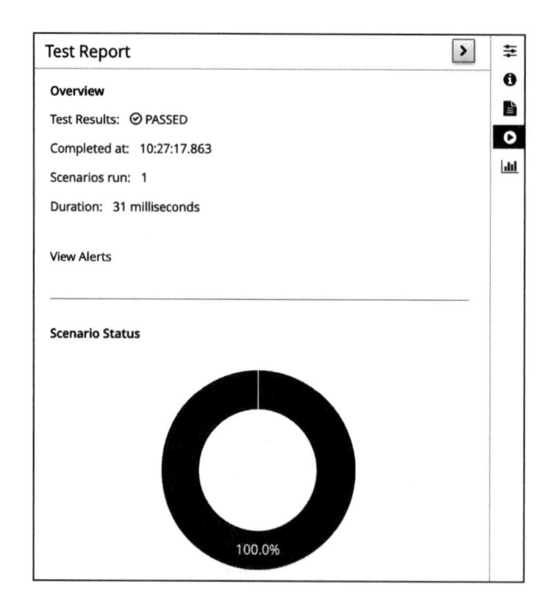

图 11-18　测试通过

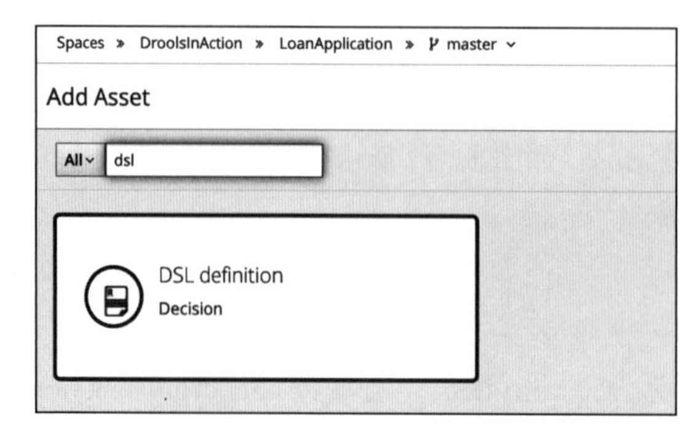

图 11-19　DSL definition 资产类型

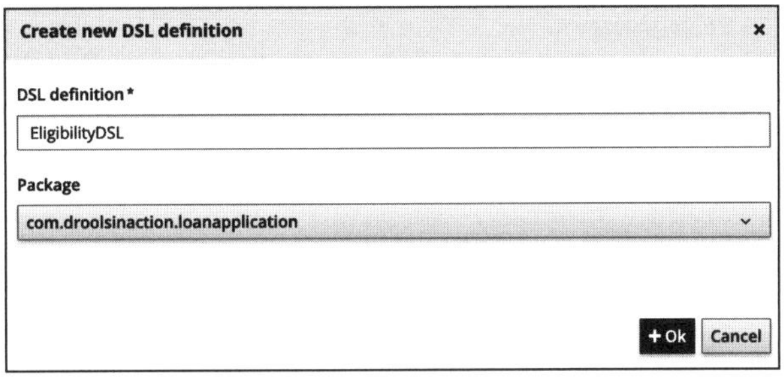

图 11-20 创建 EligibilityDSL 定义

在新创建的 DSL 编辑页面输入如下的 DSL 定义，如图 11-21 所示，单击 Save 按钮保存。

```
[when]申请人的年龄小于 {age} 岁=applicant:Applicant( age < {age} )
[when]申请人的年龄大于 {age} 岁=applicant:Applicant( age > {age} )
[when]有一个贷款申请=loan:Loan()
[then]申请人不符合贷款资格=modify( applicant ) \{ setEligible( false )\}
[then]贷 款 被 拒 绝， 原 因 是： "{message}"=modify( loan ) \{setApproved(false),
setComment( "{message}" )\}
[then]日志输出规则名称=System.out.println("Rule fired : [" +
  drools.getRule().getName()+"]");
```

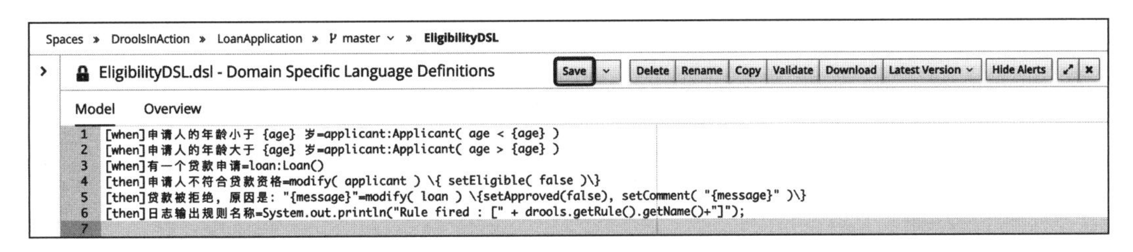

图 11-21 DSL 编辑页面

在资产创建页面通过关键字 guided rule 过滤并选择 Guided Rule，如图 11-22 所示。在弹出的窗口中输入规则名称 EligibilityApplicantTooYoung，选择包 com.droolsinaction.loanapplication，勾选 Show declared DSL sentences（显示声明的 DSL 语句）后单击 OK 按钮确认创建，如图 11-23 所示。

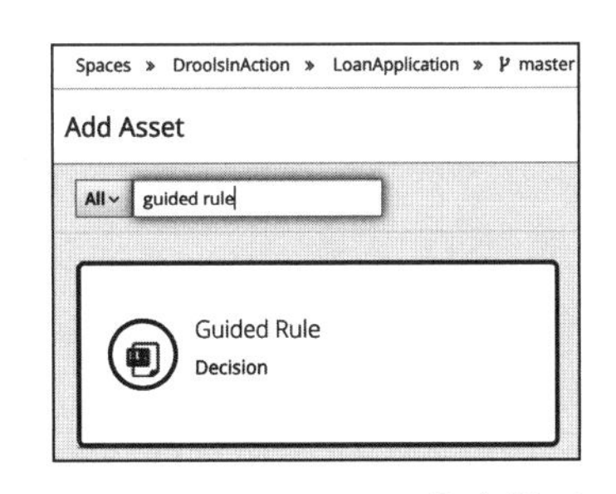

图 11-22 Guided Rule 资产类型

用之前定义的 DSL，添加年龄不足的资格检查规则，如图 11-24 所示，规则定义如下。

❑ 条件：
  - 有一个贷款申请；
  - 申请人的年龄小于 18 岁。

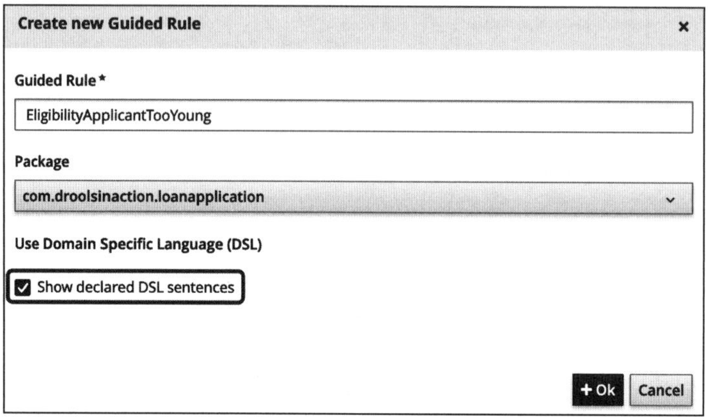

Create new Guided Rule ×

Guided Rule *

EligibilityApplicantTooYoung

Package

com.droolsinaction.loanapplication

Use Domain Specific Language (DSL)

Show declared DSL sentences

+ Ok Cancel

图 11-23　创建 EligibilityApplicantTooYoung 规则

- ❑ 动作：
  - ■ 申请人不符合贷款资格；
  - ■ 贷款被拒绝，原因是“年龄低于可贷款年龄范围”；
  - ■ 日志输出规则名称。
- ❑ 规则流组：eligibility。

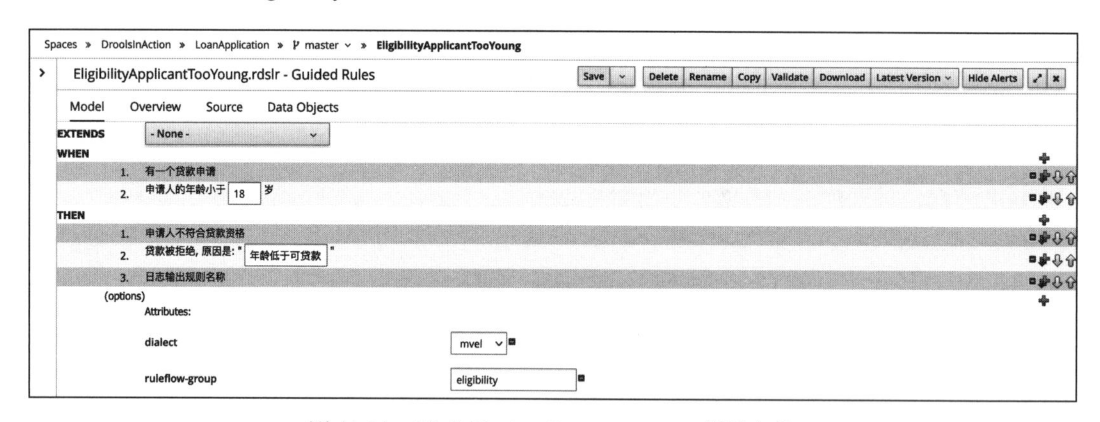

图 11-24　EligibilityApplicantTooYoung 规则定义

单击 Save 按钮保存，切换到 Source 标签页，可以看到业务中心为向导式规则产生的规则代码，如图 11-25 所示。

继续创建年龄超过的资格检查规则 EligibilityApplicantTooOld，如图 11-26 所示，规则定义如下。

- ❑ 条件：
  - ■ 有一个贷款申请；
  - ■ 申请人的年龄大于 70 岁。

Spaces » DroolsInAction » LoanApplication » master » EligibilityApplicantTooYoung

EligibilityApplicantTooYoung.rdslr - Guided Rules

Model　Overview　Source　Data Objects

```
1  package com.droolsinaction.loanapplication;
2
3  import java.lang.Number;
4
5  rule " EligibilityApplicantTooYoung"
6      dialect "mvel"
7      ruleflow-group "eligibility"
8      when
9          loan:Loan()
10         applicant:Applicant( age < 18 )
11     then
12         modify( applicant ) { setEligible( false )}
13         modify( loan ) {setApproved(false), setComment( "年龄低于可贷款年龄范围" )}
14         System.out.println("Rule fired : [" + drools.getRule().getName()+"]");
15 end
16
```

图 11-25　EligibilityApplicantTooYoung 规则代码

- 动作：
  - 申请人不符合贷款资格；
  - 贷款被拒绝，原因是“年龄高于可贷款年龄范围”；
  - 日志输出规则名称。
- 规则流组：eligibility

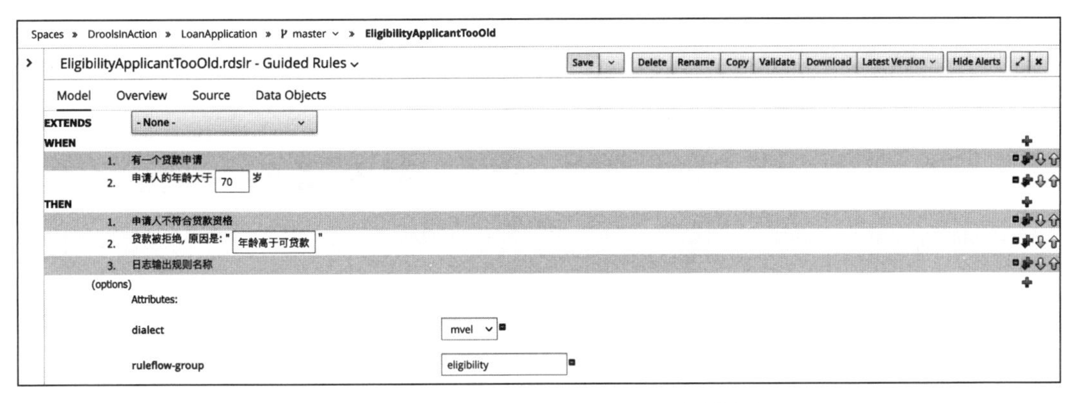

图 11-26　EligibilityApplicantTooOld 规则定义

单击 Save 按钮保存，切换到 Source 标签页，可以看到业务中心为向导式规则产生的规则代码，如图 11-27 所示。

根据之前定义的规则，添加 TestEligibility 测试场景，如图 11-28 所示。分别添加年龄低于 18 岁和年龄高于 70 岁的测试用例。

单击 TestEligibility 测试场景右侧的 Settings 菜单，展开配置编辑页面后，勾选 Stateless Session 选项，输入规则组名称 eligibility，如图 11-29 所示。单击三角图标运行测试用例，系统提示测试通过，如图 11-30 所示。

4. 创建利率计算规则

在资产创建页面通过关键字 spread 过滤并选择 Decision Table(Spreadsheet)，如图 11-31

所示。在弹出的窗口中输入规则名称 InterestRateCalculation，选择包 com.droolsinaction.loanapplication，单击上传文件图标，浏览并选择 interest-rate-calculation.xlsx 文件，单击 OK 按钮确认创建，如图 11-32 所示。

Spaces » DroolsInAction » LoanApplication » master » EligibilityApplicantTooOld

EligibilityApplicantTooOld.rdslr - Guided Rules

Save | Delete | Rename | Copy | Validate | Download | Latest Version | Hide Alerts

Model | Overview | Source | Data Objects

```
1  package com.droolsinaction.loanapplication;
2
3  import java.lang.Number;
4
5  rule " EligibilityApplicantTooOld"
6      dialect "mvel"
7      ruleflow-group "eligibility"
8      when
9          loan:Loan()
10         applicant:Applicant( age > 70 )
11     then
12         modify( applicant ) { setEligible( false )}
13         modify( loan ) {setApproved(false), setComment( "年龄高于可贷款年龄范围" )}
14         System.out.println("Rule fired : [" + drools.getRule().getName()+"]");
15 end
16
```

图 11-27 EligibilityApplicantTooOld 规则代码

Model | Background | Overview | Data Objects

#	Scenario description	GIVEN			EXPECT	
		Applicant		Loan	Loan	
		name	age	amount	approved	comment
1	Insert value	applicant-1	17	10000	false	年龄低于可贷款年龄范围
2	Insert value	applicant-2	71	10000	false	年龄高于可贷款年龄范围

图 11-28 资格检查规则测试场景定义

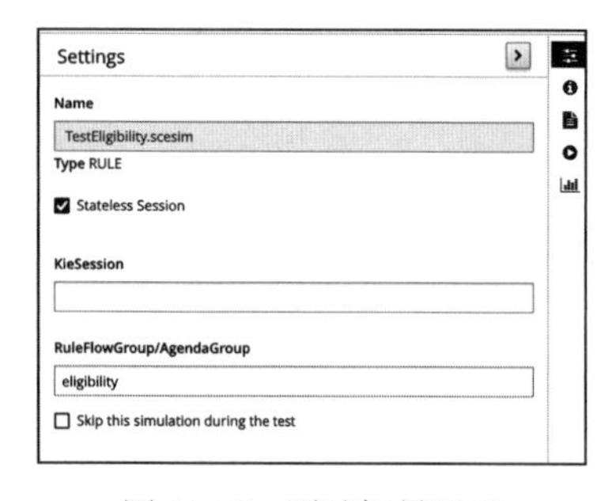

图 11-29 测试场景配置

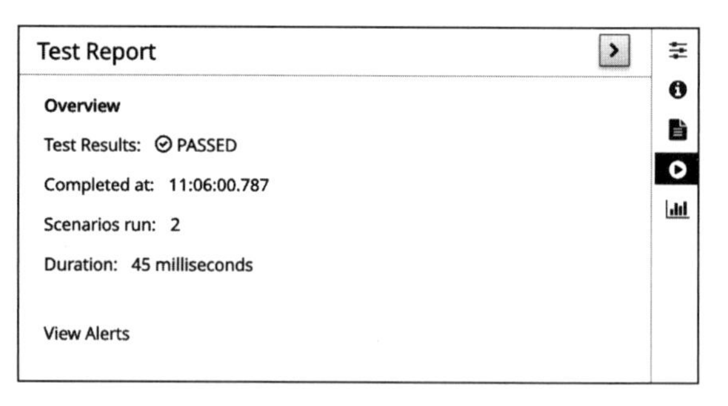

图 11-30 测试通过

提醒一下，interest-rate-calculation.xlsx 文件在 ch11/data 目录下，内容如图 11-33 所示。

创建完成后，系统将导航到电子表格规则表模型管理页面，如图 11-34 所示。单击 Source 标签后可以看到业务中心根据电子表格规则表产生的规则代码，如图 11-35 所示。

根据之前定义的规则，添加 TestInterestRateCalculation 测试场景，如图 11-36 所示。添加测试用例，指定输入数据 Loan → amount(290000)、Loan → duration(7)，指定期望结果值 Loan → interestRate(0.47d)、Loan → monthlyRepayment(3468.6071428571427d)。

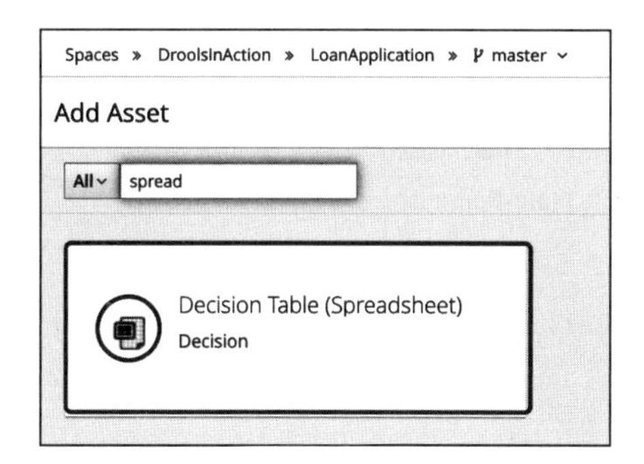

图 11-31 Decision Table 资产类型

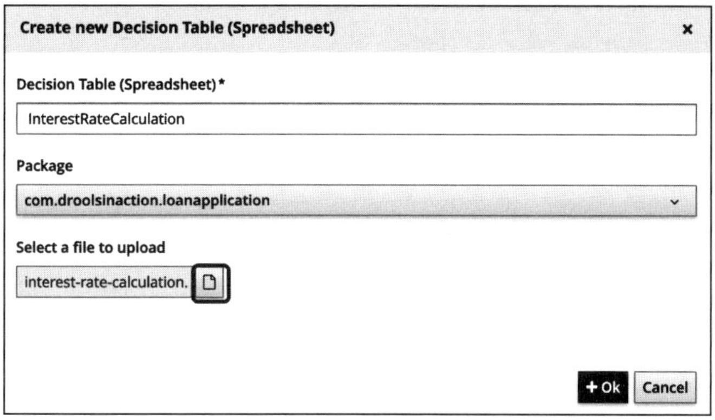

Create new Decision Table (Spreadsheet)

Decision Table (Spreadsheet) *

InterestRateCalculation

Package

com.droolsinaction.loanapplication

Select a file to upload

interest-rate-calculation.

+Ok Cancel

图 11-32 创建 InterestRateCalculation 规则

	A	B	C	D	E
1					
2		RuleSet	com.droolsinaction.loanapplication		
3		Import	com.droolsinaction.loanapplication.Loan		
4		RULEFLOW-GROUP	calculation		
5					
6		RuleTable InterestRateCalculation			
7		CONDITION	CONDITION	CONDITION	ACTION
8			$loan:Loan		
9		amount > $param	amount <= $param	duration == $param	$loan.setInterestRate($param); $loan.setMonthlyRepayment((($param*$loan.getAmount()/100)+$loan.getAmount())/($loan.getDuration()*12)); System.out.println("Rule fired : [" + drools.getRule().getName()+"]");
10		金额小于(元)	金额大于等于(元)	年限	利率(%)
11	小额 - 7年		300000	7	0.47
12	普通 - 7年	300000	600000	7	0.70
13	大额 - 7年	600000		7	0.98
14	小额 - 10年		300000	10	0.72
15	普通 - 10年	300000	600000	10	0.90
16	大额 - 10年	600000		10	1.10
17	小额 - 12年		300000	12	0.87
18	普通 - 12年	300000	600000	12	1.06
19	大额 - 12年	600000		12	1.31
20	小额 - 15年		300000	15	1.06
21	普通 - 15年	300000	600000	15	1.20
22	大额 - 15年	600000		15	1.45
23	小额 - 20年		300000	20	1.25
24	普通 - 20年	300000	600000	20	1.39
25	大额 - 20年	600000		20	1.65
26	小额 - 25年		300000	25	1.45
27	普通 - 25年	300000	600000	25	1.65
28	大额 - 25年	600000		25	1.85

图 11-33 电子表格规则表文件内容

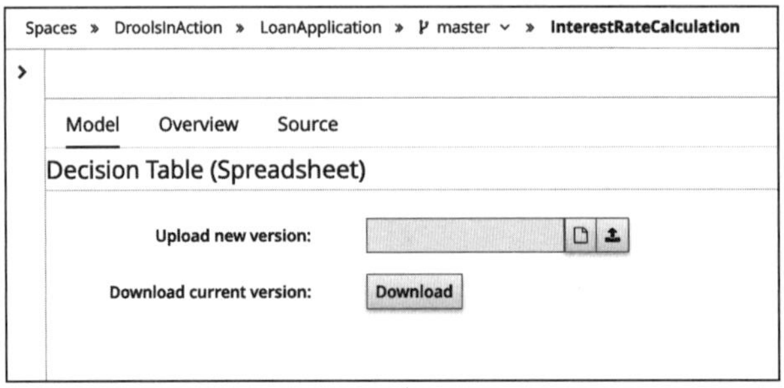

Spaces » DroolsInAction » LoanApplication » master » InterestRateCalculation

Model Overview Source

Decision Table (Spreadsheet)

Upload new version:

Download current version: Download

图 11-34 规则表模型管理页面

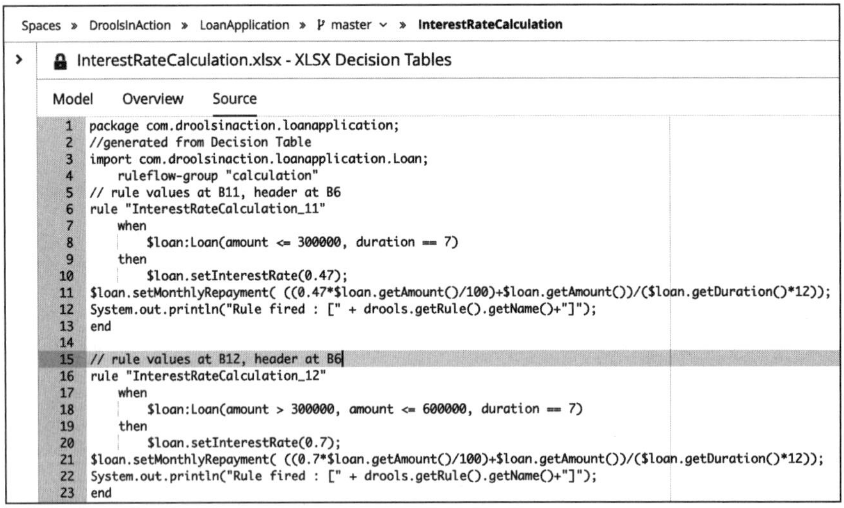

Spaces » DroolsInAction » LoanApplication » master » InterestRateCalculation

InterestRateCalculation.xlsx - XLSX Decision Tables

Model Overview Source

```
1  package com.droolsinaction.loanapplication;
2  //generated from Decision Table
3  import com.droolsinaction.loanapplication.Loan;
4      ruleflow-group "calculation"
5  // rule values at B11, header at B6
6  rule "InterestRateCalculation_11"
7      when
8          $loan:Loan(amount <= 300000, duration == 7)
9      then
10         $loan.setInterestRate(0.47);
11 $loan.setMonthlyRepayment( ((0.47*$loan.getAmount()/100)+$loan.getAmount())/($loan.getDuration()*12));
12 System.out.println("Rule fired : [" + drools.getRule().getName()+"]");
13 end
14
15 // rule values at B12, header at B6
16 rule "InterestRateCalculation_12"
17     when
18         $loan:Loan(amount > 300000, amount <= 600000, duration == 7)
19     then
20         $loan.setInterestRate(0.7);
21 $loan.setMonthlyRepayment( ((0.7*$loan.getAmount()/100)+$loan.getAmount())/($loan.getDuration()*12));
22 System.out.println("Rule fired : [" + drools.getRule().getName()+"]");
23 end
```

图 11-35 规则表规则代码

Model Background Overview Data Objects

#	Scenario description	GIVEN		EXPECT	
		Loan		Loan	
		amount	duration	interestRate	monthlyRepayment
1	*Insert value*	290000	7	0.47d	3468.6071428571427d

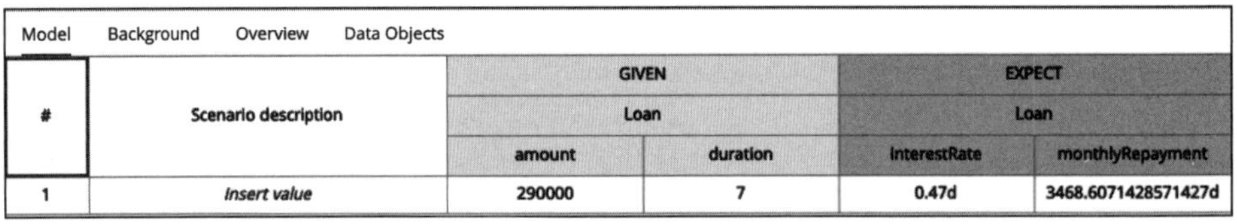

图 11-36 TestInterestRateCalculation 测试场景

单击测试场景右侧的 Settings 菜单，展开配置编辑页面，勾选 Stateless Session 选项，输入规则组名称 calculation，如图 11-37 所示。单击三角图标运行测试用例，系统提示测试通过，如图 11-38 所示。

5. 创建审批规则

在资产创建页面通过关键字 guided 过滤并选择 Guided Decision Table，如图 11-39 所示。在弹出的窗口中输入规则名称 LoanApproval，选择包 com.droolsinaction.loanapplication，

取消勾选 Use Wizard 选项，单击 OK 按钮确认创建，如图 11-40 所示。

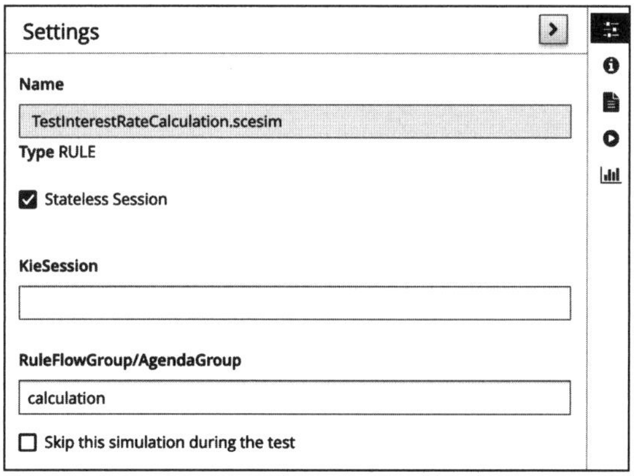

Settings
Name
TestInterestRateCalculation.scesim
Type RULE
Stateless Session
KieSession
RuleFlowGroup/AgendaGroup
calculation
Skip this simulation during the test

图 11-37　测试场景配置

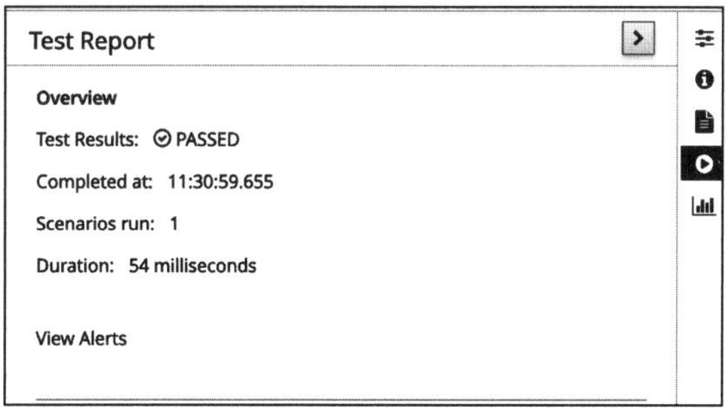

Test Report
Overview
Test Results: PASSED
Completed at: 11:30:59.655
Scenarios run: 1
Duration: 54 milliseconds
View Alerts

图 11-38　测试通过

Spaces » DroolsInAction » LoanApplication » master
Add Asset
All
guided
Guided Decision Table
Decision

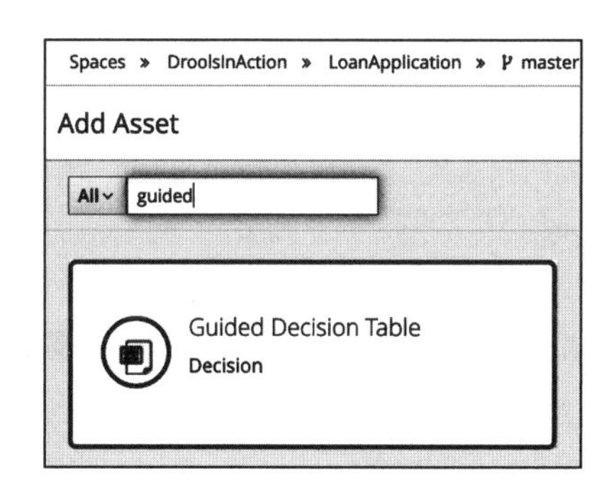

图 11-39　Guided Decision Table 资产类型

在系统导航到的规则表模型编辑页面上，单击 Insert 下拉菜单并选择 Insert Column 选项，如图 11-41 所示。

在系统弹出的窗口中，选择待添加列的类型为 Add a Condition（条件列），如图 11-42 所示。单击 Next 按钮继续。

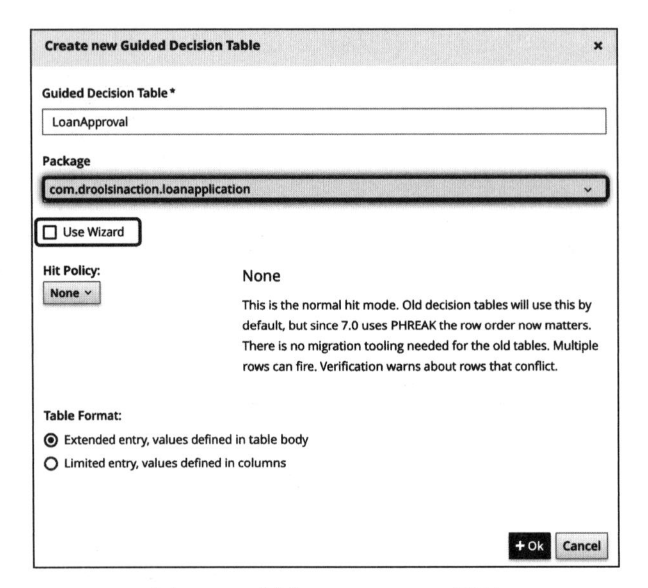

图 11-40　创建 LoanApproval 规则

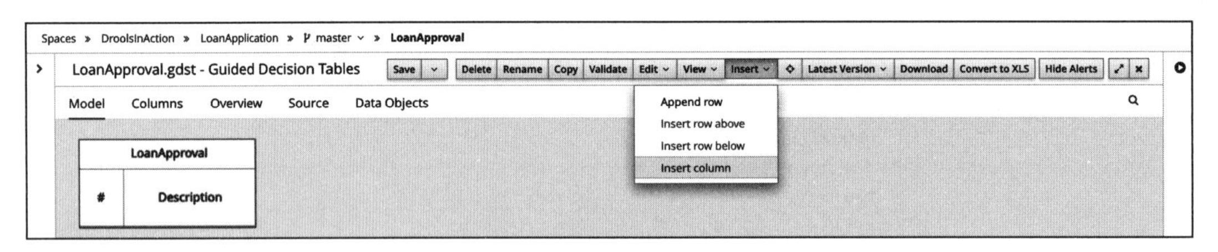

图 11-41　添加规则表列定义

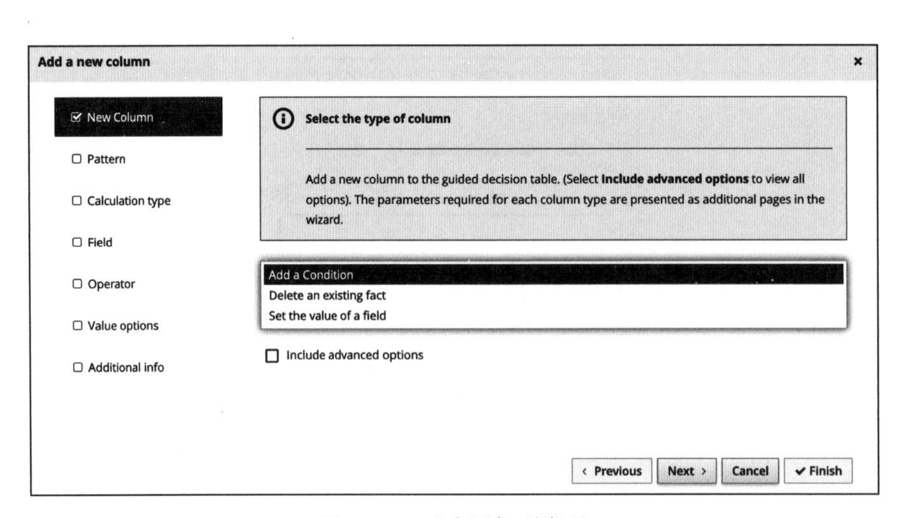

图 11-42　选中添加列类型

在模式匹配配置页面单击 Create a new Fact Pattern 按钮添加新的规则匹配条件。在弹出窗口中下拉并选择事实数据类型 Loan，绑定到变量 loan，如图 11-43 所示，单击 OK 按钮确认，再单击 Next 按钮继续。

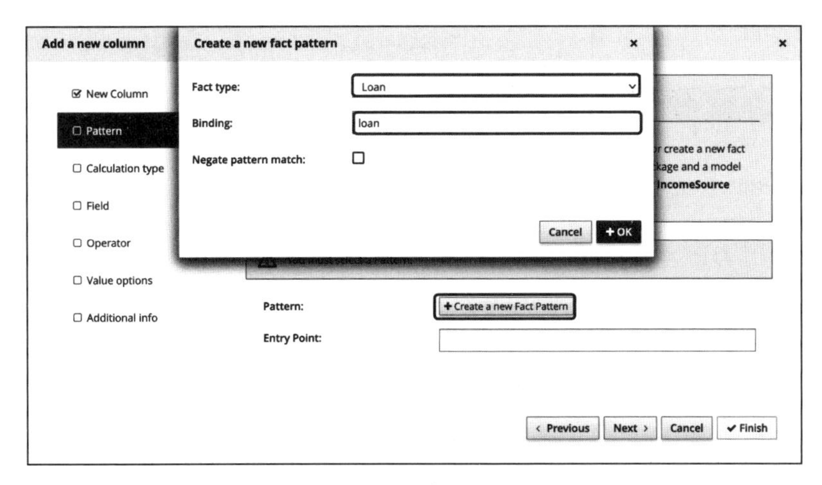

图 11-43 创建模式匹配

在计算类型配置页面，选中 Literal value，如图 11-44 所示。单击 OK 按钮确认，再单击 Next 按钮继续。

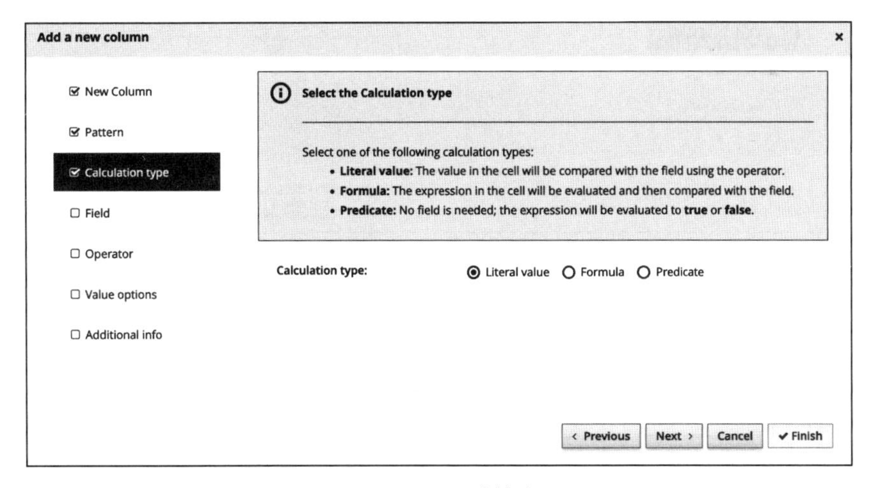

图 11-44 配置计算类型

在列属性配置页面上，下拉并选择 Loan 对象的 amount 属性作为添加条件列的规则判断，如图 11-45 所示，再单击 Next 按钮继续。

在系统的操作符配置页面上，下拉并选择 greater than（大于）操作符，如图 11-46 所示，单击 Next 按钮继续。

在系统的列值配置页面上，直接单击 Next 按钮继续，如图 11-47 所示。

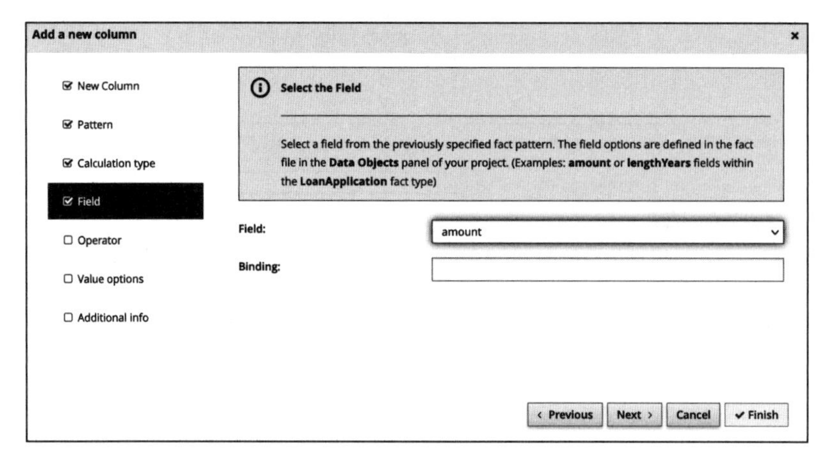

图 11-45　选择规则判断的对象属性

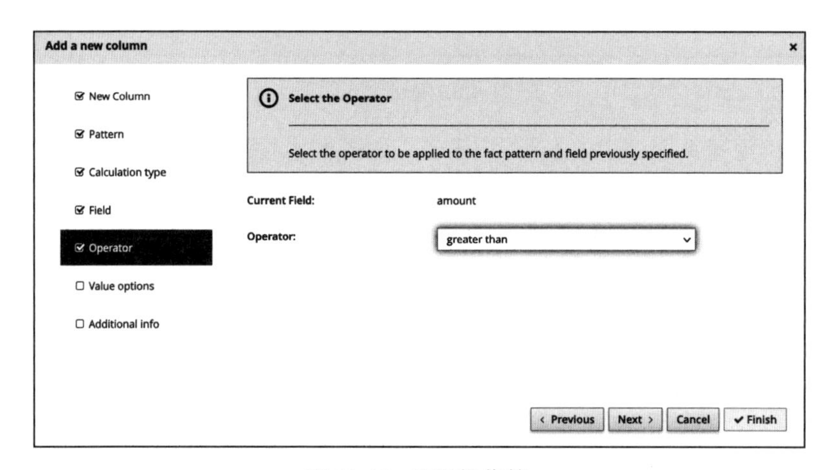

图 11-46　配置操作符

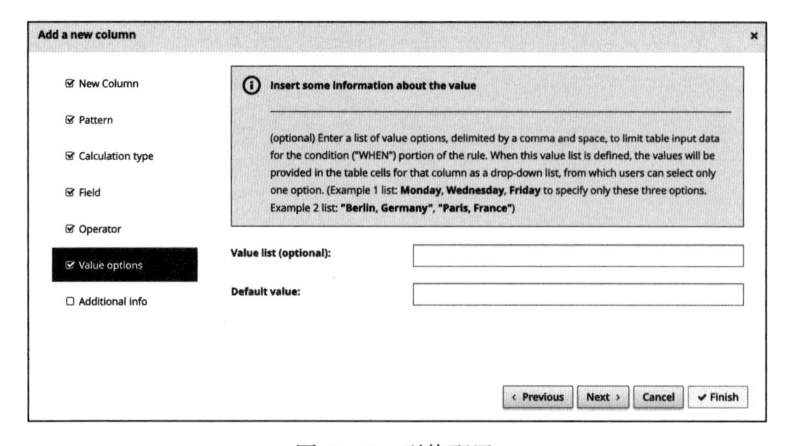

图 11-47　列值配置

在系统的列头配置页面上，在Header(description)字段输入“金额 >”，单击Finish按钮完成规则表新列的添加操作，如图11-48所示。

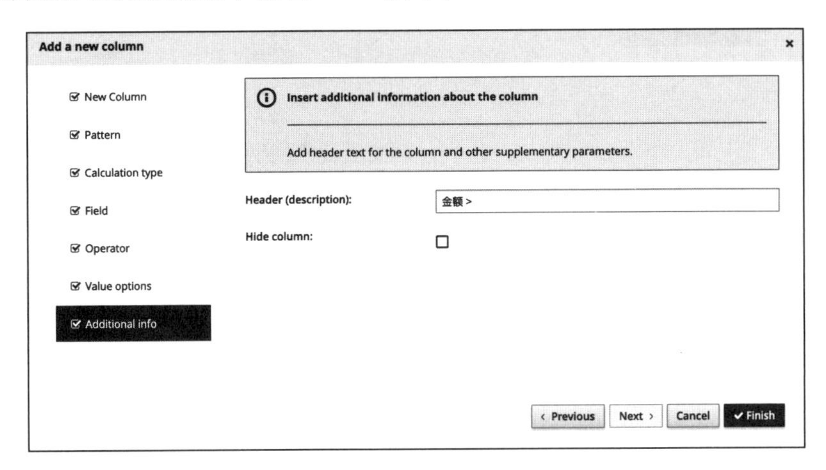

图11-48 列头配置

图11-49是添加“金额 >”列后规则表的模型编辑界面。继续单击Insert下拉菜单选择Insert column选择。

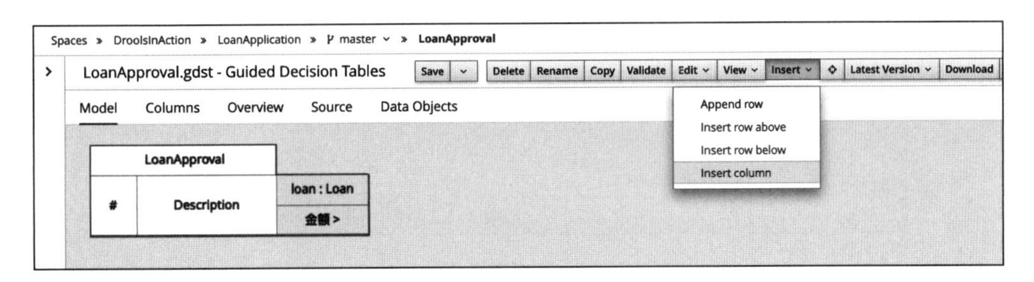

图11-49 添加规则表列定义

在系统的弹出窗口中，选择添加列的类型Add a Condition，单击Next按钮继续以进入模式匹配页面，如图11-50所示。下拉并选择Pattern为Loan[loan]，以对已存在的Loan事实对象添加新的条件判断，单击Next按钮继续。

在计算类型配置页面上，选中Literal Value，再单击Next按钮进入列属性配置页面。下拉并选择Loan对象的amount属性作为添加条件列的规则判断，再单击Next按钮进入操作符配置页面，如图11-51所示。下拉并选择操作符less than or equal to（小于或等于），单击Next按钮继续。

在系统的列值配置页面上，直接单击Next按钮进入列头定义页面，如图11-52所示。在Header(description)字段输入“金额 <=”后，单击Finish按钮完成规则表列的添加。

按照以上方式继续添加规则表的条件列，创建新的事实数据模式匹配Applicant事实对象，绑定到变量applicant，如图11-53所示。

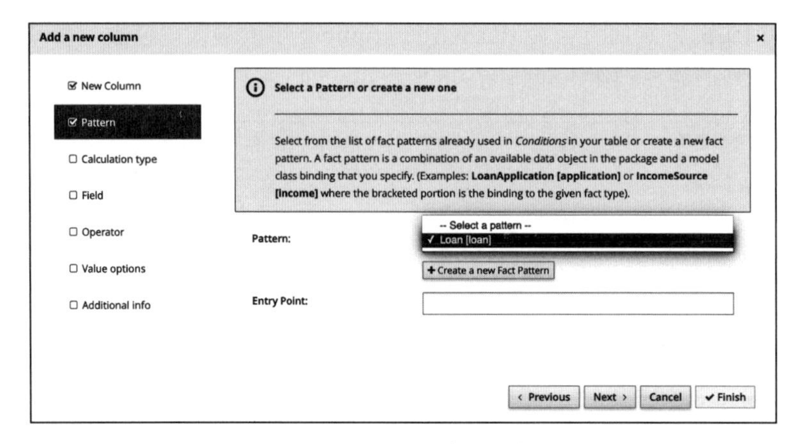

图 11-50　添加列条件判断

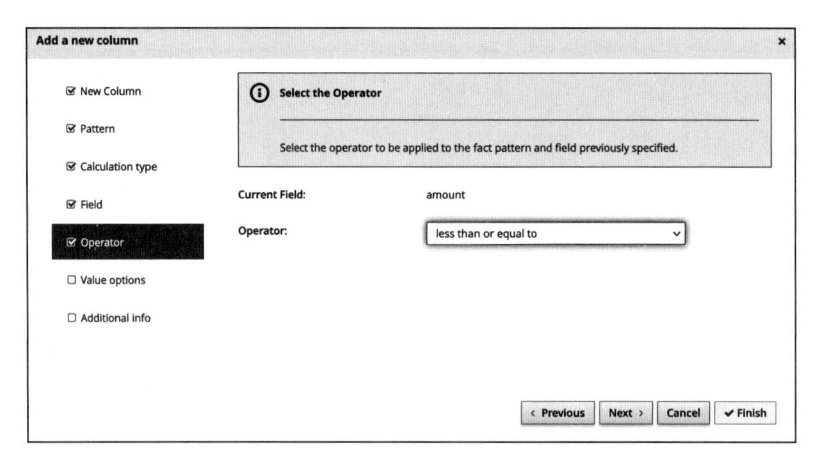

图 11-51　操作符配置页面

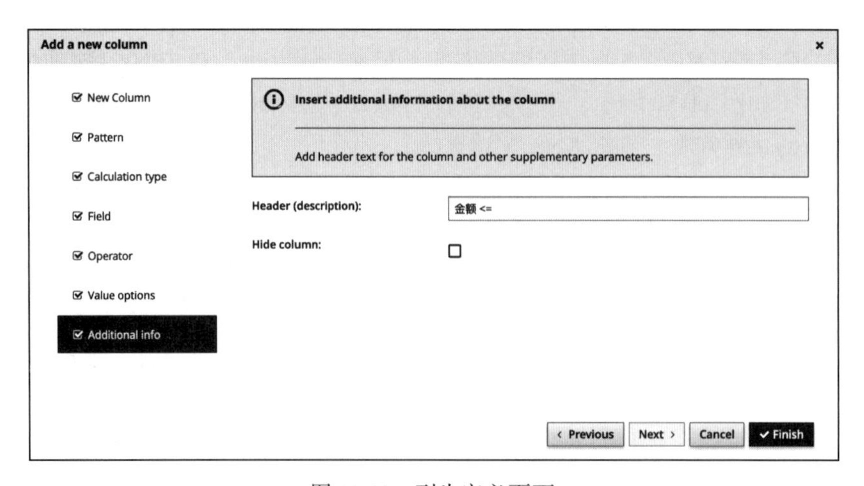

图 11-52　列头定义页面

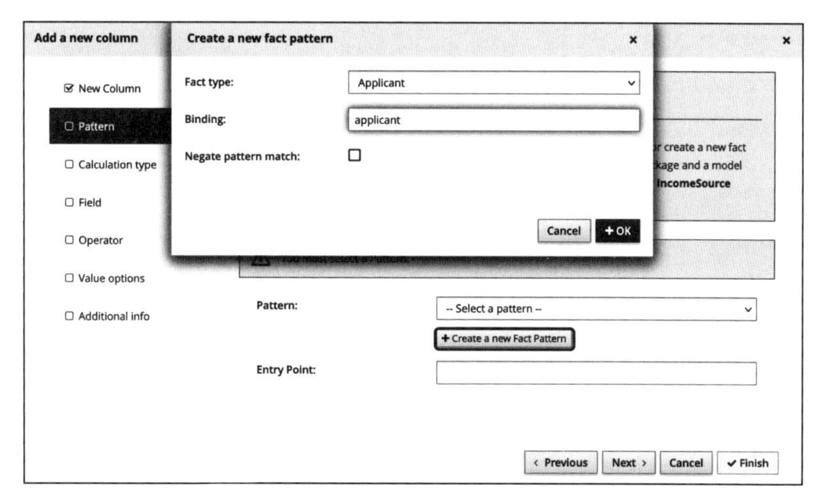

图 11-53　添加 Applicant 模式匹配

在系统的计算类型配置页面上，选择计算的类型为 Predicate（谓词），如图 11-54 所示。

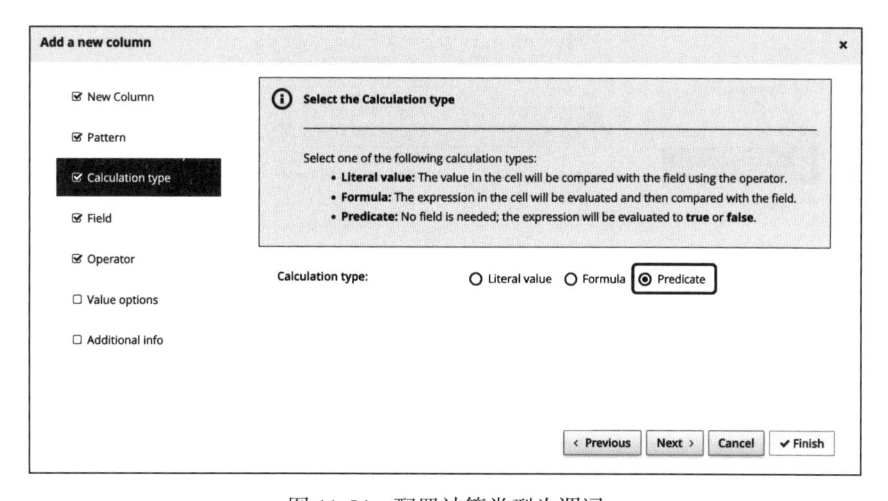

图 11-54　配置计算类型为谓词

在系统的条件判断值属性页面上输入如下 Field 值，如图 11-55 所示。

```
100*(loan.getMonthlyRepayment()/this.getMonthlyIncome()) $param
```

在系统的操作符配置页面上，直接单击 Next 按钮继续，如图 11-56 所示。

在系统的列头配置页面上的 Header(description) 字段输入“负债率 (%)”，如图 11-57 所示，单击 Finish 按钮完成规则表的列添加。

参照已添加的列“金额 >”和“金额 <=”，为 Applicant 事实对象的 creditScore 属性添加“信用评分 >”和“信用评分 <=”条件判断列，图 11-58 是添加后的规则表模型编辑页面。

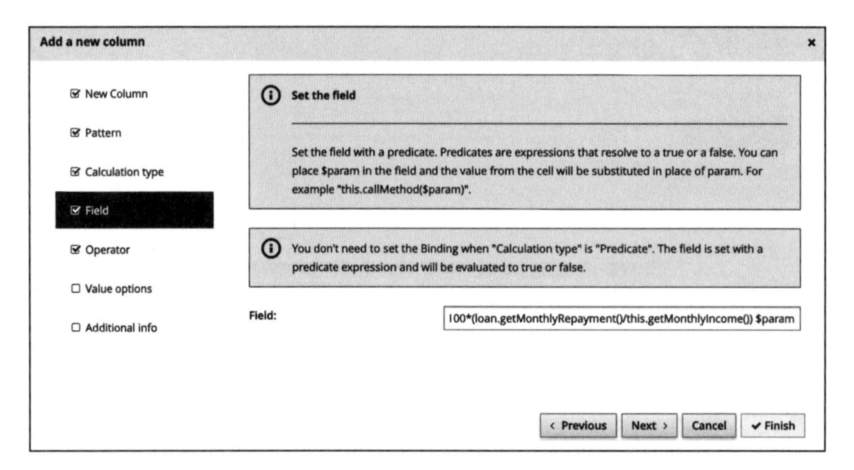

图 11-55　配置条件判断列属性值

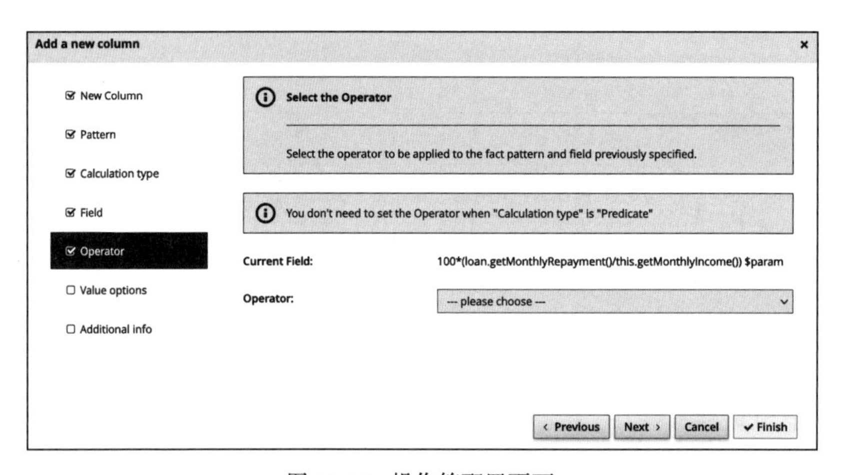

图 11-56　操作符配置页面

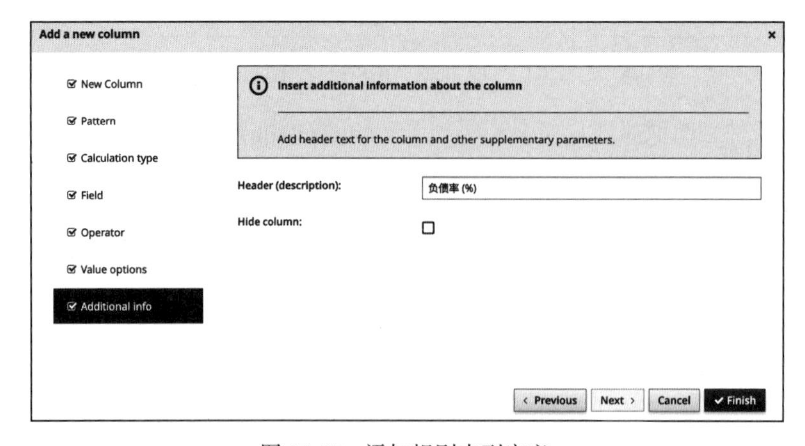

图 11-57　添加规则表列定义

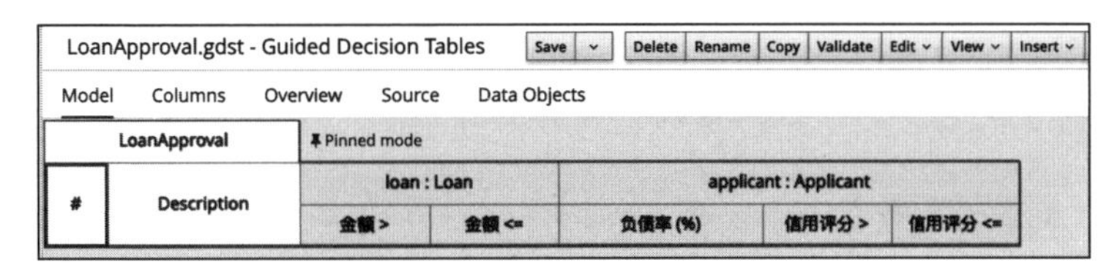

图 11-58 规则表模型编辑页面

继续添加新的列，选择新增列的类型 Set the value of a field（动作列），如图 11-59 所示，单击 Next 按钮继续。

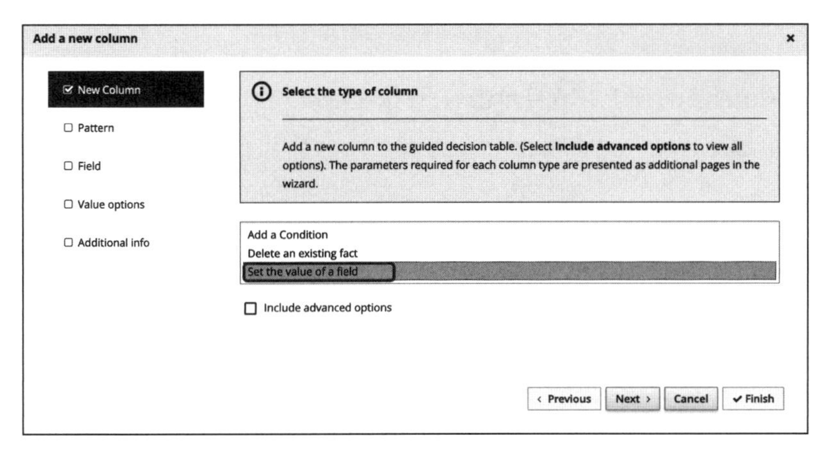

图 11-59 添加规则表的动作列

在系统的模式匹配配置页面上，在 Pattern 字段下拉并选择 Loan[loan]，如图 11-60 所示，单击 Next 按钮继续。

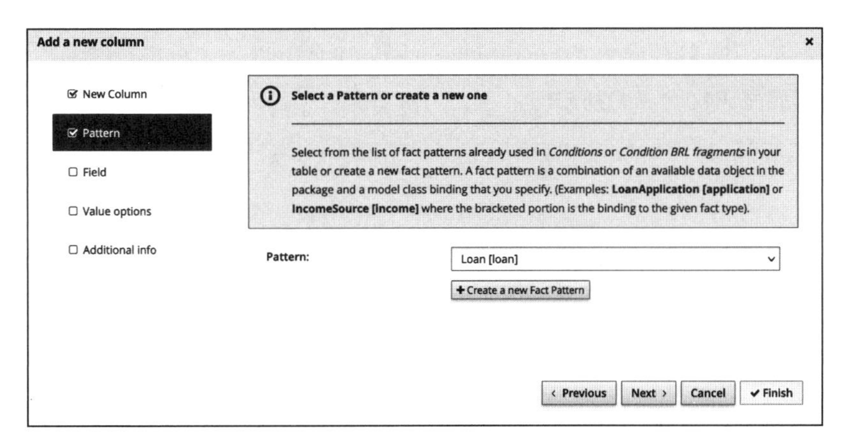

图 11-60 添加规则表列定义

在系统的列属性配置页面上，下拉并选择 Loan 对象的 approved 属性作为添加条件列的规则判断，如图 11-61 所示，再单击 Next 按钮继续。

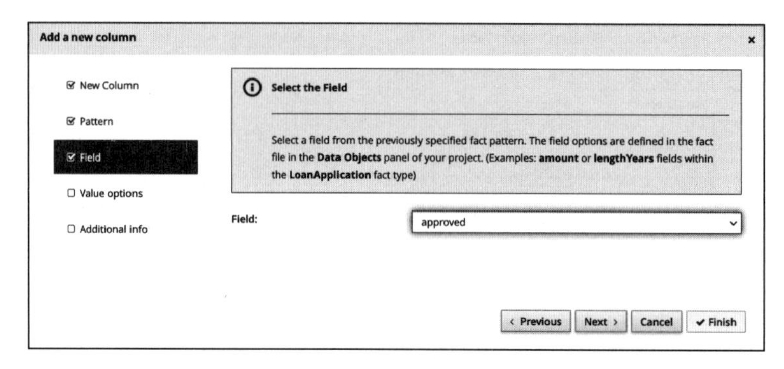

图 11-61 添加规则表列定义

在系统的列值配置页面上，直接单击 Next 按钮继续，如图 11-62 所示。

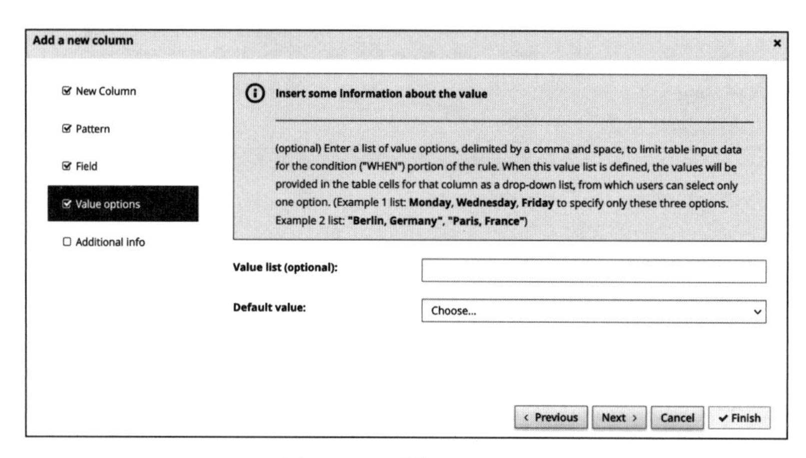

图 11-62 列值配置页面

在系统的列头配置页面上的 Header(description) 字段输入“批准”，如图 11-63 所示。单击 Finish 按钮完成规则表的列添加。

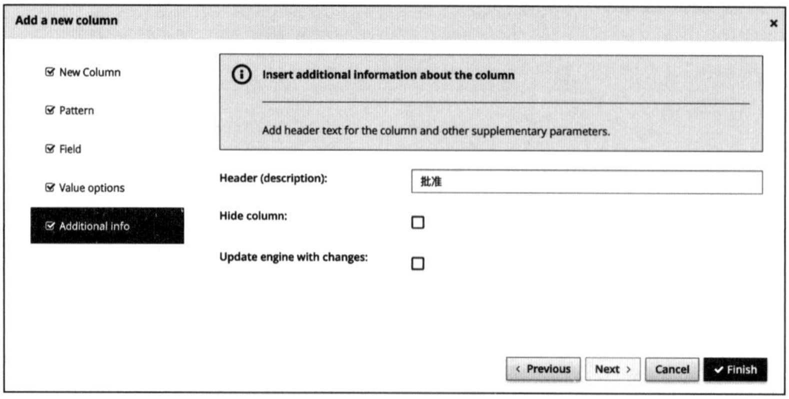

图 11-63 列头配置页面

继续为事实对象 Loan 的属性 comment 添加动作列。在列的值属性页面添加如下的可选列值，如图 11-64 所示。

```
"信用评分不足","信用评分满足","负债率过高","金额过低","金额过高"
```

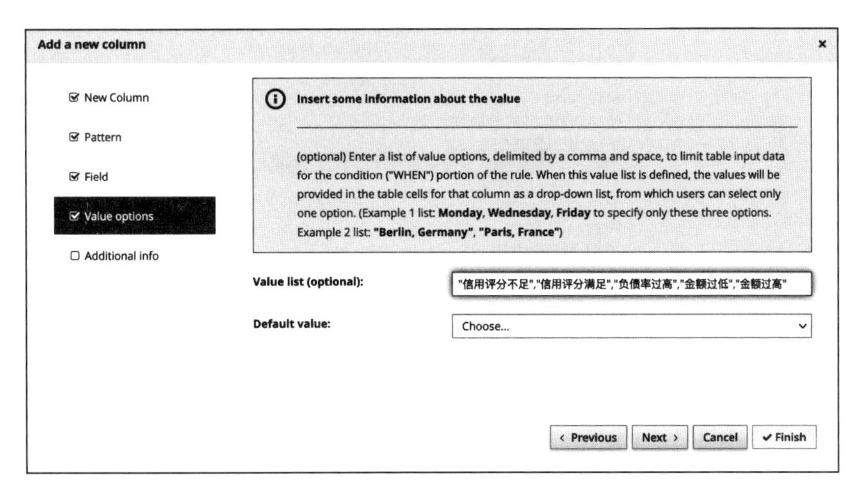

图 11-64 列值配置页面

在系统的列头配置页面上的 Header(description) 字段输入“说明”，如图 11-65 所示，单击 Finish 按钮完成规则表的列添加。

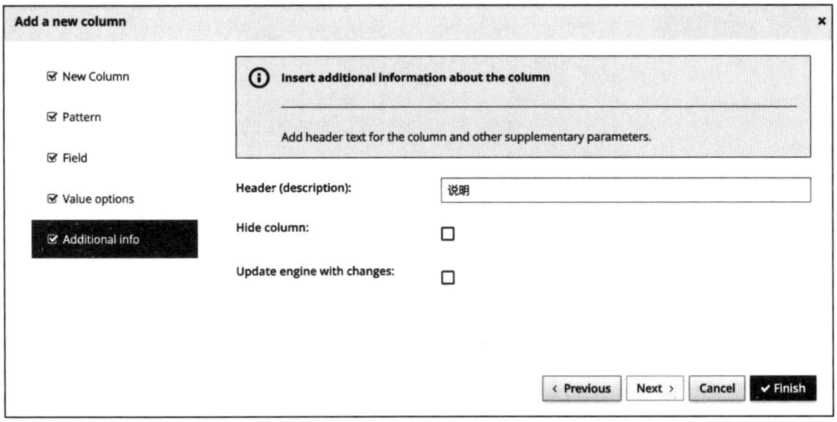

Add a new column

New Column
Pattern
Field
Value options
Additional info

Insert additional information about the column

Add header text for the column and other supplementary parameters.

Header (description): 说明

Hide column:

Update engine with changes:

Previous Next Cancel Finish

图 11-65 配置列头信息

继续在规则表模型编辑页面上添加新的列。在列类型选择页面上，选中 Include advanced options（包含高级选项）选项，系统将显示完整的列类型列表，如图 11-66 所示。选择 Add an Action BRL fragment，单击 Next 按钮继续。

在系统的规则模型配置页面上，单击 THEN 右侧的加号图标，添加新的规则动作，如图 11-67 所示。

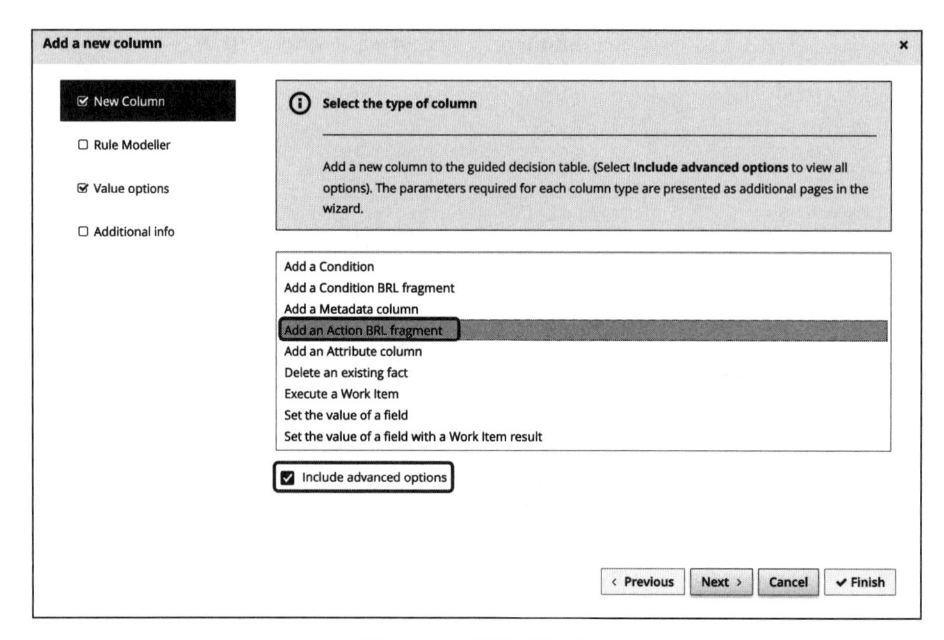

图 11-66 列类型选择

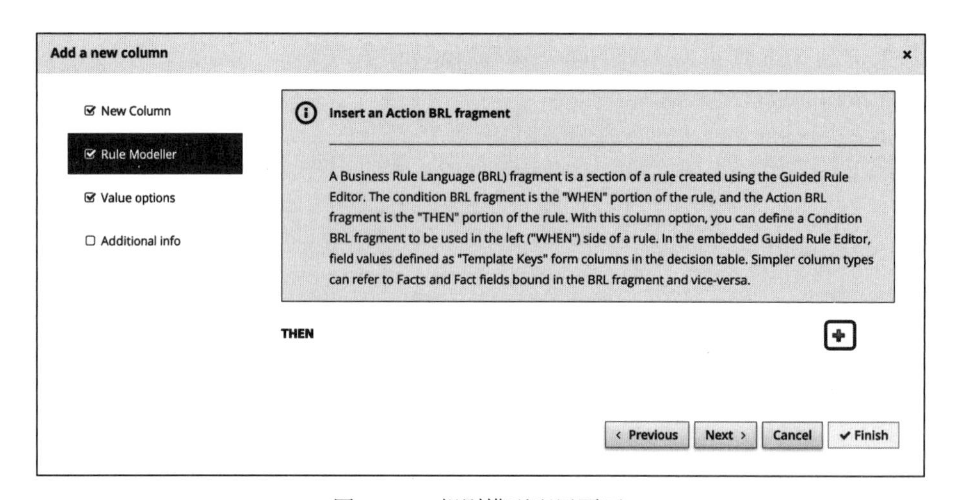

图 11-67 规则模型配置页面

在弹出的规则动作配置页面上，选择 Add free form DRL，单击 OK 按钮确认，如图 11-68 所示。

在系统返回的规则模型配置页面上，输入如下规则动作语句，如图 11-69 所示。单击 Next 按钮继续。

```
System.out.println("Rule fired : [" + drools.getRule().getName()+"]");
```

在系统的列属性值配置页面，下拉并选择 true，如图 11-70 所示，单击 Next 按钮继续。

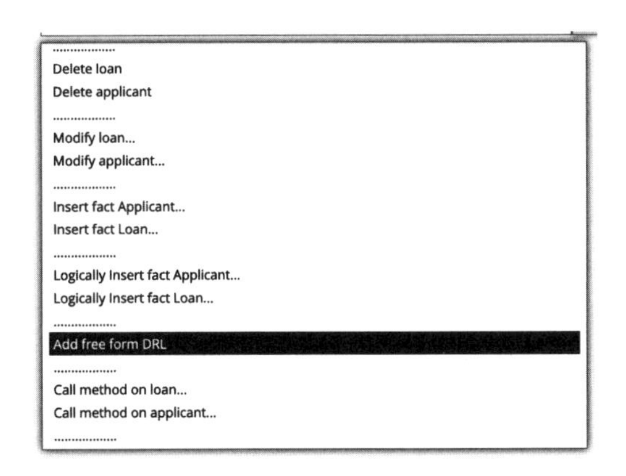

图 11-68　规则动作配置页面

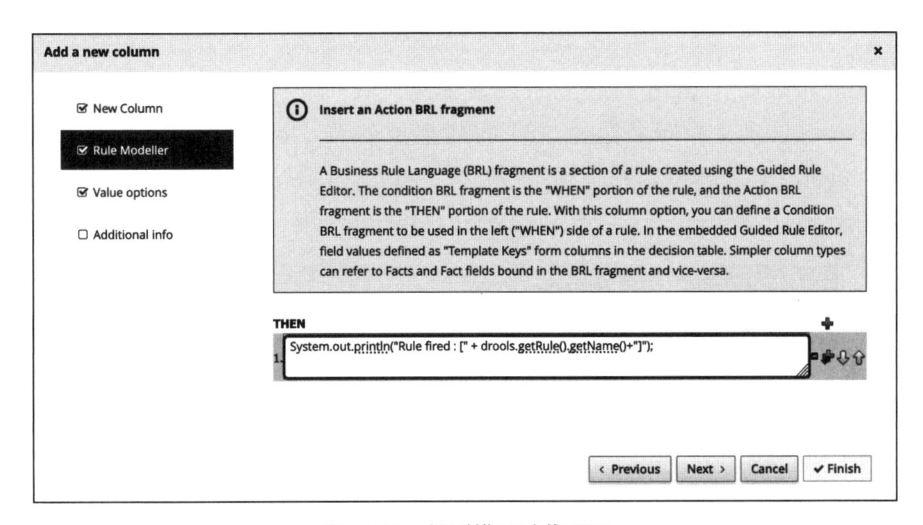

图 11-69　规则模型动作配置

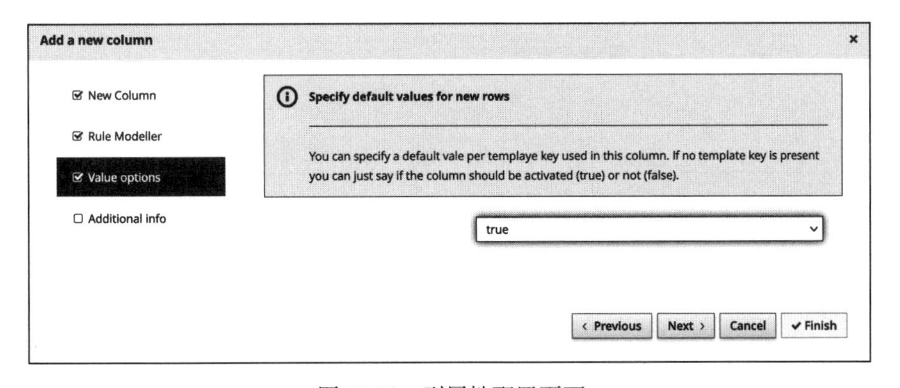

图 11-70　列属性配置页面

在系统的列头配置页面上的 Header (description) 字段输入"日志输出规则名称"，勾选

Hide column（隐藏列），单击 Finish 按钮完成规则表列的添加，如图 11-71 所示。

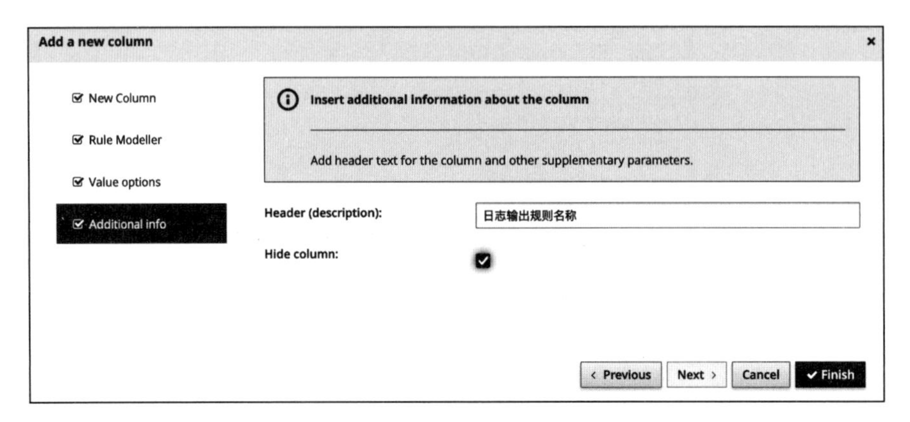

图 11-71 列头配置

继续在规则表模型编辑页面上添加新的列。在列类型选择页面上，选中 Include advanced options 选项，系统将显示完整的列类型列表，如图 11-72 所示。选择 Add an Attribute column，单击 Next 按钮继续。

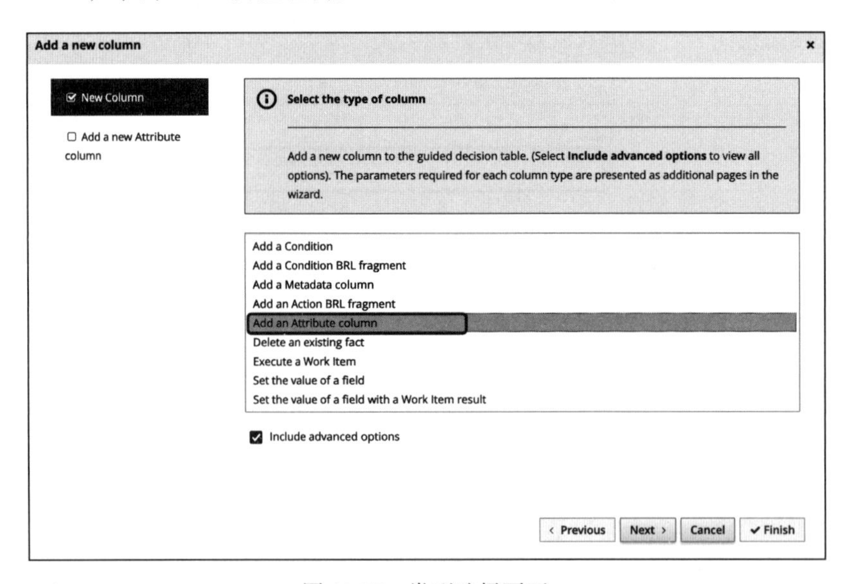

图 11-72 类型选择页面

在系统的属性列配置页面上，选择 Ruleflow-group，如图 11-73 所示。单击 Finish 按钮返回规则表模型定义页面。

在规则表模型定义页面上，单击 Columns 标签切换到列定义页面，如图 11-74 所示。在 ruleflow-group 的 Default value 字段输入“approval”，将该列的默认规则组配置为 approval，并勾选 Hide column 选项将该列配置为隐藏列。

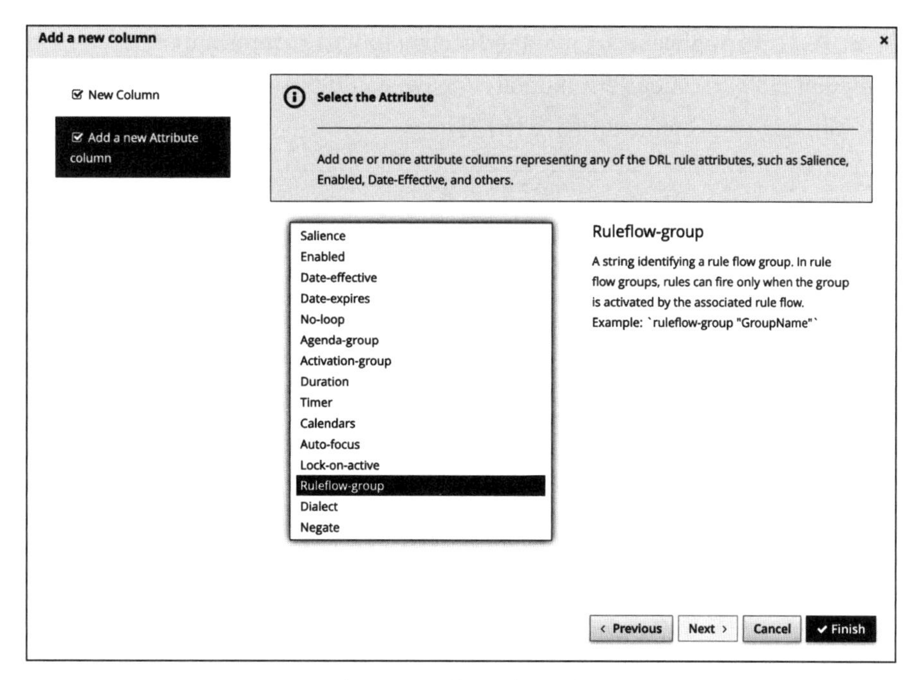

图 11-73 属性列类型选择

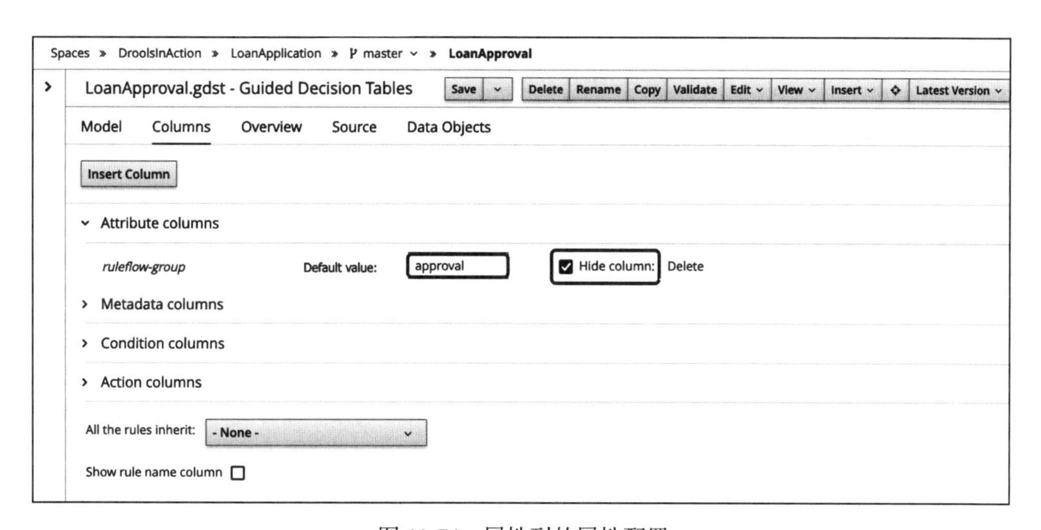

图 11-74 属性列的属性配置

在规则表模型定义页面上，单击 Insert 下拉菜单并选择 Append row 选项，以在规则表中添加新规则，如图 11-75 所示。

根据表 11-3 给出的贷款申请审批规则完成规则的定义。图 11-76 是完整的贷款申请审批规则定义。

根据规则的定义，添加 TestLoanApproval 测试场景，如图 11-77 所示。添加测试用例，指定输入数据 Applicant → monthlyIncome(10000)、Applicant → creditScore(600)、Loan → amount(450000)，Loan → monthlyRepayment(2000)，指定期望结果值 Loan → approved(true)、Loan → comment(信用评分满足)。

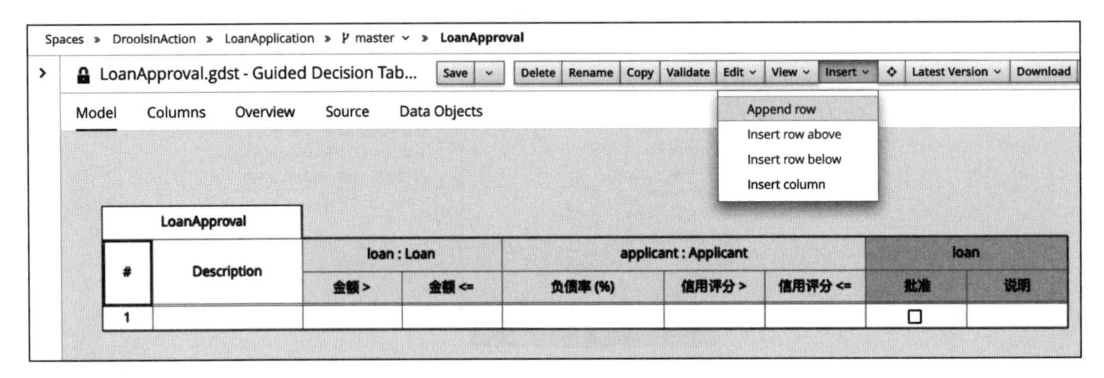

图 11-75　添加规则表中的规则

Model　Columns　Overview　Source　Data Objects

LoanApproval　Pinned mode

#	Description	loan : Loan		applicant : Applicant			loan	
		金额 >	金额 <=	负债率 (%)	信用评分 >	信用评分 <=	批准	说明
1	拒绝 - 金额过低		1000				☐	"金额过低"
2	拒绝 - 金额过高	1000000					☐	"金额过高"
3	拒绝 - 负债率过高	1000	1000000	> 30			☐	"负债率过高"
4	拒绝 - 信用评分不足	1000		<= 30		300	☐	"信用评分不足"
5	批准 - 信用评分满足	1000	100000	<= 30	300		☑	"信用评分满足"
6	拒绝 - 信用评分不足	100000	400000	<= 30		400	☐	"信用评分不足"
7	批准 - 信用评分满足	100000	400000	<= 30	400		☑	"信用评分满足"
8	拒绝 - 信用评分不足	400000	500000	<= 30		500	☐	"信用评分不足"
9	批准 - 信用评分满足	400000	500000	<= 30	500		☑	"信用评分满足"
10	拒绝 - 信用评分不足	500000	1000000	<= 30		700	☐	"信用评分不足"
11	批准 - 信用评分满足	500000	1000000	<= 30	700		☑	"信用评分满足"

图 11-76　完整的贷款申请审批规则定义

TestLoanApproval.scesim - Test Scenarios

Model　Background　Overview　Data Objects

#	Scenario description	GIVEN				EXPECT	
		Applicant		Loan		Loan	
		monthlyIncome	creditScore	amount	monthlyRepayment	approved	comment
1	*Insert value*	10000	600	450000	2000	true	信用评分满足

图 11-77　TestLoanApproval 测试场景

单击测试场景右侧的 Settings 菜单展开配置编辑页面。选中 Stateless Session 选项，输入规则组名称 approval，如图 11-78 所示。单击三角图标运行测试用例，系统提示测试通过，如图 11-79 所示。

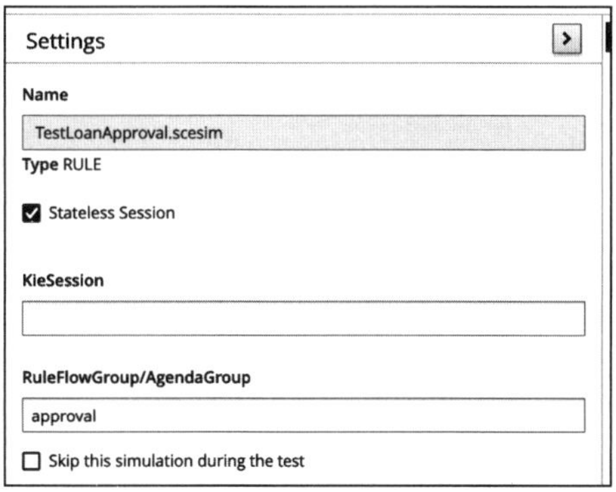

图 11-78 测试场景配置

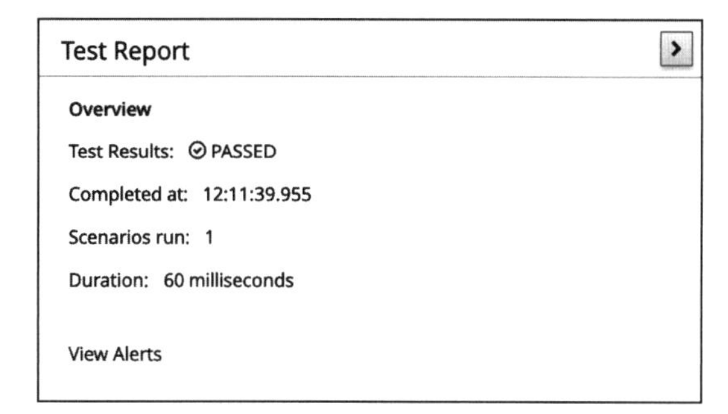

图 11-79 测试通过

6. 创建规则流

在资产创建页面通过关键字 process 过滤并选择 Business Process，如图 11-80 所示。在弹出窗口中输入规则流名称 LoanApplication，选择包 com.droolsinaction.loanapplication，单击 OK 按钮确认创建，如图 11-81 所示。

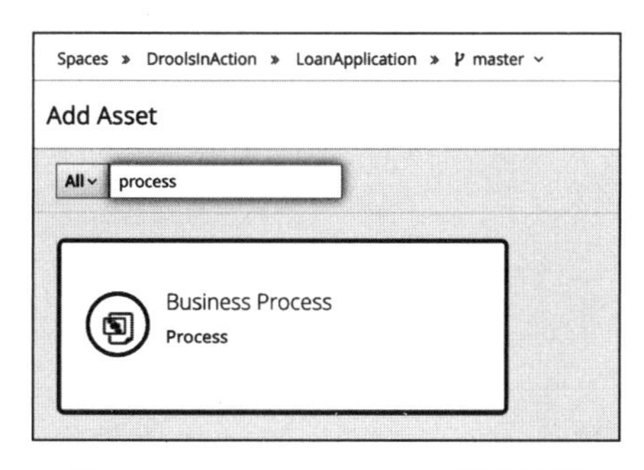

图 11-80 Business Process 资产类型

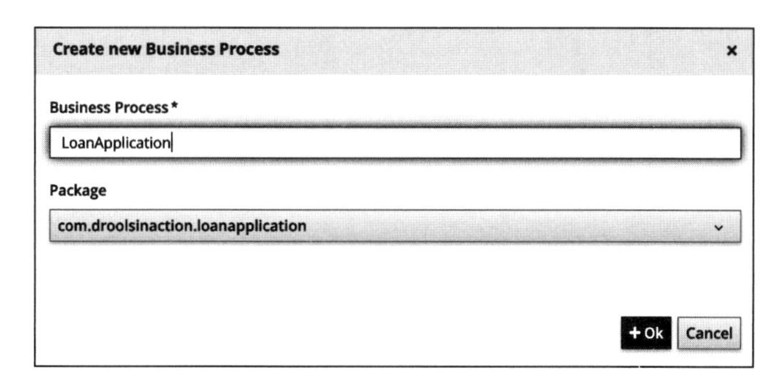

图 11-81 创建 LoanApplication 规则流

单击右侧栏的编辑图标，展开 Properties（属性）窗口，如图 11-82 所示，单击 Imports 属性下的编辑图标，进行规则流依赖包管理。

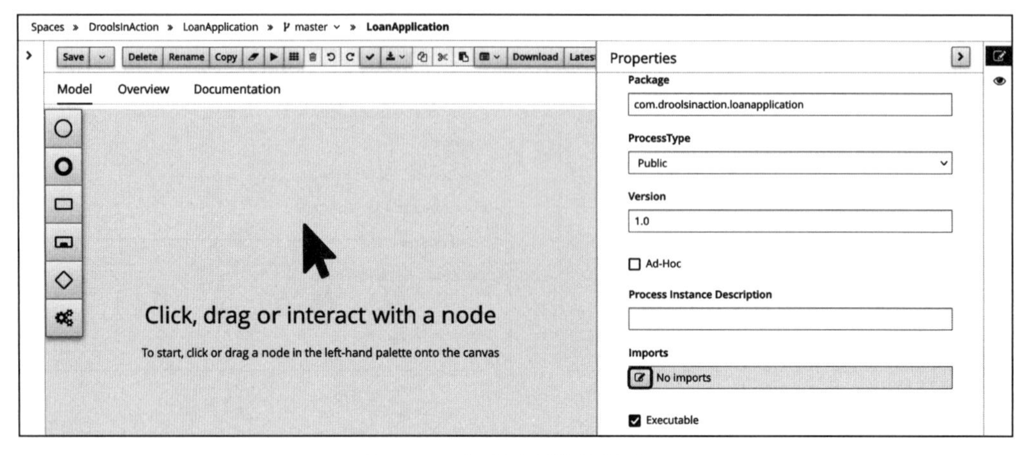

图 11-82　规则流属性编辑窗口

在弹出的 Imports 窗口中单击 Data Type Imports 右侧的 Add 按钮，如图 11-83 所示。在系统页面添加的条目中下拉并选择 Applicant 对象，如图 11-84 所示，单击 OK 按钮确认。

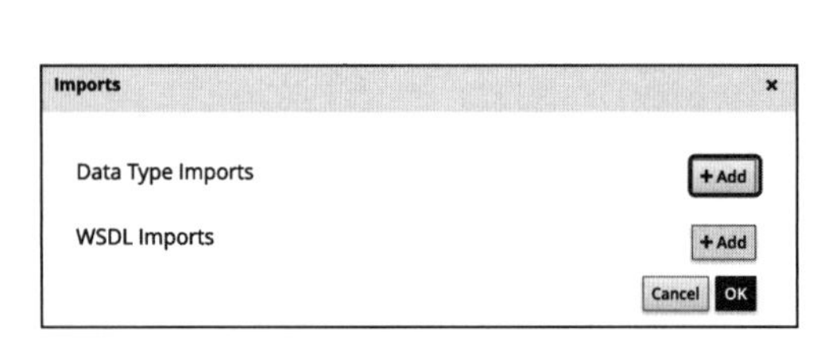

图 11-83　添加规则依赖

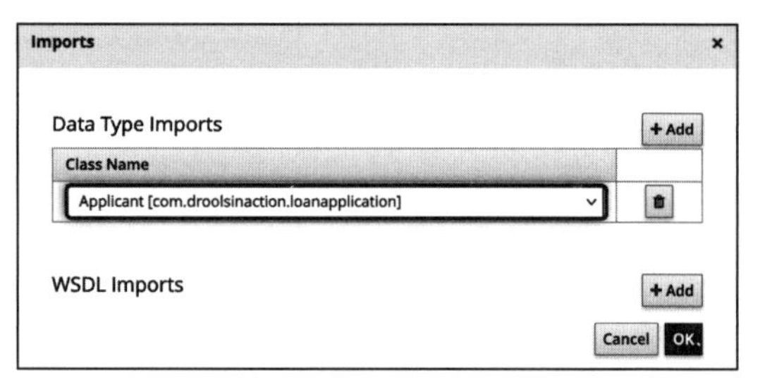

图 11-84　添加 Applicant 依赖

在规则流模型编辑页面，单击绿色圆圈图标，展开 START EVENTS 工具页，单击 Start 并将其拖动到规则流编辑画布部分，如图 11-85 所示。

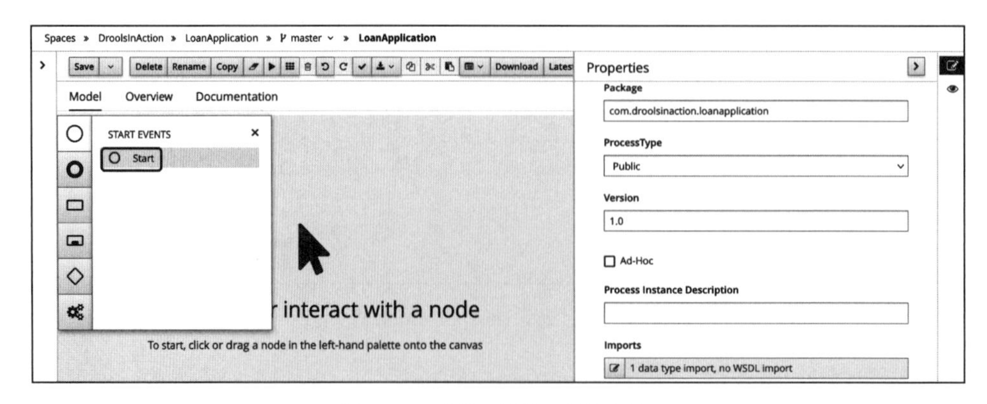

图 11-85　添加规则流开始节点

单击画布上的开始图标后，移动到空白方框图标，如图 11-86 所示。单击 Create Task 图标以创建开始节点的后续节点，如图 11-87 所示。保持新增的任务节点处于选中状态，单击该任务节点下方的 Convert into Business Rule（转换为业务规则）图标以将该任务节点转换为业务规则节点。

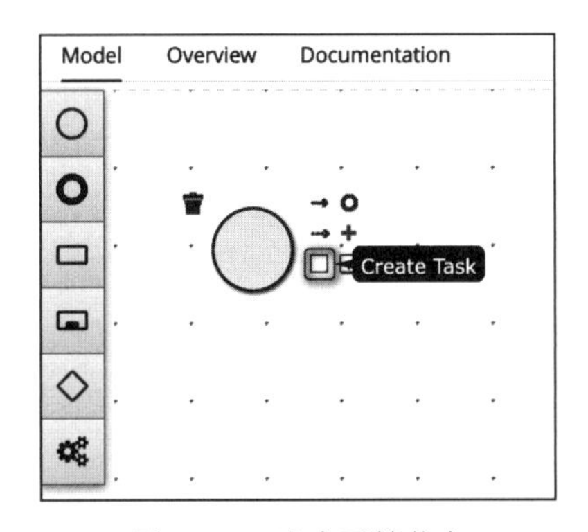

图 11-86　选中开始节点

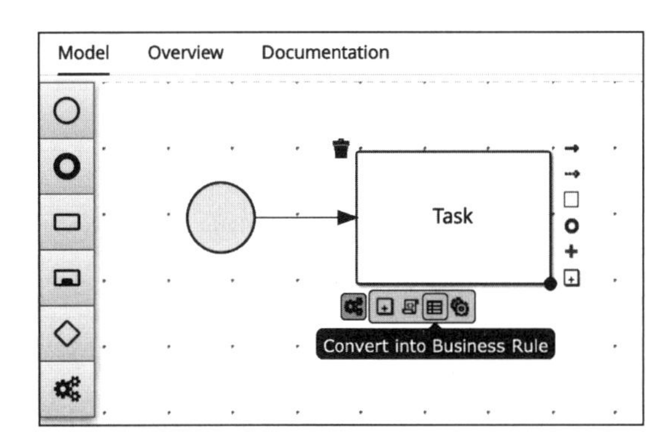

图 11-87　创建规则任务节点

保持新增任务节点处于选中状态，单击右侧栏的 Properties 图标，展开属性编辑窗口，输入属性名“初始化”。展开 Implementation/Execution 属性子项，下拉并选择规则流的组 initialization，如图 11-88 所示。

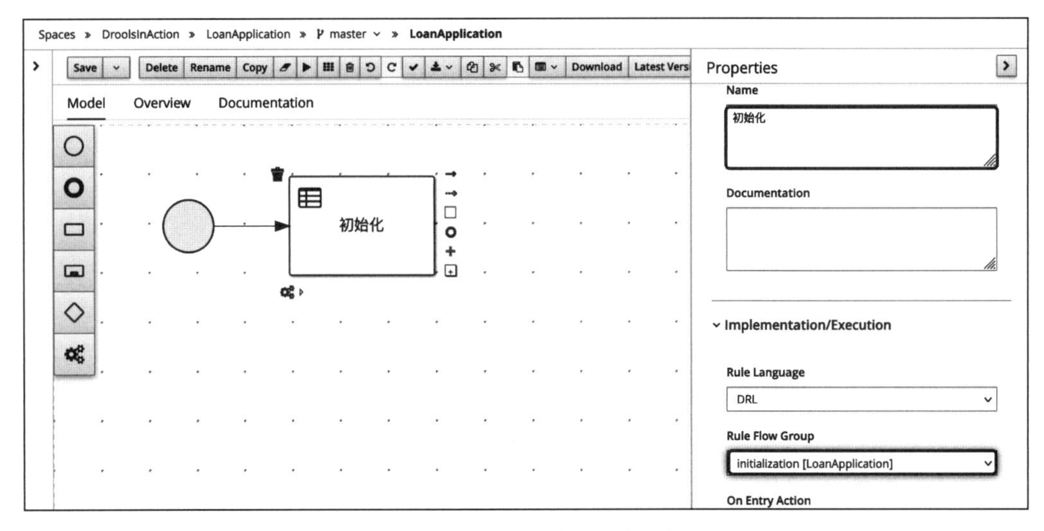

图 11-88　设置初始化节点属性

按照添加初始化节点的方式，继续添加资格检查节点，并设置该节点的名称为“资格检查”，规则组为 eligibility，如图 11-89 所示。

保持资格检查节点处于选中状态，单击该节点右侧的加号图标以添加网关节点，如图 11-90 所示。

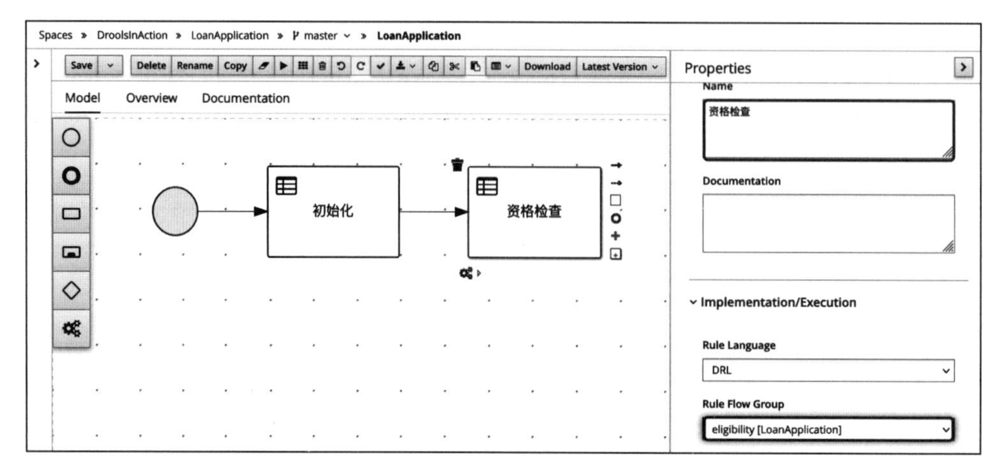

图 11-89　添加资格检查节点

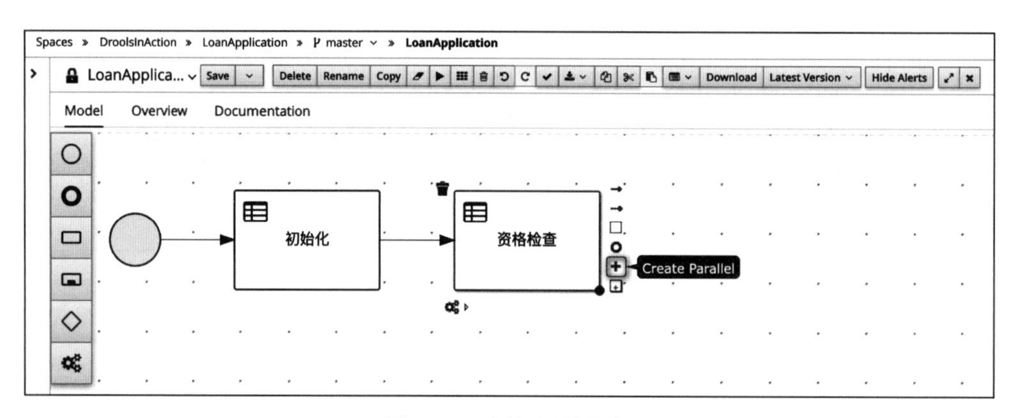

图 11-90　添加网关节点

保持新增网关节点处于选中状态，鼠标单击网关节点下方的 Convert into Exclusive 图标以将该节点转换为互斥网关，如图 11-91 所示。

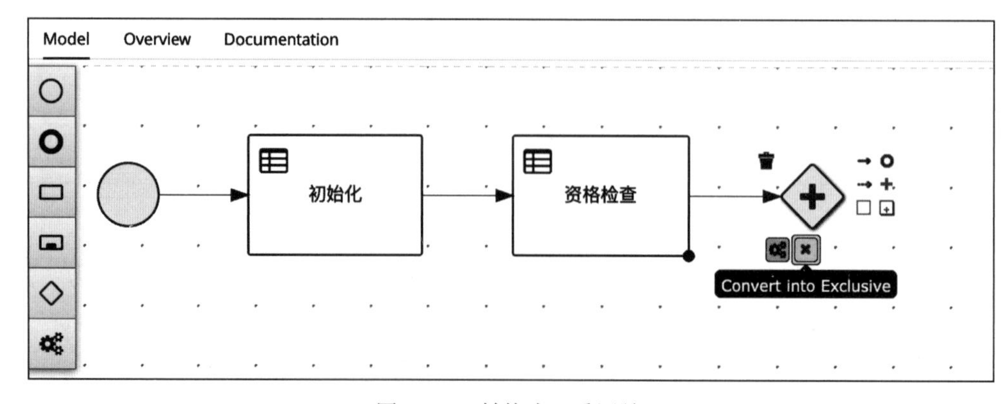

图 11-91　转换为互斥网关

保持网关节点处于选中状态，单击该节点右侧的 Create End 图标以添加结束节点，如图 11-92 所示。

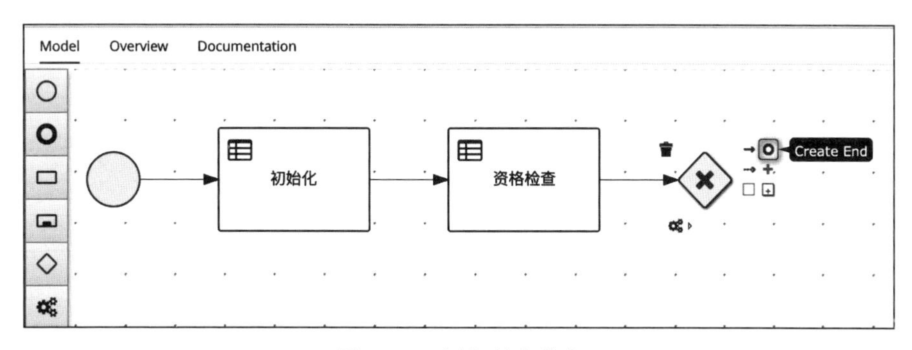

图 11-92　添加结束节点

选中网关节点和结束节点之间的连线，单击右侧属性栏中的编辑图标以编辑该连线的属性，如图 11-93 所示。输入该连线的名称“否”。展开 Implementation/Execution 属性子项，在 Condition Expression 的配置子项中选择 Expression（表达式），下拉选择判断条件的语言为 DROOLS，输入以下表达式作为判断条件：

```
a: Applicant( eligible == false )
```

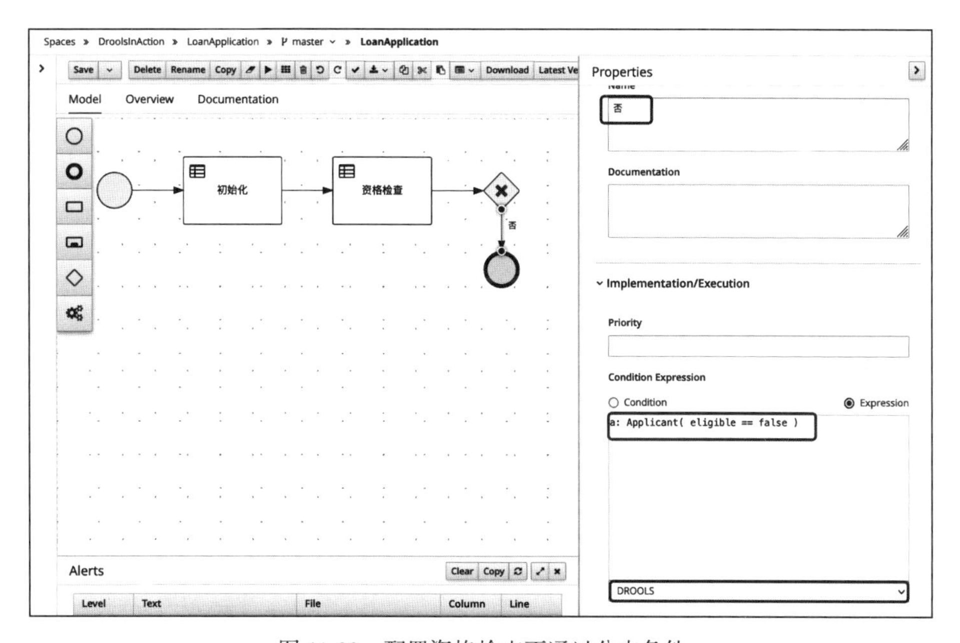

图 11-93　配置资格检查不通过分支条件

单击网关并保持网关处于选中状态，单击该网关右侧的 Create Task 图标以添加该网关的后续关联节点，如图 11-94 所示。

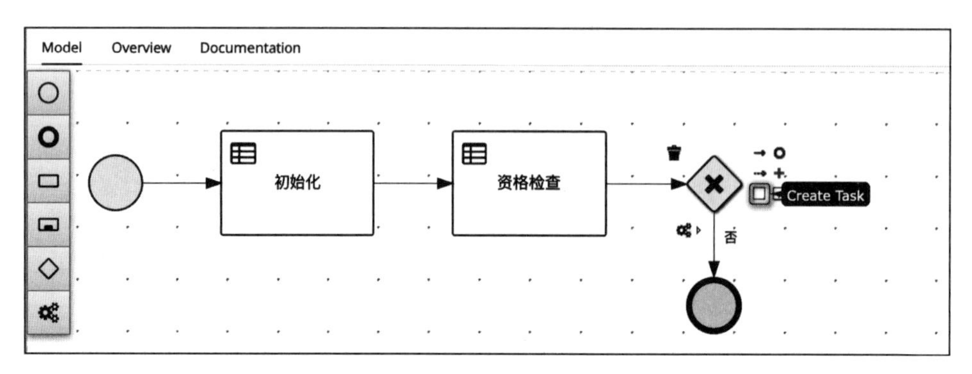

图 11-94 添加网关的后续节点

保持新增任务节点处于选中状态，鼠标单击该任务节点下方的 Convert into Business Rule 图标，以将该任务节点转换为业务规则节点，如图 11-95 所示。

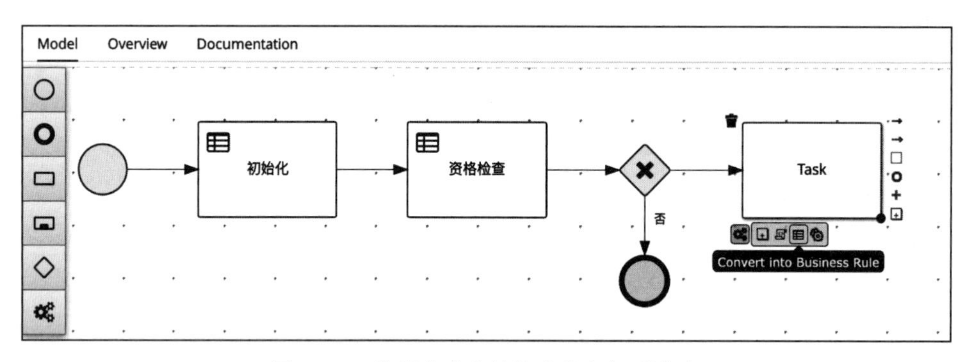

图 11-95 将任务节点转换为业务规则节点

保持新增节点处于选中状态，展开属性页后，将该节点的名称修改为“计算利率”。将该节点的规则流组配置为 calculation，如图 11-96 所示。

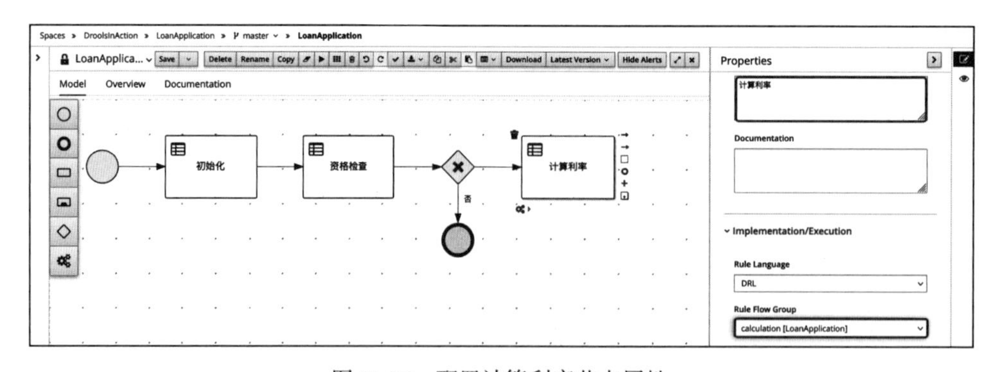

图 11-96 配置计算利率节点属性

单击并选中网关节点和计算利率节点之间的连线，在属性配置页面中配置该连线的名称为“是”，如图 11-97 所示。

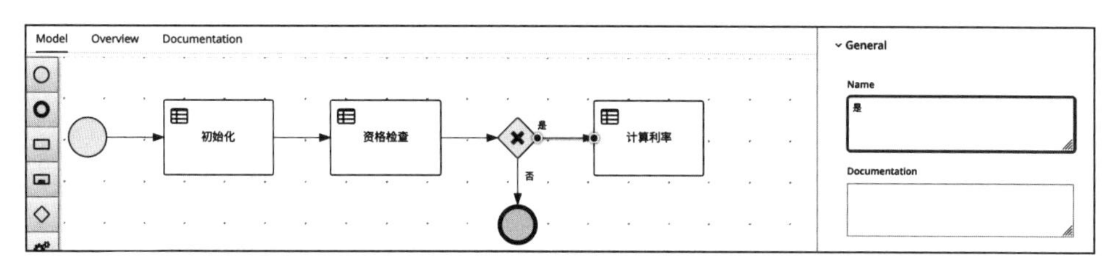

图 11-97 配置资格检查通过分支名称

单击并选中网关节点，在属性页面上配置该网关默认路由到计算利率节点，如图 11-98 所示。

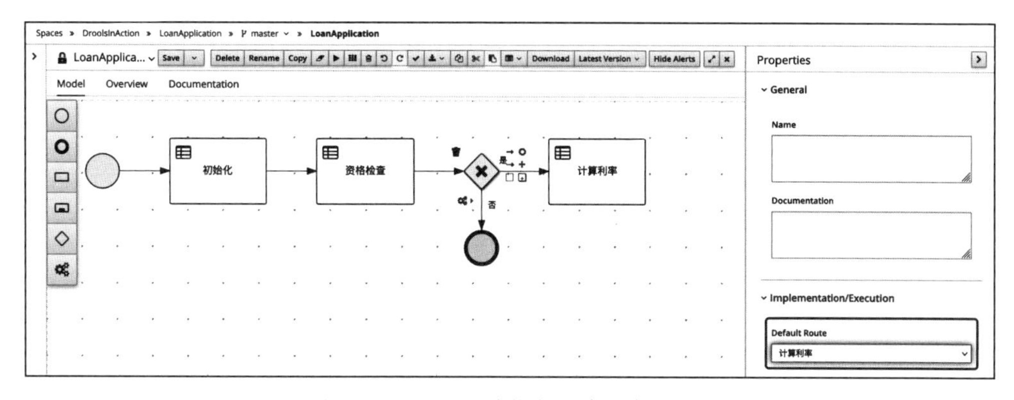

图 11-98 配置网关节点的默认路由节点

继续添加计算利率节点后续的审批节点，如图 11-99 所示，节点名称为“审批”，节点规则流的组为 approval。

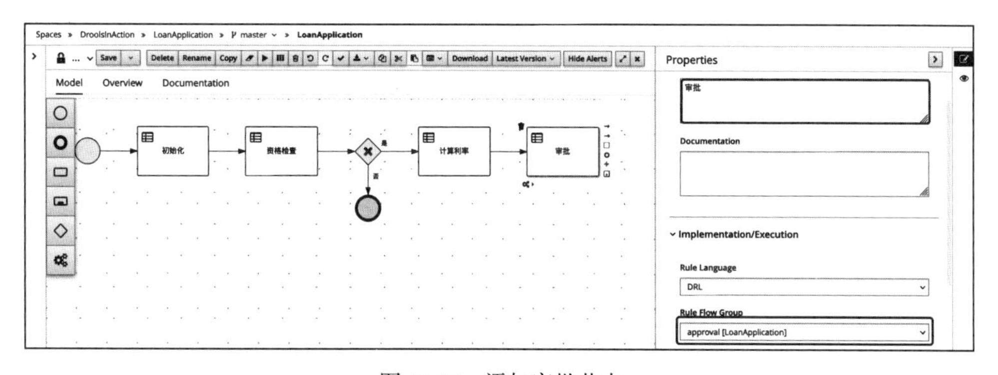

图 11-99 添加审批节点

继续添加审批节点的后续规则流结束节点，如图 11-100 所示，单击 Save 按钮保存。

单击导航栏中的项目名称 LoanApplication 返回到项目配置页面，然后导航到 Setting → KIE bases 配置页面，如图 11-101 所示，单击 Add KIE base。

在弹出的窗口中输入 KIE base 的名称 default-kbase。选择事件处理模式 Cloud，如图 11-102 所示。

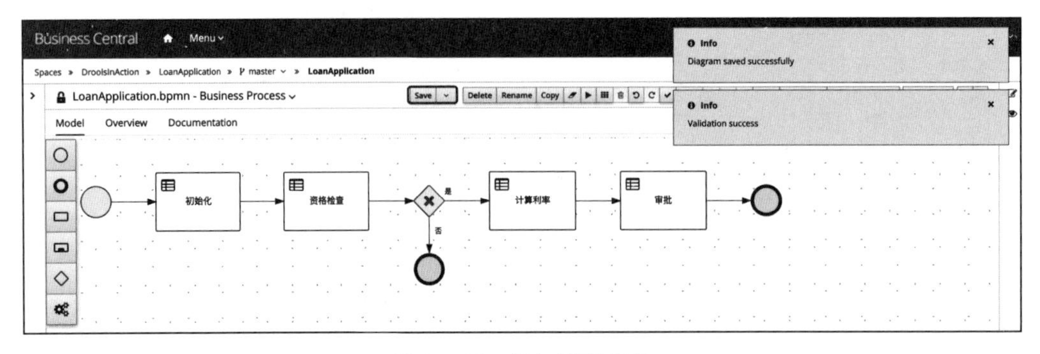

图 11-100 添加结束节点

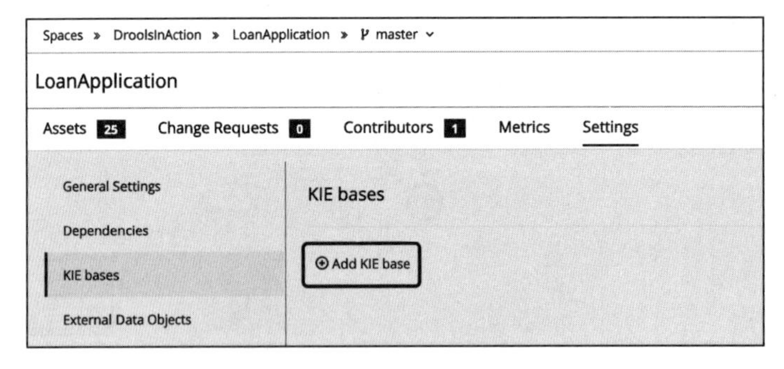

图 11-101 添加 KIE base 入口

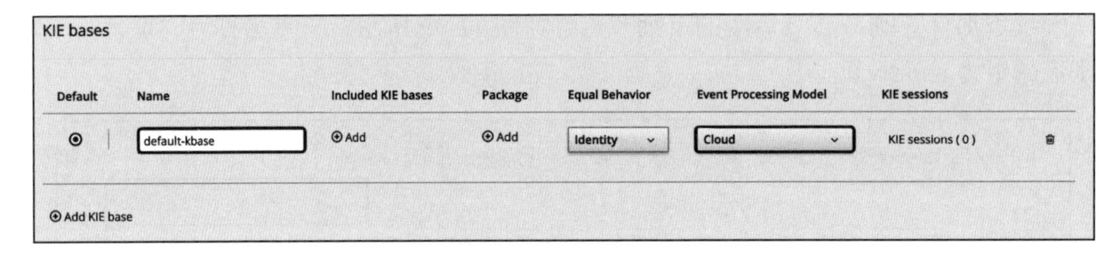

图 11-102 添加 default-kbase

单击 KIE sessions(0)，在弹出窗口中单击 Add KIE session，如图 11-103 所示。

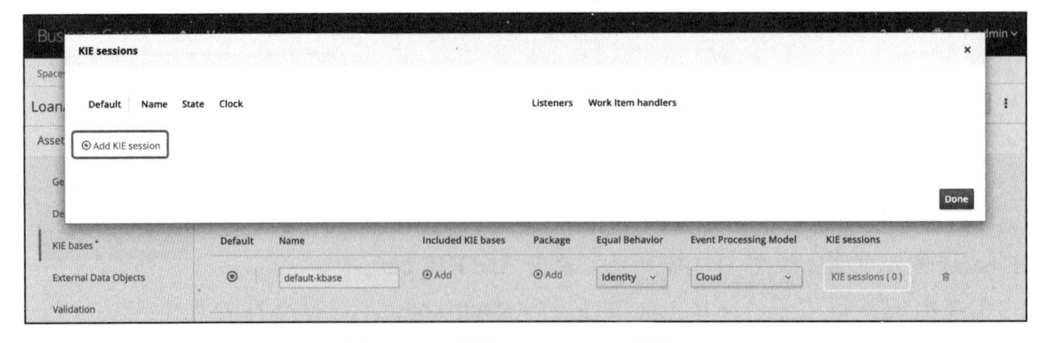

图 11-103 添加 KIE session 的入口

在新增的条目中输入名称 default-ksession，输入类别 stateless，如图 11-104 所示。

单击 Done 按钮确认后，系统将返回项目配置页面，如图 11-105 所示。单击 Save 按钮保存项目的配置。

图 11-104　添加 default-ksession

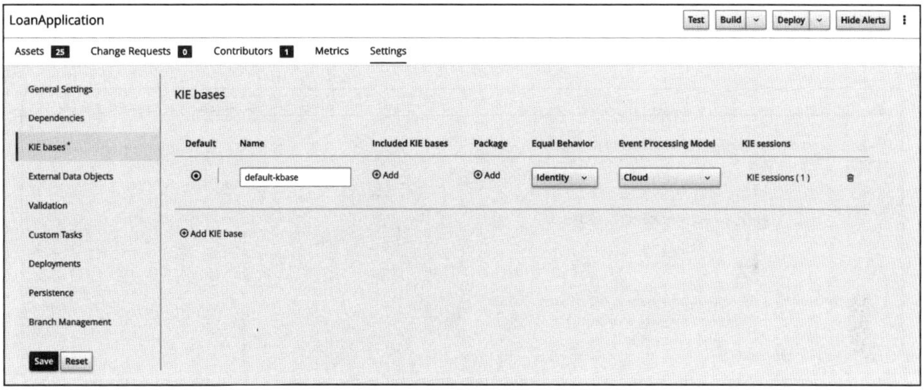

图 11-105　已添加 default-ksession

项目配置保存后，单击 Deploy 按钮发布 LoanApplication 工程，如图 11-106 所示。

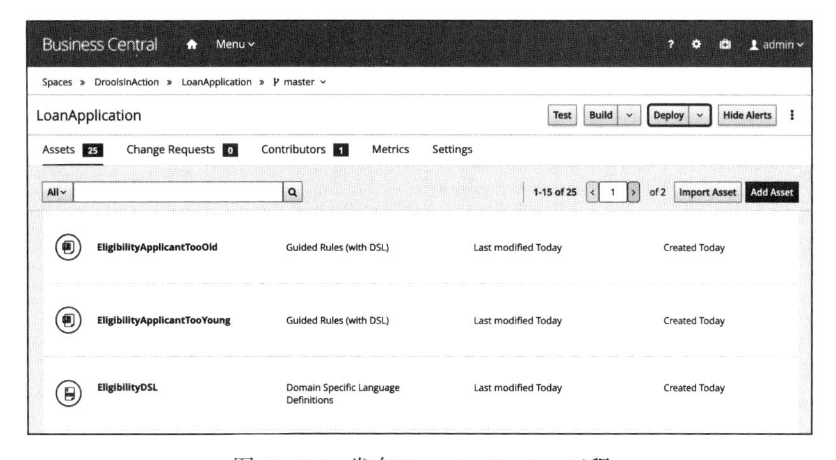

图 11-106　发布 LoanApplication 工程

系统提示工程发布成功，如图 11-107 所示。单击 View deployment details 链接跳转到工程发布后的 KIE Server 运行状态页面。

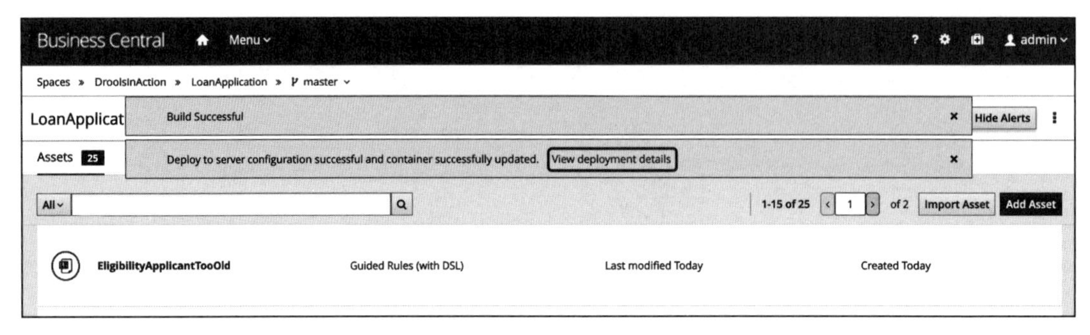

图 11-107　工程发布成功

在 KIE Server 运行状态页面中选择 LoanApplication_1.0.0-SNAPSHOT。可以看到 LoanApplication 运行正常，如图 11-108 所示。

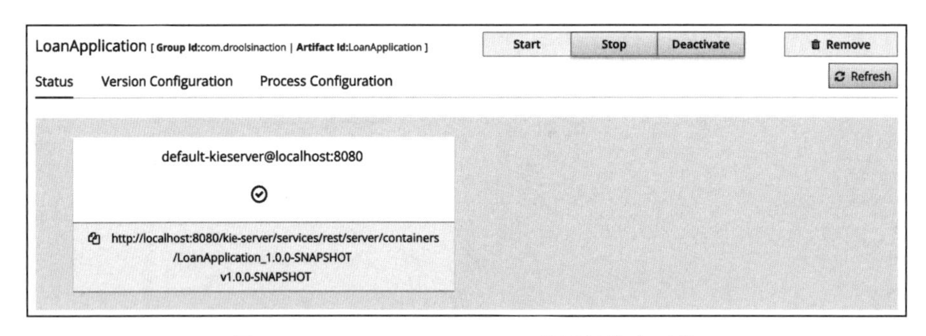

图 11-108　LoanApplication 工程运行状态正常

11.3.3　验证规则流

1. Swagger 页面验证

用浏览器访问 KIE Server 的 Swagger 地址 http://localhost:8080/kie-server/docs，如图 11-109 所示。浏览并找到 KIE session assets，在页面上将 content-type 修改为 application/json，单击 Try it out 按钮。

在请求的 body 部分输入如下 JSON 格式的请求体，然后单击 Execute（执行）按钮，如图 11-110 所示。

```
{
    "lookup": "default-ksession",
    "commands": [
      {
        "insert": {
```

```
        "object": {
          "com.droolsinaction.loanapplication.Applicant": {
            "creditScore":410,
            "name":"Jonkey Guan",
            "age":40,
            "yearlyIncome":90000
          }
        },
        "out-identifier":"applicant"
      }
    },
    {
      "insert": {
        "object": {
          "com.droolsinaction.loanapplication.Loan": {
            "amount":250000,
            "duration":10
          }
        },
        "out-identifier":"loan"
      }
    },
    {
      "start-process" : {
        "processId" : "LoanApplication.LoanApplication",
        "parameter" : [ ],
        "out-identifier" : null
      }
    }
  ]
}
```

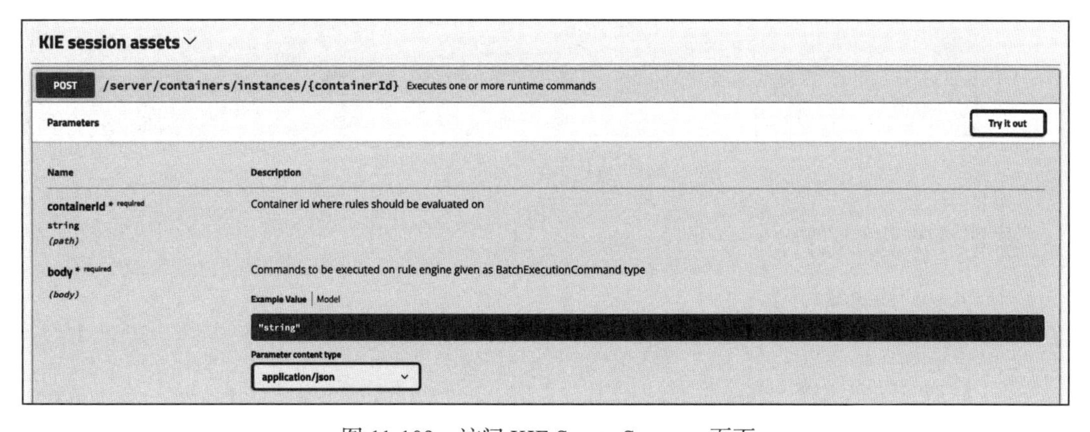

图 11-109　访问 KIE Server Swagger 页面

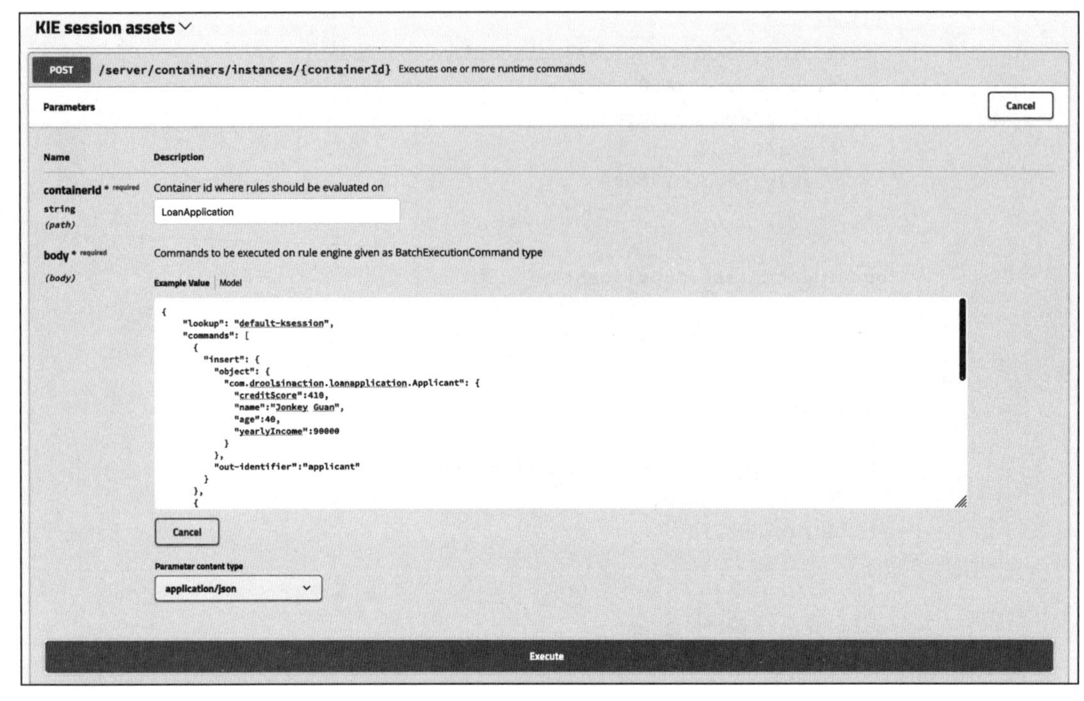

图 11-110 输入请求体并执行请求

请求返回成功（SUCCESS），如图 11-111 所示。

Server response

Code Details

200 Response body

```
{
  "type": "SUCCESS",
  "msg": "Container LoanApplication successfully called.",
  "result": {
    "execution-results": {
      "results": [
        {
          "value": {
            "com.droolsinaction.loanapplication.Loan": {
              "amount": 250000,
              "approved": true,
              "comment": "信用评分满足",
              "duration": 10,
              "interestRate": 0.72,
              "monthlyRepayment": 2098.3333333333335
            }
          },
          "key": "loan"
        },
```

图 11-111 请求返回成功

返回的 Response body 内容如下：

```
{
  "type": "SUCCESS",
  "msg": "Container LoanApplication successfully called.",
  "result": {
    "execution-results": {
      "results": [
        {
```

```
          "value": {
            "com.droolsinaction.loanapplication.Loan": {
              "amount": 250000,
              "approved": true,
              "comment": " 信用评分满足 ",
              "duration": 10,
              "interestRate": 0.72,
              "monthlyRepayment": 2098.3333333333335
            }
          },
          "key": "loan"
        },
        {
          "value": {
            "com.droolsinaction.loanapplication.Applicant": {
              "name": "Jonkey Guan",
              "age": 40,
              "creditScore": 410,
              "eligible": true,
              "monthlyIncome": 7500,
              "yearlyIncome": 90000
            }
          },
          "key": "applicant"
        }
      ],
      "facts": [
        {
          "value": {
            "org.drools.core.common.DefaultFactHandle": {
              "external-form": "0:2:1599860912:1599860912:2:DEFAULT:NON_
                TRAIT:com.droolsinaction.loanapplication.Loan"
            }
          },
          "key": "loan"
        },
        {
          "value": {
            "org.drools.core.common.DefaultFactHandle": {
              "external-form": "0:1:753229483:753229483:4:DEFAULT:NON_TRAIT:com.
                droolsinaction.loanapplication.Applicant"
            }
          },
          "key" : "applicant"
        }
      ]
    }
  }
}
```

2. REST Client 验证

从控制台切换到 loanapplication-rest-client 工程目录下，运行单元测试用例。

```
cd /ws/drools-in-action/ch11/loanapplication-rest-client
mvn clean test
```

从运行日志输出中可以看到，服务端处理完成并返回成功。

```
...
2021-12-22 13:41:29,873 INFO  [com.droolsinaction.loanapplication.RuleTest]
  (main) Applicant [age=40, creditScore=410, eligible=true, monthlyIncome=7500.0,
  name=Jonkey Guan, yearlyIncome=90000]
2021-12-22 13:41:29,886 INFO  [com.droolsinaction.loanapplication.RuleTest]
  (main) Loan [amount=250000, approved=true, comment=信用评分满足, duration=10,
  interestRate=0.72, monthlyRepayment=2098.3333333333335]
...
```

远程 REST 请求服务端的主要代码如下：

```
RuleServicesClient rulesClient = kieServicesClient.getServicesClient(
  RuleServicesClient.class);

KieCommands commandFactory = KieServices.Factory.get().getCommands();

List<Command<?>> commands = new ArrayList<>();

Applicant applicant = new Applicant();
applicant.setName("Jonkey Guan");
applicant.setAge(40);
applicant.setCreditScore(410);
applicant.setYearlyIncome(90000);
commands.add(commandFactory.newInsert(applicant));

Loan loan = new Loan();
loan.setAmount(250000);
loan.setDuration(10);
commands.add(commandFactory.newInsert(loan));

Command<?> fireAllRules = commandFactory.newFireAllRules();
Command<?> process = commandFactory.newStartProcess("LoanApplication.
  LoanApplication");
Command<?> getObjectsApplicant = commandFactory.newGetObjects(new
  ClassObjectFilter(Applicant.class), "Applicant");
Command<?> getObjectsLoan= commandFactory.newGetObjects(new
  ClassObjectFilter(Loan.class), "Loan");
commands.addAll(Arrays.asList(fireAllRules, process, getObjectsApplicant,
  getObjectsLoan));

Command<?> batchCommand = commandFactory.newBatchExecution(commands);
ServiceResponse<ExecutionResults> executeResponse =
  rulesClient.executeCommandsWithResults("LoanApplication", batchCommand);
```

```
if (executeResponse.getType() == ResponseType.SUCCESS) {
  @SuppressWarnings("unchecked")
  List<Applicant> applicants = (List<Applicant>) executeResponse.getResult().
    getValue("Applicant");
  for (Applicant a : applicants) {
    log.info("" + a);
  }

  @SuppressWarnings("unchecked")
  List<Loan> loans = (List<Loan>) executeResponse.getResult().getValue("Loan");
  for (Loan l : loans) {
    log.info("" + l);
  }
}
```

这种方式与普通规则远程调用的区别是，向服务端多发送了如下规则流启动命令：

```
commandFactory.newStartProcess("LoanApplication.LoanApplication");
```

11.4 本章小结

本章要点如下。

- 规则流的定义。
- Drools 中的规则流是借助 BPMN 流程实现的。
- Drools 规则流编辑器的使用。
- 实现了贷款申请的初始化规则、资格检查规则、计算贷款利率规则、审批规则，并为每组规则指定了不同的规则流组。借助不同规则流组对 Drools 的规则流进行编排，控制了所实现规则的顺序和分支执行。

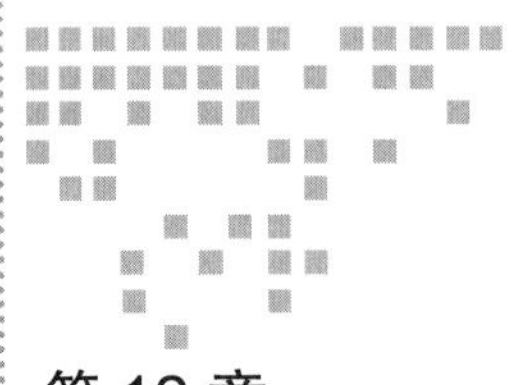

Chapter 12 第 12 章

复杂事件处理

CEP（Complex Event Processing，复杂事件处理）是一种基于事件的数据流分析技术。CEP 通过过滤、聚合、关联、状态、时序等技术，分析出事件之间的关系，持续从事件流中查询出符合要求的事件序列，最终得到复合事件，再把这些复合事件用于业务活动。比如，股票的价格会随着市场行情而改变，股票交易软件可根据一定时间段内股票价格变化的事件和设定的规则给出股票的走势与操作建议。

Drools 的 Fusion 模块提供了对 CEP 的支持。

12.1 复杂事件处理中的事件

在 Drools 中，事件是指在某个时间点上应用程序中特定领域状态发生变化的记录。领域状态变化可以由单个事件、多个事件、有特定层次结构的相关事件表示。

事件具有以下特征。

- 不可变性：事件是发生过的状态记录，记录的内容不可更改。
- 强时间约束性：进行事件分析与处理的规则要求事件在不同的数据点发生，且具有先后顺序。
- 可托管的生命周期：事件是在具体的时间点发生的，且具有不可变性，因此，事件的生命周期可以被管理，可以选择何时插入事件，何时销毁事件。
- 可以使用滑动窗口：可以定义事件的时间滑动窗口或长度滑动窗口。时间滑动窗口是指特定时间段可处理的事件，长度滑动窗口是指特定数量的可处理事件。

12.2　将事实数据定义为事件

决策引擎 CEP 的事件是指我们在规则文件中加特殊标识后的事实对象。它分为间隔事件和时间点事件。

- 间隔事件。间隔事件有持续时间，在持续时间内，间隔事件会一直保持在引擎的工作内存中，过了这段持续时间，则不需要再将事件保持在工作内存中。
- 时间点事件。时间点事件没有持续时间的概念，或者我们可以认为它是持续时间为零的间隔事件。

我们可以在 Java 或 DRL 文件中通过 @role 注解来将某些对象标识为事件。@role 注解有 2 个可选值：fact 和 event。

- fact。如不指定，则 @ 注解的值默认为 fact，该值将对象标识为常规的事实对象。
- event。通过指定该值，将对象声明为事件。

以下是将 StockPoint 类声明为事件的例子：

```
import some.package.StockPoint

declare StockPoint
  @role( event )
end
```

如果 StockPoint 是在 DRL 规则文件中以内联方式定义的，则可以按照如下方式将 StockPoint 声明为事件：

```
declare StockPoint
  @role( event )

  datetime : java.util.Date
  symbol : String
  price : double
end
```

12.3　事件相关的元数据注解

除 @role 外，Drools 还提供了其他与事件相关的元数据注解。假设有如下的类型定义，我们将以这个定义的类型为基础来分别介绍这些元数据注解的用法。

```
public class VoiceCall {
  private String  originNumber;
  private String  destinationNumber;
  private Date    callDateTime;
  private long    callDuration;  // 毫秒

  // 构造器, getters, setters
}
```

（1）@role

用途：标识对象在复杂事件处理过程中为事件对象。

用法：@role(fact | event)。

支持的参数：fact、event。

默认参数：fact。

示例：将 VoiceCall 声明为事件类型。

```
declare VoiceCall
  @role( event )
end
```

（2）@timestamp

用途：默认情况下，CEP 会为每个进入工作内存的事件添加时间戳字段，该字段的时间值由会话时钟指定。我们可以用 @timestamp 注解来标识某个时间类型的类属性为事件的时间戳，标识后，系统就不再为这个类型的事件添加时间戳字段了。

用法：@timestamp(< 属性名 >)。

支持的参数：系统会话时钟时间或自定义时间戳属性。

默认参数：系统会话时钟添加的时间。

示例：声明 VoiceCall 的时间戳属性。

```
declare VoiceCall
  @role( event )
  @timestamp( callDateTime )
end
```

（3）@duration

用途：标识事件的持续时间。

用法：@duration(< 属性名 >)。

支持的参数：自定义持续时间属性。

默认参数：Null。

示例：声明 VoiceCall 的持续时间属性。

```
declare VoiceCall
  @role( event )
  @timestamp( callDateTime )
  @duration( callDuration )
end
```

（4）@expires

用途：标识事件在工作内存中的失效时间。默认情况下，如果某个事件没有任何规则与其匹配，则该事件失效。可以用 @expires 注解来显式声明事件的失效时间。标识后的事件，即使没有规则与其匹配，它依然在工作内存中有效，直到超过注解标识的失效时间。

用法：@expires(< 时间偏移量 >)。

支持的参数：自定义持续时间属性。

默认参数：Null（事件失效后不能再匹配或激活规则）。

示例：声明 VoiceCall 事件的失效时间。

```
declare VoiceCall
  @role( event )
  @timestamp( callDateTime )
  @duration( callDuration )
  @expires( 1h35m )
end
```

12.4 事件处理模式

Drools 决策引擎可以以云模式或流模式运行。在云模式下，决策引擎认为事实数据与时间无关，也没有特定的顺序；在流模式下，决策引擎以实时或准实时方式处理有时间或有先后顺序的事实数据。

12.4.1 云模式

云模式是决策引擎的默认运行模式。在该模式下，决策引擎将事实数据视为无序的云。事实数据可以有时间戳，但引擎不会从时间戳中提取出事实数据的时间相关性，而是通过规则约束和模式匹配来激活规则的执行。

可以通过 Java 代码来指定决策引擎运行在云模式下，例如：

```
import org.kie.api.conf.EventProcessingOption;
import org.kie.api.KieBaseConfiguration;
import org.kie.api.KieServices.Factory;

KieBaseConfiguration config = KieServices.Factory.get().newKieBaseConfiguration();

config.setOption(EventProcessingOption.CLOUD);
```

也可以在 KIE 模块描述符文件 kmodule.xml 中指定云模式，例如：

```
<kmodule>
  ...
  <kbase name="KBase2" default="false" eventProcessingMode="cloud" packages="org.
    domain.pkg2, org.domain.pkg3" includes="KBase1">
    ...
  </kbase>
  ...
</kmodule>
```

12.4.2 流模式

在流模式下，决策引擎可以在事实数据插入工作内存后，按时间顺序实时或准实时地处理事件。决策引擎会提取事件的时间戳，进行时间或长度的滑动窗口操作，实现事件的自动生命周期管理。

开启决策引擎的流模式需要满足以下两个条件：

- 每个流中的事件必须按时间排序，即在指定的流内，先发生的事件先进入工作内存；
- 必须存在用于同步事件流的会话时钟，决策引擎会使用会话时钟来强行同步来自不同事件流的事件。

可以通过 Java 代码来指定决策引擎运行在流模式下，例如：

```
import org.kie.api.conf.EventProcessingOption;
import org.kie.api.KieBaseConfiguration;
import org.kie.api.KieServices.Factory;

KieBaseConfiguration config = KieServices.Factory.get().newKieBaseConfiguration();

config.setOption(EventProcessingOption.STREAM);
```

也可以在 KIE 模块描述符文件 kmodule.xml 中指定流模式，例如：

```
<kmodule>
  ...
  <kbase  name="KBase2"  default="false"  eventProcessingMode="stream"
    packages="org.domain.pkg2, org.domain.pkg3" includes="KBase1">
    ...
  </kbase>
  ...
</kmodule>
```

12.4.3 反向匹配

决策引擎的反向匹配在云模式和流模式下有所不同。下面以“检测到火灾同时洒水器未激活的条件下激活火警”规则为例进行对比介绍。

以下是云模式下的规则实现。决策引擎认为所有参与模式匹配的事实数据都已经存在于工作内存中，并立即激活模式匹配，从而决定是否需要激活火警。

```
rule "Sound the alarm"
when
  $f : FireDetected()
  not(SprinklerActivated())
then
  // 激活火警
end
```

以下是流模式下的规则实现。决策引擎不能立即进行模式匹配的判断，需要在检测到火，洒水器没有激活，并且没有激活持续 10 秒后激活火警。

```
rule "Sound the alarm"
when
  $f : FireDetected()
  not(SprinklerActivated(this after[0s,10s] $f))
then
  // 激活火警
end
```

以下是流模式下“监控系统 10 秒钟，没有收到主机心跳则发送告警”规则的实现。

```
rule "Sound the alarm"
when
  $h: Heartbeat() from entry-point "MonitoringStream"
  not(Heartbeat(this != $h, this after[0s,10s] $h) from entry-point
    "MonitoringStream")
then
  // 发送告警
end
```

12.5　事实属性更改的评估策略与侦听

在默认情况下，每次执行完规则动作后，决策引擎并不会重新评估所有的事实数据和规则的条件，而是只对与有修改的事实数据相关联的规则进行再次匹配。比如：在一个规则的动作部分调用了 modify()，但是没有产生新的事实数据时，也没有修改既有的事实数据时，决策引擎就不会再次进行规则模式匹配，这样就可以避免在规则中使用 no-loop 属性来防止规则的非预期自我触发导致递归循环。这种事实数据属性更改后触发规则重新评估的属性，在 Drools 中被称为事实数据属性的响应式属性。

Drools 提供了以下 3 种事实属性修改后的评估策略。

- ALWAYS：决策引擎的默认选项，所有的事实类型都设置为响应式属性（有修改才触发），可以用 @classReactive 注解来将特定的事实类型标识为非响应式属性（类级别的响应式，非属性级别的响应式）。
- ALLOWED：所有的事实类型为非响应式属性，可以用 @propertyReactive 注解来将特定的事实类型标识为响应式属性（属性级别的响应式）。
- DISABLED：所有的事实类型为非响应式属性，并忽略所有事实类型的属性侦听（将在后续讲解具体注解的使用时介绍）。

可以用如下方式在 Java 代码中设置事实属性更改的评估策略：

```
KnowledgeBuilderConfiguration config = KnowledgeBuilderFactory.newKnowledgeBuild
  erConfiguration();
```

```
config.setOption(PropertySpecificOption.ALLOWED);
KnowledgeBuilder kbuilder = KnowledgeBuilderFactory.newKnowledgeBuilder(config);
```

也可以用如下方式在决策引擎的 Web 服务器上的 standalone.xml 文件中设置：

```
<system-properties>
  ...
  <property name="drools.propertySpecific" value="ALLOWED"/>
  ...
</system-properties>
```

响应式属性相关注解的使用举例如下。

（1）@classReactive

在 DRL 文件中将 Person 标识为非响应式属性：

```
declare Person
  @classReactive
    firstName : String
    lastName : String
end
```

在 Java 类中将 Person 标识为非响应式属性：

```
@classReactive
public static class Person {
  private String firstName;
  private String lastName;
}
```

（2）@propertyReactive

在 DRL 文件中将 Person 标识为响应式属性：

```
declare Person
  @propertyReactive
    firstName : String
    lastName : String
end
```

在 Java 类中将 Person 标识为响应式属性：

```
@propertyReactive
public static class Person {
  private String firstName;
  private String lastName;
}
```

（3）@watch

该注解用于在 DRL 文件中标识指定模式匹配侦听的一个或多个属性变化。使用该注解的前提条件是评估策略设置为 ALWAYS，或者评估策略设置为 ALLOWED 且侦听的所有属

性都已经使用 @propertyReactive 注解标识。使用格式如下：

```
<模式匹配> @watch ( <属性名称、*(全部)、! (反向)、!* (无属性)> )
```

使用示例如下：

```
// 侦听 firstName 属性变化的同时侦听 lastName 的属性变化
Person(firstName == $expectedFirstName) @watch( lastName )

// 侦听 Person 事实对象的所有属性变化
Person(firstName == $expectedFirstName) @watch( * )

// 只侦听 lastName 属性变化，不侦听 firstName 属性变化
Person(firstName == $expectedFirstName) @watch( lastName, !firstName )

// 侦听 Person 事实对象除了 age 以外的所有属性变化
Person(firstName == $expectedFirstName) @watch( *, !age )

// 不侦听任何 Person 事实对象的属性变化
Person(firstName == $expectedFirstName) @watch( !* )
```

（4）@propertyChangeSupport

该注解将标识事实对象实现 JavaBeans 规范中定义的 propertyChangeSupport，决策引擎作为被标识对象的 propertyChangeListener 来监控事实对象的属性修改，用法示例如下：

```
declare Person
  @propertyChangeSupport
end
```

12.6　事件的时间运算符

决策引擎为运行在流模式下的规则提供了如下时间运算符，用于基于时间序列的规则编写：

- before
- after
- coincides
- during
- includes
- finishes
- finished by
- meets
- met by
- overlaps

- ❑ overlapped by
- ❑ starts
- ❑ started by

提示 时间运算符不能在云模式下使用。

12.6.1 before 和 after

before 运算符用于判断当前事件是否发生在相比较事件之前，或发生在相比较事件之前的某个时间范围。例如，如下表达式将筛选出在事件 B 开始之前 3 分 30 秒到 4 分结束的事件 A。

```
$eventA : EventA(this before[3m30s, 4m] $eventB)
```

上述表达式等同于：

```
3m30s <= $eventB.startTimestamp - $eventA.endTimestamp <= 4m
```

before 运算符最多支持两个参数，分以下 3 种情况：

- ❑ 如果指定两个参数值，则区间从第一个参数值（示例中的 3 分 30 秒）开始到第二个参数值（示例中的 4 分）结束；
- ❑ 如果只指定了一个参数值，则区间从提供的参数值开始，无结束时间；
- ❑ 如果没有指定任何参数值，则区间从 1 毫秒开始，无结束时间。

before 运算符还可以指定负值时间范围，比如：

```
$eventA : EventA(this before[-3m30s, -2m] $eventB)
```

如果第一个参数值大于第二个参数值，则决策引擎会自动反转它们。例如，决策引擎认为以下两个表达式是相同的：

```
$eventA : EventA(this before[-3m30s, -2m] $eventB)
$eventA : EventA(this before[-2m, -3m30s] $eventB)
```

after 运算符是 before 运算符的反向运算符。

12.6.2 coincides

此运算符用于判断两个事件是否同时发生（是否具有相同的开始和结束时间）。例如，如下表达式将筛选出与事件 B 的开始和结束时间戳相同的事件 A。

```
$eventA : EventA(this coincides $eventB)
```

如果两个事件开始时间和结束时间之间的间隔不同，可以指定参数值。coincides 运算符最多支持两个参数：

- 如果只指定一个参数值，该参数值用于设置两个事件的开始时间间隔的范围值和结束时间间隔的范围值；
- 如果指定两个参数值，第一个参数值用于设置开始时间间隔的范围值，第二个参数值用于设置结束时间间隔的范围值。

以下表达式将筛选出在事件 B 的开始时间前后 15s 内发生，且在事件 B 的结束时间前后 10s 内结束的事件 A：

```
$eventA : EventA(this coincides[15s, 10s] $eventB)
```

上述表达式等同于：

```
abs($eventA.startTimestamp - $eventB.startTimestamp) <= 15s
&&
abs($eventA.endTimestamp - $eventB.endTimestamp) <= 10s
```

提示 决策引擎的 coincides 运算符不支持使用负间隔。

12.6.3 during 和 includes

during 运算符用于判断当前事件是否在相比较事件的开始和结束时间范围内发生并结束，即当前事件在相比较事件开始之后开始，并且在相比较事件结束之前结束。例如，如下表达式将筛选出开始时间在事件 B 开始时间点之后，并且结束时间在事件 B 结束时间点之前的事件 A：

```
$eventA : EventA(this during $eventB)
```

上述表达式等同于：

```
$eventB.startTimestamp < $eventA.startTimestamp <= $eventA.endTimestamp <
  $eventB.endTimestamp
```

during 运算符支持 1、2、4 个可选参数。

- 如果指定了 1 个参数值，则该参数值是两个事件开始时间之间的最大间隔和两个事件结束时间之间的最大间隔。
- 如果指定了 2 个参数值，这两个参数值组成一个时间范围，代表当前事件的开始时间、结束时间必须分别发生在相比较事件的开始时间、结束时间之后和之前的这个时间范围内。例如，如果参数值分别为 5s 和 10s，则当前事件要在相比较事件开始后 5 ～ 10s 之间开始，并且在相比较事件结束前 5 ～ 10s 之间结束。
- 如果指定了 4 个参数值，第一个和第二个参数值是事件开始时间之间的最小和最大间隔，第三个和第四个参数值是两个事件结束时间之间的最小和最大间隔。

includes 运算符是 during 运算符的反向运算符。

12.6.4 finishes 和 finished by

finishes 运算符用于判断当前事件是否在相比较事件之后开始，且与相比较事件同时结束。例如，如下表达式将筛选出发生在事件 B 开始之后，且与事件 B 同时结束的事件 A：

```
$eventA : EventA(this finishes $eventB)
```

上述表达式等同于：

```
$eventB.startTimestamp < $eventA.startTimestamp
&&
$eventA.endTimestamp == $eventB.endTimestamp
```

finishes 运算符支持一个可选参数，用于设置两个事件结束时间之间允许的最长时间，比如：

```
$eventA : EventA(this finishes[5s] $eventB)
```

上述表达式等同于：

```
$eventB.startTimestamp < $eventA.startTimestamp
&&
abs($eventA.endTimestamp - $eventB.endTimestamp) <= 5s
```

提示 决策引擎的 finishes 运算符不支持使用负间隔。

finished by 运算符是 finishes 运算符的反向运算符。

12.6.5 meets 和 met by

meets 运算符用于判断当前事件是否在相比较事件开始的同时结束。例如，如下表达式将筛选出在事件 B 开始的同时结束的事件 A：

```
$eventA : EventA(this meets $eventB)
```

上述表达式等同于：

```
abs($eventB.startTimestamp - $eventA.endTimestamp) == 0
```

meets 运算符支持一个可选参数，用于设置当前事件的结束时间和相比较事件的开始时间之间允许的最长间隔，比如：

```
$eventA : EventA(this meets[5s] $eventB)
```

上述表达式等同于：

```
abs($eventB.startTimestamp - $eventA.endTimestamp) <= 5s
```

> 提示　决策引擎的 meets 运算符不支持使用负间隔。

met by 运算符是 meets 运算符的反向运算符。

12.6.6　overlaps 和 overlapped by

此运算符用于判断当前事件是否在相比较事件开始之前开始，并在相比较事件发生的时间范围内结束（当前事件必须在相比较事件的开始时间和结束时间之间结束）。例如，如下表达式将筛选出在事件 B 开始之前开始，在事件 B 开始之后结束，且在事件 B 结束之前结束的事件 A：

```
$eventA : EventA(this overlaps $eventB)
```

overlaps 运算符最多支持两个参数：

- 如果指定了一个参数值，则是相比较事件的开始时间与当前事件的结束时间之间的最大间隔；
- 如果指定了两个参数值，则是相比较事件的开始时间与当前事件的结束时间之间的最小间隔（第一个参数值）和最大间隔（第二个参数值）。

overlapped by 运算符是 overlaps 运算符的反向运算符。

12.6.7　starts 和 started by

starts 运算符用于判断当前事件是否与相比事件同时开始，并在相比较事件结束之前结束。例如，如下表达式将筛选出与事件 B 同时开始，并且在事件 B 结束之前结束的事件 A：

```
$eventA : EventA(this starts $eventB)
```

上述表达式等同于：

```
$eventA.startTimestamp == $eventB.startTimestamp
&&
$eventA.endTimestamp < $eventB.endTimestamp
```

starts 运算符支持一个可选参数，用于设置两个事件的开始时间之间的最大间隔，比如：

```
$eventA : EventA(this starts[5s] $eventB)
```

上述表达式等同于：

```
abs($eventA.startTimestamp - $eventB.startTimestamp) <= 5s
&&
$eventA.endTimestamp < $eventB.endTimestamp
```

提示 决策引擎的 starts 运算符不支持使用负间隔。

started by 运算符是 starts 运算符的反向运算符。

12.7 会话时钟

在决策引擎进行复杂事件处理时，在某些情况下引擎中的事件需要用到系统的当前时间。例如，以规则计算出指定股票在过去 60 分钟内的平均价格，决策引擎需要将股票交易事件的时间戳与系统的当前时间进行比较，因此需要维护会话时钟，以获取系统的当前时间。

Drools 提供了实时时钟和伪时钟两种会话时钟实现方式。

（1）实时时钟

实时时钟是决策引擎的默认时钟实现方式，它使用系统时钟来确定当前时间。如需显式指定实时时钟，可以在会话中进行如下配置：

```
import org.kie.api.KieServices.Factory;
import org.kie.api.runtime.conf.ClockTypeOption;
import org.kie.api.runtime.KieSessionConfiguration;

KieSessionConfiguration config = KieServices.Factory.get().
  newKieSessionConfiguration();

config.setOption(ClockTypeOption.get("realtime"));
```

（2）伪时钟

决策引擎也提供了从应用端可控时间的伪时钟，它被广泛应用在测试场景中。可以用如下方式在会话中定义伪时钟：

```
import org.kie.api.runtime.conf.ClockTypeOption;
import org.kie.api.runtime.KieSessionConfiguration;
import org.kie.api.KieServices.Factory;

KieSessionConfiguration config = KieServices.Factory.get().
  newKieSessionConfiguration();

config.setOption(ClockTypeOption.get("pseudo"));
```

可以用如下方式来调节伪时钟的时间：

```
import java.util.concurrent.TimeUnit;

import org.kie.api.runtime.KieSessionConfiguration;
import org.kie.api.KieServices.Factory;
import org.kie.api.runtime.KieSession;
```

```
import org.drools.core.time.SessionPseudoClock;
import org.kie.api.runtime.rule.FactHandle;
import org.kie.api.runtime.conf.ClockTypeOption;

KieSessionConfiguration conf = KieServices.Factory.get().newKieSessionConfiguration();

conf.setOption( ClockTypeOption.get("pseudo"));
KieSession session = kbase.newKieSession(conf, null);

SessionPseudoClock clock = session.getSessionClock();

// 在插入事实数据前向前调整伪时钟时间
FactHandle handle1 = session.insert(tick1);
clock.advanceTime(10, TimeUnit.SECONDS);

FactHandle handle2 = session.insert(tick2);
clock.advanceTime(30, TimeUnit.SECONDS);

FactHandle handle3 = session.insert(tick3);
```

12.8　事件流和入口点

决策引擎的复杂事件处理是以流的方式来处理大批量的事件的，我们将这些大批量的事件称为“事件流”。事件流具有以下特点：

- 同一个流中的事件是以时间戳进行排序的，不同流中的事件的时间戳可以具有不同的语义；
- 事件流往往有大批量的事件；
- 事件流中的每一个事件通常不能单独使用，只能在流中与其他关联事件共同使用；
- 同一个事件流中的事件可以是同一类型的，也可以是不同类型的。

在 DRL 规则中，流也称为入口点（Entry Point）。在规则中声明入口点后，决策引擎会确保只有声明该入口点的规则才能对该入口点流入的事实数据进行模式匹配。

DRL 规则文件中用 from entry-point "< 入口点名称 >" 格式来声明入口点，示例代码如下：

```
// 从 ATM Stream 入口点流入取款请求
// 检查工作内存空间的相应账户余额是否大于取款的金额
// 如果匹配通过就授权取款
rule "Authorize withdrawal"
when
  WithdrawRequest($ai : accountId, $am : amount) from entry-point "ATM Stream"
  CheckingAccount(accountId == $ai, balance > $am)
then
  // 取款授权
end
```

```
// 从 Branch Stream 入口点流入取款请求
// 检查工作内存空间的取款账户是否存在
// 如果匹配就扣除取款手续费
rule "Apply fee on withdraws on branches"
when
  WithdrawRequest($ai : accountId, processed == true) from entry-point "Branch
    Stream"
  CheckingAccount(accountId == $ai)
then
  // 收取手续费
end
```

在 Java 中，用会话的 getEntryPoint() 方法通过入口名来获取相应的 EntryPoint 对象，再插入事实数据，示例代码如下：

```
import org.kie.api.runtime.KieSession;
import org.kie.api.runtime.rule.EntryPoint;

// 获取 KieBase，创建 KieSession
KieSession session = ...

// 获取入口点
EntryPoint atmStream = session.getEntryPoint("ATM Stream");

// 向入口点插入事实数据
atmStream.insert(aWithdrawRequest);
```

12.9 滑动窗口

在处理复杂事件的流模式下，我们可以通过定义事件的滑动窗口来对窗口内的一组事件进行规则推理。滑动窗口分为时间滑动窗口和长度滑动窗口。

时间滑动窗口是指特定时间段内发生的事件的窗口，我们可以形象地理解为，所有事件以其发生的先后顺序排成一行，有一个长度为指定时间段的窗口，它在这一行上以这些事件中最早发生的事件为起点向前滑动，对窗口滑动过程中窗口内的事件进行规则推理。比如，如下表达式定义过去 2 分钟内的股票交易记录的滑动窗口：

```
StockPoint() over window:time(2m)
```

长度滑动窗口是指特定个数的已经发生的事件的窗口，比如，如下表达式定义了就近发生的 10 个股票交易记录的滑动窗口：

```
StockPoint() over window:length(10)
```

滑动窗口定义的语法是：over window:<time/length>(< 时间或长度的值 >)。如下是依据传感器探测温度的时间滑动窗口启动火警警报的使用示例：

```
rule " 当传感器 10 分钟内温度平均值高于阈值时，启动火警警报 "
when
  TemperatureThreshold($max : max)
  Number(doubleValue > $max) from accumulate(
  SensorReading($temp : temperature) over window:time(10m),
  average($temp))
then
  // 启动火警警报
end
```

如下是依据长度滑动窗口启动火警警报的使用示例：

```
rule " 当传感器的 100 次温度探测平均值高于阈值时，启动火警警报 "
when
  TemperatureThreshold($max : max)
  Number(doubleValue > $max) from accumulate(
  SensorReading($temp : temperature) over window:length(100),
  average($temp))
then
  // 启动火警警报
end
```

12.10　事件的内存管理

决策引擎的滑动窗口不会向后滑动，也就是说，窗口滑动过且不在滑动窗口内的事件对窗口来说是失效的。但是对决策引擎来说，窗口失效的事件还有可能被其他规则所依赖。决策引擎通过显式过期和推理过期来收回窗口失效的事件。

（1）显式过期

显式过期是指在事件的定义中通过注解显式设置事件的过期时间。比如，如下的声明通过 @expires 注解定义了 StockPoint 事件从进入工作内存开始 30 分钟后，如果没有其他规则依赖，就会被决策引擎从工作内存中清理掉。

```
declare StockPoint
  @expires( 30m )
end
```

（2）推理过期

推理过期是指决策引擎通过分析规则中的事件约束来隐式推理出事件的过期时间。比如，根据如下规则（假设没有其他规则），决策引擎会在 BuyOrder 事件进入工作内存时开始计算，等待匹配的 AckOrder 事件，10 秒钟后删除 BuyOrder 事件，而 AckOrder 仅依赖于既有的 BuyOrder 事件，如果 AckOrder 没能匹配任何 BuyOrder，则决策引擎会立即删除 AckOrder 事件。

```
rule “Correlate orders”
```

```
when
  $bo : BuyOrder($id : id)
  $ae : AckOrder(id == $id, this after[0,10s] $bo)
then
  // 执行规则的动作
end
```

提示 如果事件定义了显式过期，决策引擎也会对这类事件进行推理过期的计算。如果推理的结果是事件应该过期，但是事件的显式过期时间还没到，决策引擎会以显式过期的定义为准。

12.11 实战：行情提醒

12.11.1 功能说明

股票交易软件允许用户为其持有和关注的股票设置交易提醒。（以下举例仅供讲解使用，不作为投资建议。）

- 用户可以设置股票卖出提醒条件：如果 30 秒内该股票的价格下跌了 0.5 元，提醒卖出。
- 用户可以设置股票买入提醒条件：如果 15 秒内该股票的价格上涨了 0.75 元，提醒买入。
- 用户可以设置股票大宗交易提醒条件：如果 30 秒内该股票的交易股数超过 300 股，提醒发生了大宗交易。

下面我们用 Drools 的复杂事件处理实现上述功能。

12.11.2 规则实现

为了方便读者，行情提醒的功能已经实现，示例已经放到 GitHub 上了，请切换到 ch12/stock 工程目录下。

在控制台命令行执行如下命令运行程序：

```
mvn clean compile exec:java
```

在控制台会有类似下面的输出：

```
...
发生股票交易 -> 时间 : 2021-12-28 21:23:12, 代码 : RXX, 数量 : 100, 价格 : 50.36
发生股票交易 -> 时间 : 2021-12-28 21:23:12, 代码 : IXX, 数量 : 100, 价格 : 31.25
发生股票交易 -> 时间 : 2021-12-28 21:23:12, 代码 : CXX, 数量 : 100, 价格 : 18.95
发生股票交易 -> 时间 : 2021-12-28 21:23:12, 代码 : AXX, 数量 : 100, 价格 : 496.00
发生股票交易 -> 时间 : 2021-12-28 21:23:12, 代码 : RXX, 数量 : 28, 价格 : 50.46
发生股票交易 -> 时间 : 2021-12-28 21:23:12, 代码 : AXX, 数量 : 131, 价格 : 495.50
```

```
*** 提示 *** >>> 股票 AXX 建议卖出 : 496.00 => 495.50
发生股票交易 -> 时间 : 2021-12-28 21:23:13, 代码 : RXX, 数量 : 8, 价格 : 50.41
发生股票交易 -> 时间 : 2021-12-28 21:23:15, 代码 : CXX, 数量 : 50, 价格 : 19.20
发生股票交易 -> 时间 : 2021-12-28 21:23:18, 代码 : IXX, 数量 : 15, 价格 : 31.75
发生股票交易 -> 时间 : 2021-12-28 21:23:20, 代码 : RXX, 数量 : 14, 价格 : 50.36
发生股票交易 -> 时间 : 2021-12-28 21:23:22, 代码 : RXX, 数量 : 29, 价格 : 50.46
发生股票交易 -> 时间 : 2021-12-28 21:23:22, 代码 : AXX, 数量 : 174, 价格 : 495.00
*** 提示 *** >>> 股票 AXX 建议卖出 : 496.00 => 495.00
*** 提示 *** >>> 股票 AXX 建议卖出 : 495.50 => 495.00
*** 提示 *** >>> 股票 AXX 发生大宗交易, 份额为 : 405
发生股票交易 -> 时间 : 2021-12-28 21:23:23, 代码 : CXX, 数量 : 93, 价格 : 19.45
发生股票交易 -> 时间 : 2021-12-28 21:23:26, 代码 : IXX, 数量 : 15, 价格 : 32.25
*** 提示 *** >>> 股票 IXX 建议买入 : 31.25 => 32.25
发生股票交易 -> 时间 : 2021-12-28 21:23:27, 代码 : RXX, 数量 : 28, 价格 : 50.56
发生股票交易 -> 时间 : 2021-12-28 21:23:27, 代码 : AXX, 数量 : 158, 价格 : 494.50
…
```

可以看到，程序已经根据股票价格变化在控制台以“*** 提示 ***”关键字给出了股票的买入、卖出、大宗交易提醒。

12.11.3　工程解读

工程代码 resources 目录下的 instructions.txt 文件定义了股票行情的模拟指令。

```
…
S,AXX,496.00
I,RXX,30,0.10,25-30
D,AXX,45,0.50,50-175
P,1
…
```

工程代码 com.droolsinaction.stock 包下有如下的 Java 实现文件。

（1）Tick 类

```
public class Tick {
  private String symbol;
  private BigDecimal price;
  private long shares;
  private Date timestamp;
  …
}
```

以上代码定义了股票的行情数据，是用作规则的事实对象。

（2）StockFeedListener 类

```
public interface StockFeedListener {
  public void onTick(Tick tick);
}
```

以上代码定义了股票行情提供的侦听接口，它关注每一次发生的行情数据。

（3）LoggingStockFeedListener 类

```
public class LoggingStockFeedListener implements StockFeedListener {

  private static SimpleDateFormat dateFormat = new SimpleDateFormat("yyyy-MM-dd
    HH:mm:ss");

  @Override
  public void onTick(Tick tick) {
    System.out.println("发生股票交易 -> 时间：" + dateFormat.format(tick.getTimestamp())
                      + "，代码：" + tick.getSymbol() + "，数量：" 
                      + tick.getShares() + "，价格：" + tick.getPrice());
  }
}
```

以上是股票行情提供的侦听接口的日志输出实现类，如有股票交易发生，就在控制台输出行情信息。

（4）RulesStockFeedListener 类

```
public class RulesStockFeedListener implements StockFeedListener {

  private EntryPoint entryPoint;

  public RulesStockFeedListener(EntryPoint entryPoint) {
    this.entryPoint = entryPoint;
  }

  @Override
  public void onTick(Tick tick) {
    entryPoint.insert(tick);
  }

}
```

以上是股票行情提供的侦听接口的规则入口点实现类，如有股票交易发生，就向入口点插入行情事实数据 Tick。

（5）StockFeeder 类

```
public class StockFeeder {
  …
  public void addListener(StockFeedListener listener) {
    listeners.add(listener);
  }
  …
  private void publish(Tick tick) {
    for (StockFeedListener l : listeners) {
      l.onTick(tick);
    }
```

```
    }
    …
    private void readInstructions() throws IOException {
      …

    }
    …
    private void fireInstruction(StockInstruction instruction) {
      …
    }
    …
}
```

以上是股票行情提供类，根据 instructions.txt 中定义的股票交易模拟指令产生股票行情数据，并回调已经注册的股票行情侦听器向侦听器发送行情数据。

（6）StockFeedSimulator 类

```
public static void main(String[] args) {

  KieServices kieServices = KieServices.Factory.get();
  KieContainer container = kieServices.getKieClasspathContainer();
  final KieSession session = container.newKieSession("stockKS");

  EntryPoint entryPoint = session.getEntryPoint("StockFeed");

  session.setGlobal("buyTolerance", buyTolerance);
  session.setGlobal("sellTolerance", sellTolerance);

  StockFeeder feeder = new StockFeeder("src/main/resources/instructions.txt");
  feeder.addListener(new LoggingStockFeedListener());
  feeder.addListener(new RulesStockFeedListener(entryPoint));

  new Thread(new Runnable() {

    @Override
    public void run() {
      session.fireUntilHalt();
    }
  }).start();

  try {
    feeder.start();
  } catch (IOException e) {
    e.printStackTrace();
  } finally {
    session.halt();
    session.dispose();
  }

}
```

以上代码驱动规则的运行，获取规则的入口点，设置买卖股票提醒价格变化额度值，组装股票行情提供类及其侦听类，启动“行情提供”。

工程代码resources/META-INF目录下的kmodule.xml定义了规则运行的kbase和ksession，指定决策引擎运行的模式为流模式。

```
<kmodule xmlns="http://www.drools.org/xsd/kmodule">
  <kbase name="stock" packages="com.droolsinaction.stock" eventProcessing-
    Mode="stream">
    <ksession name="stockKS" />
  </kbase>
</kmodule>
```

12.11.4 规则解读

在工程的src/main/resources/com/droolsinaction/stock/stock.drl文件中有如下规则定义：

```
package com.droolsinaction.stock

import java.math.BigDecimal

global BigDecimal sellTolerance // ①
global BigDecimal buyTolerance // ②

declare Tick // ③
  @role(event)
  @timestamp(timestamp)
end

rule "Sell" // ④
  when
    $t:Tick($p1:price, $s:symbol) from entry-point "StockFeed"
    Tick(this after[0s,30s] $t, $p2:price, $s == symbol) from entry-point
      "StockFeed"
    eval($p1.subtract($p2).compareTo(sellTolerance) >= 0)
  then
    System.out.println("*** 提示 *** >>> 股票 " + $s + " 建议卖出 : " + $p1 + " => "
      + $p2);
end

rule "Buy" // ⑤
  when
    $t:Tick($p1:price, $s:symbol) from entry-point "StockFeed"
    Tick(this after[0s,15s] $t, $p2:price, $s == symbol) from entry-point
      "StockFeed"
    eval($p2.subtract($p1).compareTo(buyTolerance) >= 0)
  then
    System.out.println("*** 提示 *** >>> 股票 " + $s + " 建议买入 : " + $p1 + " => "
      + $p2);
```

```
end

rule "High Volume Trading on AXX" // ⑥
  when
    $v:Number(longValue > 300) from accumulate (
      Tick($s:shares, symbol == "AXX") over window:time(30s) from entry-point
        "StockFeed"
      , sum($s))
  then
    System.out.println("*** 提示 *** >>> 股票 AXX 发生大宗交易，份额为 : " + $v);
end
```

相关说明如下。

①卖出提醒价格变化额度。

②买入提醒价格变化额度。

③将 Tick 定义为事件。

④卖出提醒规则实现。

⑤买入提醒规则实现。

⑥大宗交易提醒规则实现。

12.12 本章小结

本章要点如下。

- 什么是 Drools 中的复杂事件处理。
- 如何定义事件。
- 复杂事件处理是以流模式来处理事件的。
- 可以应用到事件上的时间运算符。
- 当某些事件要根据系统的时间做出规则判断时，我们可以定义会话时钟。
- 通过规则的入口点向决策引擎插入流数据。
- 通过滑动窗口来处理一个时间段内的事件和固定数量的事件。
- 实现了股票行情的提醒功能。

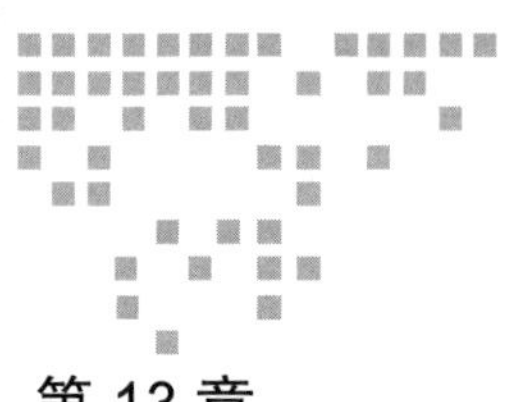

Chapter 13 第 13 章

决策模型和表示法

DMN（Decision Model and Notation，决策模型和表示法）是 OMG（Object Management Group，对象管理组织）制定的关于决策建模的标准，是用于业务决策的图形语言。DMN 的主要目的是为分析人员提供一种用来将业务决策逻辑与业务流程分离、降低业务流程模型复杂度的工具。使用 DMN 封装业务决策逻辑允许业务流程或业务规则在不相互影响的情况下分别进行更改。DMN 标准有如下约定：

- 使用一种称为 FEEL（足够友好表达式语言）的表达式语言来表达约束和决策；
- 使用图形语言来建模决策需求；
- 决策模型的元模型和运行时语义；
- 基于 XML 的决策模型交换格式。

遵从 DMN 标准定义的 XML 格式的决策，就可以在任何支持 DMN 的决策引擎或业务规则引擎上运行。Drools 从 7 版本开始提供对 DMN 的支持。

13.1 DMN 的实现级别

DMN 的实现有 3 个级别。

- 级别 1：支持决策需求图、决策逻辑、决策表，不支持决策模型的执行。支持用任何语言（自然的或非结构化的语言）来定义决策表达式。
- 级别 2：在级别 1 的基础上，支持 S-FEEL（简化的足够友好表达式语言）表达式，支持决策模型的执行。
- 级别 3：在级别 2 的基础上，支持 FEEL 表达式，支持 Box 表达式。

Drools 提供对 DMN 1.2 模型的设计和运行时的 3 级支持，还提供对 DMN 1.1 和 DMN 1.3 运行时的 3 级支持。在 Drools 的业务中心编写的 DMN 模型为 DMN 1.2 标准，如果将外部的 DMN 1.1 或 DMN 1.3 模型导入业务中心，业务中心会自动将模型转换为 DMN 1.2 标准的模型。

13.2 决策需求图

DMN 的决策需求图（Decision Requirements Diagram，DRD）是 DMN 模型的可视化表现形式。DRD 通过决策节点、业务知识模型、业务知识来源、输入数据、决策服务来描述业务决策。图 13-1 是一个由 DRD 组件组成的决策需求图的例子。

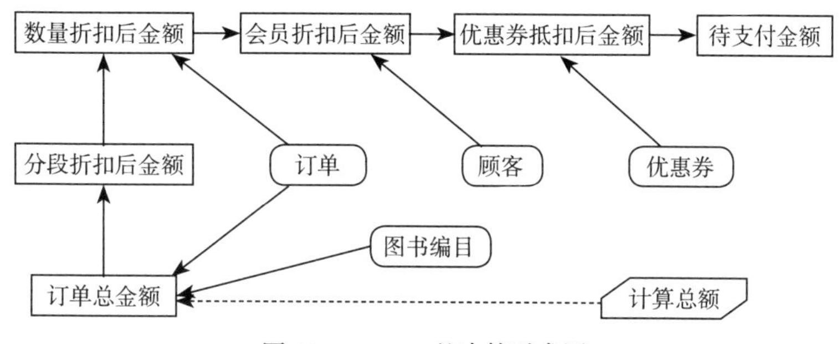

图 13-1 DMN 的决策需求图

DRD 的组件图标与使用方法如表 13-1 所示。

表 13-1 DRD 的组件图标与使用方法

组件		描述	图标
元素	决策	接收一个或多个输入元素，根据定义的业务逻辑决策输出	决策
	业务知识模型	可重用的业务逻辑、业务知识的模块化标识，如业务规则、决策表，或者一个分析模型	业务知识模型
	知识源	代表业务知识模型的权威引用，是业务知识的来源，如手册、书籍、某专项学科专家等	知识源
	输入数据	可以为多个决策使用的输入信息，当用于业务模型时，它代表业务模型的参数	输入数据
	决策服务	可以被内部、外部应用程序或 BPMN 业务流程调用的顶层决策，它通常包含一组可重用的业务决策逻辑	决策服务
需求连接器	信息依赖	表述输入数据或者决策输出被用于另一个决策的输入	——→
	知识依赖	表示通过决策的逻辑对业务知识模型或决策服务的调用	- - - - ->
	权威根据依赖	标识一个知识源依赖某个 DRD 元素，或者一个 DRD 元素依赖某个知识源	- - - - -●

（续）

组件		描述	图标
注解	文本注解	建模者输入的文本，用于注释或解释	注解
	关联	用于将文本注解连接到 DRD 元素的连接器	--------------------

13.3 规则表达式

OMG 为 DMN 标准定义了 FEEL。FEEL 可以用来定义 DMN 模型中的决策逻辑，也可以用于在决策服务器识别后运行决策模型。在 DRD 中，FEEL 表达式主要使用在决策节点和业务知识模型的盒装表达式（Boxed Expression）中，如图 13-2 所示。

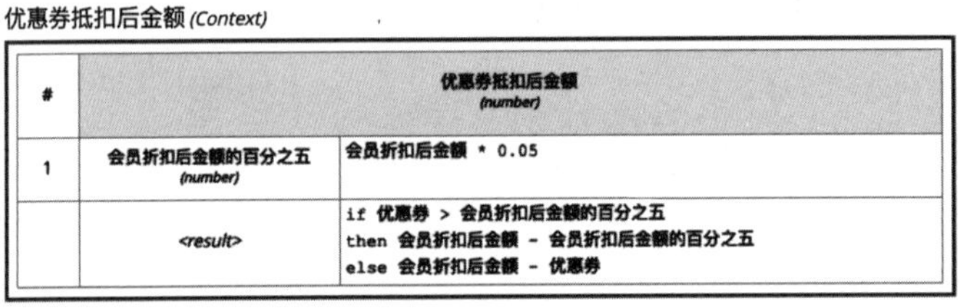

优惠券抵扣后金额 *(Context)*

#	优惠券抵扣后金额 *(number)*	
1	会员折扣后金额的百分之五 *(number)*	会员折扣后金额 * 0.05
	<result>	if 优惠券 > 会员折扣后金额的百分之五 then 会员折扣后金额 - 会员折扣后金额的百分之五 else 会员折扣后金额 - 优惠券

图 13-2　FEEL 表达式

FEEL 表达式基于如下原则设计：

- 无副作用；
- 简单的数据类型，即数值、日期、字符串、列表、上下文；
- 语法简洁，易于阅读；
- 三值逻辑（真、假、空）。

13.3.1 数据类型

Drools 实现的 FEEL 数据类型如表 13-2 所示。

表 13-2　FEEL 数据类型

类型	说明	举例
数值	数值类型，遵从 XML Schema 数值类型格式，精度为 34 位十进制数值，内部以 Java 的 BigDecimal 实现	123.4 1.2e3 0xff
字符串	字符串类型，需要双引号	"Jonkey Guan"
布尔	布尔类型，真、假、空	true false null
日期	FEEL 不支持日期类型，需借助内置的 date() 函数实现	date("2017-06-23")

（续）

类　型	说　明	举　例
时间	FEEL 不支持时间类型，需借助内置的 time() 函数实现	time("04:25:12") time("14:10:00+02:00") time("22:35:40.345-05:00") time("15:00:30z")
日期时间	FEEL 不支持日期时间类型，需借助内置的 date and time() 函数实现	date and time("2017-10-22T23:59:00") date and time("2017-06-13T14:10:00+02:00") date and time("2017-02-05T22:35:40.345-05:00") date and time("2017-06-13T15:00:30z")
持续天数和时间	FEEL 不支持持续时间类型，需借助内置的 duration() 函数实现	duration("P1DT23H12M30S") duration("P23D") duration("PT12H") duration("PT35M")
持续年和月	FEEL 不支持持续时间类型，需借助内置的 duration() 函数实现	duration("P3Y5M") duration("P2Y") duration("P10M") duration("P25M")
函数	FEEL 支持匿名函数，Drools 扩展 FEEL 实现了带参数的函数	function(a, b) a + b
上下文	键值对列表，类似 Java 中的 Map	{ x : 5, y : 3 }
范围	具有边界的序列	[1 .. 10] [duration("PT1H") .. duration("PT12H")] x in [1 .. 100]
列表	列表类型	[2, 3, 4, 5]

13.3.2　条件语句

FEEL 的条件语句用于条件判断并返回结果，示例见表 13-3。

表 13-3　条件语句示例

例　子	返　回　值
if 20 > 0 then "YES" else "NO"	"YES"
if (20 - (10 * 2)) > 0 then "YES" else "NO"	"NO"
if (2 ** 3) = 8 then "YES" else "NO"	"YES"
if (4 / 2) != 2 then "YES" else "NO"	"NO"

13.3.3　循环语句

FEEL 的循环语句用于遍历列表条目，对列表条目的值进行运算或判断其是否符合特定的条件，示例见表 13-4。

表 13-4 循环语句示例

例 子	返 回 值
for i in [1, 2, 3, 4, 5] return i * i	[1, 4, 9, 16, 25]
some i in [1, 2, 3, 4, 5] satisfies i > 4	true
some i in [1, 2, 3, 4, 5] satisfies i > 5	false

13.3.4 范围语句

FEEL 的范围语句用作描述特定的区间，圆括号代表不包含端点的值，方括号代表包含端点的值，用 in 测试的示例见表 13-5。

表 13-5 范围语句示例

例 子	返 回 值	例 子	返 回 值
1 in [1..10]	true	10 in [1..10]	true
1 in (1..10]	false	10 in [1..10)	false

13.3.5 内置函数

Drools 实现了如下种类的 FEEL 内置函数（见表 13-6~ 表 13-14）：

- ❑ 转换函数
- ❑ 布尔函数
- ❑ 字符串函数
- ❑ 列表函数
- ❑ 数值函数
- ❑ 范围函数
- ❑ 时间函数
- ❑ 排序函数
- ❑ 上下文函数

表 13-6 转换函数

函 数	参 数	参数类型	说 明	举 例
date(from)	from	string	将 from 转换为日期类型	date("2012-12-25")
date(year, month, day)	year	string	将 year, month, day 转换为日期类型	date(2012, 12, 25)
	month	string		
	day	string		
date and time(date, time)	date	date	将 date 和 time 转换为日期时间类型	date and time(date("2012-12-24"), time ("23:59:00"))
	time	time		
date and time(from)	from	string	将 from 转换为日期时间类型	date and time("2012-12-24T23:59:00")
time(from)	from	string	将 from 转换为时间类型	time("23:59:00z")

（续）

函数	参数	参数类型	说明	举例
time(hour, minute, second, offset?)	hour	number	将输入参数转换为时间类型	time(23, 59, 0, duration("PT0H"))
	minute	number		
	second	number		
	offset（可选）	日期时间间隔或 null		
number(from, grouping separator, decimal separator)	from	string	根据指定的格式将 from 转换为数值类型	number("1 000,0", " ", ",") number("1,000.0", ",", ".")
	grouping separator	空格、逗号、点、null		
	decimal separator	空格、逗号、点、null		
string(from)	from	非 null 的值	将 from 转换为字符串类型	string(1.1) = "1.1" string(null) = null
duration(from)	from	string	将 from 转换为持续时间	duration("P2Y2M") duration("P2DT20H14M")
years and months duration (from, to)	from	date 或 date and time	计算 from 和 to 的间隔	years and months duration (date("2011-12-22"), date ("2013-08-24"))
	to	date 或 date and time		

表 13-7 布尔函数

函数	参数	参数类型	说明	举例
not(negand)	negand	boolean	对 negand 取反	not(true) = false not(null) = null

表 13-8 字符串函数

函数	参数	参数类型	说明	举例
substring(string, start position, length?)	string	string	对指定字符串从起始位开始截取指定长度，字符串第一个字符的起始位为 1	substring("testing",3) = "sting" substring("testing",3,3) = "sti" substring("testing", -2, 1) = "n" substring("\U01F40Eab", 2) = "ab"
	start position	number		
	length（可选）	number		
string length(string)	string	string	获取指定字符串的长度	string length("tes") = 3 string length("\U01F40Eab") = 3
upper case(string)	string	string	将指定字符串转换为大写	upper case("aBc4") = "ABC4"
lower case(string)	string	string	将指定字符串转换为小写	lower case("aBc4") = "abc4"
substring before(string, match)	string	string	获取匹配字符串之前的子字符串	substring before("testing", "ing") = "test" substring before("testing", "xyz") = ""
	match	string		

（续）

函　数	参　数	参数类型	说　明	举　例
substring after(string, match)	string	string	获取匹配字符串之后的子字符串	substring after("testing", "test")= "ing" substring after("", "a") = ""
	match	string		
replace(input, pattern, replacement, flags?)	input	string	根据正则表达式替换指定字符串	replace("abcd", "(ab)|(a)", "[1=$1][2=$2]") = "[1=ab][2=]cd"
	pattern	string		
	replacement	string		
	flags（可选）	string		
contains(string, match)	string	string	判断指定字符串是否包含 match	contains("testing", "to") = false
	match	string		
starts with(string, match)	string	string	判断指定字符串是否以 match 开头	starts with("testing", "te") = true
	match	string		
ends with(string, match)	string	string	判断指定字符串是否以 match 结尾	ends with("testing", "g") = true
	match	string		
matches(input, pattern, flags?)	input	string	判断指定字符串是否与指定正则表达式匹配	matches("teeesting", "^te*sting") = true
	pattern	string		
	flags（可选）	string		
split(string, delimiter)	string	string	用指定的分隔符将字符串分隔为列表	split("John Doe", "\\s") = ["John", "Doe"] split("a;b;c;;", ";") = ["a","b","c","",""]
	delimiter	string 或表达式		

表 13-9　列表函数

函　数	参　数	参数类型	说　明	举　例
list contains (list, element)	list	list	列表中是否包含指定元素	list contains([1,2,3], 2) = true
	element	任何类型（包括 null）		
count(list)	list	list	计算列表中元素的个数	count([1,2,3]) = 3 count([]) = 0 count([1,[2,3]]) = 2
min(list)	list	list	获取列表中元素的最小值	min([1,2,3]) = 1 min(1) = 1 min([1]) = 1
max(list)	list	list	获取列表中元素的最大值	max(1,2,3) = 3 max([]) = null
sum(list)	list	数值型列表	计算列表中元素的值的和	sum([1,2,3]) = 6 sum(1,2,3) = 6 sum(1) = 1 sum([]) = null

（续）

函　　数	参　　数	参数类型	说　　明	举　　例
mean(list)	list	数值型列表	计算列表中元素的平均值	mean([1,2,3]) = 2 mean(1,2,3) = 2 mean(1) = 1 mean([]) = null
all(list)	list	布尔型列表	判断列表中的元素是否全为真	all([false,null,true]) = false all(true) = true all([true]) = true all([]) = true all(0) = null
any(list)	list	布尔型列表	判断列表中的元素是否存在真值	any([false,null,true]) = true any(false) = false any([]) = false any(0) = null
sublist(list, start position, length?)	list	list	截取列表中从起始位开始指定长度的子列表	sublist([4,5,6], 1, 2) = [4,5]
	start position	number		
	length（可选）	number		
append(list, item)	list	list	将元素添加到列表的末尾	append([1], 2, 3) = [1,2,3]
	item	任何类型		
concatenate(list)	list	list	将多级列表转换成单级列表	concatenate([1,2],[3]) = [1,2,3]
insert before(list, position, newItem)	item	list	在列表的指定位置添加元素	insert before([1,3],1,2) = [2,1,3]
	position	number		
	newItem	任何类型		
remove(list, position)	list	list	移除列表指定位置的元素	remove([1,2,3], 2) = [1,3]
	position	number		
reverse(list)	list	list	反转列表中的元素位置	reverse([1,2,3]) = [3,2,1]
index of(list, match)	list	list	查找匹配元素的位置	index of([1,2,3,2],2) = [2,4]
	match	任何类型		
union(list)	list	list	求列表元素的合集	union([1,2],[2,3]) = [1,2,3]
distinct values(list)	list	list	对列表元素去重	distinct values([1,2,3,2,1]) = [1,2,3]
flatten(list)	list	list	获取扁平列表	flatten([[1,2],[[3]], 4]) = [1,2,3,4]
product(list)	list	数据元素列表	求数值列表中元素值的乘积	product([2, 3, 4]) = 24 product(2, 3, 4) = 24
median(list)	list	数据元素列表	求数值列表中元素值的中位数	median(8, 2, 5, 3, 4) = 4 median([6, 1, 2, 3]) = 2.5 median([ ]) = null

（续）

函　　数	参　　数	参数类型	说　　明	举　　例
stddev(list)	list	数据元素列表	求数值列表中元素值的标准偏差	stddev(2, 4, 7, 5) = 2.081665999466132735282297706979931 stddev([47]) = null stddev(47) = null stddev([ ]) = null
mode(list)	list	数据元素列表	获取数值列表中最常出现的元素	mode(6, 3, 9, 6, 6) = [6] mode([6, 1, 9, 6, 1]) = [1, 6] mode([ ]) = [ ]

表 13-10　数值函数

函　　数	参　　数	参数类型	说　　明	举　　例
decimal (n, scale)	n	number	取数值精度	decimal (1/3, 2) = .33 decimal (1.5, 0) = 2 decimal (2.5, 0) = 2 decimal (1.035, 2) = 1.04 decimal (1.044, 2) = 1.04 decimal (1.055, 2) = 1.06 decimal (1.064, 2) = 1.06
	scale	数值，范围 [−6111..6176]		
floor (n)	n	number	向下取整	floor (1.5) = 1 floor (−1.5) = −2
ceiling (n)	n	number	向上取整	ceiling (1.5) = 2 ceiling (−1.5) = −1
abs (n)	n	数值或间隔	取绝对值	abs (10) = 10 abs (−10) = 10 abs (@” PT5H”) = @” PT5H” abs (@"-PT5H") = @"PT5H"
modulo (dividend, divisor)	dividend	number	取余数	modulo (12, 5) = 2 modulo (−12,5)= 3 modulo (12,−5)= −3 modulo (−12,−5)= −2 modulo (10.1, 4.5)= 1.1 modulo (−10.1, 4.5)= 3.4 modulo (10.1, −4.5)= −3.4 modulo (−10.1, −4.5)= −1.1
	divisor	number		
sqrt (n)	n	number	求平方根	sqrt (16) = 4
log (n)	n	number	求对数	decimal (log (10), 2) = 2.30
exp (n)	n	number	返欧拉数 e 的指定数次方	decimal (exp (5), 2) = 148.41
odd (n)	n	number	判断是否为奇数	odd (5) = true odd (2) = false
even (n)	n	number	判断是否为偶数	even (5) = false even (2) = true

表 13-11 范围函数

函数	参数	参数类型	说明	举例
before(a, b)	a	任何类型	判断 a 是否在 b 前	before(1, 10) = true before(10, 1) = false before(1, [1..10]) = false before(1, (1..10]) = true before(1, [5..10]) = true before([1..10], 10) = false before([1..10), 10) = true before([1..10], 15) = true before([1..10], [15..20]) = true before([1..10], [10..20]) = false before([1..10), [10..20]) = true before([1..10], (10..20]) = true
	b	任何类型		
after(a, b)	a	任何类型	判断 a 是否在 b 后	after(10, 5) = true after(5, 10) = false after(12, [1..10]) = true after(10, [1..10)) = true after(10, [1..10]) = false after([11..20], 12) = false after([11..20], 10) = true after((11..20], 11) = true after([11..20], 11) = false after([11..20], [1..10]) = true after([1..10], [11..20]) = false after([11..20], [1..11)) = true after((11..20], [1..11]) = true
	b	任何类型		
meets(a, b)	a	任何类型	判断 a 是否和 b 相遇	meets([1..5], [5..10]) = true meets([1..5), [5..10]) = false meets([1..5], (5..10]) = false meets([1..5], [6..10]) = false
	b	任何类型		

（续）

函数	参数	参数类型	说明	举例
met by(a, b)	a	任何类型	判断 b 是否和 a 相遇	met by([5..10], [1..5]) = true met by([5..10], [1..5)) = false met by((5..10], [1..5]) = false met by([6..10], [1..5]) = false
	b	任何类型		
overlaps(a, b)	a	任何类型	判断 a 是否和 b 重叠	overlaps([1..5], [3..8]) = true overlaps([3..8], [1..5]) = true overlaps([1..8], [3..5]) = true overlaps([3..5], [1..8]) = true overlaps([1..5], [6..8]) = false overlaps([6..8], [1..5]) = false overlaps([1..5], [5..8]) = true overlaps([1..5], (5..8]) = false overlaps([1..5), [5..8]) = false overlaps([1..5), (5..8]) = false overlaps([5..8], [1..5]) = true overlaps((5..8], [1..5]) = false overlaps([5..8], [1..5)) = false overlaps((5..8], [1..5)) = false
	b	任何类型		
overlaps before(a, b)	a	任何类型	判断 a 是否和 b 重叠，且 a 在前	overlaps before([1..5], [3..8]) = true overlaps before([1..5], [6..8]) = false overlaps before([1..5], [5..8]) = true overlaps before([1..5], (5..8]) = false overlaps before([1..5), [5..8]) = false overlaps before([1..5), (1..5]) = true overlaps before([1..5], (1..5]) = true overlaps before([1..5), [1..5]) = false overlaps before([1..5], [1..5]) = false
	b	任何类型		

overlaps after(a, b)	a	任何类型	判断 a 是否和 b 重叠，且 a 在后	overlaps after([3..8], [1..5])= true overlaps after([6..8], [1..5])= false overlaps after([5..8], [1..5])= true overlaps after((5..8], [1..5])= false overlaps after([5..8], [1..5))= false overlaps after((1..5], [1..5))= true overlaps after((1..5], [1..5])= true overlaps after([1..5], [1..5))= false overlaps after([1..5], [1..5])= false overlaps after((1..5), [1..5])= false overlaps after((1..5], [1..6])= false overlaps after((1..5], (1..5])= false overlaps after((1..5], [2..5])= false
	b	任何类型		
finishes(a, b)	a	任何类型	判断 a 是否完成 b	finishes(10, [1..10]) = true finishes(10, [1..10)) = false finishes([5..10], [1..10]) = true finishes([5..10), [1..10]) = false finishes([5..10), [1..10)) = true finishes([1..10], [1..10]) = true finishes((1..10], [1..10]) = true
	b	任何类型		
finished by(a, b)	a	任何类型	判断 b 是否完成 a	finished by([1..10], 10) = true finished by([1..10), 10) = false finished by([1..10], [5..10]) = true finished by([1..10], [5..10)) = false finished by([1..10), [5..10)) = true finished by([1..10], [1..10]) = true finished by([1..10], (1..10]) = true
	b	任何类型		

（续）

函　数	参　数	参数类型	说　明	举　例
includes(a, b)	a	任何类型	判断 a 是否包含 b	includes([1..10], 5) = true includes([1..10], 12) = false includes([1..10], 1) = true includes([1..10], 10) = true includes((1..10], 1) = false includes([1..10), 10) = false includes([1..10], [4..6]) = true includes([1..10], [1..5]) = true includes((1..10], (1..5]) = true includes([1..10], (1..10)) = true includes([1..10), [5..10)) = true includes([1..10], [1..10)) = true includes([1..10], (1..10]) = true includes([1..10], [1..10]) = true
	b	任何类型		
during(a, b)	a	任何类型	判断 b 是否包含 a	during(5, [1..10]) = true during(12, [1..10]) = false during(1, [1..10]) = true during(10, [1..10]) = true during(1, (1..10]) = false during(10, [1..10)) = false during([4..6], [1..10]) = true during([1..5], [1..10]) = true during((1..5], (1..10]) = true during((1..10), [1..10]) = true during([5..10), [1..10)) = true during([1..10), [1..10]) = true during((1..10], [1..10]) = true during([1..10], [1..10]) = true
	b	任何类型		

<table>
<tr><td rowspan="2">starts(a, b)</td><td>a</td><td>任何类型</td><td rowspan="2">判断 a 是否为 b 的起始</td><td rowspan="2">starts(1, [1..10]) = true
starts(1, (1..10]) = false
starts(2, [1..10]) = false
starts([1..5], [1..10]) = true
starts((1..5], (1..10]) = true
starts((1..5], [1..10]) = false
starts([1..5], (1..10]) = false
starts([1..10], [1..10]) = true
starts([1..10), [1..10]) = true
starts((1..10), (1..10)) = true</td></tr>
<tr><td>b</td><td>任何类型</td></tr>
<tr><td rowspan="2">started by(a, b)</td><td>a</td><td>任何类型</td><td rowspan="2">判断 b 是否为 a 的起始</td><td rowspan="2">started by([1..10], 1) = true
started by((1..10], 1) = false
started by([1..10], 2) = false
started by([1..10], [1..5]) = true
started by((1..10], (1..5]) = true
started by([1..10], (1..5]) = false
started by((1..10], [1..5]) = false
started by([1..10], [1..10]) = true
started by([1..10], [1..10)) = true
started by((1..10), (1..10)) = true</td></tr>
<tr><td>b</td><td>任何类型</td></tr>
<tr><td rowspan="2">coincides(a, b)</td><td>a</td><td>任何类型</td><td rowspan="2">判断 a 是否与 b 重合</td><td rowspan="2">coincides(5, 5) = true
coincides(3, 4) = false
coincides([1..5], [1..5]) = true
coincides((1..5), [1..5]) = false
coincides([1..5], [2..6]) = false</td></tr>
<tr><td>b</td><td>任何类型</td></tr>
</table>

表 13-12　时间函数

函　　数	参　　数	参数类型	说　　明	举　　例
day of year(date)	date	date 或 date and time	返回一年中某一天的公历数	day of year(date(2019, 9, 17)) = 260
day of week(date)	date	date 或 date and time	返回一周中的公历日	day of week(date(2019, 9, 17)) = "Tuesday"
month of year(date)	date	date 或 date and time	返回一年中的公历月	month of year(date(2019, 9, 17)) = "September"
week of year(date)	date	date 或 date and time	返回一年中的公历周	week of year(date(2019, 9, 17)) = 38 week of year(date(2003, 12, 29)) = 1 week of year(date(2004, 1, 4)) = 1 week of year(date(2005, 1, 1)) = 53 week of year(date(2005, 1, 3)) = 1 week of year(date(2005, 1, 9)) = 1
is(value1, value2)	value1	任何类型	如果两个值是 FEEL 语义域中的相同元素，则返回 true	is(date("2012-12-25"), time("23:00:50")) = false is(date("2012-12-25"), date("2012-12-25")) = true is(time("23:00:50z"), time("23:00:50")) = false
	value2	任何类型		

表 13-13　排序函数

函　　数	参　　数	参数类型	说　　明	举　　例
sort(list, precedes)	list	list	根据给定函数对列表排序	sort(list: [3,1,4,5,2], precedes: function(x,y) x < y) = [1,2,3,4,5]
	precedes	function		

表 13-14　上下文函数

函　　数	参　　数	参数类型	说　　明	举　　例
get value(m, key)	m	context	从上下文中获取指定 key 的值	get value({key1 : "value1"}, "key1") = "value1" get value({key1 : "value1"}, "unexistent-key") = null
	key	string		
get entries(m)	m	context	以列表形式获取映射的键值对	get entries({key1 : "value1", key2 : "value2"}) = [{ key : "key1", value : "value1" }, {key : "key2", value : "value2"}]

13.3.6 变量和函数名

FEEL 与传统表达式语言不同，它的变量名和函数名可以包含空格和特殊字符。FEEL 的变量和函数名必须以字母、? 或 _ 元素开头，允许 Unicode 字符，变量名不能以保留关键字开头，例如 and、true 、every，变量名中的其余字符可以是任何字符、数字、空格、特殊字符，例如 +、−、/、*、' 、"."。这几个都是合法的 FEEL 变量名：Age、Birth Date 和 Flight 234 pre-check procedure。

FEEL 的变量和函数名也有相应的限制。

- 歧义。变量和函数名中可以带有空格、保留关键字、特殊字符，而这在某些情况下会产生歧义。为了消除歧义，FEEL 解析器会采取匹配最长变量名的方式来解析。为避免误解析，可以用括号 (< 变量名 >) 来人工消除歧义。
- 多个空格。DMN 规定 FEEL 变量可以包含多个空格，但是不能有连续的空格，Drools 对此进行了增强，支持连续的空格，Drools 的内部会把多个连续空格解析为单个空格。
- in 关键字。in 关键字不能作为变量名的一部分，它会和 for、every、some 表达式冲突。

13.4 盒装表达式

在 DRD 中，我们可以用盒装表达式来定义决策节点和业务模型。DRD 展示的是 DMN 决策模型的流程或关系，而盒装表达式则定义了各个节点自身的决策逻辑。DRD 和盒装表达式共同实现了 DMN 的决策模型。

DMN 有如下盒装表达式：

- 决策表
- 字面表达式
- 上下文
- 关系
- 函数
- 调用
- 列表

13.4.1 决策表

决策表（Decision Table）是一种用表格来表述 DRD 中决策逻辑的可视化表现形式。我们可以用决策表来定义某个决策节点的规则。如图 13-3 所示，表头部分定义了规则的输入列和输出列，表格中的每一行数据是一条规则。

左上角的 U 是规则的命中策略（Hits Policy）。决策表可以有多条规则，一组输入数据可能匹配多条规则，命中策略正是用来决定该组输入如何匹配这些规则的。

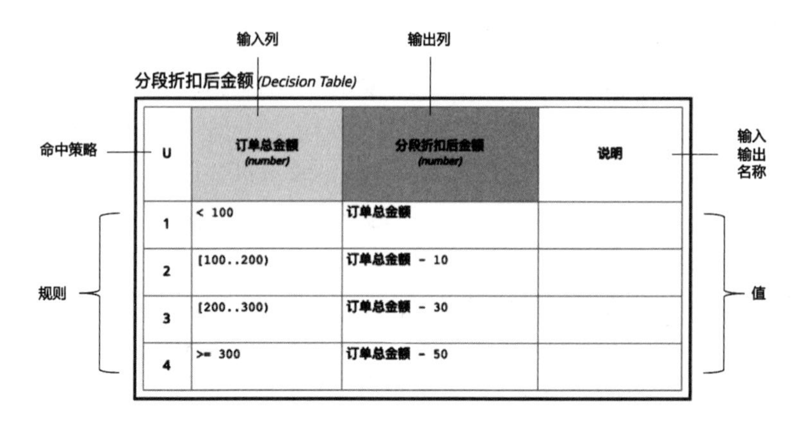

图 13-3　决策表

DMN 中有如下命中策略。

- Unique（U）：只允许匹配一条规则，如果有多条规则匹配，会报错，它是系统的默认命中策略。
- Any（A）：允许匹配多条规则，但要求所有匹配规则的输出相同，如果不同，会报错。
- Priority（P）：允许匹配多条规则，不要求所有匹配规则的输出相同，以最先给出返回值的规则输出作为该组数据的结果输出。
- First（F）：按照规则定义的先后顺序，排在最前面的规则为命中规则。
- Collect（C, C+, C<, C>, C#）：多次命中后，根据聚合函数聚合规则的输出结果。
  - Collect（C）：输出所有命中规则输出值的列表，它是系统的默认聚合输出策略。
  - Collect Sum（C+）：输出所有规则结果的求和值，它要求所有规则的结果必须为数值型输出。
  - Collect Min（C<）：输出所有规则结果的最小值，它要求所有规则的结果必须是可比较的。
  - Collect Max（C>）：输出所有规则结果的最大值，它要求所有规则的结果必须是可比较的。
  - Collect Count（C#）：输出匹配规则的数量。

13.4.2　字面表达式

字面表达式（Literal Expression）用于决策表单元格的逻辑定义，它必须符合 DMN 中规定的 FEEL 语法要求。图 13-4 是一个简单的字面表达式，它把“优惠抵扣后的金额”以分为单位向上取整。图 13-5 是一个相对复杂的字面表达式，它根据提供的价格比较函数对“图书编目”列表进行排序。

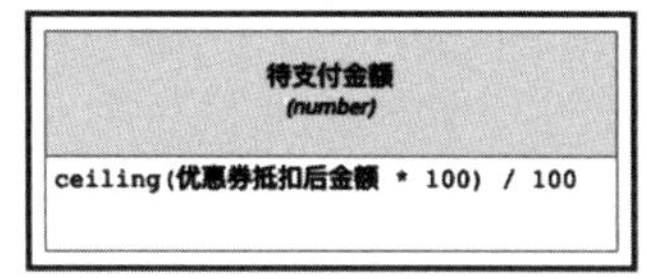

待支付金额 *(Literal expression)*

待支付金额 *(number)*
ceiling(优惠券抵扣后金额 * 100) / 100

图 13-4　简单的字面表达式

按价格排序的图书编目 *(Literal expression)*

按价格排序的图书编目 *(Catalog)*
sort(图书编目, function(b1, b2) b1.price >= b2.price)

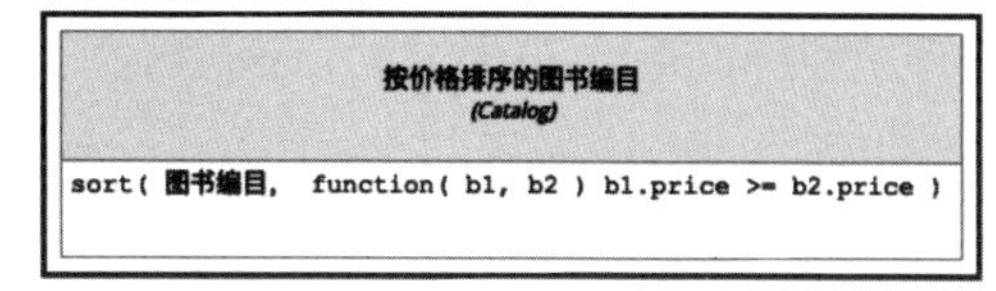

图 13-5　相对复杂的字面表达式

13.4.3　上下文

DMN 的上下文（Context）是一系列键值对的集合，每个键值对是一个上下文的条目，条目的值可以是数据，也可以是 FEEL 表达式（字面表达式、决策表等）。图 13-6 是上下文表达式的定义，它的条目（键值对）的值为表达式。

优惠券抵扣后金额 *(Context)*

#	优惠券抵扣后金额 *(number)*	
1	会员折扣后金额的百分之五 *(number)*	会员折扣后金额 * 0.05
	<result>	if 优惠券 > 会员折扣后金额的百分之五 then 会员折扣后金额 - 会员折扣后金额的百分之五 else 会员折扣后金额 - 优惠券

图 13-6　上下文表达式

13.4.4　关系

DMN 中的关系（Relation）是一张数据表。图 13-7 所示为顾客信息定义表，表中的头部定义了顾客的属性列，表中每条记录代表一个客户的信息。

顾客 *(Relation)*

#	ID *(string)*	姓名 *(string)*	是否是会员 *(boolean)*
1	HMM	韩梅梅	false
2	LL	李雷	true

图 13-7　关系表达式

13.4.5　函数

函数（Function）是参数化的 FEEL 表达式，表达式可以是 FEEL 的字面表达式、Java 表达式、上下文表达式或者嵌套的任何类型的 FEEL 表达式。默认情况下，所有的业务知识模型（可重用的业务逻辑）都会定义为函数表达式。函数表达式中也可以调用函数表达式。

图 13-8 是一个函数的定义，函数的名称是“计算总额”，参数为 catalog、order，返回值的类型为 number，函数体是以嵌套上下文实现的。

计算总额 *(Function)*

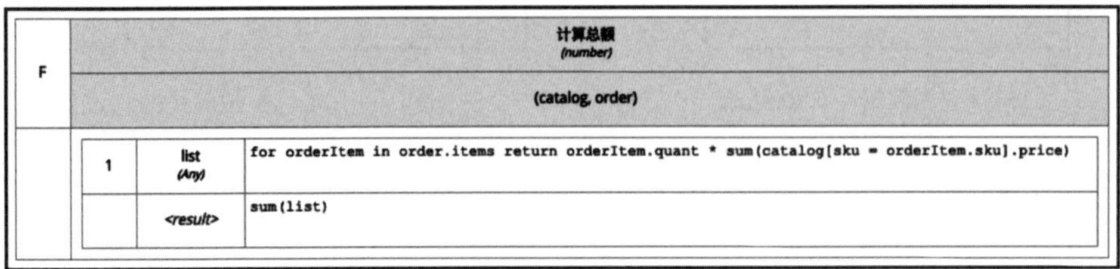

<table>
<tr><td rowspan="2">F</td><td colspan="3">计算总额
(number)</td></tr>
<tr><td colspan="3">(catalog, order)</td></tr>
<tr><td rowspan="2"></td><td>1</td><td>list
(Any)</td><td><code>for orderItem in order.items return orderItem.quant * sum(catalog[sku = orderItem.sku].price)</code></td></tr>
<tr><td></td><td><result></td><td><code>sum(list)</code></td></tr>
</table>

图 13-8　普通函数表达式

13.4.6　调用

调用表达式（Invocations Expression）用于业务知识模型的调用，它包括表达式自身的名称、调用的业务知识模型的名称、调用参数名和参数绑定表达式，如图 13-9 所示。

订单总金额 *(Context)*

<table>
<tr><td>#</td><td colspan="4">订单总金额
(number)</td></tr>
<tr><td rowspan="3">1</td><td rowspan="3">amount
(number)</td><td>#</td><td colspan="2">计算总额</td></tr>
<tr><td>1</td><td>catalog
(Catalog)</td><td>图书编目</td></tr>
<tr><td>2</td><td>order
(Order)</td><td>订单</td></tr>
<tr><td></td><td><result></td><td colspan="3"><code>amount</code></td></tr>
</table>

图 13-9　调用表达式

13.4.7　列表

DMN 的列表表达式（List）用来表示条目的列表，列表的条目可以是如图 13-10 所示的 FEEL 字面值，也可以是如图 13-11 所示的 FEEL 表达式。

图书编目 *(List)*

1	"帝国与文明"
2	"奇妙的化学"
3	"谁是最可爱的人"
4	"机器人大师"

图 13-10　条目为字面值的列表

图书编目SKU *(List)*

1	前缀 + "帝国与文明"
2	前缀 + "奇妙的化学"
3	前缀 + "谁是最可爱的人"
4	前缀 + "机器人大师"

图 13-11　条目为表达式的列表

13.5　实战：网购图书

13.5.1　功能说明

在网购图书的时候，网上书店有如下的促销规则：

- 满 100 元减 10 元，满 200 元减 30 元，满 300 元减 50 元；
- 2 本 9 折，3 本 8 折；
- 会员再享受 9.5 折上折；
- 只能用一个优惠券抵扣，抵扣金额不超过订单总金额的 5%。

我们要计算出网购图书订单经过这些规则后的最终价格，假设已有如表 13-15 所示的图书编目。

表 13-15　图书编目

SKU	名　称	价格（元）
book-001	帝国与文明	84.5
book-002	奇妙的化学	31.5
book-003	谁是最可爱的人	28.6
book-004	机器人大师	98.0

13.5.2　规则实现

示例已经放到 GitHub 上了，位于 ch13/buybook 工程目录下。读者可以按照 5.3.2 节介绍的方式导入，也可以跟随下面的内容进行手工创建，以了解 DMN 的创建与使用。

1. 创建 DMN 资产

在业务中心创建新工程 BuyBook。导航到添加资产的类型选择页面，选择资产类型为 DMN，如图 13-12 所示。系统将导航到 DMN 创建页面，输入 DMN 名称 BuyBook，下拉并选择包 com.droolsinaction.buybook，单击 OK 按钮确认，如图 13-13 所示。

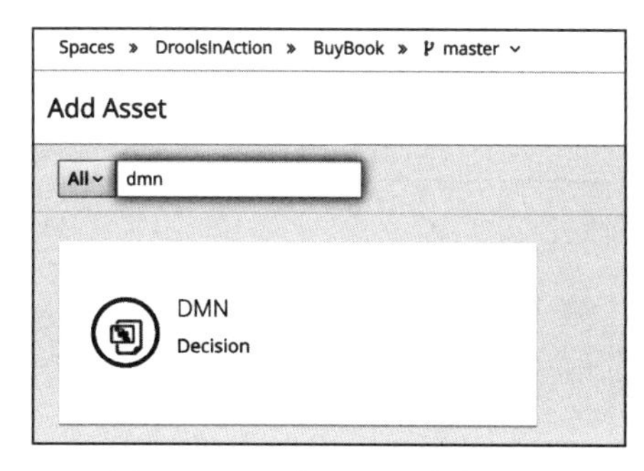

图 13-12　选择 DMN 资产类型

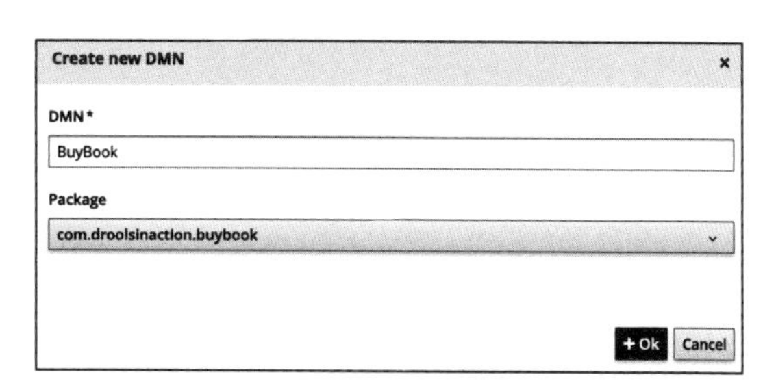

图 13-13　创建 DMN 资产

2. 创建数据类型

在空白的 DMN 编辑页面，单击 Data Types 进入数据类型管理页面，如图 13-14 所示。

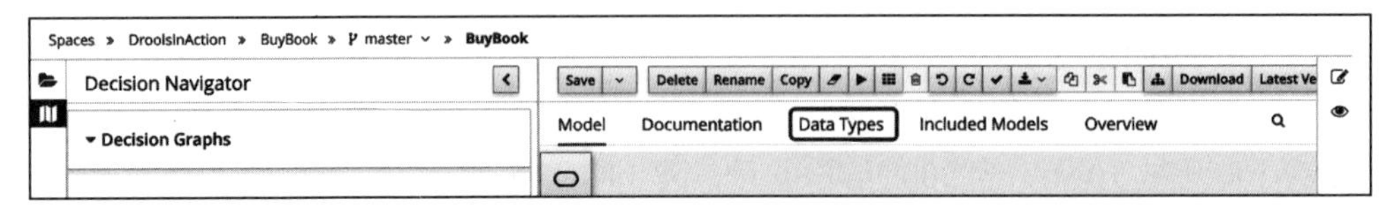

图 13-14　空白 DMN 编辑页面

在数据类型管理页面，单击 Add a custom Data Type 按钮添加新的数据类型，如图 13-15 所示。在添加新的数据类型页面在 Name 字段输入“Book”，在 Type 字段下拉并选择 Structure，然后单击右侧对号图标以确认添加，如图 13-16 所示。

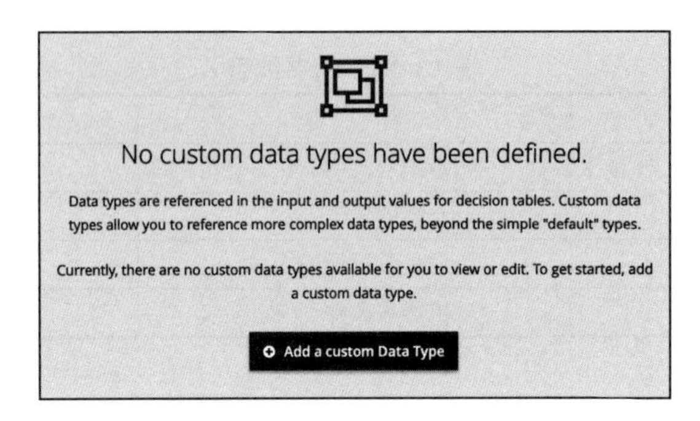

图 13-15　数据类型管理页面

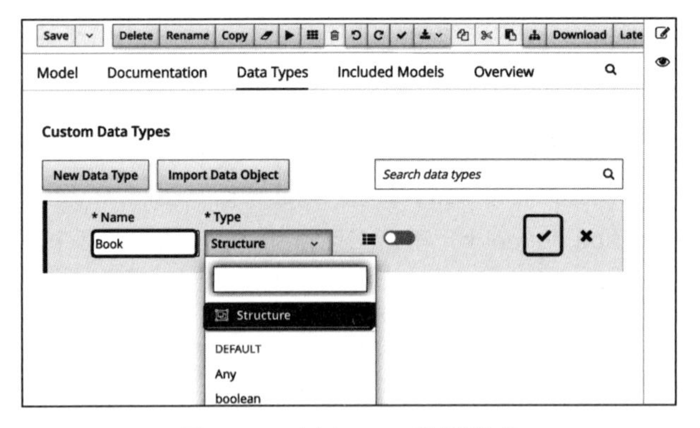

图 13-16　创建 Book 数据类型

在页面导航到的属性编辑页面（见图 13-17）上，输入书的名称 sku，选择类型 string 并单击对号图标确认添加。单击 sku 属性右侧的加号图标继续添加 Book 的属性，如图 13-18 所示。

添加 Book 数据类型的属性 price，类型为 number。图 13-19 所示是完整的 Book 数据类型定义。单击 New Data Type 按钮添加 Catalog 数据类型，选择 Type 为 Book，开启列表开关，即将 Catalog 的类型定义为 Book 的列表，如图 13-20 所示。

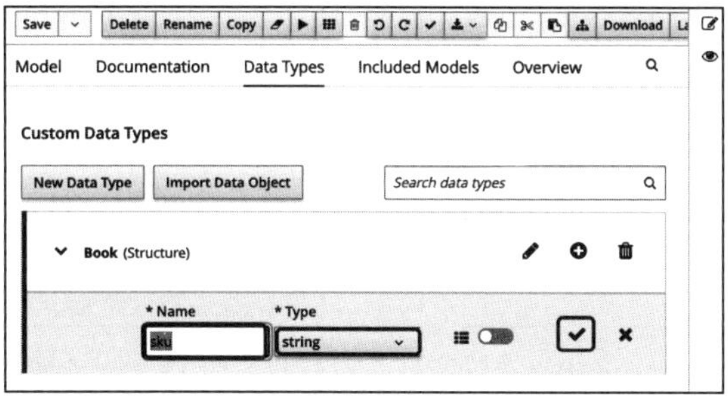

图 13-17 定义 sku 属性

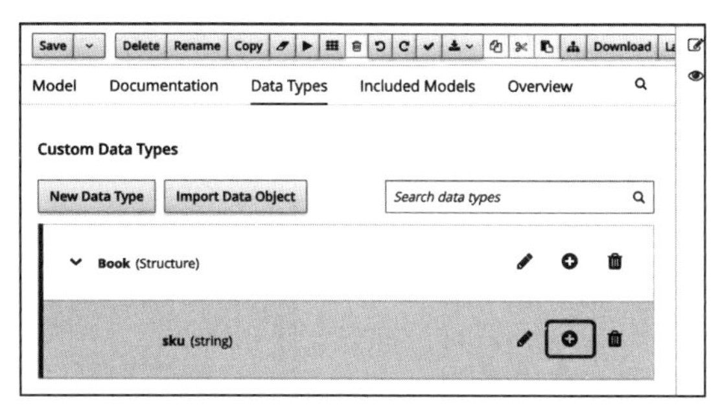

图 13-18 添加新属性

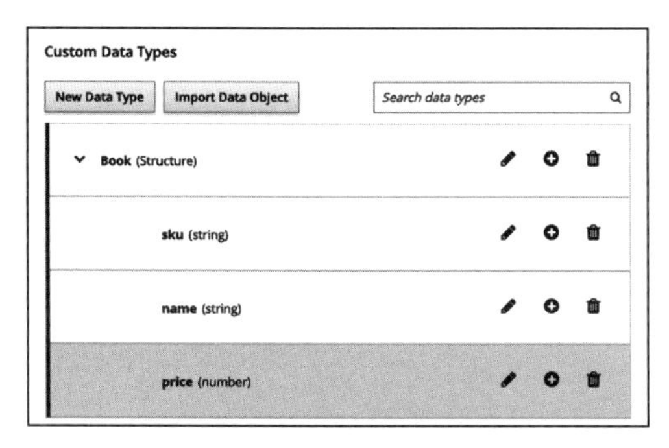

图 13-19 完整的 Book 数据类型定义

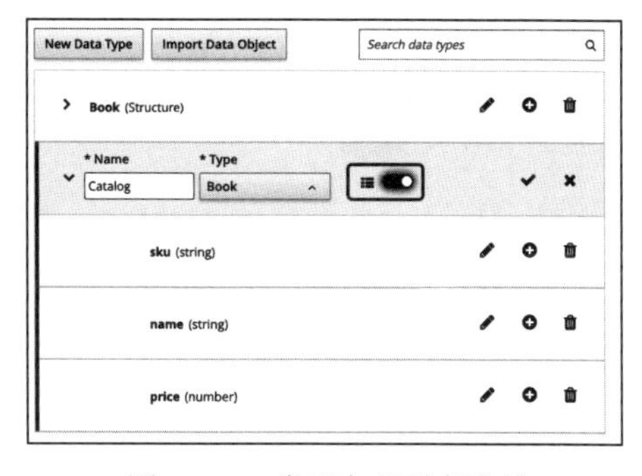

图 13-20 类型定义列表选项

图 13-21 是完整的 Catalog 定义。继续添加新的数据类型 OrderItem，类型为 Structure，属性有 string 类型的 sku、number 类型的 quant，图 13-22 是完整的 OrderItem 类型定义。

添加新的数据类型 Order，如图 13-23 所示，类型为 Structure，属性有 string 类型的 customer、OrderItem 列表类型的 items。添加新的数据类型 Customer，如图 13-24 所示，类型为 Structure，属性有 string 类型的 id、string 类型的 name、boolean 类型的 isMember。

添加新的数据类型 Coupon，类型为 number，如图 13-25 所示。单击 Save 按钮保存后，再单击 Model 标签切换到 DMN 模型的标签页。

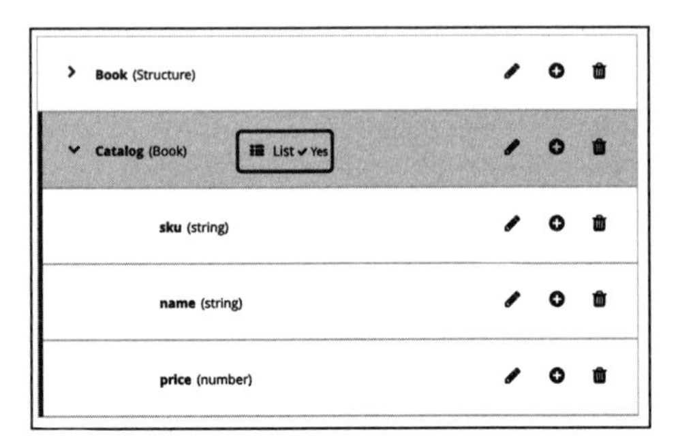

图 13-21　完整的 Catalog 定义

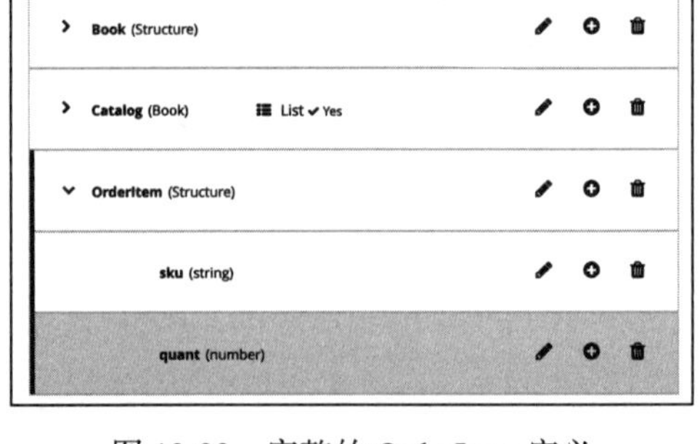

图 13-22　完整的 OrderItem 定义

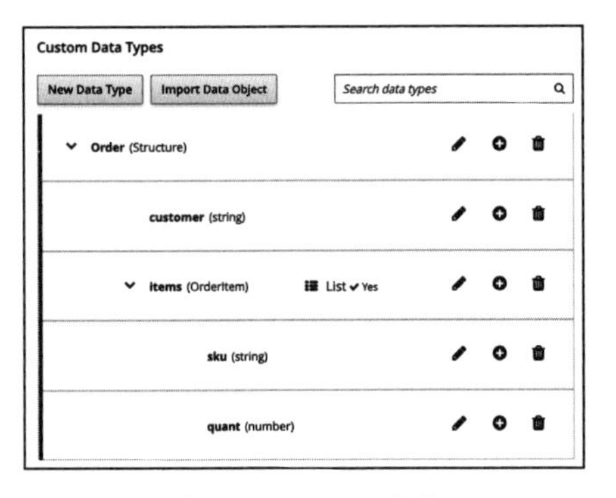

图 13-23　Order 定义

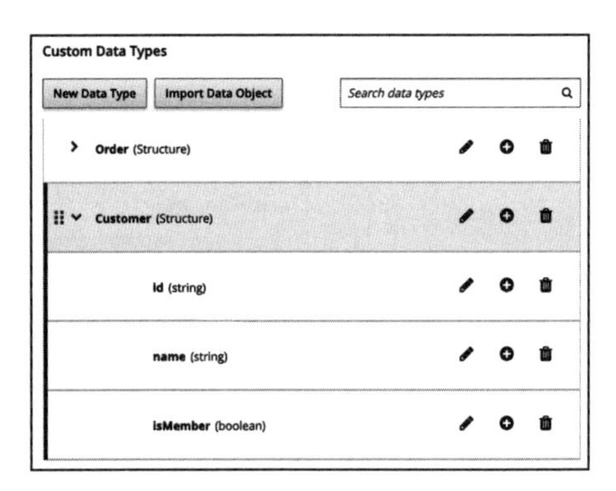

图 13-24　Customer 定义

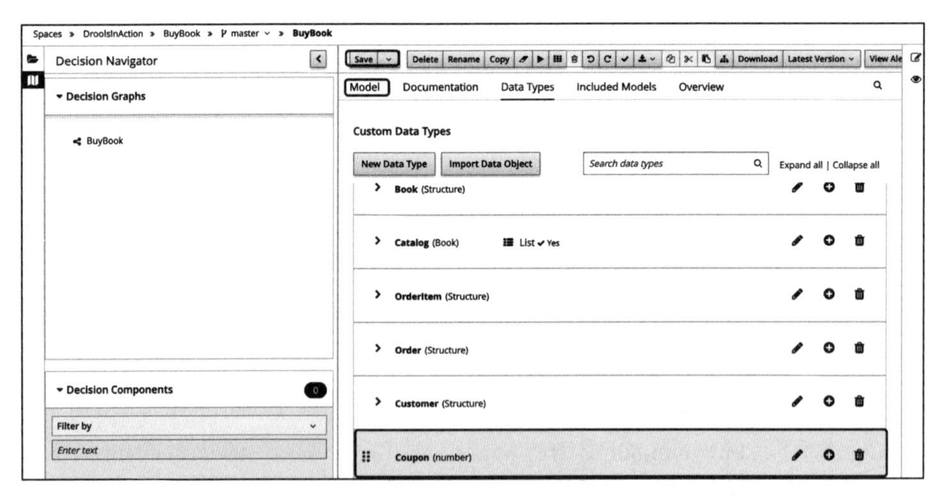

图 13-25　Coupon 定义

3. 创建输入数据

在模型编辑页面上单击 DMN Input Data 图标，再单击画布任意区域，生成 inputData-1 节点，如图 13-26 所示。双击 inputData-1 节点，在可编辑的节点名称区域将节点名称修改为“图书编目”，如图 13-27 所示。单击右上角的编辑图标，进入该节点的属性编辑页面。

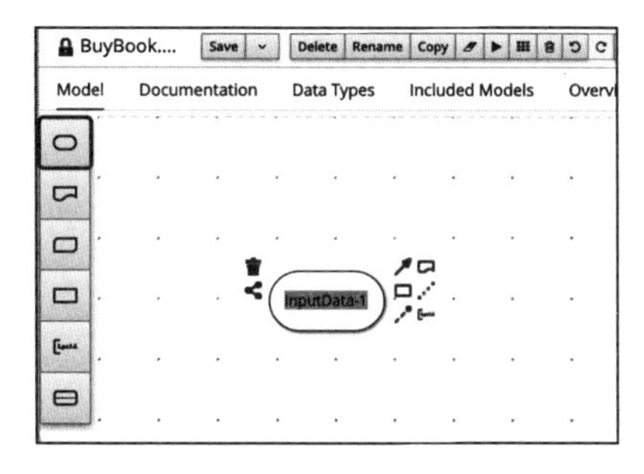

图 13-26　添加输入数据节点

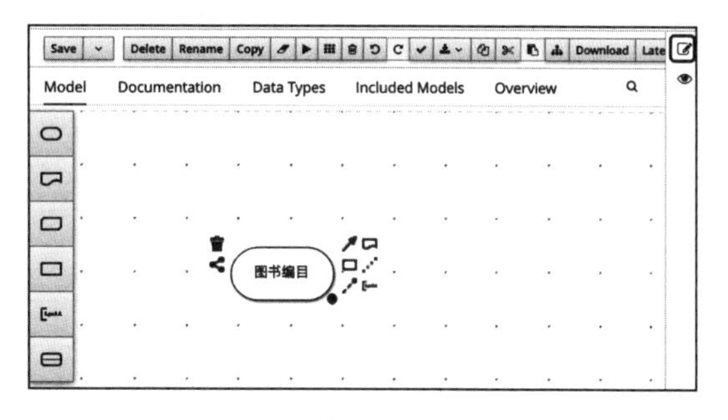

图 13-27　命名输入数据节点

在节点属性编辑页面上找到 Data Type 选项，如图 13-28 所示。下拉并选择 Catalog 类型，以将“图书编目”节点的类型定义为 Catalog 类型。

图 13-28　节点数据类型配置项

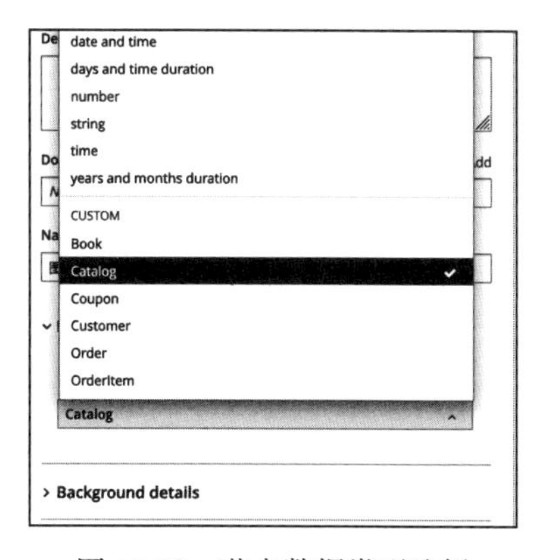

图 13-29　节点数据类型选择

再次单击右上角的编辑图标以关闭属性编辑窗口，如图 13-30 所示。继续添加“订单”数据输入节点，类型为 Order。添加“顾客”数据输入节点，类型为 Customer。添加“优惠券”节点，类型为 Coupon。添加完成后的节点信息如图 13-31 所示。

图 13-30　关闭属性编辑窗口

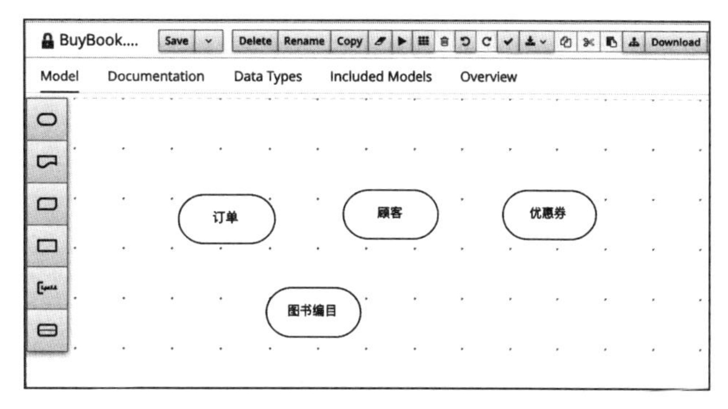

图 13-31　添加其余输入数据

4. 添加决策规则

在模型编辑页面单击 DMN Decision 图标，再单击画布区，系统将生成决策节点。双击该节点，将节点名称修改为“订单总金额”，如图 13-32 所示。在属性编辑页面将决策节点“订单总金额”的数据类型修改为 number，如图 13-33 所示。

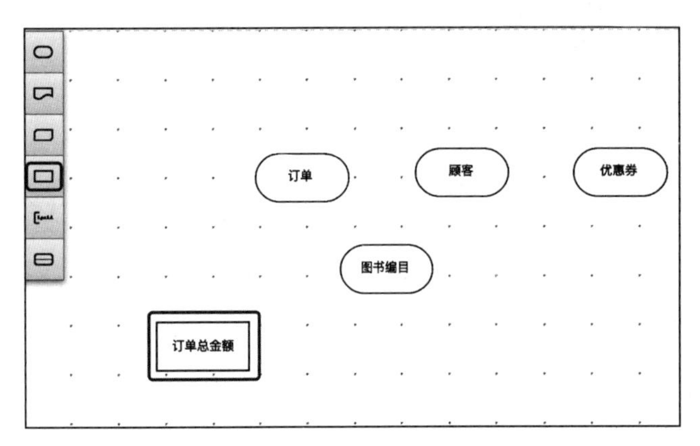

图 13-32　添加决策节点

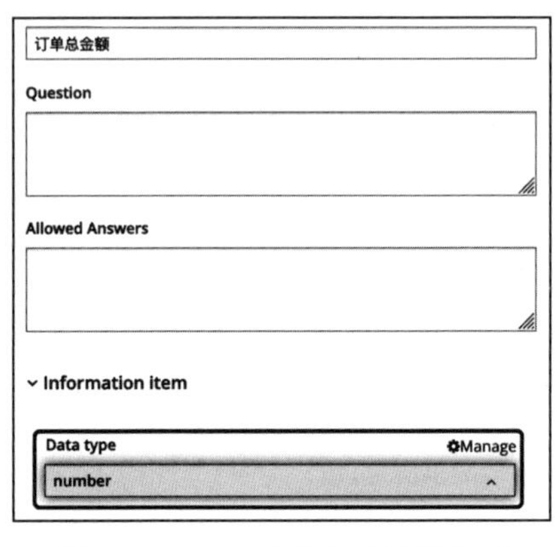

图 13-33　配置决策节点数据类型

单击 DMN Business Knowledge Model 图标，再单击画布区，系统将生成业务模型节点。双击该节点，将节点名称修改为“计算总额”，如图 13-34 所示。

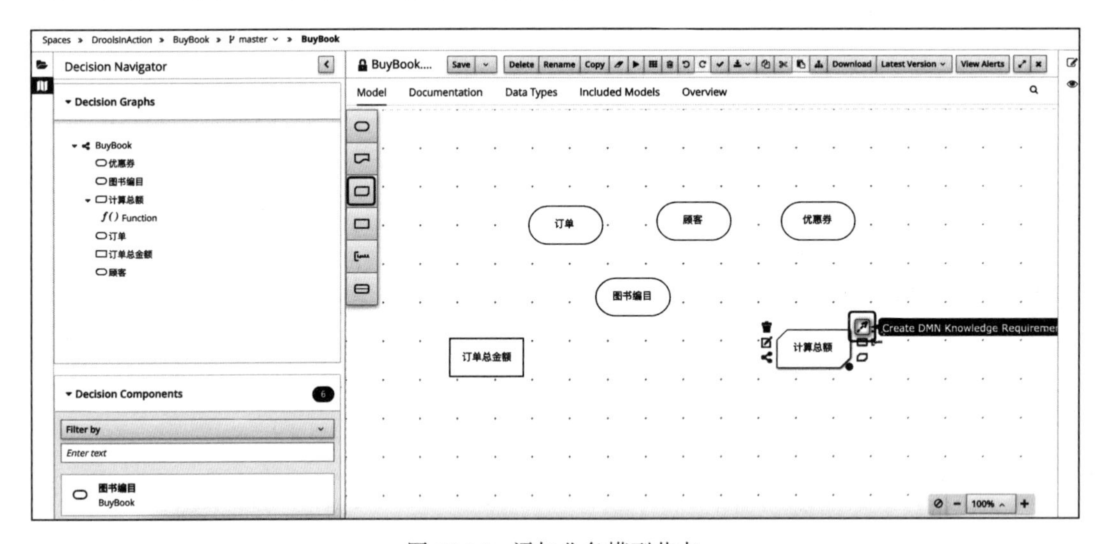

图 13-34　添加业务模型节点

用鼠标选中“计算总额”节点右上角的 Create DMN Knowledge Requirement（创建 DMN 知识依赖）箭头并拖曳到“订单总金额”节点，以将“计算总额”业务模型节点配置为“订单总金额”决策节点的业务依赖，如图 13-35 所示。单击“计算总额”节点左上角的编辑图标，进入该节点的业务逻辑编辑页面，如图 13-36 所示。单击函数名称“计算总额”，以进行该函数的返回值的编辑。

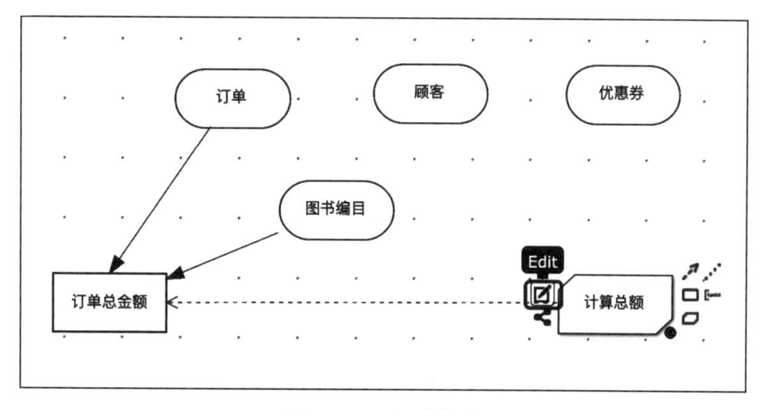

图 13-35　创建依赖

在 Data Type 的下拉列表中选择 number 为函数“计算总额”的返回类型，如图 13-37 所示。单击 Edit parameters 单元格以编辑该函数的参数，如图 13-38 所示。

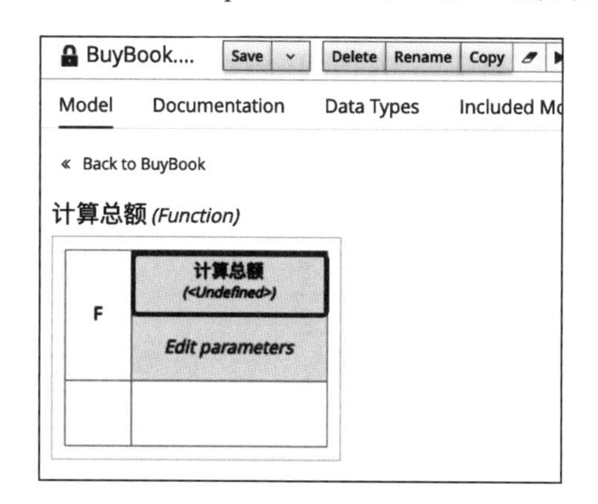

图 13-36　编辑函数定义入口

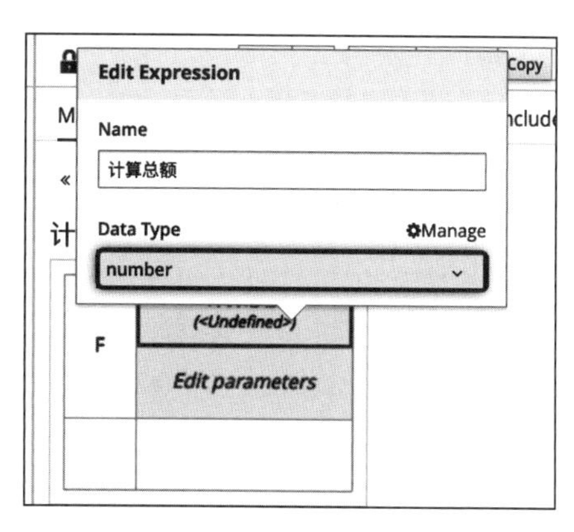

图 13-37　修改函数返回类型

在弹出的函数参数编辑窗口中，单击 Add parameter 按钮后添加参数 catalog，类型为 Catalog。继续添加参数 order，类型为 Order，如图 13-39 所示。右击参数下方的空白单元格，在弹出菜单中选择 Clear 选项，以清除函数体的默认逻辑类型（Literal expression），如图 13-40 所示。

单击函数体单元格，在弹出菜单中选择 Context 选项，以将该函数的逻辑类型配置为上下文，如图 13-41 所示。单击上下文第 1 行的键单元格，如图 13-42 所示，进行该单元格的名称和类型配置。

在弹出的上下文条目编辑窗口中，将该条目的键名称修改为 list，将数据类型修改为 Any，如图 13-43 所示。单击条目的值单元格，在弹出的类型列表中选择 Literal expression，以将该条目的值配置为字面表达式，如图 13-44 所示。

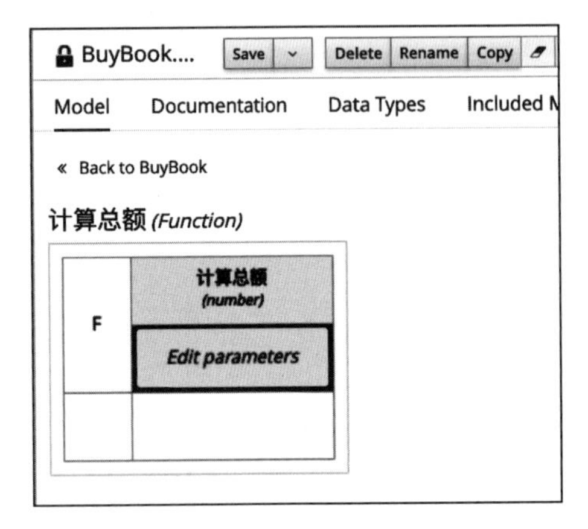

图 13-38　编辑函数参数入口

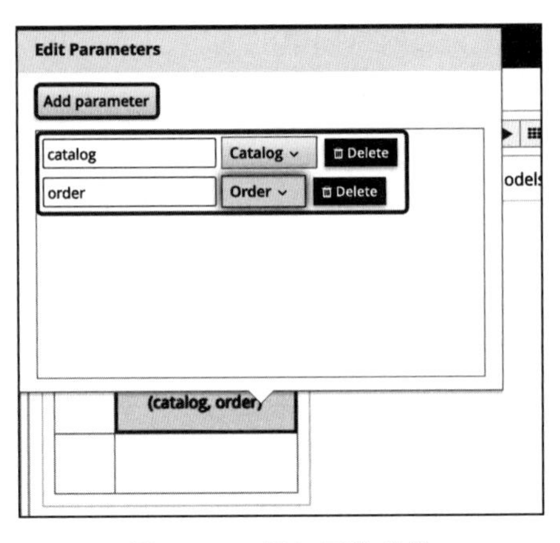

图 13-39　添加函数参数

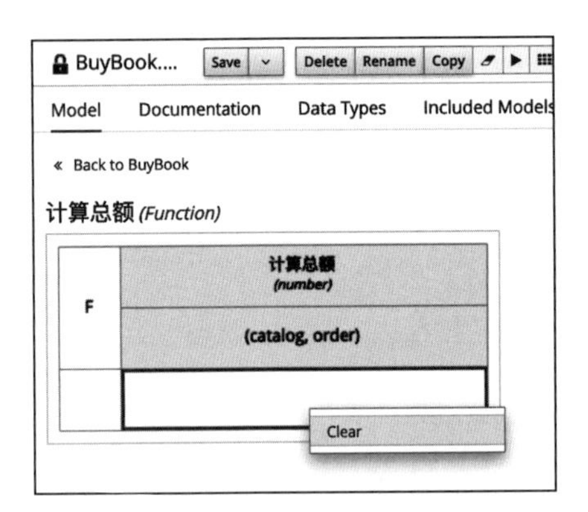

图 13-40　清除默认逻辑类型

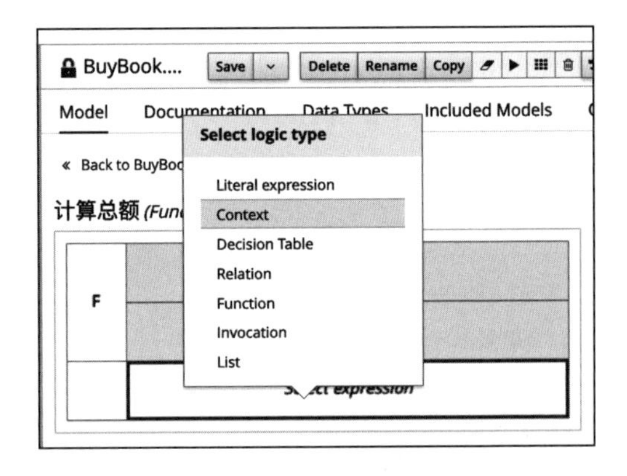

图 13-41　设置函数逻辑类型

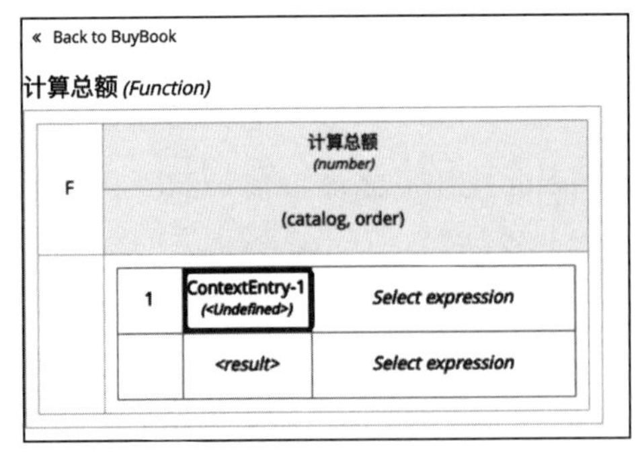

图 13-42　键配置入口

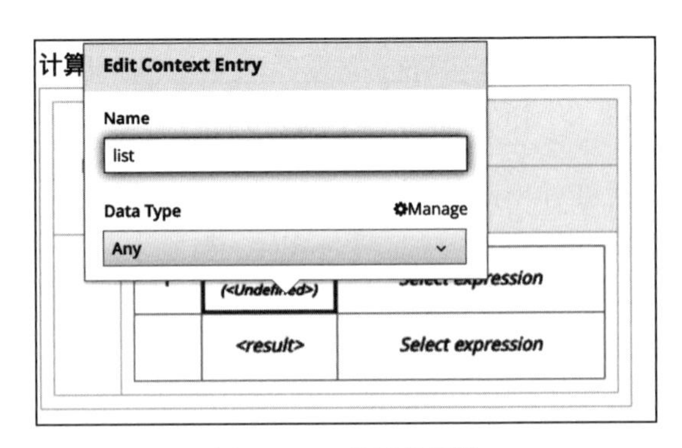

图 13-43　配置条目键

在条目 1 的值单元格输入如下字面表达式：

```
for orderItem in order.items return orderItem.quant * sum(catalog[sku =
  orderItem.sku].price)
```

单击 <result> 右侧的函数返回值单元格，选中 Literal expression，以将返回值配置为字面表达式，如图 13-45 所示。输入字面表达式 list，以将该函数的返回值配置为条目 1 的计算结果，如图 13-46 所示。

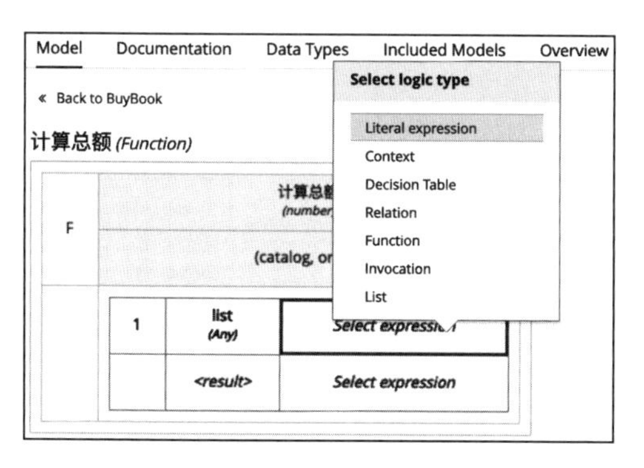

图 13-44　配置条目值的逻辑类型

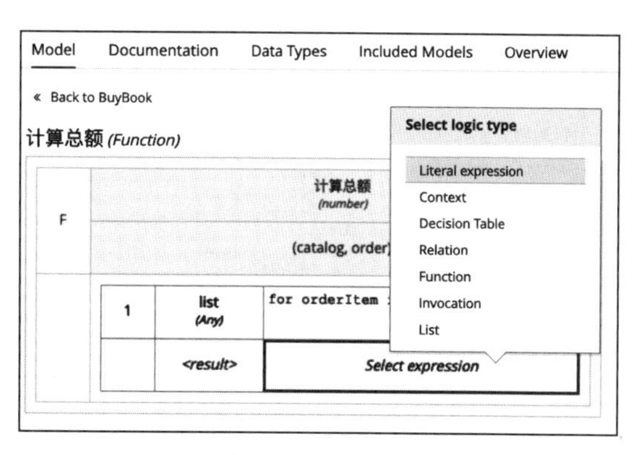

图 13-45　配置返回值逻辑类型

选中“订单总金额”节点，单击编辑图标进行该节点业务逻辑的编辑，如图 13-47 所示。在节点的业务逻辑编辑页面上，将该节点的逻辑类型配置为 Context，将上下文的第 1 个条目的键名称改为 amount、类型改为 number，并单击该条目的值单元格，在弹出菜单中选择 Invocation，以将其逻辑类型配置为“调用”方式，如图 13-48 所示。

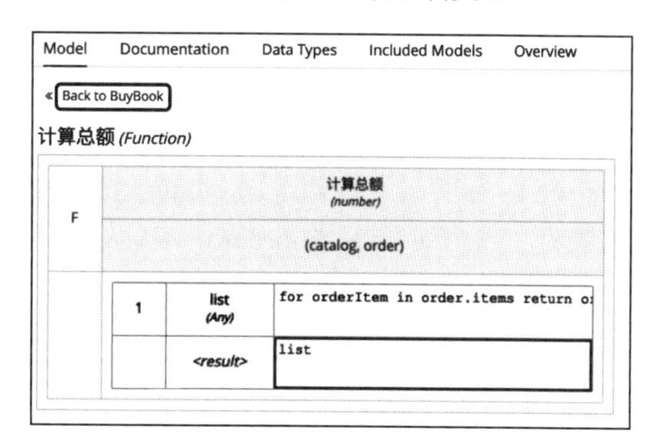

图 13-46　配置返回值表达式

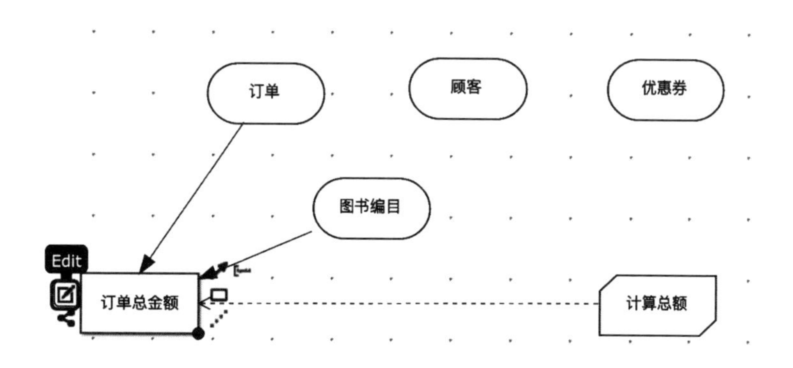

图 13-47　编辑节点业务逻辑

将调用的函数名修改为“计算总额”。右击 p-1 右侧的参数表达式单元格，在弹出菜单中选择 Insert below 以添加新的函数调用参数，如图 13-49 所示。单击参数 p-1 单元格，在弹出的窗口中将参数的名称配置为 catalog，将类型配置为 Catalog，如图 13-50 所示。

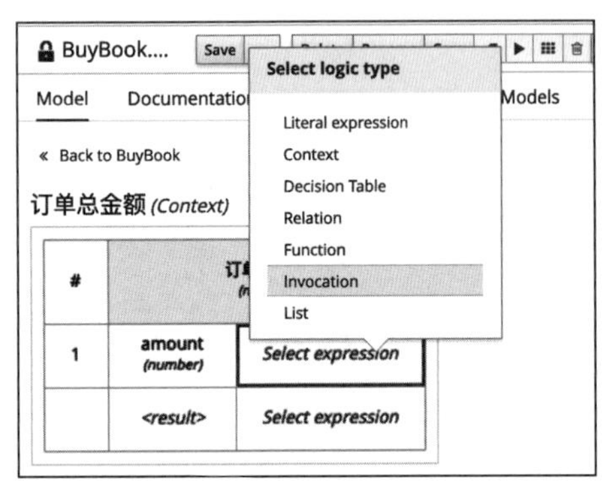

图 13-48　修改条目值逻辑类型

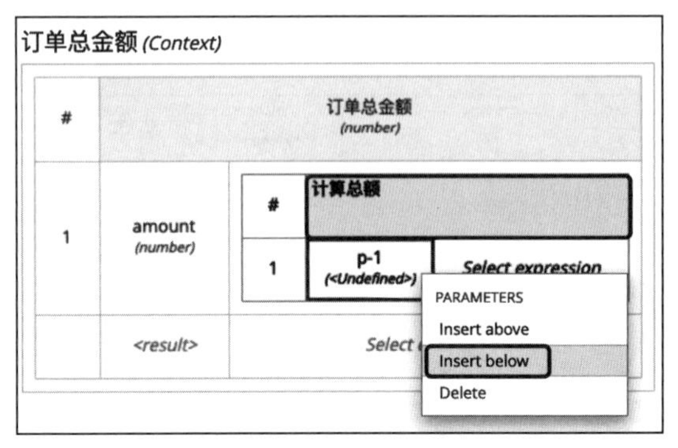

图 13-49　添加函数调用参数

将参数 p-2 的名称配置为 order，将其类型配置为 Order。单击 catalog 的值单元格，将其逻辑类型配置为 Literal expression（字面值表达式），如图 13-51 所示。继续将 order 的值单元格配置为字面表达式。将 catalog 的表达式配置为“图书编目”，将 order 的表达式配置为“订单”，如图 13-52 所示。

单击订单总金额配置页面上的 Back to BuyBook 链接返回到模型编辑页面，单击 Save 按钮保存，系统会提示保存和校验成功，如图 13-53 所示。

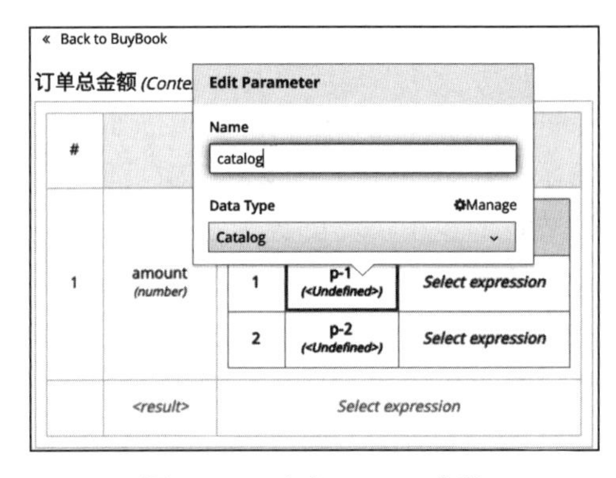

图 13-50　定义 catalog 参数

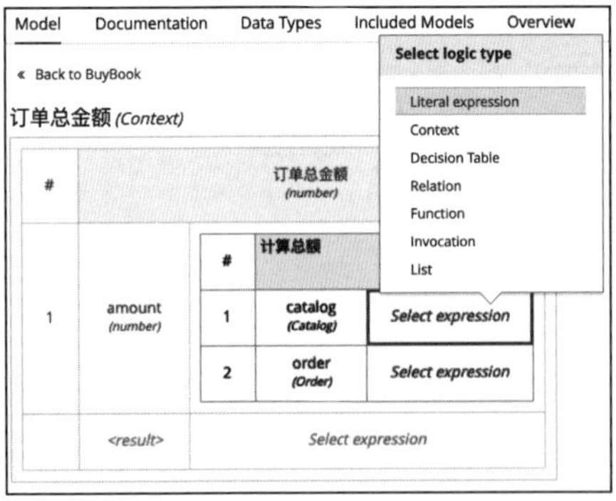

图 13-51　修改参数值逻辑类型

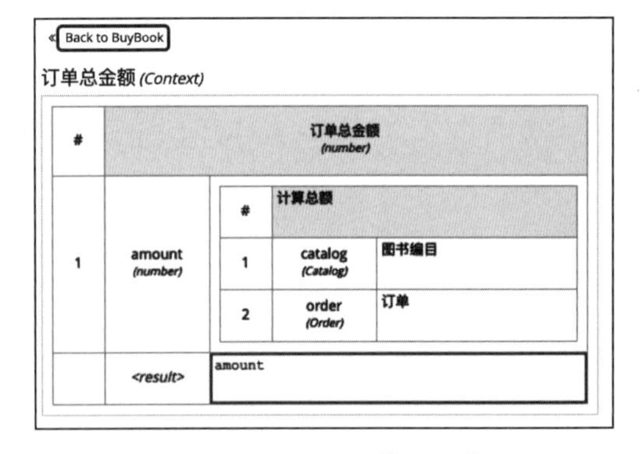

图 13-52　配置函数返回值

添加“分段折扣后金额”决策节点，如图 13-54 所示。将该节点的逻辑类型设置为决策表，再将该决策表的业务规则设置为“满 100 元减 10 元，满 200 元减 30 元，满 300 元减

50 元”，完整的“分段折扣金额”规则配置如图 13-55 所示。

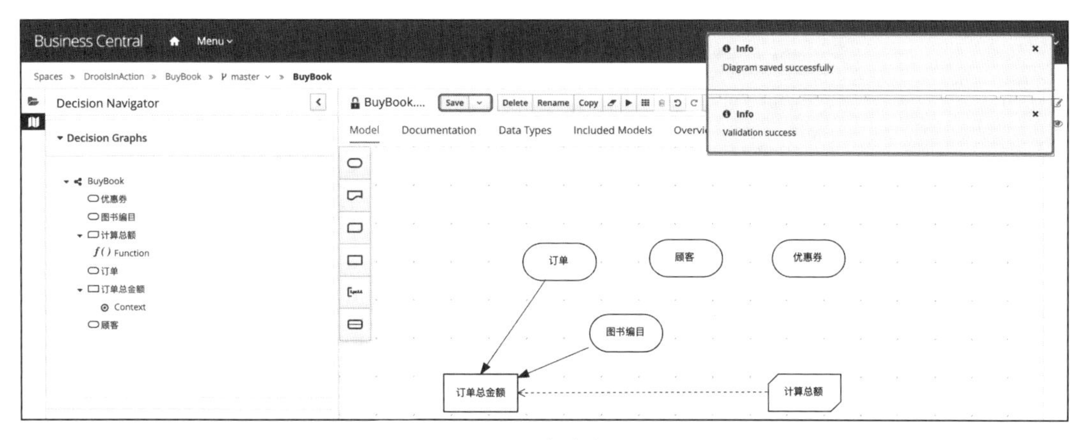

图 13-53　保存与校验

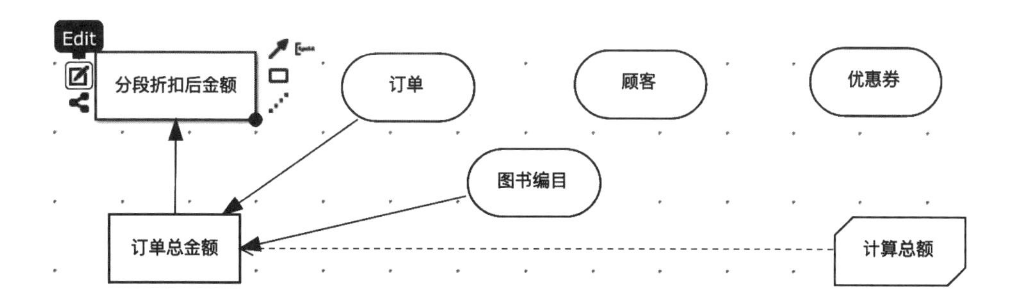

图 13-54　添加“分段折扣后金额”节点

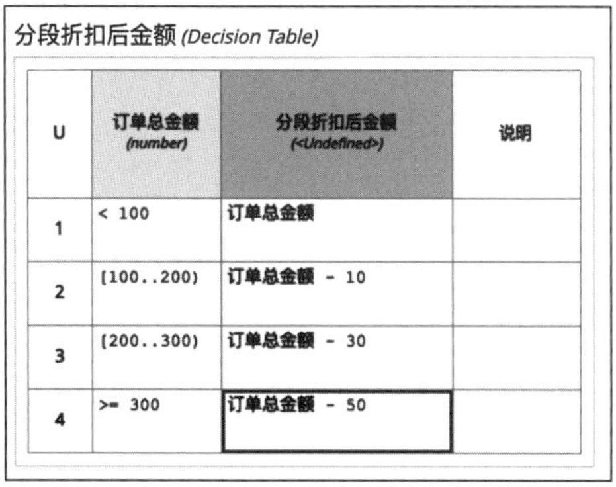

分段折扣后金额 *(Decision Table)*

U	订单总金额 (number)	分段折扣后金额 (<Undefined>)	说明
1	< 100	订单总金额	
2	[100..200)	订单总金额 - 10	
3	[200..300)	订单总金额 - 30	
4	>= 300	订单总金额 - 50	

图 13-55　“分段折扣后金额”定义

添加“数量折扣后金额”决策节点，如图 13-56 所示。将该节点的逻辑类型设置为决策表，如图 13-57 所示。

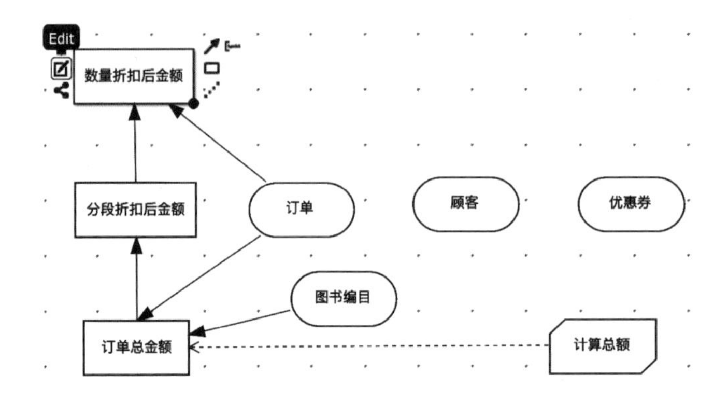

图 13-56　添加“数量折扣后金额”节点

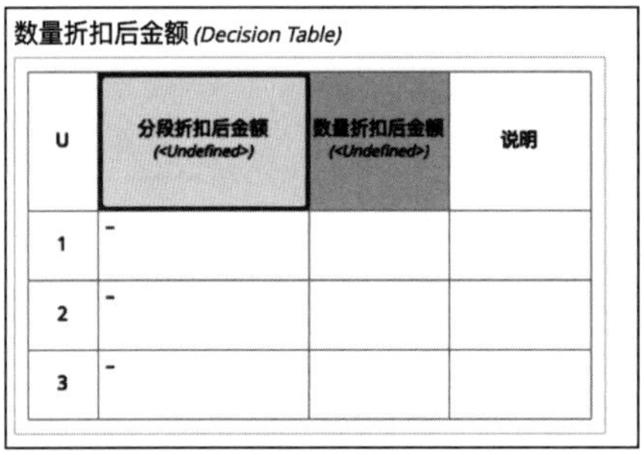

数量折扣后金额 *(Decision Table)*

U	分段折扣后金额 (<Undefined>)	数量折扣后金额 (<Undefined>)	说明
1	-		
2	-		
3	-		

图 13-57　配置决策表条件入口

将“数量折扣后金额”节点决策表的决策条件修改为 sum(订单 .items.quant)，将其类型修改为 number，如图 13-58 所示。将该决策表的业务规则设置为“2 本 9 折，3 本 8 折”，完整的“数量折扣后金额”规则配置如图 13-59 所示。

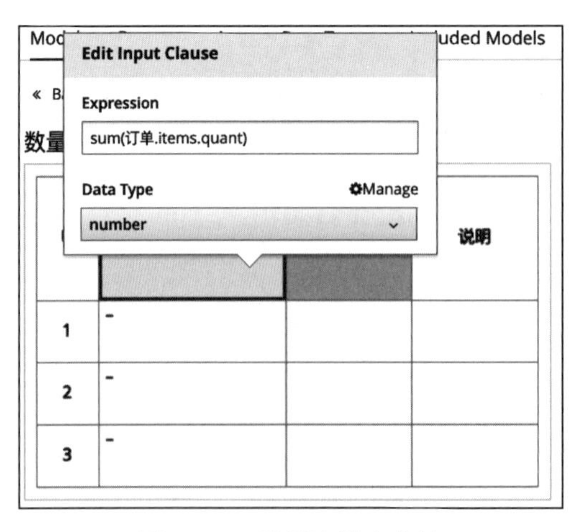

图 13-58　配置决策表条件

数量折扣后金额 *(Decision Table)*

U	sum(订单.items.quant) (number)	数量折扣后金额 (number)	说明
1	< 2	分段折扣后金额	
2	[2..3)	分段折扣后金额 * 0.9	
3	>= 3	分段折扣后金额 * 0.8	

图 13-59 “数量折扣后金额”定义

添加“会员折扣后金额”决策节点，如图 13-60 所示。将该节点的逻辑类型设置为决策表，再将该决策表的业务规则设置为“会员再享受 9.5 折上折”，完整的“会员折扣后金额”规则配置如图 13-61 所示。

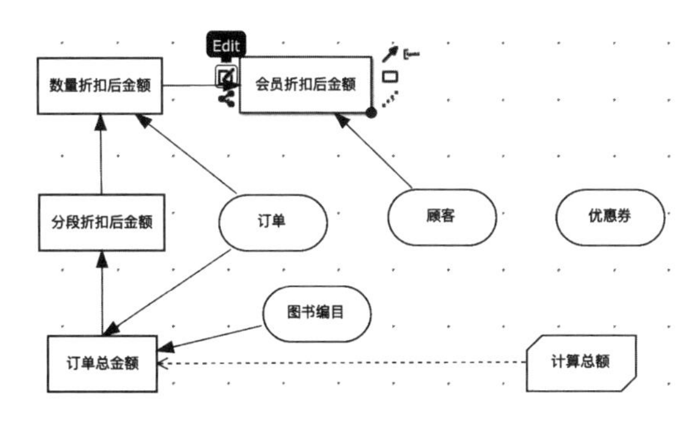

图 13-60 添加“会员折扣后金额”节点

会员折扣后金额 *(Decision Table)*

U	顾客.isMember (boolean)	会员折扣后金额 (number)	说明
1	true	数量折扣后金额 *0.95	
2	false	数量折扣后金额	

图 13-61 “会员折扣后金额”定义

添加“优惠券折扣后金额”决策节点，如图 13-62 所示。将该节点的逻辑类型设置为上下文（Context），再将该上下文的业务规则设置为“只能用一个优惠券抵扣，抵扣金额不超过总金额的 5%”。将条目 1 的键名称修改为“会员折扣后金额的百分之五”，将其类型修改为 number，将该条目的值编辑为“会员折扣后金额 * 0.05”。修改返回值的字面表达式如下：

```
if 优惠券 > 会员折扣后金额的百分之五
```

```
then 会员折扣后金额 - 会员折扣后金额的百分之五
else 会员折扣后金额 - 优惠券
```

完整的“优惠券折扣后金额”节点规则配置如图 13-63 所示。

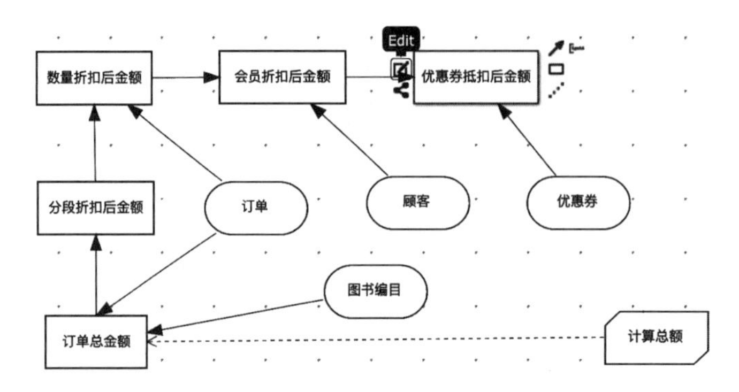

图 13-62 添加“优惠券折扣后金额”节点

优惠券抵扣后金额 *(Context)*

#	优惠券抵扣后金额 (number)	
1	会员折扣后金额的百分之五 (number)	会员折扣后金额 * 0.05
	<result>	if 优惠券 > 会员折扣后金额的百分之五 then 会员折扣后金额 - 会员折扣后金额的百分之五 else 会员折扣后金额 - 优惠券

图 13-63 “优惠券折扣后金额”定义

添加“待支付金额”决策节点，如图 13-64 所示。将该节点的逻辑类型设置为字面表达式，添加逻辑表达式“ ceiling(优惠券抵扣后金额 * 100) / 100”，从而实现将金额精确到分，并进行向上进位。完整的“优惠券折扣后金额”节点规则配置如图 13-65 所示。

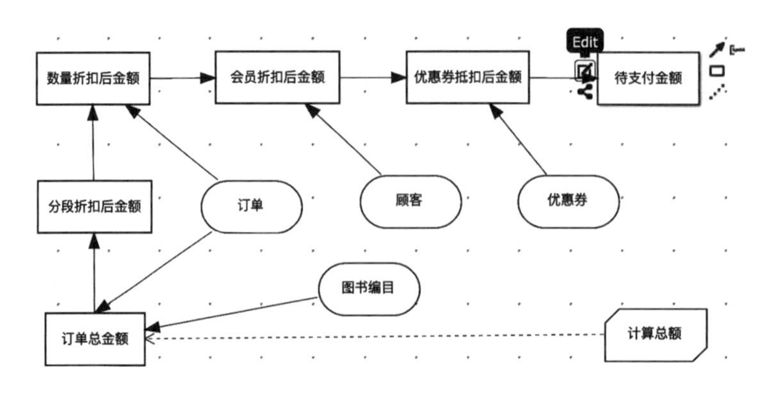

图 13-64 添加“待支付金额”节点

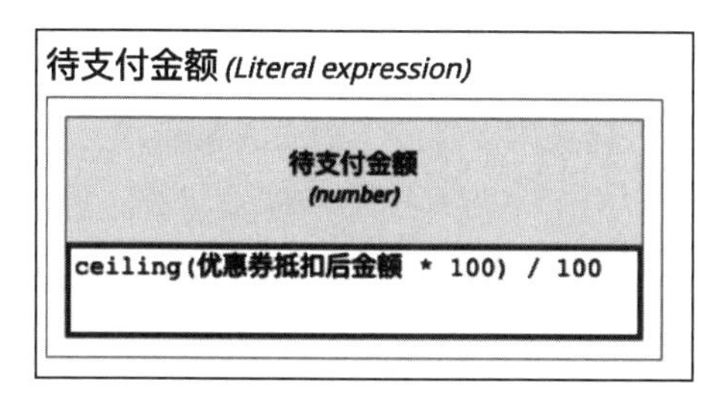

图 13-65　“待支付金额”定义

单击 Save 按钮保存，以完成规则的配置，系统提示验证通过、保存成功，如图 13-66 所示。

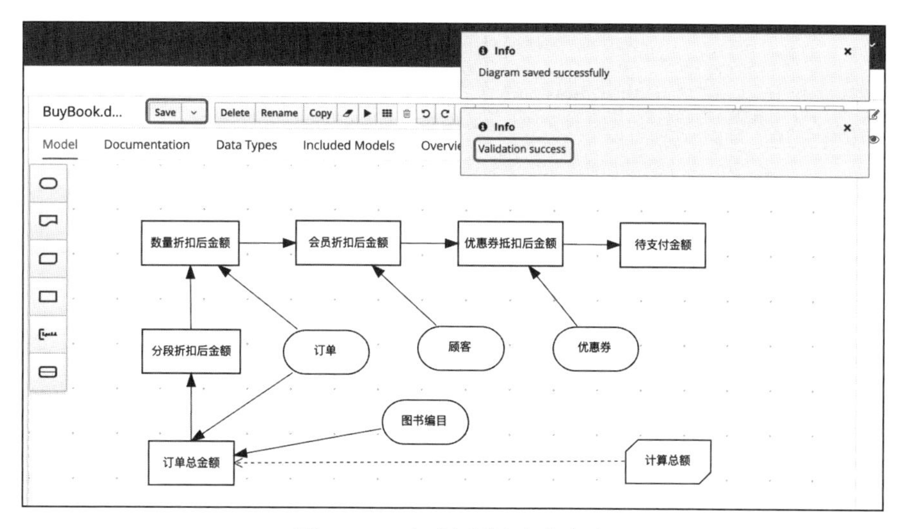

图 13-66　完成规则定义与保存

13.5.3　验证规则

在业务中心创建名称为 TestBuyBook 的测试场景，选择 Source type 为 DMN，选择测试的目标资产为 BuyBook.dmn，如图 13-67 所示。

添加如图 13-68 所示的背景数据，内容如下。

- 图书编目为 List()，如图 13-69 所示，内容如下：

```
[
   {
      "sku":"book-001",
      "name":" 帝国与文明 ",
      "price":84.5
   },
   {
      "sku":"book-002",
```

```
        "name":" 奇妙的化学 ",
        "price":31.5
    },
    {
        "sku":"book-003",
        "name":" 谁是最可爱的人 ",
        "price":28.6
    },
    {
        "sku":"book-004",
        "name":" 机器人大师 ",
        "price":98.0
    }
]
```

- 顾客：id("jonkey")，isMember(true)
- 优惠券：20

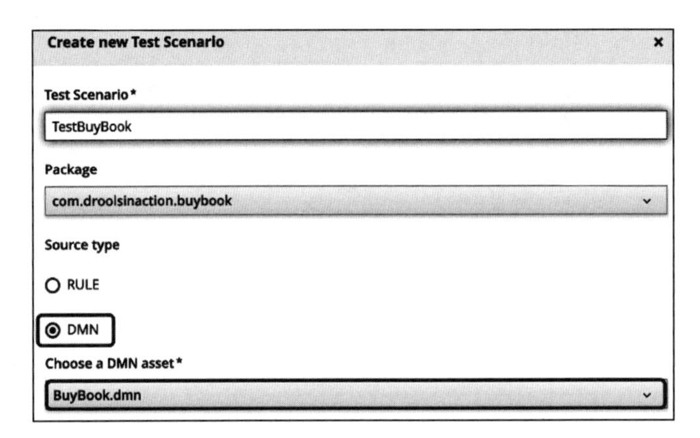

图 13-67　创建 DMN 测试场景

Save | Delete | Rename | Copy | Validate | Export | Import

Model　Background　Overview

GIVEN			
图书编目	顾客		优惠券
value	id	isMember	expression </>
List()	"jonkey"	true	20

图 13-68　添加背景数据

单击 Model 标签进行模型编辑，如图 13-70 所示。

编辑 GIVEN 与 EXPECT 模型，输入测试数据，如图 13-71 所示。

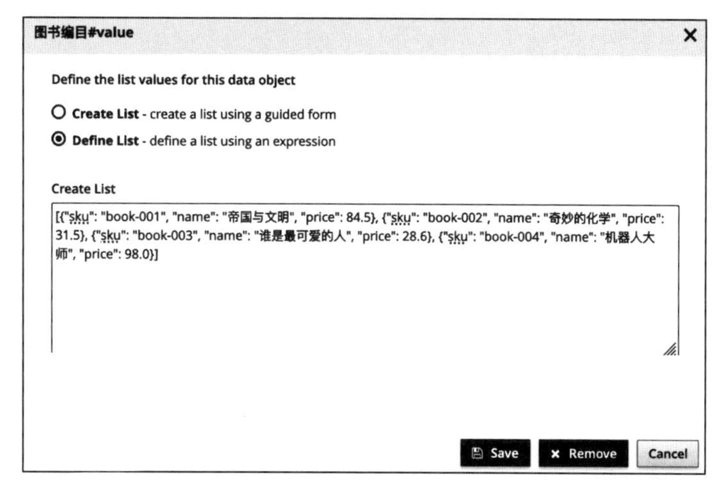

图 13-69　列表数据添加

Save | Delete | Rename | Copy | Validate | Export | Import

Model　Background　Overview

GIVEN			
图书编目	顾客		优惠券
value	id	isMember	expression </>
List()	"jonkey"	true	20

图 13-70　模型的切换入口

❑ 订单

```
Customer: "jonkey"
Items:
[
   {
      "sku":"book-001",
      "quant":1
   },
   {
      "sku":"book-002",
      "quant":2
   }
]
```

❑ 订单总金额：147.5

❑ 分段折扣后金额：137.5

❑ 数量折扣后金额：110.0

❑ 会员折扣后金额：104.5

- ❑ 优惠券折扣后金额：99.275
- ❑ 待支付金额：99.28

Spaces » DroolsInAction » BuyBook-1 » master » TestBuyBook

TestBuyBook.scesim - Test Scenarios

Model Background Overview

#	Scenario description	GIVEN		EXPECT					
		订单		订单总金额	分段折扣后金额	数量折扣后金额	会员折扣后金额	优惠券抵扣后金额	待支付金额
		customer	items	expression </>	expression </>	expression </>	expression </>	expression </>	expression </>
1	Insert value	"jonkey"	List()	147.5	137.5	110.0	104.5	99.275000	99.28

图 13-71 测试模型与数据

单击三角图标运行后，系统提示测试通过，结果如图 13-72 所示。

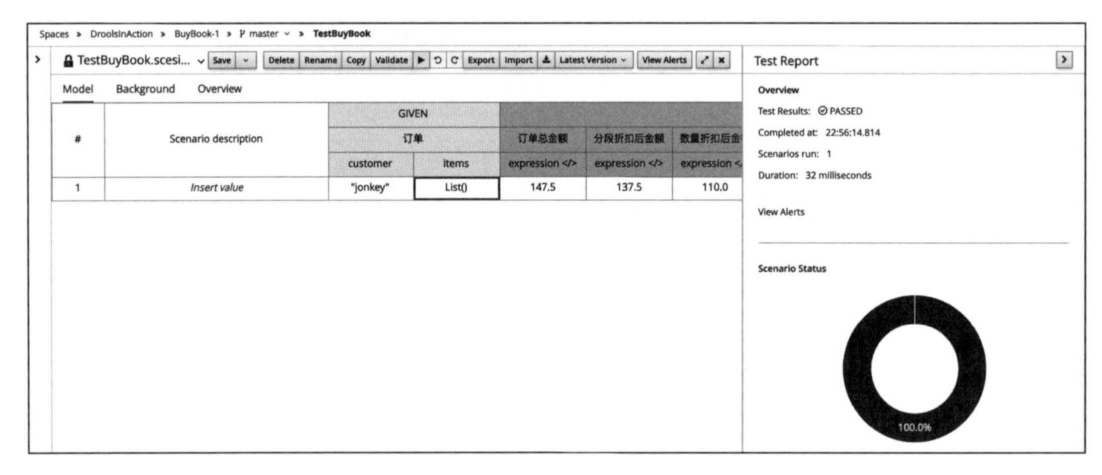

图 13-72 测试通过

13.6 本章小结

本章要点如下。

- ❑ 什么是决策模型和表示法（DMN）。
- ❑ DMN 的可视化表现决策需求图（DRD）的组件和使用方法。
- ❑ 编写决策逻辑的表达式语言是 FEEL。
- ❑ FEEL 的数据类型、语句、函数。
- ❑ 定义 DRD 用到的盒装表达式。
- ❑ 用 DMN 实现了“网购图书”的付款金额计算逻辑。

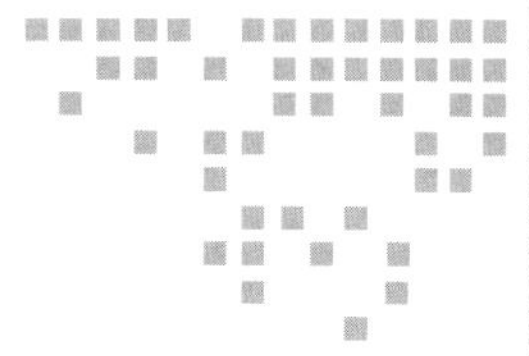

第 14 章 Chapter 14

PMML 与机器学习

PMML（Predictive Model Markup Language，预测模型标记语言）是一套与平台和环境无关的模型表示语言，是目前用来表示机器学习模型的通用标准。从 2001 年发布的 PMML 1.1 到本书写作时最新的 PMML 4.4，PMML 标准已经由最初的 6 个模型扩展到 17 个模型，并且提供挖掘模型（Mining Model）以进行多模型的组合。

PMML 是一个开放、成熟的预测模型标准，由数据挖掘组织（Data Mining Group，DMG）制定和维护。经过十几年的发展，PMML 在业界得到广泛应用，已经有超过 30 家厂商和开源项目（SAS、IBM SPSS、KNIME、RapidMiner 等）在它们的数据挖掘分析产品中支持并应用 PMML。

14.1 PMML

PMML 文档不仅定义了预测模型本身，还定义了数据预处理和预测后处理（模型预测结果的处理）。整个预测处理过程如图 14-1 所示。

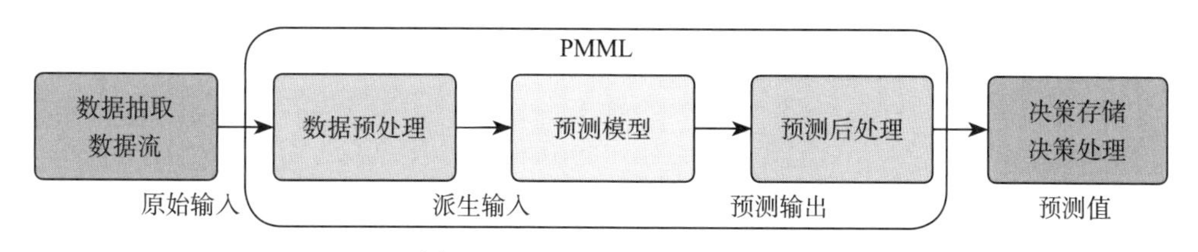

图 14-1 PMML 预测处理过程

PMML 是用 XML 格式来表示预测模型的，文档结构由 XML Schema 来约束。一个

PMML 文档可以包括一个或多个模型。文档以 PMML 为根元素，其结构如下：

```
<?xml version="1.0"?>
<PMML version="4.4"
  xmlns="http://www.dmg.org/PMML-4_4"
  xmlns:xsi="http://www.w3.org/2001/XMLSchema-instance">

  <Header copyright="Example.com"/>
  <DataDictionary> ... </DataDictionary>

  <!-- 数据转换 -->

  <!-- 模型定义 -->

</PMML>
```

PMML 文档主要有如下组成部分。

（1）头信息（Header）

头信息主要用于记录产品、版权、模型描述、建模时间等描述性信息，样例如下：

```
<Header copyright="Copyright (c) 2021 jonkey " description="Approval Linear
  Model">
  <Application name="JPMML-SkLearn" version="1.6.33"/>
  <Timestamp>2021-11-08T04:31:48Z</Timestamp>
</Header>
```

在样例中：

- Header 是标识头信息部分的起始标记；
- copyright 包含所记录模型的版权信息；
- description 包含可读的描述性信息；
- Application 描述了生成本文件所含模型的软件产品；
- Timestamp 记录了模型创建的时间。

（2）数据字典（DataDictionary）

数据字典部分用于定义模型所需要的变量信息（既有预测变量的定义，也有目标变量的定义）。变量信息由变量名、变量操作类型和变量值类型组成，样例如下：

```
<DataDictionary>
  <DataField name="approval" optype="categorical" dataType="string">
    <Value value="false"/>
    <Value value="true"/>
  </DataField>
  <DataField name="category" optype="continuous" dataType="double"/>
  <DataField name="urgency" optype="continuous" dataType="double"/>
  <DataField name="targetPrice" optype="continuous" dataType="double"/>
  <DataField name="price" optype="continuous" dataType="double"/>
</DataDictionary>
```

在样例中：

- 定义了数据类型为 double 的变量 category、urgency、targetPrice、price，对这些变量可执行的操作为 continuous（连续型，可进行数值运算）;
- 定义了数据类型为 string 的变量 approval，并定义了该变量的取值范围为 true 或 false，对该变量可执行的操作为 categorical（类别型，可进行相等或不相等的运算）。

（3）数据转换（Data Transformation）

在数据字典定义好后，在某些情况下并不能直接将原始数据用来建模，需要先将其转换成模型可识别的数据类型，这个过程就是数据转换。PMML 标准支持一些常用的数据转换（可以理解为预处理操作），也支持基于函数表达式的转换。以下是 PMML 标准定义的简单数据转换操作。

- Normalization：将连续型或离散型变量转换成数值。
- Discretization：将连续性变量转换成离散型变量。
- Value Mapping：将离散型变量映射成离散型变量。
- Functions：用函数将入参转换为新的数据变量。
- Aggregation：对一个或多个数据变量进行聚合操作，对应于 SQL 中的 GROUP BY。

样例如下：

```
<Discretize field="Amount">
  <DiscretizeBin binValue="negative">
    <Interval closure="openOpen" rightMargin="0"/>
    <!-- left margin 默认是无穷小 -->
  </DiscretizeBin>
  <DiscretizeBin binValue="positive">
    <Interval closure="closedOpen" leftMargin="0"/>
    <!-- right margin 默认是无穷大 -->
  </DiscretizeBin>
</Discretize>
```

在样例中，我们将连续型字段 Amount 的值映射为离散的变量。

- 将“无穷小 – 0”映射为 "negative";
- 将“0 – 无穷大”映射为 "positive"。

（4）模型定义

模型定义部分定义所使用的具体模型的结构和参数。PMML 4.4 标准已经支持 17 种业界认可的模型，涉及关联规则模型、基线模型、规则集模型、神经网络模型等。以下是回归模型的样例：

```
<RegressionModel modelName="approvalRegression" functionName="classification"
  algorithmName="sklearn.linear_model._logistic.LogisticRegression"
  normalizationMethod="logit">
  <MiningSchema>
    <MiningField name="approval" usageType="target"/>
```

```
    <MiningField name="category"/>
    <MiningField name="urgency"/>
    <MiningField name="targetPrice"/>
    <MiningField name="price"/>
  </MiningSchema>
  <Output>
    <OutputField name="probability(false)" optype="continuous" dataType="double"
      feature="probability" value="false"/>
    <OutputField name="probability(true)" optype="continuous" dataType="double"
      feature="probability" value="true"/>
  </Output>
  <RegressionTable intercept="-4.696960235968792" targetCategory="true">
    <NumericPredictor name="category" coefficient="3.8191535499002662"/>
    <NumericPredictor name="urgency" coefficient="2.4406125462303874"/>
    <NumericPredictor name="targetPrice" coefficient="0.05032978497003101"/>
    <NumericPredictor name="price" coefficient="-0.043652417913635555"/>
  </RegressionTable>
  <RegressionTable intercept="0.0" targetCategory="false"/>
</RegressionModel>
```

在样例中，回归模型以 RegressionModel XML 节点标记，属性与子节点定义如下。

- modelName 属性定义了模型的名称为 approvalRegression，外部使用方可以通过该名称来引用样例中定义的模型。
- functionName 属性定义了函数的名称为 classification，表示该模型用于预测类别；如果 functionName 是 regression，则表示模型是用来预测数值的。
- algorithmName 属性描述该模型是基于 sklearn 机器学习库的逻辑回归算法。
- MiningSchema 子节点定义了模型用到的字段，approval 字段的 usageType 属性为 target，说明 approval 字段是模型的输出，其余字段是模型的输入。
- Output 节点定义了模型预测结果的输出，2 个 OutputField 子节点定义了该模型的 2 列输出：列 1 的名称为 probability(false)，操作类型为连续型，数据类型为 double，特性为概率，该列的值为 false，即定义了该列是输出结果为 false 的概率；类似列 1，列 2 定义了输出结果为 true 的概率。
- 2 个 RegressionTable 节点定义了预测结果为 true 和 false 的回归表。

> 提示　PMML 4.4 的模型输出定义详情可参考链接 https://dmg.org/pmml/v4-4/Output.html。

14.2　PMML 的实现级别

PMML 的实现有以下 2 个级别。

- 生产者实现：工具或应用程序为至少一种模型生成有效的 PMML 文档，可确保模型定义文档在语法上正确，并与规范中定义的语义标准一致。

- 消费者实现：应用程序能有效解析并执行一种 PMML 模型文档，可确保能集成和使用生产者产出的 PMML 模型。

Drools 是 PMML 的消费者实现，实现的模型（PMML 4.2.1 规范所定义的模型）如下：

- 回归模型
- 记分卡模型
- 决策树模型
- 挖掘模型（子类型有 modelChain、selectAll、selectFirst 等）

14.3　PMML 与机器学习的关系

机器学习（ML）是人工智能（AI）的一部分，属于计算科学领域。机器学习专注于分析和解释数据的模式及结构，以实现机器自主地学习、推理和决策。简单来说，机器学习就是由用户向计算机的算法提供大量数据，让算法分析这些数据，找出数据的规律，构建数据预测模型，实现对未来数据的预测，来辅助决策；如果预测数据与实际数据发生了偏差，再根据偏差的数据来修正模型，持续改进模型。

一个机器学习模型的上线过程主要包括数据预处理、特征工程、算法调优、模型评估、模型部署，如图 14-2 所示。

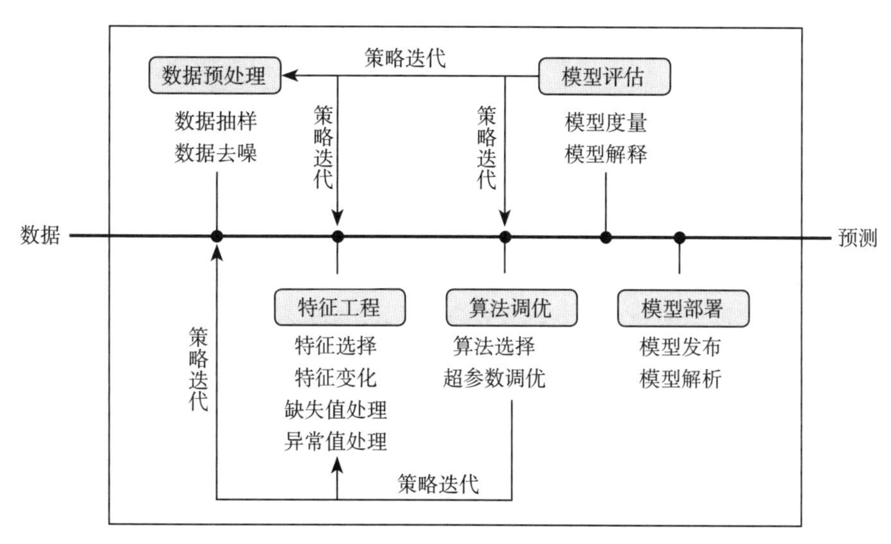

图 14-2　机器学习模型的上线过程

模型上线是将训练好的模型投放到生产环境的过程。通常，生产环境和数据分析人员所使用的环境往往不完全一致，在向生产环境投放模型的过程中，需要线下的数据分析人员将训练好的模型导出为以 PMML 描述的模型文件，再导入线上生产环境中，实现模型的上线。因此，PMML 是在模型上线的过程中，连接离线训练平台和线上预测平台的桥梁。

图 14-3 是一个基于 Spark 的模型训练和上线过程、以 JPMML 组件序列化和解析 PMML 文件的示例。系统由 Spark 平台和推理服务器两部分组成。在 Spark 平台的 Spark MLlib 完成模型训练后，用 JPMML Spark 插件将模型序列化为 PMML 文件，保存到线上服务器能够访问的数据库或文件系统中；推理服务器通过 JPMML lib 从数据库或文件中获取到 PMML 格式的模型定义、加载并解析生成预估模型，实现与业务逻辑的整合。

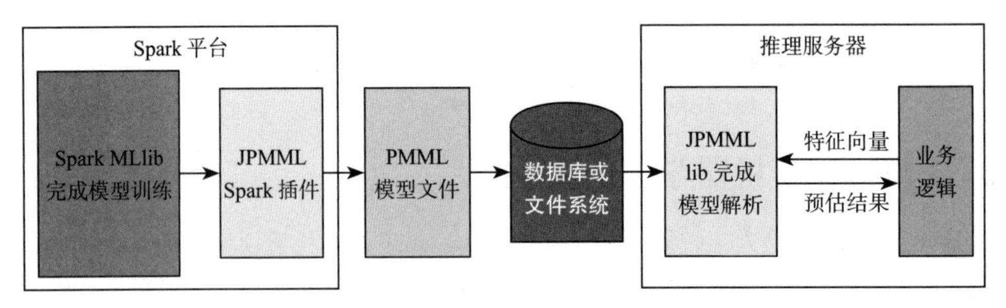

图 14-3 Spark 的模型训练和上线过程

14.4 实战：申请设备

14.4.1 功能说明

员工可以根据自己的工作岗位向公司申请办公设备，公司采购部门会定期维护员工可申请设备及其价格的表格，如表 14-1 所示。

表 14-1 设备价格表

设备种类	期望价格（元）	设备种类	期望价格（元）
电话	500	打印机	400
电脑	1500	显示器	400

在员工发起申请设备的请求后，设备的实际价格会随着市场的变化而浮动，采购部门在购买设备的时候会再次向设备供应商询问当前时间点的设备市场价格，再由决策人根据设备的类型（“必备”，“可选”）、紧急程度（“低”，“中”，“高”）、期望价格、市场价格来决定是否批准采购部门购买员工申请的设备。

现有设备购买批复的历史记录 4000 条，保存在文件 ch14/applyequipment/python/application-approval.csv 中。

历史批复记录的部分内容如下：

```
category,urgency,targetPrice,price,approved
basic,medium,790,837,true
basic,high,1250,1734,false
optional,low,670,944,false
...
```

我们需要根据历史批复记录建立机器学习模型，通过 DMN 驱动机器学习模型，实现在不需要决策人参与的情况下，进行自动审批。

14.4.2　规则实现

示例已经放到 GitHub 上了，位于 ch14/applyequipment 工程目录下。读者可以按照 5.3.2 节介绍的方式导入，也可以跟随下面的内容进行手工创建，以了解机器学习模型的产生过程和 Drools 借助 PMML 集成机器学习模型的方法。

1. 创建模型

机器学习模型的实现见 ch14/applyequipment/python/ml-training.py 文件，文件内容如下：

```
import csv
import random

from sklearn import svm
from sklearn.linear_model import Perceptron
from sklearn.linear_model import LogisticRegression
from sklearn.naive_bayes import GaussianNB
from sklearn.neighbors import KNeighborsClassifier
from sklearn.tree import DecisionTreeClassifier

# 初始化模型训练的算法

# 带有权重调整的逻辑回归
model = LogisticRegression(class_weight ={
  "true" : .6,
  "false" : 1
})
# 设置为多元回归
model.multi_class = "ovr"

# 可以取消注释下面几行，来尝试其他算法

# model = KNeighborsClassifier(n_neighbors=3)
# model = svm.SVC()
# model = GaussianNB()
# model = DecisionTreeClassifier()
# model = Perceptron()

# 样本值的类型转换映射
def convert(str):
  if str.isdecimal():
    return int(str)
  elif str == "optional":
    return 0
  elif str == "basic":
```

```
    return 1
  elif str == "low":
    return 0
  elif str == "medium":
    return 1
  elif str == "high":
    return 2
  else:
    return str

# 从文件中读取样本数据
with open("python/application-approval.csv") as f:
  reader = csv.reader(f)
  next(reader)

  data = []
  for row in reader:
    data.append({
      "evidence": [convert(cell) for cell in row[:4]],
      "label": row[4]
    })

# 将样本数据随机分组为模型训练集和模型测试集
random.shuffle(data)
holdout = int(0.40 * len(data))
testing = data[:holdout]
training = data[holdout:]

# 训练模型
X_training = [row["evidence"] for row in training]
y_training = [row["label"] for row in training]

model.fit(X_training, y_training)

# 测试模型
X_testing = [row["evidence"] for row in testing]
y_testing = [row["label"] for row in testing]
predictions = model.predict(X_testing)

# 计算测试结果
correct = 0
incorrect = 0
total = 0
truePositive = 0
trueNegative = 0
falsePositive = 0
falseNegative = 0

for actual, predicted in zip(y_testing, predictions):
  total += 1
```

```
    if actual == predicted:
      correct += 1
      if predicted == "true":
        truePositive += 1
      else:
        trueNegative += 1
    else:
      incorrect += 1
      if predicted == "true":
        falsePositive += 1
      else:
        falseNegative += 1

  sensitivity = truePositive / (truePositive + falseNegative)
  specificity = trueNegative / (trueNegative + falsePositive)

  # 输出测试结果
  print(f"Results for model {type(model).__name__}")
  print(f"Correct: {correct}")
  print(f"Incorrect: {incorrect}")
  print(f"Accuracy: {100 * correct / total:.2f}%")

  print(f"True Positive Rate: {100 * sensitivity:.2f}%")
  print(f"True Negative Rate: {100 * specificity:.2f}%")


  from sklearn2pmml import sklearn2pmml
  from sklearn2pmml import make_pmml_pipeline

  # 以 PMML 格式保存训练的模型

  pipeline = make_pmml_pipeline(
    model,
    active_fields= ["category", "urgency", "targetPrice", "price"],
    target_fields= ["approval"]
  )
  sklearn2pmml(pipeline, "application-approval.pmml")
```

在该文件中，我们用 Python 的 sklearn 机器学习库实现模型训练，用 sklearn-pmml-model 库实现 PMML 格式的模型导出，主要逻辑如下：

1）初始化模型训练的算法；

2）读取 CSV 文件中的样本数据；

3）随机选取样本文件中的样本数据，将 60% 的数据用于模型训练，将 40% 的数据用于模型测试；

4）训练模型；

5）测试模型；

6）输出测试结果；

7）以 PMML 格式保存训练的模型。

运行如下命令，产生机器学习模型并测试。

```
cd ch14/applyequipment
python3 python/ml-training.py
```

测试结果如下：

```
Results for model LogisticRegression
Correct: 1511
Incorrect: 89
Accuracy: 94.44%
True Positive Rate: 92.92%
True Negative Rate: 96.21%
```

产生的模型文件保存在 ch14/applyequipment/application-approval.pmml 文件中。

调整 PMML 的命名空间，将版本修改为 4.3；添加模型名称属性 modelName，值为 approvalRegression。调整后的模型文件如下：

```
<?xml version="1.0" encoding="UTF-8" standalone="yes"?>
<PMML xmlns="http://www.dmg.org/PMML-4_3" xmlns:data="http://jpmml.org/jpmml-
  model/InlineTable" version="4.3">
  <Header>
    <Application name="JPMML-SkLearn" version="1.6.33"/>
    <Timestamp>2021-11-08T04:31:48Z</Timestamp>
  </Header>
  <DataDictionary>
    <DataField name="approval" optype="categorical" dataType="string">
      <Value value="false"/>
      <Value value="true"/>
    </DataField>
    <DataField name="category" optype="continuous" dataType="double"/>
    <DataField name="urgency" optype="continuous" dataType="double"/>
    <DataField name="targetPrice" optype="continuous" dataType="double"/>
    <DataField name="price" optype="continuous" dataType="double"/>
  </DataDictionary>
  <RegressionModel modelName="approvalRegression" functionName="classification"
    algorithmName="sklearn.linear_model._logistic.LogisticRegression"
    normalizationMethod="logit">
    <MiningSchema>
      <MiningField name="approval" usageType="target"/>
      <MiningField name="category"/>
      <MiningField name="urgency"/>
      <MiningField name="targetPrice"/>
      <MiningField name="price"/>
    </MiningSchema>
    <Output>
      <OutputField name="probability(false)" optype="continuous"
        dataType="double" feature="probability" value="false"/>
      <OutputField name="probability(true)" optype="continuous" dataType="double"
```

```
        feature="probability" value="true"/>
    </Output>
    <RegressionTable intercept="-4.696960235968792" targetCategory="true">
      <NumericPredictor name="category" coefficient="3.8191535499002662"/>
      <NumericPredictor name="urgency" coefficient="2.4406125462303874"/>
      <NumericPredictor name="targetPrice" coefficient="0.05032978497003101"/>
      <NumericPredictor name="price" coefficient="-0.043652417913635555"/>
    </RegressionTable>
    <RegressionTable intercept="0.0" targetCategory="false"/>
  </RegressionModel>
</PMML>
```

2. 添加 JPMML 依赖

JPMML 是 Openscoring.io 提供的 PMML Java 实现库，Drools 利用 JPMML 实现在 DMN 的进程内执行 PMML 定义的模型。需要将如下 Java 依赖库添加到 Drools 运行时环境：

```
kie-dmn-jpmml-7.52.0.Final-redhat-00008.jar
pmml-agent-1.5.1.jar
pmml-evaluator-1.5.1.jar
pmml-evaluator-extension-1.5.1.jar
pmml-model-1.5.1.jar
```

运行如下命令获取以上依赖库。

```
cd ch14/applyequipment
mvn dependency:copy-dependencies
```

此时样例 Maven 工程的所有依赖库都会保存在 target/dependency 路径下。运行如下命令将 Drools 所需的 JPMML 依赖库复制到 Drools 运行时环境，假设 Drools 安装路径为 /ws/pam/jboss-eap-7.3/standalone/deployments/。

```
cp target/dependency/kie-dmn-jpmml-7.52.0.Final-redhat-00008.jar /ws/pam/jboss-
  eap-7.3/standalone/deployments/decision-central.war/WEB-INF/lib/

cp target/dependency/pmml-* /ws/pam/jboss-eap-7.3/standalone/deployments/
  decision-central.war/WEB-INF/lib/
```

3. 导入 PMML 资产

在业务中心创建新的工程，名称为 ApplyEquipment。在工程的 Asset 标签页单击 Import Asset 按钮，导航到导入资产页面，如图 14-4 所示。浏览并选择 application-approval.pmml，下拉选择包 com.droolsinaction.applyequipment，输入资产名称 application-approval，单击 OK 按钮确认，如图 14-5 所示。

4. 创建 DMN 规则

导航到添加资产的类型选择页面，选择资产类型为 DMN，如图 14-6 所示。系统将导航到 DMN 创建页面，输入 DMN 名称 Application，下拉并选择包 com.droolsinaction.applyequipment，单击 OK 按钮确认，如图 14-7 所示。

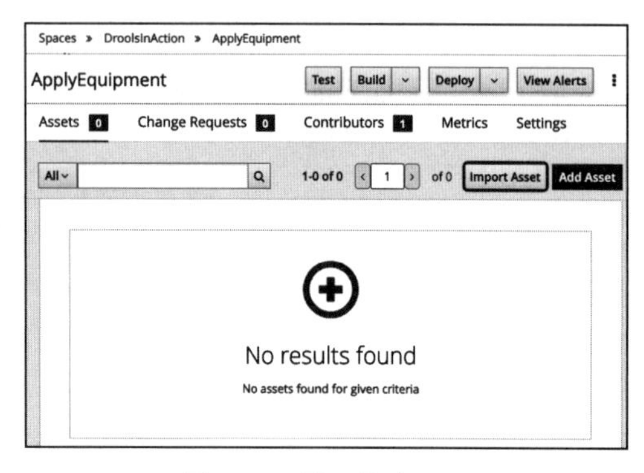

图 14-4　导入资产入口

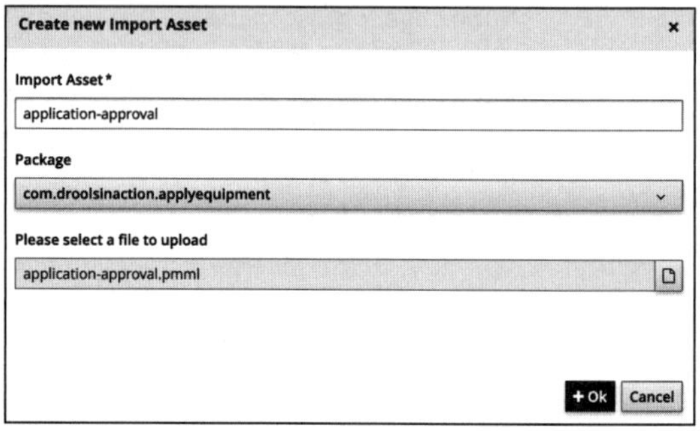

图 14-5　导入 PMML 资产

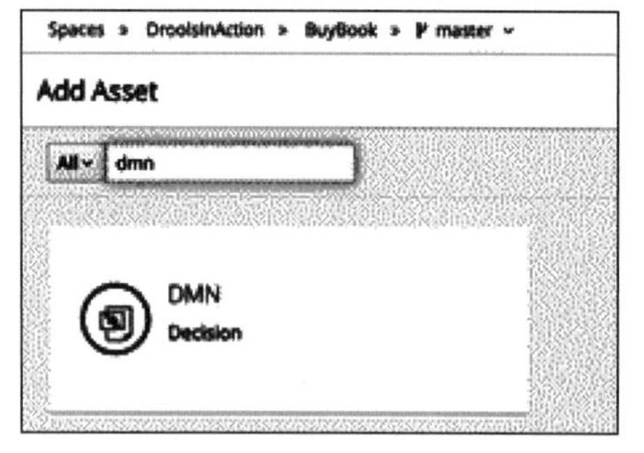

图 14-6　选择 DMN 资产类型

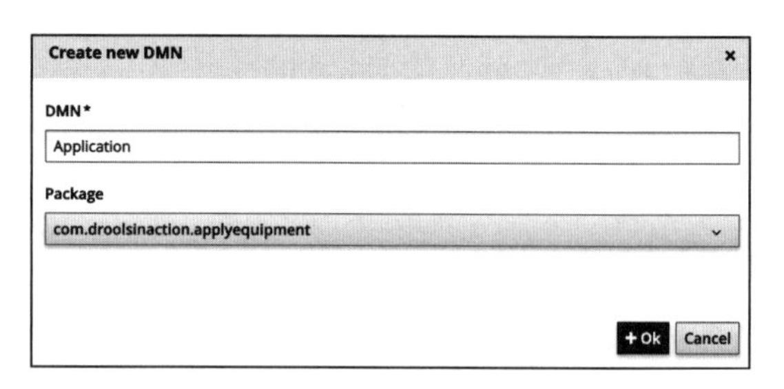

图 14-7　创建 DMN 资产

5. 添加依赖模型

切换到 MMN 编辑器的 Included Models 标签页，单击 Include Model 按钮，如图 14-8 所示。在弹出的窗口中下拉并选择 application-approval.pmml 模型，输入模型的名称 application-approval，如图 14-9 所示，单击 Include 按钮以确认导入。

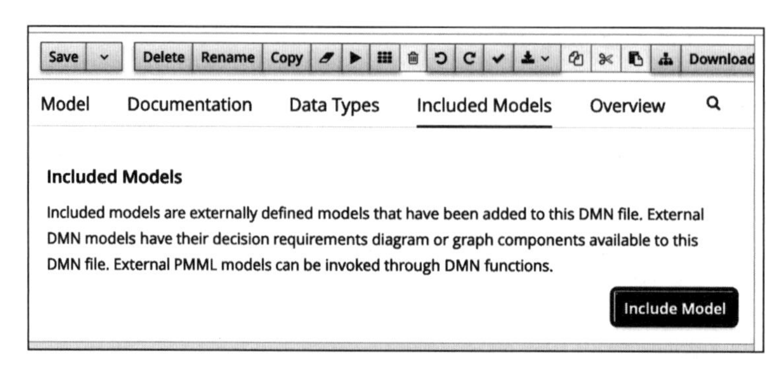

图 14-8　添加依赖模型入口

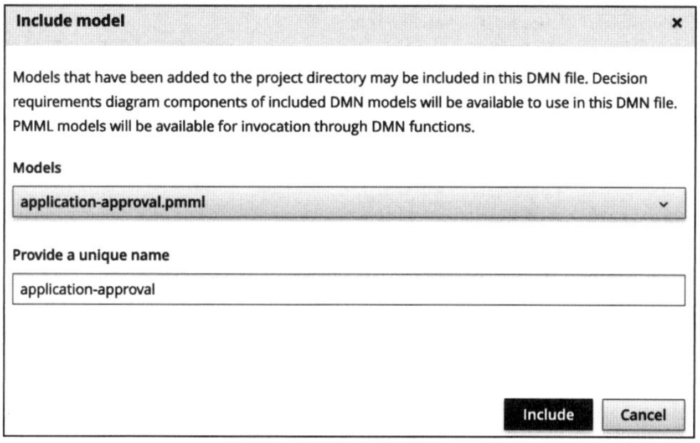

图 14-9　添加依赖模型

6. 创建数据对象

切换到 DMN 编辑器的 Data Types 标签页，创建 ApplicationInfo 数据类型，该类型的属性有：productType，类型为 string；price，类型为 number；category，类型为 string；urgency，类型为 string。完整的 ApplicationInfo 数据类型定义如图 14-10 所示。

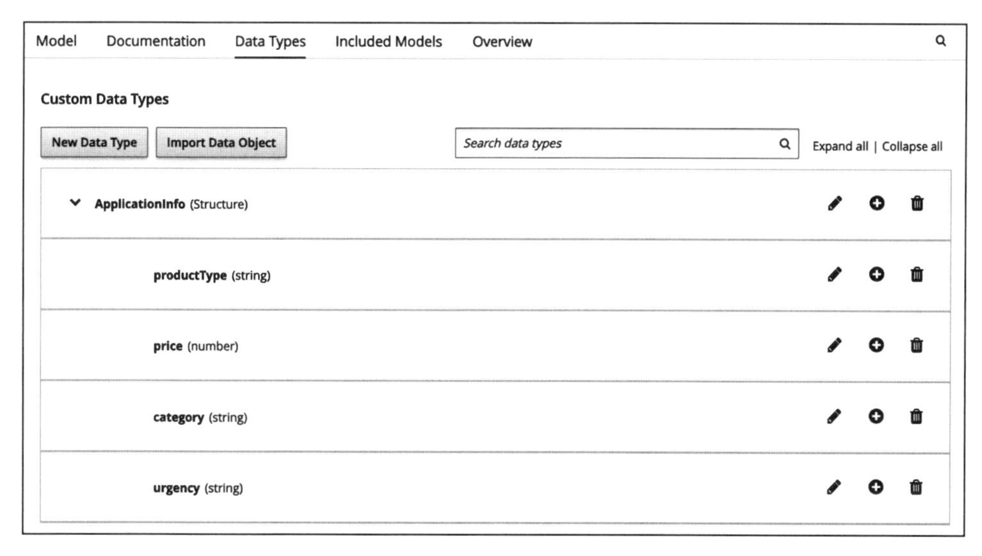

图 14-10　完整的 ApplicationInfo 数据类型定义

7. 编辑规则

切换到 DMN 编辑页面的 Model 标签页，创建数据输入节点，在属性页面中配置该节点，名称为“设备申请”，类型为 ApplicationInfo，如图 14-11 所示。单击“设备申请”节点的 Create DMN Decision 图标创建新的决策节点，配置该决策节点，名称为“目标价格”，类型为 number，如图 14-12 所示。

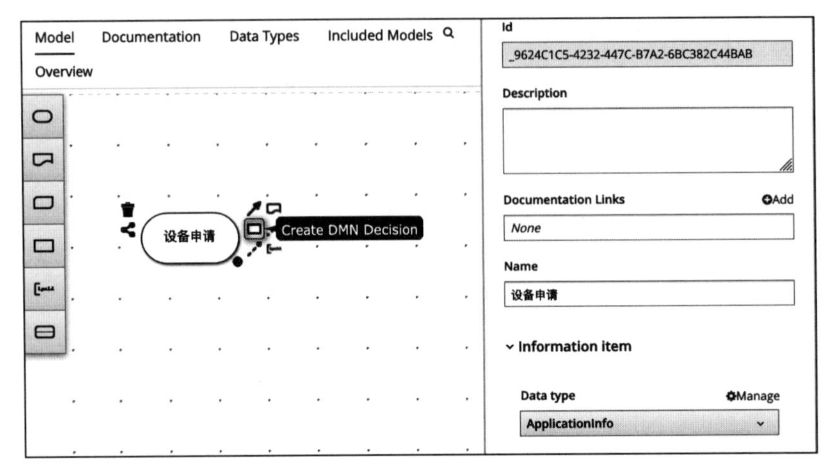

图 14-11　创建“设备申请”数据输入节点

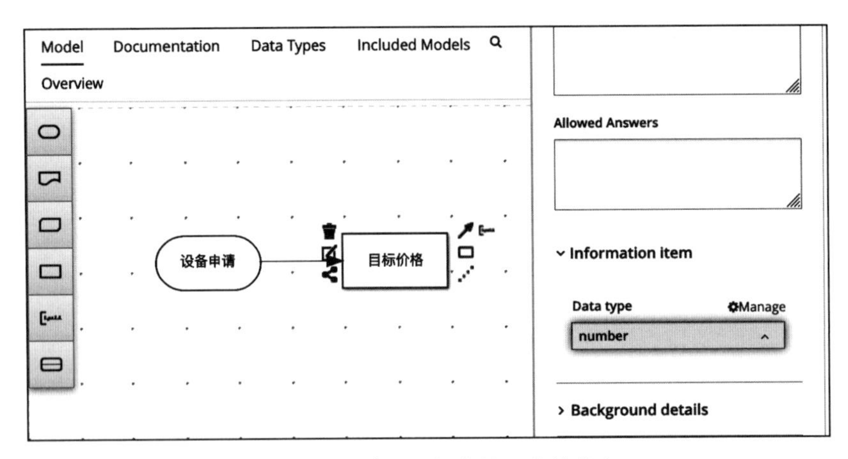

图 14-12　创建“目标价格”决策节点

单击“目标价格”决策节点左侧的编辑图标，进入规则编辑页面。如图 14-13 所示，将该节点的盒装表达式配置为决策表，将决策表的条件列配置为字符型的“设备申请.productType”，将决策表的结果列配置为数值型的“目标价格”。单击 Save 按钮，会有图 14-14 的提示，保存成功。忽略“可枚举化”的警告。

导航到 DMN 编辑页面，创建业务知识模型节点，如图 14-15 所示。将该业务知识模型节点的界面名称修改为“机器学习模型”，类型为 Any。编辑该节点的盒装表达式，将盒装表达式的类型设置为函数，然后单击左上角的 F 单元格，选择函数类型 PMML，如图 14-16 所示。

单击 document 单元格右侧的 First select PMML document 单元格，下拉并选择 application-approval。单击 model 单元格右侧的 First select PMML model 单元格，下拉并选择 approvalRegression，如图 14-17 所示。

« Back to Application

目标价格 *(Decision Table)*

U	设备申请.productType *(string)*	目标价格 *(number)*	说明
1	"电话"	500	
2	"电脑"	1500	
3	"打印机"	400	
4	"显示器"	400	

图 14-13　创建目标价格决策表

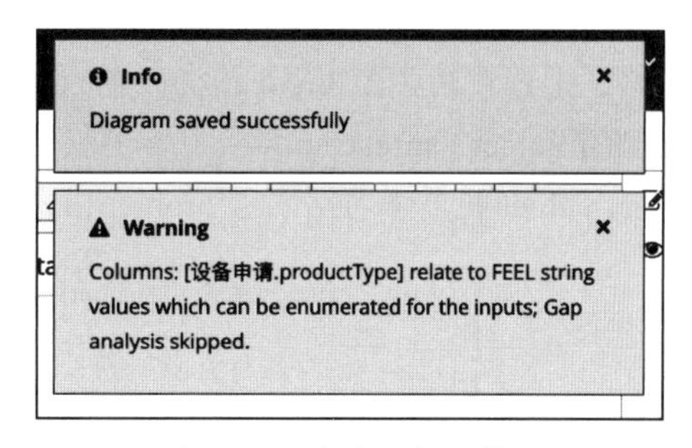

图 14-14　保存后提示信息

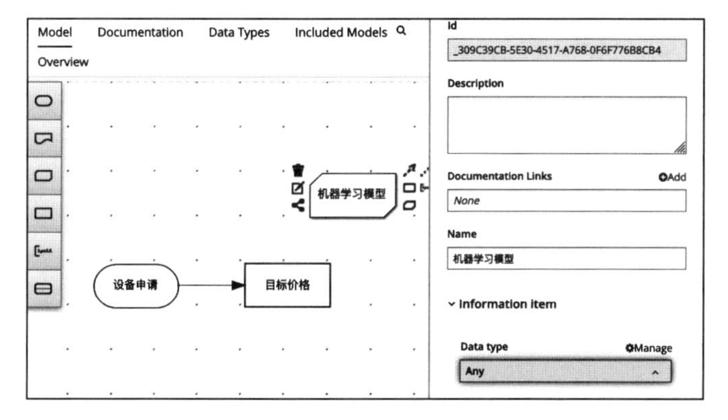

图 14-15　创建业务知识模型节点

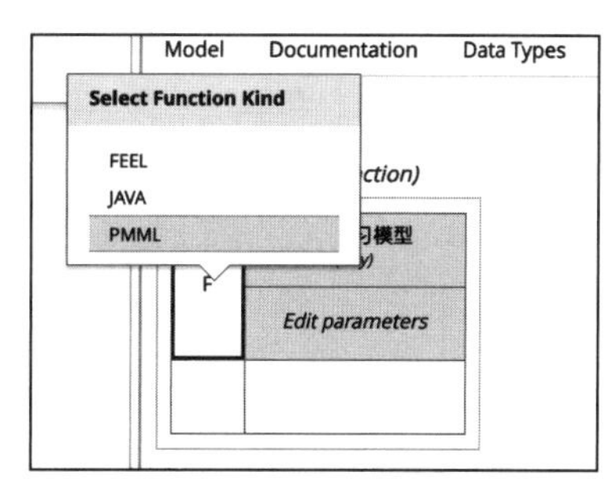

图 14-16　PMML 函数调用

单击 Back to Application 链接回到 DMN 编辑页面。创建新的决策节点，节点名称为“预测”，类型为 boolean，如图 14-18 所示。

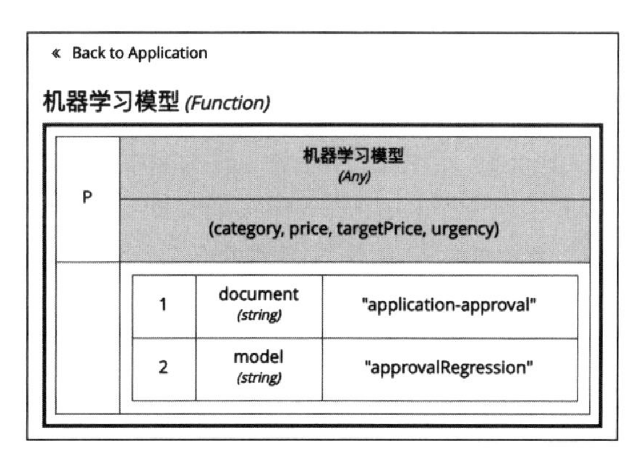

图 14-17　机器学习模型调用

单击“预测”决策节点左侧的编辑图标，将该节点的盒装表达式类型修改为 Context，单击表头将 Context 的 Data Type 修改为 boolean。

单击系统生成的上下文键单元格 ContextEntry-1，将上下文条目的名称修改为“机器学习结果”，将类型修改为 context。单击“机器学习结果”决策节点右侧的 Select expression 单元格，选择逻辑类型 Invocation，输入调用函数名称“机器学习模型”。单击 Result 单元格右侧的 Select expression 单元格，选择表达式逻辑类型 Literal expression，输入字面表达式：get value(机器学习结果 , "probability(true)") > 0.5。

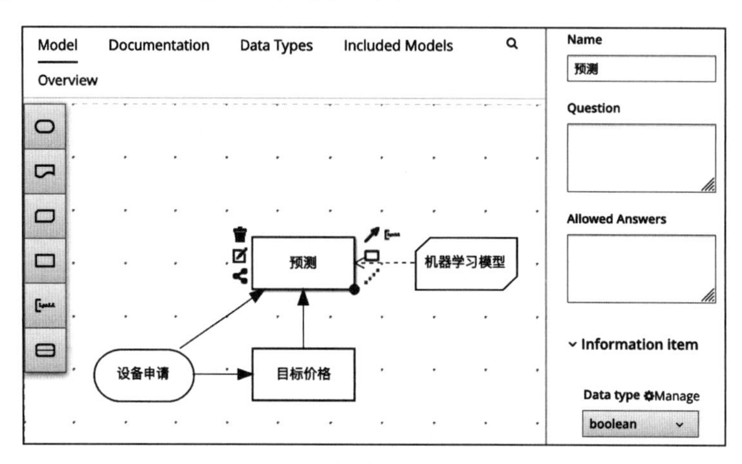

图 14-18 创建预测决策节点

系统会产生“机器学习模型”函数的默认调用参数 p-1，将其名称修改为 price，将类型修改为 number。将 price 单元格右侧的上下文值单元格逻辑类型配置为 Literal expression，输入字面表达式：设备申请 .price。

添加“机器学习模型”函数调用的参数，参数的名称为 targetPrice，类型为 number。将 targetPrice 右侧的上下文值单元格逻辑类型配置为 Literal expression，输入字面表达式：目标价格。

添加“机器学习模型”函数调用的参数，参数的名称为 urgency，类型为 number。将 urgency 单元格右侧的上下文值单元格逻辑类型配置为 Decision Table。将决策表的条件列表达式配置为“设备申请 .urgency”，将数据类型配置为 string；将决策表的输出列名称配置为 urgency，将数据类型配置为 number。输入决策表规则："低"，0；"中"，1；"高"，2。

添加“机器学习模型”函数调用的参数，参数的名称为 category，类型为 number。将 category 单元格右侧的上下文值单元格逻辑类型配置为 Decision Table；将决策表的条件列表达式配置为“设备申请 .category”，将数据类型配置为 string；将决策表的输出列名称配置为 category，将数据类型配置为 number。输入决策表规则："可选"，0；"必备"，1 。

图 14-19 是完整的“预测”决策节点的规则定义。

返回 DMN 编辑页面，创建新的决策节点，节点的名称为“自动批复”，类型为 boolean，如图 14-20 所示。单击该节点左侧的编辑图标，进入盒装表达式编辑页面。将盒装表达式类型配置为 Literal expression，输入如下字面表达式，如图 14-21 所示。

```
if 设备申请.price < 1500 then
    预测
else
    false
```

预测 *(Context)*

#	预测 (boolean)	
1	机器学习结果 (context)	（见下方嵌套上下文）
	<result>	get value(机器学习结果, "probability(true)") > 0.5

机器学习结果 (context)：

#	机器学习模型	
1	price (number)	设备申请.price
2	targetPrice (number)	目标价格
3	urgency (number)	（决策表见下）
4	category (number)	（决策表见下）

3 urgency (number)：

U	设备申请.urgency (string)	urgency (number)	说明
1	"低"	0	
2	"中"	1	
3	"高"	2	

4 category (number)：

U	设备申请.category (string)	category (number)	说明
1	"可选"	0	
2	"必备"	1	

图 14-19　完整的“预测”决策节点的规则定义

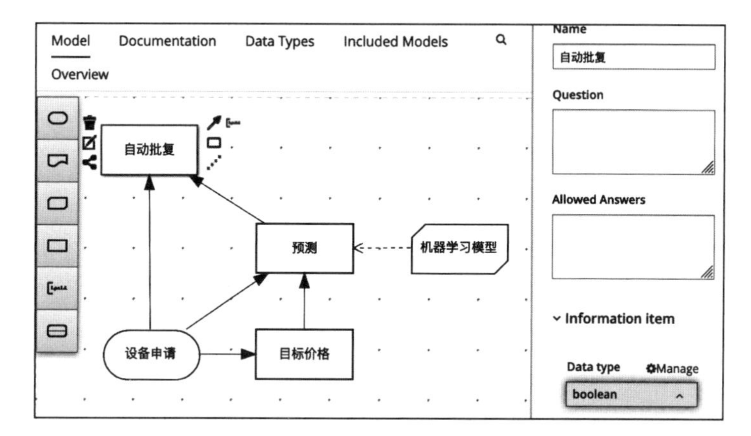

图 14-20　创建“自动批复”决策节点

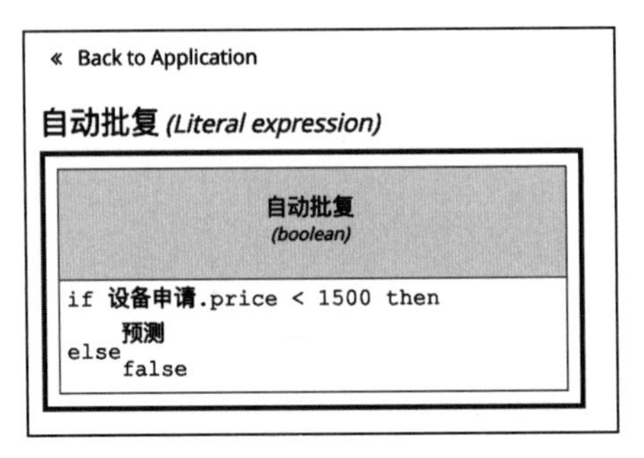

图 14-21 “自动批复”节点的规则定义

14.4.3 验证规则

导航到在业务中心的新建资产类型选择页面，通过关键字 test 过滤并选择 Test Scenario 资产类型，如图 14-22 所示。在弹出的新建测试创建窗口中输入测试创建名称 TestApplication，下拉并选择包 com.drooslinaction.applyequipment，在 Source type（源类型）字段选中 DMN，下拉并选择 DMN 的资产 Application.dmn，如图 14-23 所示。单击 OK 按钮确认创建。

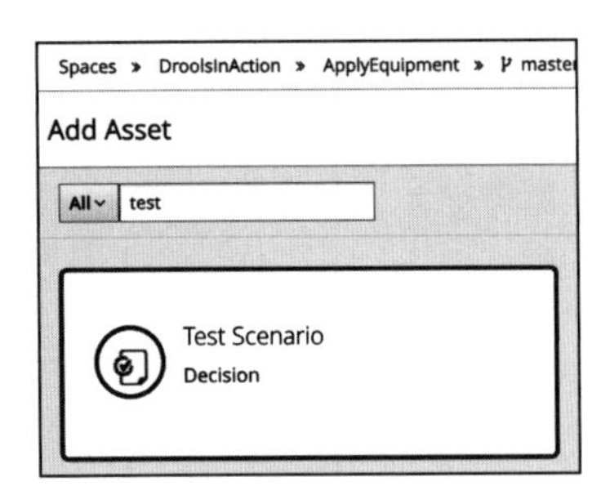

图 14-22 创建测试场景入口

将测试场景的 GIVEN 列配置为“设备申请”数据类型的 category、price、productType、urgency 字段，将测试场景的 EXPECT 列配置为“自动批复”，如图 14-24 所示。

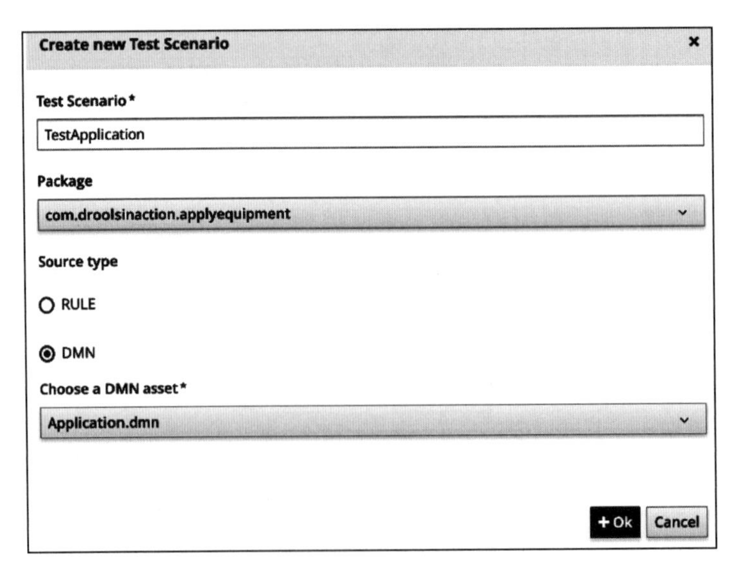

图 14-23 创建测试场景

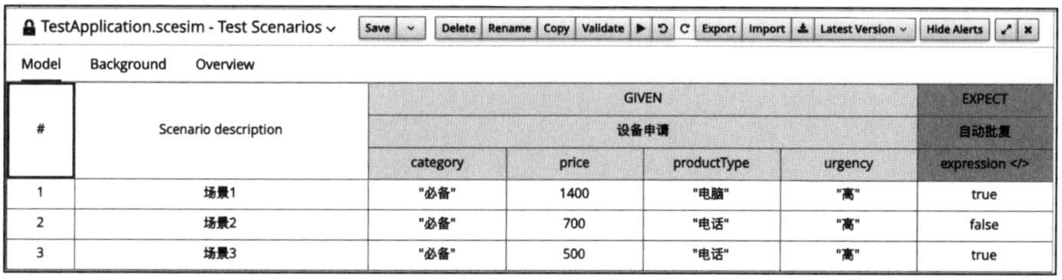

TestApplication.scesim - Test Scenarios　Save　Delete　Rename　Copy　Validate　Export　Import　Latest Version　Hide Alerts

Model　Background　Overview

#	Scenario description	GIVEN				EXPECT
		设备申请				自动批复
		category	price	productType	urgency	expression </>
1	场景1	"必备"	1400	"电脑"	"高"	true
2	场景2	"必备"	700	"电话"	"高"	false
3	场景3	"必备"	500	"电话"	"高"	true

图 14-24　添加测试用例

在测试场景的数据区，输入表 14-2 中的测试场景数据。

表 14-2　测试场景数据

场景描述	category	price	productType	urgency	自动批复
场景 1	" 必备 "	1400	" 电脑 "	" 高 "	true
场景 2	" 必备 "	700	" 电话 "	" 高 "	false
场景 3	" 必备 "	500	" 电话 "	" 高 "	true

单击三角图标运行后，测试通过，测试结果如图 14-25 所示。

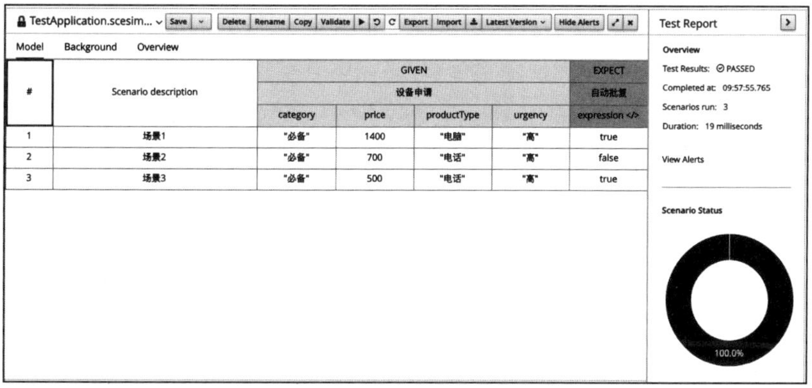

TestApplication.scesim...　Save　Delete　Rename　Copy　Validate　Export　Import　Latest Version　Hide Alerts

Model　Background　Overview

#	Scenario description	GIVEN				EXPECT
		设备申请				自动批复
		category	price	productType	urgency	expression </>
1	场景1	"必备"	1400	"电脑"	"高"	true
2	场景2	"必备"	700	"电话"	"高"	false
3	场景3	"必备"	500	"电话"	"高"	true

Test Report

Overview

Test Results: PASSED

Completed at: 09:57:55.765

Scenarios run: 3

Duration: 19 milliseconds

View Alerts

Scenario Status

100.0%

图 14-25　测试结果

14.5　本章小结

本章要点如下。

- 什么是预测模型标记语言（PMML）。
- 通过简单的例子了解了 PMML 的文档结构、文档定义。
- Drools 作为 PMML 消费者所支持的 PMML 模型。
- 针对“申请设备”的场景，用 sklearn 和 sklearn-pmml-model 创建了机器学习模型并导出为 PMML 格式；通过 Drools 的 DMN 编写规则，并集成机器学习模型，实现了“申请设备”的场景的自动决策。

推荐阅读

Java
核心技术 卷I
基础知识
Core Java Volume I—Fundamentals

Java
核心技术 卷II
高级特性
Core Java Volume II—Advanced Features

Effective Java
Effective Java
中文版

Java
高并发编程详解
深入理解并发核心库

Java
设计模式及实践
Design Patterns and Best Practices in Java

Java
异步编程实战

Java 卷1
高并发核心编程
NIO、Netty、Redis、ZooKeeper

深入解析
Java虚拟机HotSpot
Dive into Java HotSpot VM

第3版
深入理解
Java
虚拟机
JVM高级特性与最佳实践
Understanding the JVM